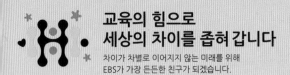

교육의 힘으로
세상의 차이를 좁혀 갑니다

차이가 차별로 이어지지 않는 미래를 위해
EBS가 가장 든든한 친구가 되겠습니다.

모든 교재 정보와 다양한 이벤트가 가득!
EBS 교재사이트 book.ebs.co.kr

본 교재는 EBS 교재사이트에서
eBook으로도 구입하실 수 있습니다.

2025학년도
수능 연계교재
수능완성

과학탐구영역
생명과학 II

기획 및 개발

권현지
강유진
심미연
조은정(개발총괄위원)

감수

한국교육과정평가원

책임 편집

오희경

본 교재의 강의는 TV와 모바일 APP, EBSi 사이트(www.ebsi.co.kr)에서 무료로 제공됩니다.

발행일 2024. 5. 20. 1쇄 인쇄일 2024. 5. 13. 신고번호 제2017-000193호 펴낸곳 한국교육방송공사 경기도 고양시 일산동구 한류월드로 281
표지디자인 ㈜무닉 내지디자인 다우 내지조판 다우 인쇄 동아출판㈜ 사진 게티이미지코리아

인쇄 과정 중 잘못된 교재는 구입하신 곳에서 교환하여 드립니다. 신규 사업 및 교재 광고 문의 pub@ebs.co.kr

정답과 해설 PDF 파일은 EBSi 사이트(www.ebsi.co.kr)에서 내려받으실 수 있습니다.

교재 내용 문의	교재 정오표 공지	교재 정정 신청
교재 및 강의 내용 문의는 EBSi 사이트(www.ebsi.co.kr)의 학습 Q&A 서비스를 활용하시기 바랍니다.	발행 이후 발견된 정오 사항을 EBSi 사이트 정오표 코너에서 알려 드립니다. 교재 → 교재 자료실 → 교재 정오표	공지된 정오 내용 외에 발견된 정오 사항이 있다면 EBSi 사이트를 통해 알려 주세요. 교재 → 교재 정정 신청

학생의 성공을 여는 대학!
발전적 미래를 모색하는 대학!

CHOSUN
UNIVERSITY

2025학년도
조선대학교 신입생 모집안내

수시모집 2024. 09. 09.(월) ~ 2024. 09. 13.(금)
정시모집 2024. 12. 31.(화) ~ 2025. 01. 03.(금)

문의사항 및 상담 | 수시(학생부교과, 실기/실적위주), 정시: 062-230-6666 | 수시(학생부종합): 062-230-6669
입학처 홈페이지 | http://i.chosun.ac.kr

본 교재 광고의 수익금은 콘텐츠 품질 개선과 공익사업에 사용됩니다. 모두의 요강(mdipsi.com)을 통해 조선대학교의 입시정보를 확인할 수 있습니다.

조선대학교
CHOSUN UNIVERSITY

2025학년도

수능 연계교재

수능완성

✦ ✦ ✦

과학탐구영역
생명과학 II

이 책의 **차례** CONTENTS

이 책의 **구성과 특징** STRUCTURE

테마별 교과 내용 정리

교과서의 주요 내용을 핵심만 일목요연하게 정리하고, 하단에 더 알기를 수록하여 심층적인 이해를 도모하였습니다.

테마 대표 문제

테마 대표 문제, 접근 전략, 간략 풀이를 통해 대표 유형을 익힐 수 있고, 함께 실린 닮은 꼴 문제를 스스로 풀며 유형에 대한 적응력을 기를 수 있습니다.

수능 2점 테스트와 수능 3점 테스트

수능 출제 경향 분석에 근거하여 개발한 다양한 유형의 문제들을 수록하였습니다.

실전 모의고사 5회분

실제 수능과 동일한 배점과 난이도의 모의고사를 풀어봄으로써 수능에 대비할 수 있도록 하였습니다.

정답과 해설

정답의 도출 과정과 교과의 내용을 연결하여 설명하고, 오답을 찾아 분석함으로써 유사 문제 및 응용 문제에 대한 대비가 가능하도록 하였습니다.

학생

인공지능 DANCHOQ
푸리봇 문|제|검|색

EBS*i* 사이트와 EBS*i* 고교강의 APP 하단의 AI 학습도우미 푸리봇을 통해 문항코드를 검색하면 푸리봇이 해당 문제의 해설과 해설 강의를 찾아 줍니다. **사진 촬영으로도 검색**할 수 있습니다.

문제별 문항코드 확인 → 문항코드 검색

[24072-0001]
1. 아래 그래프를 이해한 내용으로 가장 적절한 것은?

24072-0001

선생님

EBS 교사지원센터
교재 관련 자|료|제|공

교재의 문항 한글(HWP) 파일과 교재이미지, 강의자료를 무료로 제공합니다.

⬇ 한글다운로드   🖼 교재이미지   📊 강의자료

• 교사지원센터(teacher.ebsi.co.kr)에서 '교사인증' 이후 이용하실 수 있습니다.
• 교사지원센터에서 제공하는 자료는 교재별로 다를 수 있습니다.

① 생명 과학의 역사

(1) 세포에 관한 연구

연구		인물	내용
세포 발견(1665년)		훅	코르크의 작은 벌집 모양 구조를 세포(cell)라고 명명함
세포설의 등장과 확립	식물 세포설(1838년)	슐라이덴	식물체가 세포로 구성된다고 주장함
	동물 세포설(1839년)	슈반	동물체가 세포로 구성된다고 주장함
	세포설의 확립(1855년)	피르호	모든 세포는 세포로부터 생성된다고 종합함

(2) 미생물과 감염병에 관한 연구

연구	인물	내용
미생물 발견(1673년)	레이우엔훅	다양한 미생물을 현미경으로 관찰하고 존재를 증명함
감염병 원인 규명(1876년)	코흐	세균 배양법 고안 및 감염병 원인 규명법을 정립함
백신 개발(1881년)	파스퇴르	생물 속생설을 입증하고 백신을 개발하여 감염병을 예방함
항생 물질 발견(1928년)	플레밍	푸른곰팡이로부터 항생 물질(페니실린)을 발견함

(3) 유전학과 분자 생물학 분야의 연구

연구	인물	내용
유전의 기본 원리 발견(1865년)	멘델	부모의 형질이 자손에게 전달되는 원리를 밝힘
유전자설 발표(1926년)	모건	초파리 연구로 각각의 유전자가 염색체의 일정한 위치에 존재함을 밝힘
DNA 구조 규명(1953년)	왓슨, 크릭	DNA 이중 나선 구조를 밝힘
유전자 재조합 기술 개발(1973년)	코헨, 보이어	효소와 플라스미드를 이용해 DNA를 재조합하는 기술을 개발함
DNA 증폭 기술 개발(1983년)	멀리스	중합 효소 연쇄 반응(PCR)을 이용해 DNA를 대량 복제하는 기술을 개발함
사람 유전체 사업 완료(2003년)	−	사람 유전체의 염기 서열을 밝힘

(4) 생물의 분류와 진화에 관한 연구

연구	인물	내용
분류 체계 정리(1753년)	린네	생물의 체계적 분류 방법을 제안하고, 학명 표기법인 이명법을 고안함
자연 선택설(1859년)	다윈	자연 선택을 통한 진화를 주장함

② 생명 과학의 연구 방법과 사례

(1) 관찰을 통한 연구

사례	내용
제너의 종두법 개발	소의 천연두(우두)에 걸린 사람은 이후에 사람의 천연두에 다시 걸리지 않는 것을 관찰하여 종두법을 개발함
플레밍의 페니실린 발견	세균 배양 배지에 푸른곰팡이가 번식하면 푸른곰팡이 주변에 세균이 생존하지 못하는 것을 관찰하고, 푸른곰팡이로부터 항생 물질인 페니실린을 추출함

(2) 실험을 통한 연구

사례	내용
하비의 혈액 순환의 원리 연구	관찰과 실험을 통해 혈액이 체내에서 순환한다는 사실을 밝힘
파스퇴르의 탄저병 백신 개발	탄저병 백신의 효능을 증명하기 위해 대중이 지켜보는 가운데 양 48마리를 대상으로 실험을 수행하여 백신의 예방 효과를 입증함

(3) 정보의 수집과 분석을 통한 연구

사례	내용
왓슨과 크릭의 DNA 구조 규명	다른 학자들의 연구 결과를 수집하고 이론과 대조하여 분석함으로써 DNA 구조를 규명하고 모형을 제작함

(4) 관찰을 위한 실험 도구의 발전

사례	내용
현미경의 발달	광학 현미경, 전자 현미경, 형광 현미경 등 현미경의 발달은 세포의 미세 구조와 바이러스 연구에 핵심적인 역할을 함

(5) 창의적 발상

사례	내용
유전자 재조합 기술 개발	코헨과 보이어는 플라스미드, 제한 효소, DNA 연결 효소를 이용하면 원하는 유전자를 다른 생물의 DNA에 삽입할 수 있을 것이라 생각하고, 이를 실현시켜 유전자 재조합 기술을 개발함
중합 효소 연쇄 반응(PCR) 기술 개발	멀리스는 DNA 복제에 필요한 물질들이 있다면 시험관에서도 DNA를 복제시킬 수 있을 것이라 생각하고, 이를 실현시켜 중합 효소 연쇄 반응 기술을 개발함

더 알기 ▶ 자연 발생설과 생물 속생설

- 자연 발생설: 생물은 흙이나 썩은 나무와 같은 비생물로부터 우연히 생겨날 수 있다는 학설
- 생물 속생설: 생물은 이미 존재하는 생물로부터만 생겨날 수 있다는 학설
- 생물의 자연 발생에 대한 논쟁은 1600년대 이후 200년간 지속되었으나 '자연 발생설 비판(1861년)'을 발표한 파스퇴르에 의해 부정되었으며, 파스퇴르는 그림과 같은 백조목 플라스크를 이용한 실험을 통해 자연 발생설을 부정하고 생물 속생설을 입증함

먼지나 미생물 등은 S자형 유리관 내부의 액체 층을 통과할 수 없다.

고기즙을 플라스크에 넣는다. → 열처리를 하여 플라스크의 목 부분을 S자형으로 구부린다. → 고기즙을 끓인다. → 고기즙을 식혀서 방치해도 미생물이 생기지 않는다.

테마 대표 문제

| 2024학년도 9월 모의평가 |

다음은 생명 과학자들의 주요 성과 (가)와 (나)의 내용이다.

> (가) 왓슨과 크릭은 ㉠ DNA의 이중 나선 구조를 알아내었다.
> (나) ㉡ 멘델은 완두 교배 실험을 통해 유전의 기본 원리를 발견하였다.

이에 대한 설명으로 옳은 것만을 <보기>에서 있는 대로 고른 것은?

보기
ㄱ. ㉠의 기본 단위는 뉴클레오타이드이다.
ㄴ. ㉡은 DNA 증폭 기술인 중합 효소 연쇄 반응(PCR)을 발명하였다.
ㄷ. (가)는 (나)보다 먼저 이룬 성과이다.

① ㄱ ② ㄴ ③ ㄷ ④ ㄱ, ㄴ ⑤ ㄴ, ㄷ

접근 전략

㉠과 ㉡에 대한 배경 지식을 바탕으로 주요 성과 (가)와 (나)를 파악해야 한다.

간략 풀이

ㄱ. DNA(㉠)의 기본 단위는 뉴클레오타이드이다.
~~ㄴ~~. DNA 증폭 기술인 중합 효소 연쇄 반응(PCR)의 발명은 1983년에 멀리스가 이룬 성과이다.
~~ㄷ~~. 왓슨과 크릭의 DNA 구조 규명(가)은 1953년에 이룬 성과이고, 멘델의 유전 기본 원리 발견(나)은 1865년에 이룬 성과이다.

정답 | ①

닮은 꼴 문제로 유형 익히기

정답과 해설 2쪽

▸24072-0001

다음은 생명 과학자들의 주요 성과 (가)와 (나)의 내용이다. ㉠과 ㉡은 DNA와 염색체를 순서 없이 나타낸 것이다.

> (가) 모건은 유전자가 ㉠의 일정한 위치에 존재한다는 것을 밝혀냈다.
> (나) 허시와 체이스는 박테리오파지를 이용한 실험으로 ㉡이 유전 물질임을 밝혀냈다.

이에 대한 설명으로 옳은 것만을 <보기>에서 있는 대로 고른 것은?

보기
ㄱ. ㉠은 염색체이다.
ㄴ. ㉡의 구성 성분에 단백질이 포함된다.
ㄷ. (가)는 (나)보다 먼저 이룬 성과이다.

① ㄱ ② ㄴ ③ ㄱ, ㄷ ④ ㄴ, ㄷ ⑤ ㄱ, ㄴ, ㄷ

유사점과 차이점

생명 과학의 주요 성과를 이해하고 이를 관련 개념에 대한 배경 지식과 함께 파악해야 한다는 점에서 대표 문제와 유사하지만 각 성과가 DNA와 염색체 중 무엇과 관련이 있는지 물어보는 점에서 대표 문제와 다르다.

배경 지식

- 1926년 모건은 각각의 유전자는 염색체의 일정한 위치에 존재한다는 유전자설을 발표했다.
- 1952년 허시와 체이스는 박테리오파지의 증식에 필요한 유전 정보가 DNA에 저장되어 있음을 밝혀냈다.

01

▶24072-0002

다음은 생명 과학의 주요 성과 (가)~(다)의 내용이다.

(가) 코헨과 보이어는 제한 효소, 플라스미드, DNA 연결 효소를 이용하여 ⓐ DNA를 재조합하는 기술을 개발하였다.
(나) 왓슨과 크릭은 X선 회절 사진을 참고하여 DNA 이중 나선 구조를 밝혀내었다.
(다) DNA를 대량 복제할 수 있는 중합 효소 연쇄 반응(PCR)이 발명되었다.

이에 대한 설명으로 옳은 것만을 〈보기〉에서 있는 대로 고른 것은?

┌ 보기 ┐
ㄱ. ⓐ를 통해 새로운 유전자 조합을 갖는 생물을 만들 수 있게 되었다.
ㄴ. DNA가 유전 물질임을 실험으로 처음 증명한 것은 (나)보다 나중에 이룬 성과이다.
ㄷ. (다)는 멀리스가 이룬 성과이다.

① ㄱ   ② ㄴ   ③ ㄱ, ㄷ   ④ ㄴ, ㄷ   ⑤ ㄱ, ㄴ, ㄷ

02

▶24072-0003

다음은 생명 과학자들의 주요 성과에 대한 학생 A~C의 발표 내용이다.

레이우엔훅은 현미경을 이용하여 세포 구조를 최초로 발견했습니다.

제너는 사람의 천연두를 예방할 수 있는 종두법을 개발했습니다.

하비는 인체에서 혈액이 순환한다는 사실을 알아냈습니다.

학생 A   학생 B   학생 C

제시한 설명이 옳은 학생만을 있는 대로 고른 것은?

① A   ② C   ③ A, B   ④ B, C   ⑤ A, B, C

03

▶24072-0004

다음은 사람 유전체 사업에 대한 자료이다. ㉠과 ㉡은 DNA와 유전자를 순서 없이 나타낸 것이다.

• 2003년 사람 유전체 사업으로 사람 유전체를 구성하는 ㉠의 약 32억 개 뉴클레오타이드 염기쌍을 밝혀내었다.
• 사람 유전체 분석 결과, 사람의 유전체에는 약 2만여 개의 ㉡이 있음을 알게 되었다.

이에 대한 설명으로 옳은 것만을 〈보기〉에서 있는 대로 고른 것은?

┌ 보기 ┐
ㄱ. 에이버리는 실험을 통해 ㉠이 유전 물질임을 밝혔다.
ㄴ. ㉡은 DNA이다.
ㄷ. 니런버그와 마테이가 유전부호를 해독한 것은 사람 유전체 사업보다 먼저 이룬 성과이다.

① ㄱ   ② ㄴ   ③ ㄷ   ④ ㄱ, ㄴ   ⑤ ㄱ, ㄷ

04

▶24072-0005

표는 미생물과 감염병에 대한 생명 과학자들의 주요 성과 (가)~(다)의 내용을 나타낸 것이다. ㉠~㉢은 코흐, 플레밍, 파스퇴르를 순서 없이 나타낸 것이다.

구분	생명 과학자	내용
(가)	㉠	푸른곰팡이에서 ⓐ 페니실린을 발견함
(나)	㉡	감염병의 원인이 되는 세균(미생물)을 배양하여 연구하는 방법을 고안함
(다)	㉢	탄저병을 예방하는 백신을 개발함

이에 대한 설명으로 옳은 것만을 〈보기〉에서 있는 대로 고른 것은?

┌ 보기 ┐
ㄱ. ㉡은 실험을 통해 생물 속생설을 입증하였다.
ㄴ. ⓐ는 항생제이다.
ㄷ. 레이우엔훅이 현미경을 이용하여 미생물을 관찰한 것은 (가)보다 먼저 이룬 성과이다.

① ㄱ   ② ㄴ   ③ ㄱ, ㄴ   ④ ㄱ, ㄷ   ⑤ ㄴ, ㄷ

01

▶24072-0006

그림은 생명 과학자들의 주요 성과 Ⅰ~Ⅲ을 시간 순서에 따라 나타낸 것이고, 표는 Ⅰ~Ⅲ을 순서 없이 나타낸 것이다. ㉠과 ㉡은 모건과 캘빈을 순서 없이 나타낸 것이다.

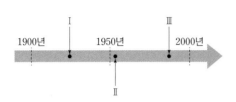

주요 성과(Ⅰ~Ⅲ)
• ㉠은 ⓐ 방사성 동위 원소를 이용하여 광합성의 탄소 고정 반응의 경로를 밝힘
• ㉡은 각각의 유전자가 염색체의 일정한 위치에 존재하는 것을 밝힘
• 멀리스는 중합 효소 연쇄 반응(PCR)을 발명함

이에 대한 설명으로 옳은 것만을 〈보기〉에서 있는 대로 고른 것은?

┌─ 보기 ┌
ㄱ. ㉡은 모건이다.
ㄴ. Ⅱ는 '멀리스는 중합 효소 연쇄 반응(PCR)을 발명함'이다.
ㄷ. ⓐ를 이용하여 세포 내에서 물질의 이동 과정을 알아볼 수 있다.

① ㄱ   ② ㄴ   ③ ㄱ, ㄷ   ④ ㄴ, ㄷ   ⑤ ㄱ, ㄴ, ㄷ

02

▶24072-0007

다음은 생명 과학자들의 주요 성과 (가)~(다)의 내용이다. ㉠~㉢은 다윈, 린네, 멘델을 순서 없이 나타낸 것이다.

(가) ㉠은 ⓐ 유전의 기본 원리를 발견하고 현대의 유전자에 해당하는 개념을 제시하였다.
(나) ㉡은 자연 선택을 통해 진화가 일어난다고 설명하였다.
(다) ㉢은 ⓑ 종의 개념을 명확히 하고, 동식물을 체계적으로 분류하는 방법을 제안하였다.

이에 대한 설명으로 옳은 것만을 〈보기〉에서 있는 대로 고른 것은?

┌─ 보기 ┌
ㄱ. ㉠은 초파리 유전 실험으로 ⓐ를 발견하였다.
ㄴ. ㉡은 생물 개체 사이의 변이가 DNA를 통해 전달되어 ⓑ의 분화가 일어난다고 주장하였다.
ㄷ. (가)~(다) 중 가장 먼저 이루어진 성과는 (다)이다.

① ㄱ   ② ㄴ   ③ ㄷ   ④ ㄱ, ㄴ   ⑤ ㄴ, ㄷ

1 생명체의 유기적 구성

(1) 세포 → 조직 → 기관 → 개체

(2) **동물의 유기적 구성**: 세포 → 조직 → 기관 → 기관계 → 개체

① 기능과 모양이 비슷한 세포가 모여 조직(상피 조직, 근육 조직, 신경 조직, 결합 조직)을 이루고, 여러 조직이 모여 특정 기관(위, 심장, 콩팥 등)을 이룬다.

② 연관된 기능을 하는 기관이 모여 기관계(소화계, 순환계, 배설계, 호흡계 등)를 이룬다.

(3) **식물의 유기적 구성**: 세포 → 조직 → 조직계 → 기관 → 개체

① 조직에는 분열 조직(생장점, 형성층)과 영구 조직(표피 조직, 유조직, 통도 조직 등)이 있으며, 여러 조직이 모여 일정한 기능을 수행하는 조직계(표피 조직계, 기본 조직계, 관다발 조직계)를 이룬다.

② 기관에는 생식 기관(꽃, 열매)과 영양 기관(뿌리, 줄기, 잎)이 있다.

2 생명체를 구성하는 기본 물질

구분	특성
탄수화물	단당류(포도당, 리보스 등), 이당류(엿당, 설탕 등), 다당류(녹말, 글리코젠, 셀룰로스 등)로 구분한다.
지질	• 물에 잘 녹지 않고, 유기 용매에 잘 녹는다. • 중성 지방, 스테로이드, 인지질이 있다.
단백질	• 기본 단위는 아미노산(20종류)이고, 아미노산이 펩타이드 결합으로 연결된다. • 생명체의 주요 구성 성분이며, 효소, 항체, 일부 호르몬의 주성분이다.
핵산	• 기본 단위는 뉴클레오타이드이며, DNA와 RNA가 있다. • 유전 정보 저장과 전달, 단백질 합성에 관여한다.

3 원핵세포와 진핵세포

구분	유전체 형태	핵막	세포벽	리보솜	막성 세포 소기관
원핵세포	원형 DNA	없음	있음	있음	없음
진핵세포 (동물 세포)	선형 DNA	있음	없음	있음	있음

4 세포의 연구 방법

(1) **현미경 관찰**: 현미경에는 가시광선을 이용하는 광학 현미경과 전자선을 이용하는 전자 현미경(주사 전자 현미경, 투과 전자 현미경)이 있다.

(2) **세포 분획법**: 원심 분리기를 이용하여 세포 소기관의 크기와 밀도에 따라 세포 소기관을 단계적으로 분리하는 방법이다.
   • 세포벽이 제거된 식물 세포의 세포 소기관 분리 순서: 핵 → 엽록체 → 미토콘드리아 → 소포체, 리보솜

(3) **자기 방사법**: 방사성 물질을 이용하여 물질의 이동 경로와 물질 전환 과정을 알아보는 방법이다.

5 세포 소기관의 유기적 작용과 특성

구분	유기적 작용	특성
핵	생명 활동의 중심	핵막으로 둘러싸여 있으며, 핵 속에는 염색질과 인이 있다.
리보솜	물질의 합성과 수송	rRNA와 단백질로 구성되며, 단백질을 합성한다.
소포체		• 거친면 소포체는 리보솜에서 합성된 단백질을 가공하고 운반한다. • 매끈면 소포체는 지질을 합성하고, 독성 물질을 해독하며, Ca^{2+}을 저장한다.
골지체		소포체에서 전달된 단백질과 지질을 가공하고, 물질의 운반과 분비에 관여한다.
미토콘드리아	에너지 전환	유기물의 화학 에너지가 ATP의 화학 에너지로 전환되는 세포 호흡이 일어나는 장소이며, 자체 DNA와 리보솜을 갖는다.
엽록체		빛에너지가 화학 에너지로 전환되는 광합성이 일어나는 장소이며, 자체 DNA와 리보솜 및 광합성 색소를 갖는다.
리소좀	물질의 분해와 저장	여러 종류의 가수 분해 효소가 있어 세포내 소화를 담당한다.
액포		식물 세포에 주로 존재하며, 물질의 저장 및 세포의 삼투압 조절에 관여한다.
세포벽	세포의 형태 유지 및 보호	세포의 세포막 바깥쪽에 형성되어 세포를 보호하고 형태를 유지한다.
세포 골격		단백질 섬유(미세 섬유, 중간 섬유, 미세 소관)가 그물처럼 얽혀 있는 구조로, 세포의 형태 유지, 염색체의 이동 등에 관여한다.

더 알기 ◆ 엽록체와 미토콘드리아의 비교

• 엽록체와 미토콘드리아의 구조와 에너지 전환 과정

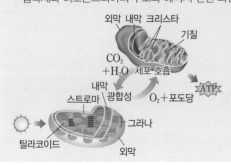

구분	엽록체	미토콘드리아
공통점	외막과 내막의 2중막 구조, 자체 DNA와 리보솜이 존재하므로 스스로 복제와 증식을 할 수 있고, 단백질을 합성할 수 있다.	
기능	광합성(유기물 합성)	세포 호흡(유기물 분해)
에너지 전환 과정	• 빛에너지를 이용하여 이산화 탄소와 물로부터 포도당과 산소가 생성된다. • 빛에너지 → 화학 에너지(유기물)	• 산소를 이용하여 유기물을 분해함으로써 생명 활동에 필요한 에너지(ATP)를 합성한다. • 화학 에너지(유기물) → 화학 에너지(ATP)

테마 대표 문제

| 2024학년도 9월 모의평가 |

다음은 대장균과 사람의 신경 세포에 대한 자료이다. (가)와 (나)는 대장균과 사람의 신경 세포를 순서 없이 나타낸 것이다.

- (가)와 (나)는 모두 ㉠ 리보솜을 갖는다.
- (가)와 (나) 중 (가)에만 미토콘드리아가 있다.

이에 대한 설명으로 옳은 것만을 〈보기〉에서 있는 대로 고른 것은?

보기

ㄱ. (나)는 대장균이다.
ㄴ. ㉠에서 단백질 합성이 일어난다.
ㄷ. (가)와 (나)는 모두 세포벽을 갖는다.

① ㄱ ② ㄷ ③ ㄱ, ㄴ ④ ㄴ, ㄷ ⑤ ㄱ, ㄴ, ㄷ

접근 전략

대장균과 사람의 신경 세포가 각각 원핵세포와 진핵세포임을 파악하고, 미토콘드리아가 있는 세포가 무엇인지 찾아내야 한다.

간략 풀이

원핵생물인 대장균에는 막 구조의 세포 소기관이 없으므로 (가)는 사람의 신경 세포이고, (나)는 대장균이다.

㉠. 미토콘드리아가 없는 (나)는 대장균이다.

㉡. 리보솜(㉠)에서 단백질 합성이 일어난다.

ㄷ. 사람의 신경 세포인 (가)는 세포벽을 갖지 않는다.

정답 | ③

닮은 꼴 문제로 유형 익히기

정답과 해설 3쪽

▸24072-0008

다음은 효모, 대장균, 시금치 잎의 공변세포에 대한 자료이다. (가)~(다)는 효모, 대장균, 시금치 잎의 공변세포를 순서 없이 나타낸 것이다.

- (가)~(다)는 모두 [㉠]을/를 갖는다.
- (가)~(다) 중 (나)에만 ㉡ 엽록체가 있다.
- (다)에는 펩티도글리칸 성분의 세포벽이 있다.

이에 대한 설명으로 옳은 것만을 〈보기〉에서 있는 대로 고른 것은?

보기

ㄱ. (가)는 효모이다.
ㄴ. 리보솜은 ㉠에 해당한다.
ㄷ. ㉡에서 NADPH의 합성이 일어난다.

① ㄱ ② ㄴ ③ ㄱ, ㄷ ④ ㄴ, ㄷ ⑤ ㄱ, ㄴ, ㄷ

유사점과 차이점

자료에 주어진 세포의 특성을 이용하여 세포의 종류를 파악한다는 점에서 대표 문제와 유사하지만, 균류와 식물 세포를 다룬다는 점에서 대표 문제와 다르다.

배경 지식

- 시금치 잎의 공변세포와 균류에 속하는 효모는 모두 진핵세포이다.
- 효모, 대장균, 시금치 잎의 공변세포에는 모두 세포벽이 있으며, 세포벽의 주성분은 효모에서 키틴, 대장균에서 펩티도글리칸, 시금치 잎의 공변세포에서 셀룰로스이다.
- 엽록체에서는 물의 광분해가 일어나 방출된 전자에 의해 $NADP^+$가 환원된다.

01

▶24072-0009

표는 생쥐와 장미에서 생물의 구성 단계 중 A, B, 기관의 유무를 나타낸 것이다. A와 B는 각각 조직과 조직계 중 하나이다.

구성 단계	생쥐	장미
A	○	ⓐ
B	×	?
기관	ⓑ	○

(○: 있음, ×: 없음)

이에 대한 설명으로 옳은 것만을 〈보기〉에서 있는 대로 고른 것은?

보기
ㄱ. ⓐ와 ⓑ는 모두 '○'이다.
ㄴ. B는 조직계이다.
ㄷ. 생쥐에서 혈액은 기관의 예이다.

① ㄱ ② ㄴ ③ ㄷ ④ ㄱ, ㄴ ⑤ ㄴ, ㄷ

02

▶24072-0010

그림은 사람 몸의 구성 단계 일부와 그 예를 나타낸 것이다. A와 B는 각각 기관과 기관계 중 하나이다.

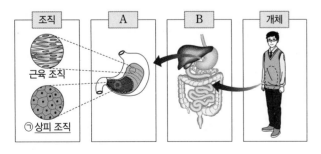

이에 대한 설명으로 옳은 것만을 〈보기〉에서 있는 대로 고른 것은?

보기
ㄱ. A는 식물에도 있는 구성 단계이다.
ㄴ. B는 기관계이다.
ㄷ. ㉠은 세포로 구성된다.

① ㄱ ② ㄴ ③ ㄱ, ㄷ ④ ㄴ, ㄷ ⑤ ㄱ, ㄴ, ㄷ

03

▶24072-0011

그림은 어떤 식물 잎의 단면을 나타낸 것이다. A~C는 각각 통도 조직, 표피 조직, 울타리 조직 중 하나이다.

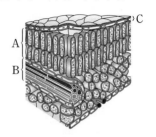

이에 대한 설명으로 옳은 것만을 〈보기〉에서 있는 대로 고른 것은?

보기
ㄱ. A는 울타리 조직이다.
ㄴ. B는 관다발 조직계에 속한다.
ㄷ. A와 C는 모두 분열 조직에 해당한다.

① ㄱ ② ㄷ ③ ㄱ, ㄴ ④ ㄴ, ㄷ ⑤ ㄱ, ㄴ, ㄷ

04

▶24072-0012

다음은 생명체를 구성하는 물질 ㉠~㉢에 대한 자료이다. ㉠~㉢은 단백질, 탄수화물, DNA를 순서 없이 나타낸 것이다.

• ㉠의 기본 단위는 아미노산이다.
• ㉠과 ㉡의 구성 원소에 모두 질소(N)가 포함된다.
• 글리코젠은 ㉢의 예에 해당한다.

이에 대한 설명으로 옳은 것만을 〈보기〉에서 있는 대로 고른 것은?

보기
ㄱ. 리보솜에서 ㉠이 합성된다.
ㄴ. ㉡에는 펩타이드 결합이 있다.
ㄷ. ㉢은 탄수화물이다.

① ㄱ ② ㄴ ③ ㄱ, ㄴ ④ ㄴ, ㄷ ⑤ ㄴ, ㄷ

05

▶ 24072-0013

그림은 세포막의 구조를 나타낸 것이다. A~C는 단백질, 인지질, 스테로이드를 순서 없이 나타낸 것이다.

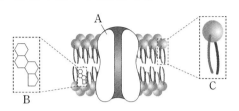

이에 대한 설명으로 옳은 것만을 〈보기〉에서 있는 대로 고른 것은?

┌─ 보기 ─────────────────────────────────┐
ㄱ. A의 기본 단위는 아미노산이다.
ㄴ. B는 스테로이드이다.
ㄷ. B와 C는 모두 유기 용매에 녹는다.
└──────────────────────────────────────┘

① ㄱ   ② ㄴ   ③ ㄱ, ㄷ   ④ ㄴ, ㄷ   ⑤ ㄱ, ㄴ, ㄷ

06

▶ 24072-0014

다음은 세포의 특징을 이해하기 위한 탐구이다.

┌───┐
(가) 세포의 서로 다른 특징이 적힌 3종류의 카드 Ⅰ~Ⅲ을 각각
   3장씩, 세포 카드를 각각 1장씩 그림과 같이 준비한다.

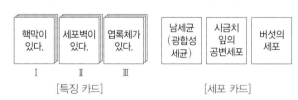

(나) 학생 ㉮~㉰는 세포 카드 중 서로 다른 하나를 각각 가져
   간 후, Ⅰ~Ⅲ 중 해당 세포가 갖는 특징이 적힌 카드만을
   모두 골라 1장씩 가져간다.
(다) ㉮~㉰가 Ⅰ~Ⅲ 중 가져간 카드의 수는 표와 같다.

학생	㉮	㉯	㉰
가져간 카드 수(장)	3	2	?
└───┘

이에 대한 설명으로 옳은 것만을 〈보기〉에서 있는 대로 고른 것은?

┌─ 보기 ─────────────────────────────────┐
ㄱ. ㉮가 가져간 세포 카드는 '버섯의 세포'이다.
ㄴ. ㉯가 가져간 특징 카드 중에는 Ⅰ이 있다.
ㄷ. (다)에서 ㉰가 Ⅰ~Ⅲ 중 가져간 카드의 수는 1이다.
└──────────────────────────────────────┘

① ㄱ   ② ㄷ   ③ ㄱ, ㄴ   ④ ㄴ, ㄷ   ⑤ ㄱ, ㄴ, ㄷ

07

▶ 24072-0015

그림은 식물 세포 파쇄액을 원심 분리한 모습을, 표는 식물 세포 파쇄액을 서로 다른 속도로 각각 원심 분리하였을 때 침전물에 있는 세포 소기관을 나타낸 것이다. 세포 소기관 ㉠~㉢은 핵, 엽록체, 미토콘드리아를 순서 없이 나타낸 것이다.

원심 분리 속도	침전된 세포 소기관
v_1	㉠
v_2	㉠, ㉡
v_3	㉠, ㉡, ㉢

이에 대한 설명으로 옳은 것만을 〈보기〉에서 있는 대로 고른 것은? (단, 제시된 자료 이외는 고려하지 않는다.)

┌─ 보기 ─────────────────────────────────┐
ㄱ. 원심 분리 속도는 v_1이 v_2보다 빠르다.
ㄴ. ㉠과 ㉡에서 모두 RNA의 합성이 일어난다.
ㄷ. ㉢은 크리스타 구조를 갖는다.
└──────────────────────────────────────┘

① ㄱ   ② ㄴ   ③ ㄷ   ④ ㄱ, ㄴ   ⑤ ㄴ, ㄷ

08

▶ 24072-0016

그림은 현미경 ㉮를 이용하여 관찰한 식물 세포의 세포 소기관 X의 단면을, 표는 X에서 일어나는 물질대사 과정의 일부를 나타낸 것이다. ㉮는 광학 현미경과 투과 전자 현미경 중 하나이다.

물질대사 과정
• 뉴클레오타이드 → RNA
• 이산화 탄소 → 포도당

이에 대한 설명으로 옳은 것만을 〈보기〉에서 있는 대로 고른 것은?

┌─ 보기 ─────────────────────────────────┐
ㄱ. ㉮의 광원은 가시광선이다.
ㄴ. X는 2중막 구조를 갖는다.
ㄷ. X에서 빛에너지가 화학 에너지로 전환된다.
└──────────────────────────────────────┘

① ㄱ   ② ㄷ   ③ ㄱ, ㄴ   ④ ㄴ, ㄷ   ⑤ ㄱ, ㄴ, ㄷ

09

▶24072-0017

그림은 정상 동물 세포에 방사성 동위 원소로 표지한 아미노산을 일정 시간 동안 공급한 후 시점 t_1에서 t_2로 진행되었을 때 세포 소기관 ㉠과 ㉡에서 방출되는 방사선량을 비교하여 나타낸 것이다. ㉠과 ㉡은 각각 소포체와 골지체 중 하나이다.

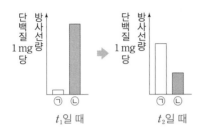

이에 대한 설명으로 옳은 것만을 〈보기〉에서 있는 대로 고른 것은?

┌─ 보기 ┌
ㄱ. ㉠에는 시스터나가 있다.
ㄴ. ㉡의 막 일부는 핵막과 연결되어 있다.
ㄷ. ㉡에서 ㉠으로 합성된 단백질이 이동한다.
└────

① ㄱ   ② ㄴ   ③ ㄱ, ㄷ   ④ ㄴ, ㄷ   ⑤ ㄱ, ㄴ, ㄷ

10

▶24072-0018

그림은 동물 세포의 세포 골격에 해당하는 A~C를 나타낸 것이다. A~C는 각각 미세 섬유, 미세 소관, 중간 섬유 중 하나이다.

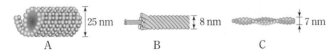

이에 대한 설명으로 옳은 것만을 〈보기〉에서 있는 대로 고른 것은?

┌─ 보기 ┌
ㄱ. A는 미세 소관이다.
ㄴ. B는 중심체를 구성한다.
ㄷ. A~C는 모두 주성분이 인지질이다.
└────

① ㄱ   ② ㄴ   ③ ㄱ, ㄷ   ④ ㄴ, ㄷ   ⑤ ㄱ, ㄴ, ㄷ

11

▶24072-0019

그림은 동물 세포의 구조를, 표는 세포 소기관 ㉠~㉢ 중 2가지가 갖는 공통점을 나타낸 것이다. A~C는 리보솜, 중심체, 미토콘드리아를 순서 없이 나타낸 것이고, ㉠~㉢은 A~C를 순서 없이 나타낸 것이다.

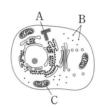

세포 소기관	공통점
㉠과 ㉡	RNA가 있다.
㉡과 ㉢	막 구조를 갖지 않는다.

이에 대한 설명으로 옳은 것만을 〈보기〉에서 있는 대로 고른 것은?

┌─ 보기 ┌
ㄱ. ㉠은 B이다.
ㄴ. C에서 ATP가 합성된다.
ㄷ. 세포 분열 시 ㉡에서 방추사가 형성된다.
└────

① ㄱ   ② ㄴ   ③ ㄱ, ㄷ   ④ ㄴ, ㄷ   ⑤ ㄱ, ㄴ, ㄷ

12

▶24072-0020

그림은 식물 세포의 구조를 나타낸 것이다. A~C는 골지체, 세포벽, 엽록체를 순서 없이 나타낸 것이다.

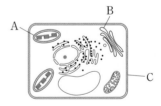

이에 대한 설명으로 옳은 것만을 〈보기〉에서 있는 대로 고른 것은?

┌─ 보기 ┌
ㄱ. A에는 핵산이 있다.
ㄴ. A와 B는 모두 막 구조를 갖는다.
ㄷ. C의 구성 성분에 셀룰로스가 포함된다.
└────

① ㄱ   ② ㄷ   ③ ㄱ, ㄴ   ④ ㄴ, ㄷ   ⑤ ㄱ, ㄴ, ㄷ

01
▶24072-0021

그림은 식물의 구성 단계를, 표는 식물의 구성 단계 A~C의 예를 나타낸 것이다. ㉠~㉢은 기관, 조직, 조직계를 순서 없이 나타낸 것이고, A~C는 ㉠~㉢을 순서 없이 나타낸 것이다.

구성 단계	예
A	뿌리
B	?
C	ⓐ형성층

이에 대한 설명으로 옳은 것만을 〈보기〉에서 있는 대로 고른 것은?

보기
ㄱ. A는 ㉢이다.
ㄴ. B는 동물에는 없는 구성 단계이다.
ㄷ. ⓐ는 영구 조직에 해당한다.

① ㄱ　　　② ㄷ　　　③ ㄱ, ㄴ　　　④ ㄴ, ㄷ　　　⑤ ㄱ, ㄴ, ㄷ

02
▶24072-0022

표는 현미경 A~C의 광원을, 그림은 B와 C를 이용하여 관찰한 백혈구의 모습을 나타낸 것이다. A~C는 광학 현미경, 주사 전자 현미경, 투과 전자 현미경을 순서 없이 나타낸 것이다.

현미경	광원
A	전자선
B	?
C	?

B로 관찰한 모습

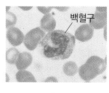
C로 관찰한 모습

이에 대한 설명으로 옳은 것만을 〈보기〉에서 있는 대로 고른 것은?

보기
ㄱ. A는 시료의 단면을 통과한 전자선을 이용한다.
ㄴ. 시료 관찰 시 구별할 수 있는 두 점 사이의 최소 거리는 C가 B보다 짧다.
ㄷ. C를 이용하여 살아 있는 세포를 관찰할 수 있다.

① ㄱ　　　② ㄴ　　　③ ㄱ, ㄷ　　　④ ㄴ, ㄷ　　　⑤ ㄱ, ㄴ, ㄷ

03

▶24072-0023

표 (가)는 생명체를 구성하는 물질 A~D에서 특징 ㉠~㉣의 유무를, (나)는 ㉠~㉣을 나타낸 것이다. A~D는 DNA, 단백질, 인지질, 스테로이드를 순서 없이 나타낸 것이다.

구분	㉠	㉡	㉢	㉣
A	○	?	?	×
B	?	×	×	○
C	×	○	○	×
D	?	×	○	○

(○: 있음, ×: 없음)

(가)

특징
㉠ 호르몬의 성분이다.
㉡ 뉴클레오솜을 구성한다.
㉢ 구성 원소에 인(P)이 포함된다.
㉣ ?

(나)

이에 대한 설명으로 옳은 것만을 〈보기〉에서 있는 대로 고른 것은?

보기
ㄱ. A의 기본 단위는 아미노산이다.
ㄴ. C에는 유전 정보가 저장되어 있다.
ㄷ. '지질에 속한다.'는 ㉣에 해당한다.

① ㄱ   ② ㄷ   ③ ㄱ, ㄴ   ④ ㄴ, ㄷ   ⑤ ㄱ, ㄴ, ㄷ

04

▶24072-0024

그림은 원심 분리기를 이용하여 식물 세포 파쇄액으로부터 세포 소기관을 분리하는 과정의 일부를, 표는 시험관 (가)와 (나)의 침전물과 상층액에 있는 세포 소기관을 나타낸 것이다. ㉠~㉢은 리보솜, 엽록체, 미토콘드리아를 순서 없이 나타낸 것이다.

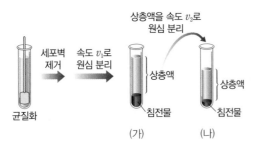

구분	시험관	
	(가)	(나)
침전물	핵, ㉠	㉢
상층액	㉡, ㉢	㉡

이에 대한 설명으로 옳은 것만을 〈보기〉에서 있는 대로 고른 것은? (단, 제시된 자료 이외는 고려하지 않는다.)

보기
ㄱ. $v_1 > v_2$이다.
ㄴ. ㉠에서 NADPH가 생성된다.
ㄷ. ㉡과 ㉢에 모두 DNA가 있다.

① ㄱ   ② ㄴ   ③ ㄱ, ㄷ   ④ ㄴ, ㄷ   ⑤ ㄱ, ㄴ, ㄷ

05

▶24072-0025

표는 세포 A~C에서 ㉠~㉢의 유무를, 그림은 현미경을 이용하여 세포 소기관 ㉮의 단면을 관찰한 결과를 나타낸 것이다. A~C는 남세균(광합성 세균), 사람의 간을 구성하는 세포, 시금치에서 광합성이 일어나는 세포를 순서 없이 나타낸 것이고, ㉠~㉢은 리보솜, 세포벽, 엽록체를 순서 없이 나타낸 것이다.

구분	㉠	㉡	㉢
A	○	?	○
B	×	○	?
C	?	×	○

(○: 있음, ×: 없음)

그라나

㉮의 단면

이에 대한 설명으로 옳은 것만을 〈보기〉에서 있는 대로 고른 것은?

┌ 보기
ㄱ. ㉮는 ㉠이다.
ㄴ. B는 전사가 일어나는 장소와 번역이 일어나는 장소가 2중막으로 분리되어 있다.
ㄷ. C는 셀룰로스가 포함된 세포벽을 갖는다.

① ㄱ   ② ㄴ   ③ ㄷ   ④ ㄱ, ㄷ   ⑤ ㄴ, ㄷ

06

▶24072-0026

다음은 동물 세포의 구조와 기능에 대한 자료이다. ㉠~㉢은 골지체, 리소좀, 미토콘드리아를 순서 없이 나타낸 것이다.

- ㉠은 2중막 구조를 갖는다.
- ㉡은 ㉢의 일부가 떨어져 나와 형성된다.
- ㉢은 물질을 막으로 감싸 분비하는 데 관여한다.

이에 대한 설명으로 옳은 것만을 〈보기〉에서 있는 대로 고른 것은?

┌ 보기
ㄱ. ㉠에서 포도당이 피루브산으로 분해된다.
ㄴ. ㉡에는 가수 분해 효소가 있다.
ㄷ. ㉢은 크리스타 구조를 갖는다.

① ㄱ   ② ㄴ   ③ ㄱ, ㄴ   ④ ㄱ, ㄷ   ⑤ ㄴ, ㄷ

1 세포막의 구조

(1) 세포막의 특성

① 주성분은 인지질과 단백질이다.
- 친수성인 인지질의 머리 부분이 막의 양쪽 바깥을 향하여 물과 접하고, 소수성인 인지질의 꼬리 부분이 막의 안쪽에서 마주보고 있는 인지질 2중층 구조이다.
- 단백질은 인지질 2중층에 파묻혀 있거나 관통하거나 표면에 붙어 물질 수송, 신호 전달, 세포 인식, 효소 작용 등의 기능을 한다.

② 세포의 형태를 유지하고, 선택적 투과성이 있다.

(2) 유동 모자이크 막: 인지질과 막단백질은 모두 세포막에서 특정 위치에 고정되어 있지 않고, 유동성을 가진다.

2 확산

(1) 특징: 농도 기울기에 따라 물질의 농도가 높은 쪽에서 낮은 쪽으로 물질이 이동하는 방식으로, 에너지(ATP의 화학 에너지 등)가 사용되지 않는다.

(2) 확산의 종류

① 단순 확산: 물질이 인지질 2중층을 직접 통과하는 이동 방식이다. 예 세포막을 통한 O_2와 CO_2의 기체 교환

② 촉진 확산: 물질이 세포막에 있는 수송 단백질을 통해 이동하는 이동 방식이다. 예 신경 세포에서 Na^+ 통로를 통한 Na^+의 이동

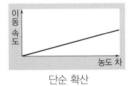 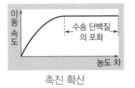

| 단순 확산 | 촉진 확산 |

3 삼투

(1) 특징: 반투과성 막을 경계로 물의 농도가 높은 쪽에서 낮은 쪽으로 물이 이동하는 방식으로, 에너지(ATP의 화학 에너지 등)가 사용되지 않는다.

(2) 삼투압: 삼투에 의해 반투과성 막이 받는 압력으로, 삼투압은 용액의 농도 차가 클수록 크다.

(3) 동물 세포(적혈구)와 식물 세포에서의 삼투: 세포벽의 유무로 인해 동물 세포와 식물 세포에서 삼투에 의해 일어나는 현상이 서로 다르다.

구분	저장액	등장액	고장액
동물 세포	H_2O H_2O	H_2O H_2O	H_2O H_2O
	팽창 또는 용혈 현상	부피 변화 없음	쭈그러듦
식물 세포	H_2O H_2O 액포	H_2O H_2O	H_2O H_2O 세포막 세포벽
	팽윤 상태	부피 변화 없음	원형질 분리

4 능동 수송

(1) 인지질 2중층에 있는 운반체 단백질을 통해 물질의 농도가 낮은 쪽에서 높은 쪽으로 에너지(ATP의 화학 에너지 등)를 사용하면서 물질이 이동하는 방식이다. 예 Na^+-K^+ 펌프에 의한 이온 이동, 소장 융털에서의 일부 양분 흡수, 콩팥 세뇨관에서의 포도당 재흡수

(2) 세포 호흡 저해제를 처리하여 에너지 공급을 차단하면 ATP의 화학 에너지를 사용하는 능동 수송이 억제된다.

(3) 운반체 단백질을 통해 물질이 선택적으로 이동한다.

5 세포내 섭취와 세포외 배출

세포내 섭취와 세포외 배출은 모두 에너지(ATP의 화학 에너지 등)를 사용하여 막의 형태를 변화시켜 큰 분자나 고형물 등을 세포 안팎으로 이동시키는 방식이다.

(1) 세포내 섭취: 세포 밖의 물질을 세포막으로 감싸서 세포 안으로 이동시키는 방식으로, 식세포 작용과 음세포 작용이 있다. 예 백혈구의 식세포 작용(식균 작용)

① 식세포 작용: 크기가 비교적 큰 고형 물질을 이동시키는 작용

② 음세포 작용: 액체 상태의 물질을 이동시키는 작용

(2) 세포외 배출: 세포 안의 분비 소낭이 세포막과 융합하면서 소낭 안의 물질을 세포 밖으로 내보내는 방식이다. 예 호르몬과 효소의 분비

더 알기 원형질 분리가 일어난 식물 세포를 저장액에 넣을 때 나타나는 변화

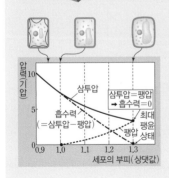

그림은 고장액에 넣어 원형질 분리가 일어난 식물 세포를 저장액에 넣었을 때 세포 부피에 따른 삼투압, 팽압, 흡수력의 변화를 나타낸 것이다.

- 삼투압 변화: 세포 내부로 물이 유입되면서 세포 내부의 농도가 낮아지며, 이에 따라 삼투압이 감소한다.
- 팽압 변화: 세포의 부피가 한계 원형질 분리 상태의 부피(부피 상댓값 1.0)보다 커지면 팽압이 나타나기 시작하고, 세포 내부로 물이 유입됨에 따라 팽압이 증가한다.
- 흡수력 변화: 흡수력은 삼투압에서 팽압을 뺀 값이다. 세포 내부로 물이 유입되면서 삼투압은 감소하고 팽압은 증가하므로, 흡수력은 세포의 부피가 증가함에 따라 점차 감소하다가 식물 세포의 삼투압과 팽압이 같아질 때 0이 된다.

세포의 부피(상댓값)	0.9	1.0	1.3
세포의 상태	원형질 분리	한계 원형질 분리	최대 팽윤 상태

⑥ 효소의 기능과 특성

(1) 효소의 기능

① 생체 촉매로서 자신은 변하지 않고 화학 반응의 활성화 에너지를 낮추어 반응 속도를 빠르게 하는 작용을 한다.

② 반응열의 크기에 영향을 주지 않는다.

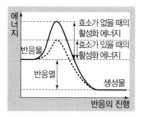

(2) 효소의 특성

① 효소는 기질과 결합하는 활성 부위를 가지며, 기질과 결합하여 효소·기질 복합체를 형성하면 활성화 에너지가 낮아진다.

② 효소는 활성 부위와 입체 구조가 맞는 특정 기질에만 작용하는 기질 특이성이 있다.

③ 반응 전후에 구조와 성질이 변하지 않으므로 생성물과 분리된 후 새로운 기질과 결합하여 다시 반응을 촉매한다.

(3) 효소의 구성

① 효소는 전체가 단백질로만 이루어진 것과 주성분인 단백질에 보조 인자가 필요한 것이 있다.

② 주효소: 효소의 단백질 부분으로, pH와 온도의 영향을 받아 구조가 변할 수 있다.

③ 보조 인자: 효소의 비단백질 부분으로, pH와 온도의 영향을 적게 받는다. 주효소에 결합하여 완전한 효소(전효소) 활성이 나타나게 한다.

전효소＝주효소＋보조 인자(조효소 또는 금속 이온)

조효소	금속 이온
• 보조 인자가 비타민과 같은 유기 화합물인 경우로, 일반적으로 반응이 끝나면 주효소로부터 분리되며, 한 종류의 조효소가 여러 종류의 주효소와 결합하여 이용될 수 있다. ⮚ NAD^+, $NADP^+$, FAD 등	• 보조 인자가 금속 이온인 경우 일반적으로 주효소와 강하게 결합하고 있어 반응이 끝나도 주효소로부터 분리되지 않는다. ⮚ 철 이온(Fe^{2+}), 구리 이온(Cu^{2+}), 아연 이온(Zn^{2+}), 마그네슘 이온(Mg^{2+}) 등

(4) 효소의 종류

종류	기능
산화 환원 효소	수소나 산소 원자 또는 전자를 다른 분자에 전달함
전이 효소	기질의 작용기를 다른 분자로 옮김
가수 분해 효소	물 분자를 첨가하여 기질을 분해함
부가 제거 효소	어떤 작용기를 기질에서 제거하거나 기질에 첨가함
이성질화 효소	기질의 원자 배열을 바꾸어 이성질체로 전환함
연결 효소	에너지를 사용하여 2개의 기질을 서로 연결함

⑦ 효소의 활성에 영향을 미치는 요인

(1) 온도

최적 온도가 될 때까지는 온도가 높아지면 기질이 더 활발하게 움직여 효소의 활성 부위와의 충돌 빈도가 증가하고, 효소·기질 복합체가 더 많이 형성되므로 반응 속도가 빨라진다. 최적 온도보다 온도가 높아져 효소 활성 부위의 입체 구조가 변하면 효소·기질 복합체의 형성이 어려워져 반응 속도가 급격히 느려지거나 촉매 기능을 잃는다.

(2) pH

효소의 주성분인 단백질의 입체 구조가 pH에 따라 변화하므로 최적 pH에서 반응 속도가 가장 빠르다.

(3) 기질 농도

기질 농도가 높아질수록 효소·기질 복합체가 더 많이 생성되므로 초기 반응 속도가 증가하지만, 모든 효소가 기질과 결합하면 초기 반응 속도가 더 이상 증가하지 않고 일정해진다.

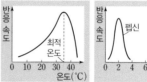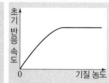

(4) 저해제

효소와 결합하여 효소에 의한 반응을 저해하는 물질이다.

① 경쟁적 저해제: 기질과 구조가 유사하여 기질과 경쟁적으로 효소의 활성 부위에 결합함으로써 반응을 저해한다.

② 비경쟁적 저해제: 효소의 활성 부위가 아닌 다른 부위에 결합하여 효소의 활성 부위 구조를 변화시킴으로써 효소의 활성 부위에 기질이 결합하지 못하게 한다.

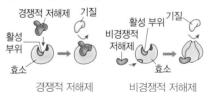

더 알기 ◆ 경쟁적 저해제와 비경쟁적 저해제의 효과

효소 저해제는 효소의 촉매 활성을 감소시켜 반응 속도를 느리게 하는 분자들이다. 특히 질병 치료에 활용되고 있는 주요 의약품 중에는 특정 효소의 활성을 저해하는 것들이 있다.

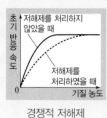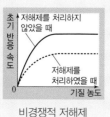

• 경쟁적 저해제: 저해제가 효소의 활성 부위에 결합하면 기질이 결합하지 못하여 반응이 저해되므로 초기 반응 속도가 감소하지만, 기질의 농도를 충분히 높이면 저해제가 없을 때의 최대 초기 반응 속도에 도달할 수 있다.

• 비경쟁적 저해제: 저해제가 효소에 결합하면 효소의 활성 부위 구조가 변하여 반응이 저해되므로 초기 반응 속도가 감소한다. 기질의 농도를 충분히 높이더라도 저해 효과는 줄어들지 않는다.

효소 E는 기질 A가 생성물 B로 전환되는 반응을 촉매한다. 표는 E에 의한 반응에서 실험 (가)~(다)의 조건을, 그림은 (가)~(다)에서 A의 농도에 따른 초기 반응 속도를 나타낸 것이다. Ⅰ~Ⅲ은 (가)~(다)의 결과를 순서 없이 나타낸 것이다. 물질 ㉠은 E의 활성 부위에 결합하여 E의 작용을 저해한다.

실험	(가)	(나)	(다)
E의 농도 (상댓값)	1	2	2
㉠	없음	없음	있음

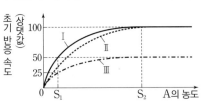

이에 대한 설명으로 옳은 것만을 〈보기〉에서 있는 대로 고른 것은? (단, 제시된 조건 이외의 다른 조건은 동일하다.)

┌ 보기 ┐
ㄱ. S_1일 때 초기 반응 속도는 (나)에서가 (다)에서보다 빠르다.
ㄴ. S_2일 때 효소·기질 복합체의 농도는 (나)에서가 (가)에서보다 낮다.
ㄷ. (가)에서 E에 의한 반응의 활성화 에너지는 S_1일 때가 S_2일 때보다 작다.

① ㄱ　　　　② ㄴ　　　　③ ㄷ　　　　④ ㄱ, ㄴ　　　　⑤ ㄱ, ㄷ

접근 전략

저해제가 없을 때 효소의 농도가 높을수록 최대 초기 반응 속도가 크다. 효소의 활성 부위에 결합하는 경쟁적 저해제가 있을 때 초기 반응 속도가 감소하지만, 기질의 농도를 충분히 높이면 저해제가 없을 때의 최대 초기 반응 속도에 도달할 수 있다.

간략 풀이

E의 농도는 (나)에서가 (가)에서의 2배이고, (가)와 (나)에서 모두 ㉠이 없으므로 (가)는 Ⅲ이다. E의 활성 부위에 결합하여 E의 작용을 저해하는 ㉠(경쟁적 저해제)이 있는 (다)가 Ⅱ, ㉠이 없는 (나)가 Ⅰ이다.

◯ㄱ. S_1일 때 초기 반응 속도는 ㉠이 없는 (나)(Ⅰ)에서가 ㉠이 있는 (다)(Ⅱ)에서보다 빠르다.

✗ㄴ. 초기 반응 속도는 효소·기질 복합체의 농도에 비례하므로 S_2일 때 효소·기질 복합체의 농도는 Ⅰ(나)에서가 Ⅲ(가)에서보다 높다.

✗ㄷ. 활성화 에너지는 기질의 농도에 영향을 받지 않으므로 활성화 에너지는 S_1일 때와 S_2일 때가 같다.

정답 | ①

닮은 꼴 문제로 유형 익히기

정답과 해설 5쪽

▶ 24072-0027

효소 E는 기질 A가 생성물 B로 전환되는 반응을 촉매한다. 표는 E에 의한 반응에서 실험 (가)~(다)의 조건을, 그림은 (가)~(다)에서 A의 농도에 따른 초기 반응 속도를 나타낸 것이다. ⓐ와 ⓑ는 1과 2를 순서 없이 나타낸 것이고, Ⅰ~Ⅲ은 (가)~(다)의 결과를 순서 없이 나타낸 것이다. 물질 ㉠은 E의 활성 부위에 결합하여 E의 작용을 저해한다.

실험	(가)	(나)	(다)
E의 농도 (상댓값)	ⓐ	ⓐ	ⓑ
㉠	없음	있음	없음

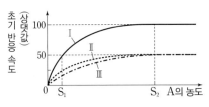

이에 대한 설명으로 옳은 것만을 〈보기〉에서 있는 대로 고른 것은? (단, 제시된 조건 이외의 다른 조건은 동일하다.)

┌ 보기 ┐
ㄱ. ⓐ는 1이다.　　　ㄴ. S_1일 때 초기 반응 속도는 (가)에서가 (다)에서보다 빠르다.
ㄷ. S_2일 때 $\dfrac{\text{A와 결합한 E의 수}}{\text{E의 총수}}$ 는 (나)와 (다)에서 같다.

① ㄱ　　　② ㄴ　　　③ ㄱ, ㄷ　　　④ ㄴ, ㄷ　　　⑤ ㄱ, ㄴ, ㄷ

유사점과 차이점

효소의 농도와 경쟁적 저해제의 유무가 다른 조건에서의 기질 농도에 따른 초기 반응 속도 그래프를 제시한 점에서 대표 문제와 유사하지만, 그래프를 이용하여 효소의 농도를 추론해야 하는 점에서 대표 문제와 다르다.

배경 지식

• 효소의 농도가 높을수록 최대 초기 반응 속도의 값이 크다.

• 경쟁적 저해제가 효소의 활성 부위에 결합하면 기질이 결합하지 못하여 반응이 저해되므로 초기 반응 속도가 감소하지만, 기질의 농도를 충분히 높이면 저해제가 없을 때의 최대 초기 반응 속도에 도달할 수 있다.

01
▶24072-0028

표는 세포막을 통한 물질 이동 방식의 예를, 그림은 물질 ㉠이 들어 있는 배양액에 어떤 세포를 넣은 후 시간에 따른 ㉠의 세포 안 농도를 나타낸 것이다. A와 B는 능동 수송과 촉진 확산을 순서 없이 나타낸 것이고, ㉠의 이동 방식은 A와 B 중 하나이다. C는 ㉠의 세포 안과 밖의 농도가 같아졌을 때 ㉠의 세포 밖 농도이다.

이동 방식	예
A	미토콘드리아의 막 사이 공간의 H$^+$이 ATP 합성 효소를 통해 미토콘드리아 기질로 이동
B	(가)

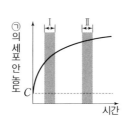

이에 대한 설명으로 옳은 것만을 〈보기〉에서 있는 대로 고른 것은?

┌ 보기 ┐
ㄱ. ㉠의 이동 방식은 A이다.
ㄴ. Na$^+$－K$^+$ 펌프를 통한 Na$^+$의 이동은 (가)에 해당한다.
ㄷ. 단위 시간당 세포막을 통해 세포 안으로 유입되는 ㉠의 양은 구간 Ⅰ에서가 구간 Ⅱ에서보다 많다.

① ㄱ   ② ㄴ   ③ ㄱ, ㄷ   ④ ㄴ, ㄷ   ⑤ ㄱ, ㄴ, ㄷ

02
▶24072-0029

표는 세포막을 통한 물질의 이동 방식 Ⅰ～Ⅲ에서 특징의 유무를, 그림은 물질 A와 B의 세포막을 통한 이동 속도를 세포 안팎의 농도 차이에 따라 나타낸 것이다. Ⅰ～Ⅲ은 능동 수송, 단순 확산, 촉진 확산을 순서 없이 나타낸 것이고, A와 B의 이동 방식은 각각 Ⅱ와 Ⅲ 중 하나이다.

이동 방식	ATP를 사용함	막단백질을 이용함
Ⅰ	○	?
Ⅱ	㉠	○
Ⅲ	×	㉡

(○: 있음, ×: 없음)

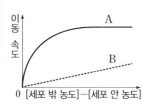

이에 대한 설명으로 옳은 것만을 〈보기〉에서 있는 대로 고른 것은?

┌ 보기 ┐
ㄱ. A의 이동 방식은 Ⅱ이다.
ㄴ. ㉠과 ㉡은 모두 '×'이다.
ㄷ. 인슐린이 세포 밖으로 이동하는 방식은 Ⅰ에 해당한다.

① ㄱ   ② ㄷ   ③ ㄱ, ㄴ   ④ ㄴ, ㄷ   ⑤ ㄱ, ㄴ, ㄷ

03
▶24072-0030

다음은 삼투에 대한 실험이다.

[실험 과정 및 결과]
(가) 식물 세포 X를 ㉠에 넣고 시간에 따른 세포의 부피를 측정한다.
(나) (가)의 X를 ㉡에 옮겨 넣고 시간에 따른 세포의 부피를 측정한다. ㉠과 ㉡은 고장액과 등장액을 순서 없이 나타낸 것이다.
(다) 그림은 (가)와 (나) 과정을 통해 얻은 결과를 나타낸 것이다.

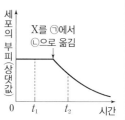

이에 대한 설명으로 옳은 것만을 〈보기〉에서 있는 대로 고른 것은?

┌ 보기 ┐
ㄱ. 용액의 농도는 ㉠이 ㉡보다 높다.
ㄴ. 삼투에 의해 물이 이동할 때 ATP가 사용된다.
ㄷ. 세포막을 통한 $\dfrac{물의 유입량}{물의 유출량}$ 은 t_1일 때가 t_2일 때보다 크다.

① ㄱ   ② ㄴ   ③ ㄷ   ④ ㄱ, ㄴ   ⑤ ㄴ, ㄷ

04
▶24072-0031

그림은 세포막을 통한 물질의 이동 방식 (가)～(다)를 나타낸 것이다. (가)～(다)는 능동 수송, 단순 확산, 세포내 섭취를 순서 없이 나타낸 것이다.

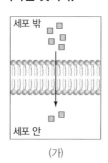
(가)

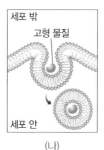
(나)

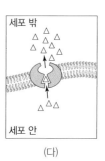
(다)

이에 대한 설명으로 옳은 것만을 〈보기〉에서 있는 대로 고른 것은?

┌ 보기 ┐
ㄱ. 폐포에서 세포막을 통한 O$_2$의 이동은 (가)에 의해 일어난다.
ㄴ. (나)가 일어나면 세포막의 표면적이 증가한다.
ㄷ. (다)에서 에너지가 사용된다.

① ㄱ   ② ㄴ   ③ ㄱ, ㄷ   ④ ㄴ, ㄷ   ⑤ ㄱ, ㄴ, ㄷ

05
▶24072-0032

그림은 고장액에 있던 식물 세포 X를 저장액에 넣었을 때 세포의 부피에 따른 삼투압과 흡수력을 나타낸 것이다. ㉠과 ㉡은 각각 삼투압과 흡수력 중 하나이다.

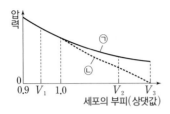

이에 대한 설명으로 옳은 것만을 〈보기〉에서 있는 대로 고른 것은?

┌─ 보기 ┌
ㄱ. ㉠은 삼투압이다.
ㄴ. V_1일 때 X의 팽압은 0이다.
ㄷ. X의 $\dfrac{팽압}{삼투압}$ 은 V_2일 때가 V_3일 때보다 작다.

① ㄱ　　② ㄴ　　③ ㄱ, ㄷ　　④ ㄴ, ㄷ　　⑤ ㄱ, ㄴ, ㄷ

06
▶24072-0033

그림 (가)는 어떤 효소가 관여하는 반응을, (나)는 이 효소가 있을 때와 없을 때의 화학 반응에서 에너지 변화를 나타낸 것이다. A와 B는 각각 기질과 효소 중 하나이다.

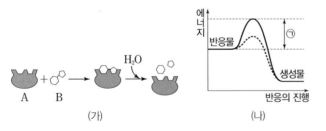

이에 대한 설명으로 옳은 것만을 〈보기〉에서 있는 대로 고른 것은?

┌─ 보기 ┌
ㄱ. A는 가수 분해 효소이다.
ㄴ. B에 활성 부위가 있다.
ㄷ. ㉠은 이 효소가 있을 때의 활성화 에너지이다.

① ㄱ　　② ㄷ　　③ ㄱ, ㄴ　　④ ㄴ, ㄷ　　⑤ ㄱ, ㄴ, ㄷ

07
▶24072-0034

표는 효소 A~C의 작용을 나타낸 것이다. A~C는 가수 분해 효소, 산화 환원 효소, 이성질화 효소를 순서 없이 나타낸 것이다.

효소	작용
A	수소나 산소 원자 또는 전자를 다른 분자에 전달한다.
B	기질의 원자 배열을 바꾸어 이성질체로 전환한다.
C	물 분자를 첨가하여 기질을 분해한다.

이에 대한 설명으로 옳은 것만을 〈보기〉에서 있는 대로 고른 것은?

┌─ 보기 ┌
ㄱ. A는 산화 환원 효소이다.
ㄴ. B에 의한 반응에서 기질의 분자 구조가 변형된다.
ㄷ. C는 화학 반응의 활성화 에너지를 낮춘다.

① ㄱ　　② ㄷ　　③ ㄱ, ㄴ　　④ ㄴ, ㄷ　　⑤ ㄱ, ㄴ, ㄷ

08
▶24072-0035

그림은 효소 X에 의한 반응에서 시간에 따른 반응액 내 물질 A~C의 농도를 나타낸 것이다. A~C는 기질, 효소, 효소·기질 복합체를 순서 없이 나타낸 것이다.

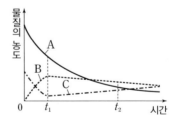

이에 대한 설명으로 옳은 것만을 〈보기〉에서 있는 대로 고른 것은?

┌─ 보기 ┌
ㄱ. B는 효소이다.
ㄴ. 기질의 농도와 효소의 농도를 더한 값은 t_1에서가 t_2에서보다 크다.
ㄷ. $\dfrac{기질과 결합한 X의 수}{기질과 결합하지 않은 X의 수}$ 는 t_1에서가 t_2에서보다 크다.

① ㄱ　　② ㄷ　　③ ㄱ, ㄴ　　④ ㄴ, ㄷ　　⑤ ㄱ, ㄴ, ㄷ

09

▶ 24072-0036

그림 (가)는 효모의 알코올 발효에 관여하는 효소 X에 의한 반응을, (나)는 X에 의한 반응에서 시간에 따른 ⊙의 농도를 나타낸 것이다. ⊙은 피루브산과 CO_2 중 하나이다.

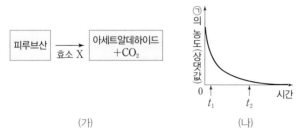

이에 대한 설명으로 옳은 것만을 〈보기〉에서 있는 대로 고른 것은?

보기
ㄱ. X는 가수 분해 효소이다.
ㄴ. ⊙은 피루브산이다.
ㄷ. X에 의한 반응의 활성화 에너지는 t_1에서가 t_2에서보다 크다.

① ㄱ   ② ㄴ   ③ ㄷ   ④ ㄱ, ㄴ   ⑤ ㄴ, ㄷ

10

▶ 24072-0037

그림 (가)는 사람의 소화 효소 A~C에 의한 반응에서 pH에 따른 반응 속도를, (나)는 pH 7일 때 효소 ⊙~ⓒ에 의한 반응에서 시간에 따른 기질의 농도를 나타낸 것이다. ⊙~ⓒ은 A~C를 순서 없이 나타낸 것이다.

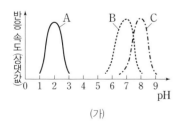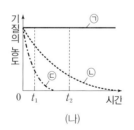

이에 대한 설명으로 옳은 것만을 〈보기〉에서 있는 대로 고른 것은?

보기
ㄱ. ⊙은 A이다.
ㄴ. ⓒ에 의한 반응에서 생성물의 농도는 t_1일 때가 t_2일 때보다 높다.
ㄷ. t_2일 때 C에 의한 반응 속도는 t_2일 때 B에 의한 반응 속도보다 빠르다.

① ㄱ   ② ㄴ   ③ ㄱ, ㄷ   ④ ㄴ, ㄷ   ⑤ ㄱ, ㄴ, ㄷ

11

▶ 24072-0038

그림 (가)는 효소 X에 의한 반응에서 기질 농도에 따른 초기 반응 속도를, (나)는 기질 농도가 충분할 때 X의 농도에 따른 초기 반응 속도를 나타낸 것이다.

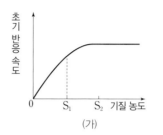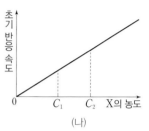

이에 대한 설명으로 옳은 것만을 〈보기〉에서 있는 대로 고른 것은? (단, 제시된 조건 이외의 다른 조건은 동일하다.)

보기
ㄱ. (가)에서 효소·기질 복합체의 농도는 S_2에서가 S_1에서보다 높다.
ㄴ. (나)에서 X의 농도가 증가하면 이 반응의 반응열의 크기가 줄어든다.
ㄷ. (나)에서 단위 시간당 생성되는 생성물의 양은 C_2에서가 C_1에서보다 많다.

① ㄱ   ② ㄴ   ③ ㄱ, ㄷ   ④ ㄴ, ㄷ   ⑤ ㄱ, ㄴ, ㄷ

12

▶ 24072-0039

표는 효소 X에 의한 반응에서 실험 Ⅰ~Ⅲ의 조건을, 그림은 Ⅰ~Ⅲ에서 기질 농도에 따른 초기 반응 속도를 나타낸 것이다. A~C는 Ⅰ~Ⅲ을 순서 없이 나타낸 것이고, ⊙은 경쟁적 저해제와 비경쟁적 저해제 중 하나이다.

실험	Ⅰ	Ⅱ	Ⅲ
X의 농도 (상댓값)	1	2	2
⊙	없음	없음	있음

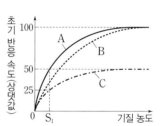

이에 대한 설명으로 옳은 것만을 〈보기〉에서 있는 대로 고른 것은? (단, 제시된 조건 이외의 다른 조건은 동일하다.)

보기
ㄱ. C는 Ⅲ이다.
ㄴ. ⊙은 X의 활성 부위에 결합한다.
ㄷ. S_1일 때 $\dfrac{\text{기질과 결합하지 않은 X의 수}}{\text{X의 총수}}$ 는 A에서가 C에서보다 크다.

① ㄱ   ② ㄴ   ③ ㄷ   ④ ㄱ, ㄴ   ⑤ ㄱ, ㄷ

01

▶24072-0040

그림은 고장액에 있던 식물 세포 X를 저장액에 넣었을 때 세포의 부피에 따른 삼투압과 흡수력을, 표는 X의 부피가 $V_1 \sim V_3$일 때 (가)를 (나)로 나눈 값($\frac{(가)}{(나)}$), (다)를 (나)로 나눈 값($\frac{(다)}{(나)}$)을 나타낸 것이다. (가)~(다)는 삼투압, 팽압, 흡수력을 순서 없이 나타낸 것이고, ㉠~㉢은 0, $\frac{1}{2}$, 1을 순서 없이 나타낸 것이다.

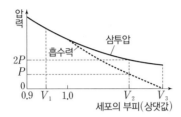

X의 부피	$\frac{(가)}{(나)}$	$\frac{(다)}{(나)}$
V_1	㉠	㉡
V_2	?	㉢
V_3	1	?

이에 대한 설명으로 옳은 것만을 〈보기〉에서 있는 대로 고른 것은?

┌ 보기 ┌
ㄱ. (가)는 흡수력이다.
ㄴ. ㉡은 1이다.
ㄷ. $\frac{(나)}{(가)}$는 V_2일 때가 V_3일 때의 2배이다.

① ㄱ   ② ㄴ   ③ ㄱ, ㄷ   ④ ㄴ, ㄷ   ⑤ ㄱ, ㄴ, ㄷ

02

▶24072-0041

다음은 반투과성 막을 통한 물질의 이동을 알아보기 위한 실험이다.

[실험 과정 및 결과]
(가) 물과 포도당은 모두 통과하지만, 엿당은 통과하지 못하는 반투과성 막을 준비한다.
(나) 이 반투과성 막으로 둘러싸인 인공 세포 X에 엿당 농도가 C_1인 용액과 포도당 농도가 C_2인 용액을 같은 양씩 넣어 채우고, X를 엿당 농도가 C_2인 용액과 포도당 농도가 C_1인 용액을 같은 양씩 넣은 비커에 그림과 같이 넣는다. 비커 안의 용액의 총량은 X 안의 용액의 총량보다 크다.

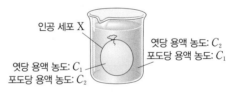

인공 세포 X
엿당 용액 농도: C_2
포도당 용액 농도: C_1
엿당 용액 농도: C_1
포도당 용액 농도: C_2

(다) 일정 시간이 지난 후 X의 부피가 (나)에서보다 감소한 것을 관찰하였다.
(라) 비커의 용액에 엿당을 두 분자의 포도당으로 분해하는 엿당 분해 효소를 넣는다. 엿당 분해 효소는 X의 반투과성 막을 통과하지 못한다.
(마) 일정 시간이 지난 후 X의 부피가 (나)에서보다 증가한 것을 관찰하였다.

이에 대한 설명으로 옳은 것만을 〈보기〉에서 있는 대로 고른 것은?

┌ 보기 ┌
ㄱ. $C_2 > C_1$이다.
ㄴ. X 안의 용액의 포도당의 총량은 (나)에서와 (다)에서가 같다.
ㄷ. (마)에서 X 안의 용액의 엿당 농도는 C_1보다 낮다.

① ㄱ   ② ㄴ   ③ ㄱ, ㄷ   ④ ㄴ, ㄷ   ⑤ ㄱ, ㄴ, ㄷ

03

▶24072-0042

표 (가)는 세포막을 통한 물질의 이동 방식 Ⅰ~Ⅲ에서 특징 ㉠~㉢의 유무를, (나)는 ㉠~㉢을 순서 없이 나타낸 것이다. Ⅰ~Ⅲ은 능동 수송, 단순 확산, 촉진 확산을 순서 없이 나타낸 것이다.

이동 방식	㉠	㉡	㉢
Ⅰ	×	×	?
Ⅱ	○	○	?
Ⅲ	?	×	×

(○: 있음, ×: 없음)

(가)

특징(㉠~㉢)
• ATP를 사용한다.
• 막단백질을 이용한다.
• 백혈구의 식세포 작용에서 세포 안으로 세균이 이동하는 방식에 해당한다.

(나)

이에 대한 설명으로 옳은 것만을 〈보기〉에서 있는 대로 고른 것은?

> **보기**
> ㄱ. Ⅰ은 단순 확산이다.
> ㄴ. ㉠은 'ATP를 사용한다.'이다.
> ㄷ. 인슐린이 세포 밖으로 이동하는 방식은 Ⅱ에 해당한다.

① ㄱ ② ㄴ ③ ㄱ, ㄷ ④ ㄴ, ㄷ ⑤ ㄱ, ㄴ, ㄷ

04

▶24072-0043

다음은 리포솜을 이용한 연구 자료이다.

• 리포솜은 세포막의 주성분인 인지질로 만든 인공 구조물로, 내부에 삽입한 약물이 리포솜에 의해 이동되어 표적 부위로 전달될 수 있다.

• 어떤 연구자가 항암제를 암세포로 효과적으로 전달하는 방법을 찾기 위해 리포솜 X를 대상으로 연구를 수행하였다. 리포솜 X는 pH의 변화에 따라 막 구조가 불안정하게 변해 주변 세포의 막과 더 잘 융합하며, (가) 세포막과 리포솜의 막이 융합하면 리포솜 내부에 삽입한 항암제가 세포 내부로 전달될 수 있다. X의 막 구조가 불안정하게 변하는 조건은 pH 7보다 낮은 pH(산성)와 pH 7보다 높은 pH(염기성) 중 하나이다.

• X의 표적이 되는 사람의 암세포는 생장 속도가 빨라 산소가 부족한 환경에 쉽게 노출되어 젖산 발효가 많이 일어난다. 이에 따라 암세포 근처의 pH는 정상 세포 근처의 pH보다 낮다.

• 표는 리포솜 X와 pH에 민감하지 않은 일반 리포솜을 대상으로 리포솜 내부의 항암제가 주변 세포로 전달되는 양을 측정하기 위한 실험 ㉠~㉣의 조건을, 그림은 ㉠~㉣에서 항암제 전달량을 시간에 따라 나타낸 것이다. @는 pH 7보다 낮은 pH(산성)와 pH 7보다 높은 pH(염기성) 중 하나이다.

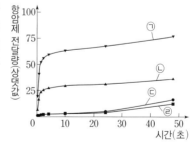

실험	㉠	㉡	㉢	㉣
리포솜 종류	리포솜 X	리포솜 X	일반 리포솜	일반 리포솜
조건	@	pH 7	@	pH 7

• 실험을 통해 X가 표적이 되는 암세포에 항암제를 전달하는 효과가 있다는 결론을 내렸다.

이에 대한 설명으로 옳은 것만을 〈보기〉에서 있는 대로 고른 것은? (단, 제시된 조건 이외의 다른 조건은 동일하다.)

> **보기**
> ㄱ. 표적이 되는 암세포와 X 사이에서 (가)가 일어나면 암세포의 세포막 표면적이 증가한다.
> ㄴ. @는 pH 7보다 낮은 pH(산성)이다.
> ㄷ. 체내로 주입된 X는 @에서 정상 세포와 (가)가 일어나지 않는다.

① ㄱ ② ㄷ ③ ㄱ, ㄴ ④ ㄴ, ㄷ ⑤ ㄱ, ㄴ, ㄷ

05
▶24072-0044

그림 (가)는 일정한 농도의 ⓐ와 ⓑ를 반응시켰을 때 시간에 따른 ㉠의 농도를, (나)는 ⓐ의 농도가 일정할 때 ㉡의 농도에 따른 초기 반응 속도를 나타낸 것이다. ⓐ와 ⓑ는 A와 X를 순서 없이 나타낸 것이고, ㉠과 ㉡은 A와 B를 순서 없이 나타낸 것이다.

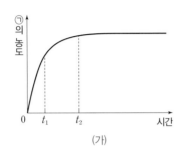 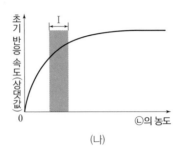

이에 대한 설명으로 옳은 것만을 〈보기〉에서 있는 대로 고른 것은? (단, 제시된 조건 이외의 다른 조건은 동일하다.)

보기
ㄱ. ⓐ는 A이다.
ㄴ. (가)에서 ㉡의 농도는 t_1일 때가 t_2일 때보다 높다.
ㄷ. (나)의 구간 Ⅰ에서 ㉡의 농도가 증가할수록 $\dfrac{\text{기질과 결합한 X의 수}}{\text{X의 총수}}$ 는 증가한다.

① ㄱ ② ㄴ ③ ㄱ, ㄷ ④ ㄴ, ㄷ ⑤ ㄱ, ㄴ, ㄷ

06
▶24072-0045

다음은 효소의 작용에 영향을 미치는 요인을 알아보기 위한 실험이다.

- 감자즙에는 ⓐ 과산화 수소가 물과 산소로 분해되는 반응에 관여하는 효소 X가 있다.

[실험 과정]
(가) 4개의 눈금실린더 A~D에 표와 같이 감자즙 또는 증류수를 넣는다.
(나) A는 4 ℃의 얼음물이 담긴 비커, B는 37 ℃의 물이 담긴 비커, C는 60 ℃의 물이 담긴 비커, D는 37 ℃의 물이 담긴 비커에 그림과 같이 넣는다.
(다) A~D가 담긴 비커의 물과 같은 온도의 3 % 과산화 수소 수용액 10 mL를 눈금실린더에 각각 넣고, 10초 동안 발생한 거품의 양을 측정한다. 이 과정을 3회 반복하여 평균값을 구한다.

눈금실린더	A	B	C	D
온도(℃)	4	37	60	37
감자즙(mL)	5	5	5	0
증류수(mL)	0	0	0	5
과산화 수소 수용액(mL)	10	10	10	10

[실험 결과]

눈금실린더	A	B	C	D
거품 발생량(거품이 가리키는 눈금 수)	6.7	12.3	1	0.2

이에 대한 설명으로 옳은 것만을 〈보기〉에서 있는 대로 고른 것은? (단, 제시된 조건 이외의 다른 조건은 동일하다.)

보기
ㄱ. X는 이성질화 효소이다.
ㄴ. X의 활성은 A에서가 C에서보다 크다.
ㄷ. (다)에서 ⓐ의 활성화 에너지는 B에서가 D에서보다 작다.

① ㄱ ② ㄴ ③ ㄱ, ㄷ ④ ㄴ, ㄷ ⑤ ㄱ, ㄴ, ㄷ

www.ebsi.co.kr

07
▶24072-0046

표 (가)는 효소 X에 의한 반응에서 실험 A~C의 조건을, (나)는 Ⅰ~Ⅲ에서 기질 농도에 따른 초기 반응 속도를 나타낸 것이다. A~C에서 X의 농도는 동일하며, 기질 농도는 $S_1 < S_2 < S_3 < S_4 < S_5$이다. Ⅰ~Ⅲ은 A~C를 순서 없이 나타낸 것이다.

실험	A	B	C
경쟁적 저해제의 농도(상댓값)	0	0	1
비경쟁적 저해제의 농도(상댓값)	0	1	0

(가)

기질 농도	초기 반응 속도(상댓값)		
	Ⅰ	Ⅱ	Ⅲ
S_1	?	25	?
S_2	50	?	40
S_3	60	?	ⓐ
S_4	100	60	90
S_5	100	60	?

(나)

이에 대한 설명으로 옳은 것만을 〈보기〉에서 있는 대로 고른 것은? (단, 제시된 조건 이외의 다른 조건은 동일하다.)

보기
ㄱ. Ⅱ는 B이다.
ㄴ. ⓐ는 60이다.
ㄷ. S_2일 때 초기 반응 속도는 A가 B의 2배이다.

① ㄱ　　② ㄷ　　③ ㄱ, ㄴ　　④ ㄱ, ㄷ　　⑤ ㄴ, ㄷ

08
▶24072-0047

표는 효소 X에 의한 반응에서 실험 Ⅰ~Ⅳ의 조건을, 그림은 A~C와 Ⅳ에서 기질 농도에 따른 초기 반응 속도를 나타낸 것이다. A~C는 Ⅰ~Ⅲ을 순서 없이 나타낸 것이고, ㉠과 ㉡은 3과 4를 순서 없이 나타낸 것이다.

실험	Ⅰ	Ⅱ	Ⅲ	Ⅳ
X의 농도 (상댓값)	㉠	㉡	㉡	3
경쟁적 저해제	없음	있음	없음	없음
비경쟁적 저해제	있음	없음	있음	없음

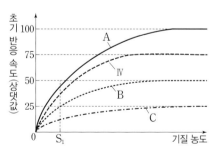

이에 대한 설명으로 옳은 것만을 〈보기〉에서 있는 대로 고른 것은? (단, 제시된 조건 이외의 다른 조건은 동일하다.)

보기
ㄱ. ㉠은 4이다.
ㄴ. B는 Ⅲ이다.
ㄷ. S_1일 때 기질과 결합하지 않은 X의 수는 Ⅱ에서가 Ⅳ에서보다 적다.

① ㄱ　　② ㄴ　　③ ㄱ, ㄷ　　④ ㄴ, ㄷ　　⑤ ㄱ, ㄴ, ㄷ

03 세포막과 효소 **25**

① 세포 호흡

(1) **세포 호흡의 개요**: 생물이 포도당과 같은 유기물(호흡 기질)을 분해(산화)하여 생명 활동에 필요한 에너지(ATP)를 얻는 과정이다.

$$C_6H_{12}O_6(포도당)+6O_2+6H_2O \rightarrow 6CO_2+12H_2O+에너지$$
$$(최대 32ATP+열에너지)$$

(2) **세포 호흡의 장소**

① 세포질에서 해당 과정이 일어난다.

② 미토콘드리아 기질에서 피루브산의 산화와 TCA 회로가 일어난다.

③ 미토콘드리아 내막에서 산화적 인산화가 일어난다.

(3) **세포 호흡의 전체 과정**: 해당 과정, 피루브산의 산화와 TCA 회로, 산화적 인산화의 세 단계를 거쳐 이루어진다.

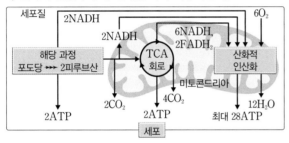

(4) **해당 과정**

① 1분자의 포도당이 2분자의 피루브산으로 분해되면서 2NADH와 2ATP가 순생성된다.

② 세포질에서 일어나며, O_2가 없어도 진행될 수 있으나 지속적으로 NAD^+가 공급되어야 한다.

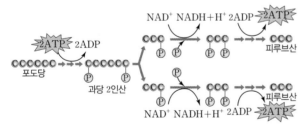

(5) **피루브산의 산화와 TCA 회로**

① O_2가 있을 때 피루브산이 미토콘드리아 기질로 이동하여 산화되는 과정이다.

② **피루브산의 산화**: 해당 과정 결과 생성된 피루브산이 탈탄산 반응에 의해 CO_2를 방출하고 조효소 A(CoA)와 결합하여 아세틸 CoA로 전환된다. 이때 탈수소 반응에 의해 NADH가 생성된다.

③ **TCA 회로**: 1분자의 아세틸 CoA로부터 기질 수준 인산화에 의해 1ATP, 탈수소 반응에 의해 3NADH와 1FADH₂, 탈탄산 반응에 의해 $2CO_2$가 생성된다.

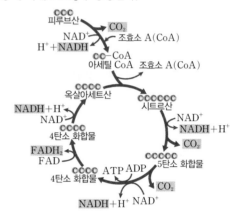

(6) **산화적 인산화**

① 전자 전달과 화학 삼투를 통한 ATP 합성 과정이다.

② 미토콘드리아 내막에서 일어나며 O_2가 필요한 과정이다.

③ 해당 과정, 피루브산의 산화와 TCA 회로에서 생성된 NADH와 FADH₂가 지니고 있던 전자는 전자 전달 효소들의 산화 환원 반응에 의해 이동되며, 이때 H^+은 미토콘드리아 기질에서 미토콘드리아 막 사이 공간으로 능동 수송된다.

④ 미토콘드리아 내막을 사이에 두고 형성된 H^+ 농도 기울기에 의한 화학 삼투로 ATP가 생성된다.

⑤ 1NADH에 의해 약 2.5ATP가, 1FADH₂에 의해 약 1.5ATP가 합성된다. 즉, 1분자의 포도당이 해당 과정, 피루브산의 산화와 TCA 회로를 거치면 총 10NADH와 2FADH₂가 생성되므로 산화적 인산화에 의해 최대 28ATP가 생성될 수 있다.

⑥ 전자 전달계에서 전자의 공급원은 NADH와 FADH₂이고, 전자의 최종 수용체는 O_2이다.

더 알기 산화적 인산화

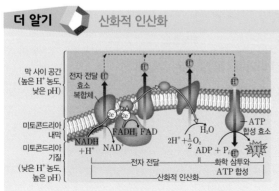

1. 포도당이 해당 과정, 피루브산의 산화와 TCA 회로를 거치면서 생성된 NADH와 FADH₂가 전자 전달계에 고에너지 전자를 공급한다.

2. 고에너지 전자가 전자 전달계를 거치는 과정에서 에너지가 방출되며, 이 에너지를 이용하여 H^+은 미토콘드리아 기질에서 미토콘드리아 막 사이 공간으로 능동 수송된다.

3. 미토콘드리아 내막을 경계로 H^+ 농도 기울기(pH 기울기)가 형성되고, H^+이 ATP 합성 효소를 통해 미토콘드리아 막 사이 공간에서 미토콘드리아 기질로 촉진 확산될 때 ATP가 합성된다.

② 세포 호흡에서 ATP 생성과 에너지 효율

(1) **세포 호흡에서 ATP 생성**: 1분자의 포도당이 세포 호흡을 통해 완전히 분해되면 최대 32ATP가 생성된다.

① 해당 과정에서 기질 수준 인산화에 의해 2ATP가 순생성된다.

② TCA 회로에서 기질 수준 인산화에 의해 2ATP가 생성된다.

③ 산화적 인산화에서 10NADH로부터 최대 25ATP가, 2FADH₂로부터 최대 3ATP가 생성되어 최대 총 28ATP가 생성된다.

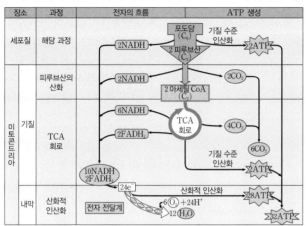

(2) **세포 호흡에서 에너지 효율**: 1몰의 포도당이 완전히 분해되면 686 kcal의 에너지가 방출되며, 1몰의 ADP가 1몰의 ATP로 전환될 때 약 7.3 kcal의 에너지가 필요하다. 이에 따라 세포 호흡의 에너지 효율은 약 34 %이고, 나머지 66 %는 열에너지로 방출된다.

$$세포\ 호흡의\ 에너지\ 효율 = \frac{32 \times 7.3\ kcal}{686\ kcal} \times 100 ≒ 34\ \%$$

③ 호흡 기질에 따른 세포 호흡 경로

(1) **탄수화물**: 다당류나 이당류는 단당류로 분해된 후 호흡 기질로 이용된다.

(2) **지방**: 지방은 글리세롤과 지방산으로 분해된 후 호흡 기질로 이용된다.

(3) **단백질**: 단백질은 아미노산으로 분해된 후 호흡 기질로 이용된다.

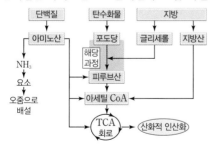

④ 호흡률

(1) 호흡 기질이 세포 호흡을 통해 분해될 때 소비된 O_2의 부피에 대해 발생한 CO_2의 부피비를 호흡률이라고 한다.

$$호흡률(RQ) = \frac{발생한\ CO_2의\ 부피(CO_2\ 방출량)}{소비된\ O_2의\ 부피(O_2\ 흡수량)}$$

(2) 호흡률은 탄수화물이 1, 지방이 약 0.7, 단백질이 약 0.8이다.

⑤ 발효

(1) **산소 호흡과 발효**

① **산소 호흡**: O_2가 사용되는 세포 호흡이며, O_2를 사용하는 산화적 인산화가 진행된다. 호흡 기질이 CO_2와 H_2O로 완전히 분해되므로 많은 양의 에너지가 방출되어 다량의 ATP가 생성된다.

② **발효**: O_2가 사용되지 않아 호흡 기질이 중간 단계까지만 불완전하게 분해되며, 분해 산물로 에탄올, 젖산 등의 물질이 생성된다. 전자 전달계를 거치지 않고, 해당 과정을 통해 소량의 ATP가 생성된다.

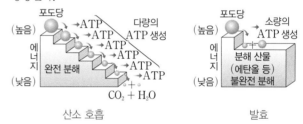

(2) **알코올 발효**: 1분자의 포도당이 2분자의 에탄올과 CO_2로 분해되며, 포도당 1분자당 2ATP가 순생성된다.

$$C_6H_{12}O_6(포도당) \rightarrow 2C_2H_5OH(에탄올) + 2CO_2 + 2ATP$$

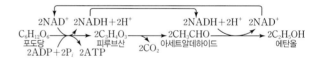

(3) **젖산 발효**: 1분자의 포도당이 2분자의 젖산으로 분해되며, 포도당 1분자당 2ATP가 순생성된다.

$$C_6H_{12}O_6(포도당) \rightarrow 2C_3H_6O_3(젖산) + 2ATP$$

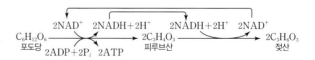

더 알기 효모의 알코올 발효

1. 효모와 포도당 용액을 발효관에 넣고 일정 시간이 지나면 맹관부 수면의 높이가 낮아진다.
   ➡ 효모의 알코올 발효를 통해 생성된 CO_2가 맹관부에 모이기 때문이다.
2. 발효관 내 용액을 일부 뽑아내고 KOH 용액을 넣으면 맹관부 수면의 높이가 높아진다. 그 까닭은 KOH 용액이 맹관부에 모인 CO_2를 흡수하기 때문이며, 이를 통해 효모의 알코올 발효 과정에서 CO_2가 생성되었다는 것을 확인할 수 있다.

| 2024학년도 수능 |

그림은 효모의 알코올 발효에서 물질 전환 과정 Ⅰ~Ⅲ을, 표는 Ⅰ~Ⅲ에서 생성되는 물질 ㉠~㉣ 중 2개의 분자 수를 더한 값을 나타낸 것이다. A~D는 과당 2인산, 아세트알데하이드, 에탄올, 포도당을 순서 없이 나타낸 것이고, ㉠~㉣은 ADP, ATP, CO_2, NAD^+를 순서 없이 나타낸 것이다.

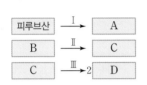

과정	분자 수를 더한 값		
	㉠+㉡	㉠+㉢	㉡+㉣
Ⅰ	2	?	1
Ⅱ	?	2	0
Ⅲ	2	2	4

이에 대한 설명으로 옳은 것만을 〈보기〉에서 있는 대로 고른 것은?

보기
ㄱ. ㉡은 NAD^+이다.
ㄴ. 1분자당 $\dfrac{C의\ 탄소\ 수}{B의\ 탄소\ 수+D의\ 탄소\ 수}=\dfrac{3}{4}$이다.
ㄷ. Ⅲ에서 탈수소 반응이 일어난다.

① ㄱ   ② ㄷ   ③ ㄱ, ㄴ   ④ ㄴ, ㄷ   ⑤ ㄱ, ㄴ, ㄷ

▶ 24072-0048

그림은 발효에서 일어나는 과정 Ⅰ~Ⅲ을, 표는 Ⅰ~Ⅲ에서 생성되는 물질 ㉠~㉢, CO_2 중 2개의 분자 수를 더한 값을 나타낸 것이다. (가)와 (나)는 각각 Ⅰ과 Ⅱ 중 하나이다. A~D는 젖산, 피루브산, 과당 2인산, 아세트알데하이드를 순서 없이 나타낸 것이고, ㉠~㉢은 ATP, NAD^+, NADH를 순서 없이 나타낸 것이다.

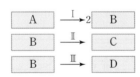

과정	분자 수를 더한 값		
	㉠+㉡	㉡+㉢	㉢+CO_2
(가)	?	0	0
(나)	2	?	4
Ⅲ	?	0	1

이에 대한 설명으로 옳은 것만을 〈보기〉에서 있는 대로 고른 것은?

보기
ㄱ. (나)는 Ⅰ이다.
ㄴ. 1분자당 수소 수는 C가 D보다 많다.
ㄷ. ㉠과 ㉡의 분자 수를 더한 값은 (가)에서가 Ⅲ에서보다 작다.

① ㄱ   ② ㄷ   ③ ㄱ, ㄴ   ④ ㄴ, ㄷ   ⑤ ㄱ, ㄴ, ㄷ

01

▶24072-0049

그림은 미토콘드리아의 구조를, 표는 세포 호흡 과정 중 일어나는 반응 (가)와 (나)를 나타낸 것이다. ㉠~㉢은 막 사이 공간, 미토콘드리아 기질, 미토콘드리아 내막을 순서 없이 나타낸 것이다.

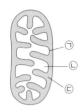

(가)	$NAD^+ + 2H^+ + 2e^- \longrightarrow NADH + H^+$
(나)	$ADP + P_i \longrightarrow ATP$

이에 대한 설명으로 옳은 것만을 〈보기〉에서 있는 대로 고른 것은?

┌─ 보기 ┌─
ㄱ. ㉠에는 H^+의 이동에 관여하는 단백질이 있다.
ㄴ. ㉡에서 (가)가 일어난다.
ㄷ. 산화적 인산화에 의해 (나)가 일어날 때 $\dfrac{㉡의\ pH}{㉢의\ pH} < 1$이다.

① ㄱ ② ㄷ ③ ㄱ, ㄴ ④ ㄴ, ㄷ ⑤ ㄱ, ㄴ, ㄷ

02

▶24072-0050

그림은 해당 과정을, 표는 해당 과정의 특징 ⓐ~ⓒ를 순서 없이 나타낸 것이다.

특징(ⓐ~ⓒ)
• ATP가 소모된다.
• 탈수소 반응이 일어난다.
• 기질 수준 인산화가 일어난다.

이에 대한 설명으로 옳은 것만을 〈보기〉에서 있는 대로 고른 것은?

┌─ 보기 ┌─
ㄱ. 과정 (가)와 (나)는 모두 세포질에서 일어난다.
ㄴ. ⓐ~ⓒ 중 과정 (가)가 갖는 특징의 개수는 과정 (나)가 갖는 특징의 개수보다 많다.
ㄷ. 과정 (나)는 알코올 발효 과정에서도 일어난다.

① ㄴ ② ㄷ ③ ㄱ, ㄴ ④ ㄱ, ㄷ ⑤ ㄴ, ㄷ

03

▶24072-0051

그림은 미토콘드리아에서 일어나는 TCA 회로의 일부 과정 Ⅰ과 Ⅱ를 나타낸 것이다. Ⅰ과 Ⅱ 중 하나에서 아세틸 CoA가 반응에 참여한다. ㉠~㉢은 시트르산, 4탄소 화합물, 5탄소 화합물을 순서 없이 나타낸 것이고, ⓐ와 ⓑ는 CO_2와 NADH를 순서 없이 나타낸 것이다.

이에 대한 설명으로 옳은 것만을 〈보기〉에서 있는 대로 고른 것은?

┌─ 보기 ┌─
ㄱ. ⓑ는 NADH이다.
ㄴ. Ⅰ에서 조효소 A(CoA)가 방출되는 반응이 일어난다.
ㄷ. Ⅱ에서 ATP가 생성된다.

① ㄱ ② ㄴ ③ ㄷ ④ ㄱ, ㄴ ⑤ ㄴ, ㄷ

04

▶24072-0052

그림은 전자 전달이 활발하게 일어나고 있는 미토콘드리아 내막의 전자 전달계를 나타낸 것이다. Ⅰ과 Ⅱ는 각각 미토콘드리아 기질과 막 사이 공간 중 하나이고, ㉠과 ㉡은 NADH와 $FADH_2$를 순서 없이 나타낸 것이다. (가)와 (나)는 모두 미토콘드리아 내막에 있는 막단백질이다.

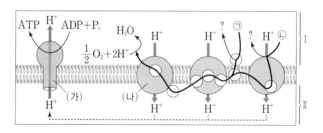

이에 대한 설명으로 옳은 것만을 〈보기〉에서 있는 대로 고른 것은?

┌─ 보기 ┌─
ㄱ. (가)와 (나) 중 (가)를 통한 H^+의 이동 과정에서만 에너지가 사용된다.
ㄴ. Ⅰ에서 ㉡이 생성되는 반응이 일어난다.
ㄷ. 1분자의 포도당이 세포 호흡을 통해 완전 분해될 때 $\dfrac{해당\ 과정에서\ 생성되는\ ㉡의\ 분자\ 수}{TCA\ 회로에서\ 생성되는\ ㉠의\ 분자\ 수} = 1$이다.

① ㄱ ② ㄴ ③ ㄱ, ㄷ ④ ㄴ, ㄷ ⑤ ㄱ, ㄴ, ㄷ

05 ▶24072-0053

그림 (가)와 (나)는 세포 호흡이 활발한 어떤 사람의 세포 X에서 일어나는 기질 수준 인산화와 산화적 인산화를 순서 없이 나타낸 것이다.

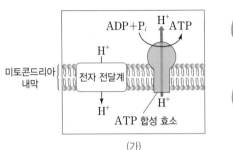
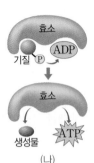

이에 대한 설명으로 옳은 것만을 〈보기〉에서 있는 대로 고른 것은? (단, 산화적 인산화를 통해 1분자의 NADH로부터 2.5분자의 ATP가, 1분자의 FADH₂로부터 1.5분자의 ATP가 생성된다.)

보기
ㄱ. X의 미토콘드리아에서는 (가)와 (나)가 모두 일어난다.
ㄴ. (가)의 전자 전달계를 통한 H⁺의 이동 과정에 (나)에서 생성된 ATP가 사용된다.
ㄷ. X에서 1분자의 포도당이 세포 호흡을 통해 완전 분해될 때 (나)에 의해 생성되는 ATP 분자 수가 (가)에 의해 생성되는 ATP 분자 수보다 크다.

① ㄱ　　② ㄴ　　③ ㄱ, ㄷ　　④ ㄴ, ㄷ　　⑤ ㄱ, ㄴ, ㄷ

06 ▶24072-0054

표는 1분자의 피루브산이 세포 호흡을 통해 완전 분해될 때 과정 I∼III에서 생성되는 CO₂, ATP, FAD, NADH의 분자 수를 나타낸 것이다. I∼III은 TCA 회로, 산화적 인산화, 피루브산의 아세틸 CoA로의 산화를 순서 없이 나타낸 것이다.

과정	분자 수			
	CO₂	ATP	FAD	NADH
I	?	㉠	0	?
II	?	?	?	0
III	㉡	0	0	㉢

이에 대한 설명으로 옳은 것만을 〈보기〉에서 있는 대로 고른 것은? (단, 산화적 인산화를 통해 1분자의 NADH로부터 2.5분자의 ATP가, 1분자의 FADH₂로부터 1.5분자의 ATP가 생성된다.)

보기
ㄱ. ㉠+㉡+㉢=3이다.
ㄴ. I과 III에서 모두 탈탄산 반응이 일어난다.
ㄷ. II에는 미토콘드리아 내막에 있는 전자 전달계가 관여한다.

① ㄱ　　② ㄷ　　③ ㄱ, ㄴ　　④ ㄴ, ㄷ　　⑤ ㄱ, ㄴ, ㄷ

07 ▶24072-0055

그림은 세포 호흡이 활발히 일어나고 있는 어떤 세포의 일부를, 표는 이 세포의 I과 III에서 일어나는 반응을 나타낸 것이다. 막 ⓐ와 ⓑ는 미토콘드리아 내막과 외막을 순서 없이 나타낸 것이다.

구분	반응
I	피루브산이 아세틸 CoA로 산화된다.
III	㉠

이에 대한 설명으로 옳은 것만을 〈보기〉에서 있는 대로 고른 것은?

보기
ㄱ. ATP 합성 효소를 통해 II에서 I로 H⁺이 촉진 확산된다.
ㄴ. III에는 미토콘드리아의 DNA와 리보솜이 있다.
ㄷ. 'NAD⁺가 환원된다.'는 ㉠에 해당한다.

① ㄱ　　② ㄴ　　③ ㄱ, ㄷ　　④ ㄴ, ㄷ　　⑤ ㄱ, ㄴ, ㄷ

08 ▶24072-0056

그림은 미토콘드리아에서 일어나는 TCA 회로와 전자 전달계를 나타낸 것이다. I과 II는 각각 막 사이 공간과 미토콘드리아 기질 중 하나이고, (가)∼(다)는 시트르산, 옥살아세트산, 4탄소 화합물을 순서 없이 나타낸 것이다. ㉠∼㉢은 H₂O, FADH₂, NADH를 순서 없이 나타낸 것이다.

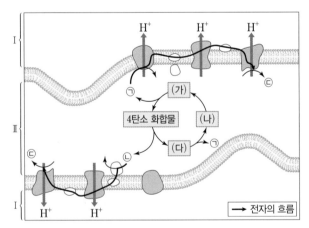

이에 대한 설명으로 옳은 것만을 〈보기〉에서 있는 대로 고른 것은?

보기
ㄱ. 1분자당 탄소 수는 (나)와 (다)가 서로 같다.
ㄴ. 전자 전달계를 거쳐 II에서 I로 능동 수송되는 H⁺의 수는 1분자의 ㉠이 산화될 때가 1분자의 ㉡이 산화될 때보다 크다.
ㄷ. 미토콘드리아 내막의 전자 전달 과정에서 1분자의 ㉢이 생성될 때 필요한 전자의 수는 2이다.

① ㄱ　　② ㄷ　　③ ㄱ, ㄴ　　④ ㄴ, ㄷ　　⑤ ㄱ, ㄴ, ㄷ

09

▶24072-0057

그림 (가)는 어떤 사람의 운동 전과 운동 중의 근육 세포 내 O_2와 젖산의 양을, (나)는 젖산 발효가 일어나고 있는 세포에서 젖산 농도와 pH 변화를 나타낸 것이다. ㉠과 ㉡은 O_2와 젖산을 순서 없이 나타낸 것이다.

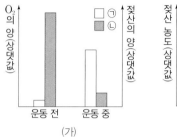 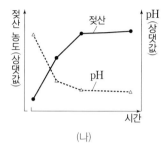

(가)   (나)

이에 대한 설명으로 옳은 것만을 〈보기〉에서 있는 대로 고른 것은? (단, 제시된 조건 이외는 고려하지 않는다.)

보기
ㄱ. 근육 세포에서 ㉡이 부족할 때 젖산 발효가 일어난다.
ㄴ. (가)에서 운동 중일 때 기질 수준 인산화에 의해 근육 세포에서 ATP가 생성된다.
ㄷ. (가)에서 근육 세포 내 pH는 운동 전일 때가 운동 중일 때보다 높다.

① ㄱ   ② ㄴ   ③ ㄱ, ㄷ   ④ ㄴ, ㄷ   ⑤ ㄱ, ㄴ, ㄷ

10

▶24072-0058

다음은 와인과 빵을 제조하는 과정에서 일어나는 발효에 대한 자료이다. 물질 A는 젖산과 에탄올 중 하나이다.

와인을 만드는 원리와 빵 반죽이 부풀어 오르는 원리 사이에는 공통점이 있다. 이 중 와인 제조 과정에서는 포도즙에 효모를 첨가하고 ㉠산소가 부족한 환경에서 적절한 온도를 유지하면서 반응시킨다. 그 결과 ㉡포도당이 A와 이산화 탄소로 분해되는 발효가 일어난다. 이 발효 과정은 빵 반죽에 효모를 첨가하여 발효시킬 때에도 일어난다.

이에 대한 설명으로 옳은 것만을 〈보기〉에서 있는 대로 고른 것은?

보기
ㄱ. ㉡ 과정이 일어날 때 효모에서 ATP가 생성된다.
ㄴ. ㉡ 과정에서 아세트알데하이드가 산화되어 A가 생성된다.
ㄷ. ㉠을 '산소가 풍부한 환경'으로 바꾸어 반응시키면 A의 생성량이 증가한다.

① ㄱ   ② ㄷ   ③ ㄱ, ㄴ   ④ ㄴ, ㄷ   ⑤ ㄱ, ㄴ, ㄷ

11

▶24072-0059

그림은 세포 호흡과 발효에서 피루브산이 물질 ㉠~㉢으로 전환되는 과정 Ⅰ~Ⅲ을, 표는 Ⅰ~Ⅲ에서 CO_2와 NAD^+의 생성 여부를 나타낸 것이다. ㉠~㉢은 젖산, 에탄올, 아세틸 CoA를 순서 없이 나타낸 것이다.

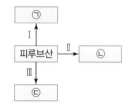

구분	CO_2	NAD^+
Ⅰ	?	×
Ⅱ	×	○
Ⅲ	○	?

(○: 생성됨, ×: 생성 안 됨)

이에 대한 설명으로 옳은 것만을 〈보기〉에서 있는 대로 고른 것은? (단, CoA의 탄소 수는 고려하지 않는다.)

보기
ㄱ. Ⅰ에서 탈탄산 반응이 일어난다.
ㄴ. 1분자당 $\dfrac{수소\ 수}{탄소\ 수}$ 는 ㉡이 ㉢보다 크다.
ㄷ. Ⅲ은 미토콘드리아 기질에서 일어난다.

① ㄱ   ② ㄷ   ③ ㄱ, ㄴ   ④ ㄱ, ㄷ   ⑤ ㄴ, ㄷ

12

▶24072-0060

그림은 동물 세포에서 물질 ㉠~㉢이 세포 호흡에 이용되는 과정의 일부를 나타낸 것이다. ㉠~㉢은 지방산, 글리세롤, 아미노산을 순서 없이 나타낸 것이다.

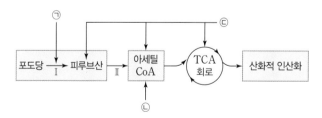

이에 대한 설명으로 옳은 것만을 〈보기〉에서 있는 대로 고른 것은?

보기
ㄱ. ㉠은 지방산이다.
ㄴ. Ⅰ과 Ⅱ에서 모두 ATP가 생성된다.
ㄷ. ㉢은 아미노기가 제거된 후 세포 호흡에 이용된다.

① ㄱ   ② ㄷ   ③ ㄱ, ㄴ   ④ ㄴ, ㄷ   ⑤ ㄱ, ㄴ, ㄷ

01

▶ 24072-0061

다음은 세포 호흡에 대한 실험이다.

[실험 과정]
(가) 시험관 I~Ⅲ에 동일한 양의 포도당과 해당 과정에 필요한 효소가 모두 들어 있는 수용액을 넣는다.
(나) I과 Ⅱ에 ADP, 무기 인산(P_i)을 첨가한 후, 이 중 ㉠에만 소량의 ATP를 첨가한다. ㉠은 I과 Ⅱ 중 하나이다.
(다) I~Ⅲ에서 포도당과 피루브산의 농도를 측정한다.

[실험 결과]
• I~Ⅲ 중 Ⅱ에서만 피루브산이 생성되었다.

이 자료에 대한 설명으로 옳은 것만을 〈보기〉에서 있는 대로 고른 것은? (단, 제시된 조건 이외는 고려하지 않는다.)

┌─ 보기 ┌
ㄱ. I에서 NADH가 생성된다.
ㄴ. Ⅱ에서 해당 과정이 일어났다.
ㄷ. I~Ⅲ 중 기질 수준 인산화가 일어난 시험관의 수는 1이다.

① ㄱ   ② ㄴ   ③ ㄱ, ㄴ   ④ ㄱ, ㄷ   ⑤ ㄴ, ㄷ

02

▶ 24072-0062

표 (가)는 TCA 회로의 물질 전환 과정 I~Ⅳ에서 특징 ㉠~㉣의 유무를 나타낸 것이고, (나)는 ㉠~㉣을 순서 없이 나타낸 것이다. A~D는 시트르산, 옥살아세트산, 4탄소 화합물, 5탄소 화합물을 순서 없이 나타낸 것이다.

과정	물질 전환	특징			
		㉠	㉡	㉢	㉣
I	A → B	×	×	○	○
Ⅱ	A → C	○	○	○	○
Ⅲ	C → A	×	×	×	ⓐ
Ⅳ	D → A	○	×	ⓐ	○

(○: 있음, ×: 없음)

(가)

특징(㉠~㉣)
• NADH가 생성된다.
• FAD가 환원된다.
• 탈탄산 반응이 일어난다.
• 기질 수준 인산화가 일어난다.

(나)

이에 대한 설명으로 옳은 것만을 〈보기〉에서 있는 대로 고른 것은?

┌─ 보기 ┌
ㄱ. ⓐ는 '×'이다.
ㄴ. 1분자당 탄소 수는 B와 C가 서로 같다.
ㄷ. TCA 회로에서 1분자의 B가 1분자의 D로 전환될 때 1분자의 ATP가 생성된다.

① ㄱ   ② ㄴ   ③ ㄱ, ㄷ   ④ ㄴ, ㄷ   ⑤ ㄱ, ㄴ, ㄷ

03

▶24072-0063

그림은 전자 전달이 일어나고 있는 미토콘드리아 내막의 전자 전달계를, 표는 물질 X와 Y의 작용을 나타낸 것이다. Ⅰ과 Ⅱ는 각각 막 사이 공간과 미토콘드리아 기질 중 하나이고, ⓐ~ⓒ는 H_2O, $FADH_2$, NADH를 순서 없이 나타낸 것이다.

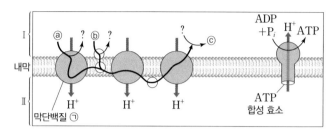

물질	작용
X	미토콘드리아 내막에 있는 인지질을 통해 H^+을 Ⅱ에서 Ⅰ로 새어 나가게 한다.
Y	미토콘드리아 내막의 ATP 합성 효소를 통한 H^+의 이동을 차단한다.

이에 대한 설명으로 옳은 것만을 〈보기〉에서 있는 대로 고른 것은? (단, 제시된 조건 이외는 고려하지 않는다.)

┌ 보기 ┐
ㄱ. 단위 시간당 O_2 소비량은 X를 처리했을 때가 Y를 처리했을 때보다 적다.
ㄴ. H^+이 ㉠을 통해 Ⅰ에서 Ⅱ로 이동하는 방식은 능동 수송이다.
ㄷ. 전자 전달계에서 1분자의 ⓑ가 산화될 때 방출되는 전자의 수는 1분자의 ⓒ가 생성될 때 필요한 전자의 수와 같다.

① ㄱ　　　　② ㄷ　　　　③ ㄱ, ㄴ　　　　④ ㄴ, ㄷ　　　　⑤ ㄱ, ㄴ, ㄷ

04

▶24072-0064

다음은 효모를 이용한 알코올 발효 실험이다.

[실험 과정 및 결과]
(가) 농도가 서로 다른 효모액 A와 B를 준비한다.
(나) 발효관 Ⅰ~Ⅳ에 각각 표와 같이 물질을 넣는다. ㉠과 ㉡은 농도가 서로 다른 포도당 용액이다.

발효관	첨가한 물질
Ⅰ	증류수 15 mL+㉠ 20 mL
Ⅱ	A 15 mL+㉠ 20 mL
Ⅲ	B 15 mL+㉠ 20 mL
Ⅳ	B 15 mL+㉡ 20 mL

(다) Ⅰ~Ⅳ의 맹관부에 기포가 들어가지 않도록 발효관을 세운 다음 입구를 솜으로 막고, 발효관을 모두 35 ℃ 항온 수조에 넣는다.
(라) 시간이 t_1일 때와 t_2일 때, Ⅰ~Ⅳ의 맹관부에 모인 기체의 부피를 측정한 결과는 표와 같다. 시간의 흐름은 t_1 → t_2이다.

발효관		Ⅰ	Ⅱ	Ⅲ	Ⅳ
기체의 부피	t_1	0	2	?	6
(상댓값)	t_2	0	4	6	10

이에 대한 설명으로 옳은 것만을 〈보기〉에서 있는 대로 고른 것은? (단, 제시된 조건 이외의 다른 조건은 동일하다.)

┌ 보기 ┐
ㄱ. 효모액의 농도는 B가 A보다 높다.
ㄴ. (나)에서 포도당 용액의 농도는 ㉠이 ㉡보다 높다.
ㄷ. t_1일 때 Ⅳ에서 아세트알데하이드가 에탄올로 전환되는 과정에서 CO_2가 생성된다.

① ㄱ　　　　② ㄴ　　　　③ ㄱ, ㄷ　　　　④ ㄴ, ㄷ　　　　⑤ ㄱ, ㄴ, ㄷ

05

▶24072-0065

그림은 세포 호흡이 활발하게 일어나는 어떤 동물 세포를 조건 (가)~(라)에서 각각 배양했을 때 이 세포의 미토콘드리아 내막의 전자 전달계에서 O_2 소비 속도를, 표는 물질 X~Z의 작용을 나타낸 것이다. (가)~(다)는 Y를 처리했을 때, Z를 처리했을 때, X~Z를 모두 처리하지 않았을 때를 순서 없이 나타낸 것이고, (라)는 X를 처리했을 때이다.

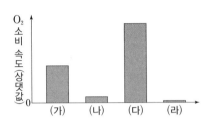

물질	작용
X	미토콘드리아 내막의 전자 전달계를 통한 전자의 이동을 차단한다.
Y	미토콘드리아 내막의 ATP 합성 효소를 통한 H^+의 이동을 차단한다.
Z	미토콘드리아 내막에 있는 인지질을 통해 H^+을 새어 나가게 한다.

이에 대한 설명으로 옳은 것만을 〈보기〉에서 있는 대로 고른 것은? (단, 제시된 조건 이외는 고려하지 않는다.)

보기
ㄱ. (가)는 Z를 처리했을 때이다.
ㄴ. Y를 처리했을 때 미토콘드리아의 $\dfrac{\text{기질의 pH}}{\text{막 사이 공간의 pH}}$ 는 1보다 크다.
ㄷ. 단위 시간당 미토콘드리아 내막의 전자 전달계를 통해 생성되는 H_2O의 분자 수는 (다)에서가 (라)에서보다 크다.

① ㄱ　　　② ㄴ　　　③ ㄱ, ㄴ　　　④ ㄱ, ㄷ　　　⑤ ㄴ, ㄷ

06

▶24072-0066

그림은 세포 호흡이 일어나고 있는 미토콘드리아에서 TCA 회로의 일부를, 표는 1분자의 피루브산이 세포 호흡을 통해 완전 분해될 때 TCA 회로의 물질 전환 과정에서 생성되는 물질 @~ⓒ의 분자 수를 나타낸 것이다. ㉠~㉣은 시트르산, 옥살아세트산, 4탄소 화합물, 5탄소 화합물을 순서 없이 나타낸 것이고, @~ⓒ는 CO_2, $FADH_2$, NADH를 순서 없이 나타낸 것이다.

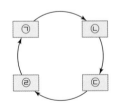

과정	분자 수		
	@	ⓑ	ⓒ
㉠ → ㉢	1	1	?
㉢ → ㉠	1	0	1
㉣ → ㉡	?	0	2

이에 대한 설명으로 옳은 것만을 〈보기〉에서 있는 대로 고른 것은?

보기
ㄱ. @는 CO_2이다.
ㄴ. TCA 회로에서 1분자의 ㉣이 1분자의 ㉠으로 전환되는 과정에서 기질 수준 인산화가 일어난다.
ㄷ. 1분자당 $\dfrac{\text{㉠의 탄소 수}}{\text{㉣의 탄소 수}}$ 는 1분자당 $\dfrac{\text{㉡의 탄소 수}}{\text{㉢의 탄소 수}}$ 보다 크다.

① ㄱ　　　② ㄷ　　　③ ㄱ, ㄴ　　　④ ㄱ, ㄷ　　　⑤ ㄴ, ㄷ

07

▶ 24072-0067

그림 (가)는 어떤 사람이 운동 전, 운동 중, 운동 후일 때 근육 세포 내 물질 ㉠과 ㉡의 농도 변화를, (나)는 이 사람의 근육 세포에서 시간에 따른 O_2 소비량을 나타낸 것이다. ㉠과 ㉡은 젖산과 피루브산을 순서 없이 나타낸 것이고, 1분자당 수소 수는 ㉠이 ㉡보다 크다.

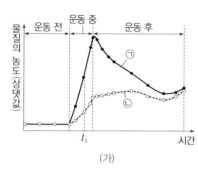
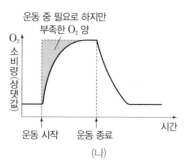

(가)   (나)

이 자료에 대한 설명으로 옳은 것만을 〈보기〉에서 있는 대로 고른 것은? (단, 제시된 조건 이외는 고려하지 않는다.)

┌─ 보기 ┌
ㄱ. ㉠은 젖산이다.
ㄴ. t_1일 때 이 사람의 근육 세포에서 피루브산의 산화와 피루브산의 환원이 모두 일어난다.
ㄷ. 이 사람의 근육 세포에서 단위 시간당 생성된 CO_2 양은 운동 전이 운동 중일 때보다 많다.

① ㄱ   ② ㄷ   ③ ㄱ, ㄴ   ④ ㄴ, ㄷ   ⑤ ㄱ, ㄴ, ㄷ

08

▶ 24072-0068

그림 (가)는 O_2와 포도당이 포함된 배양액에 효모를 넣고 밀폐시켰을 때 배양액에서 시간에 따른 물질 A와 B의 농도를, (나)는 이 효모의 발효 과정에서 물질 ㉠~㉣의 전환 과정을 나타낸 것이다. (나)에서 반응의 진행 방향은 Ⅰ과 Ⅱ 중 하나이다. ㉠~㉣은 에탄올, 포도당, 피루브산, 아세트알데하이드를 순서 없이 나타낸 것이고, ⓐ와 ⓑ는 각각 NAD^+와 NADH 중 하나이다. A와 B는 각각 ㉠과 ㉣ 중 하나이고, 1분자당 $\dfrac{수소\ 수}{탄소\ 수}$는 ㉠이 ㉣보다 크다.

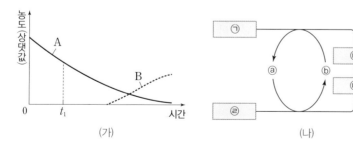

(가)   (나)

이에 대한 설명으로 옳은 것만을 〈보기〉에서 있는 대로 고른 것은?

┌─ 보기 ┌
ㄱ. ⓐ는 NAD^+이다.
ㄴ. (가)에서 t_1일 때 ㉣이 ㉠으로 전환되었다.
ㄷ. 1분자당 탄소 수는 ㉡이 ㉢보다 크다.

① ㄱ   ② ㄷ   ③ ㄱ, ㄴ   ④ ㄴ, ㄷ   ⑤ ㄱ, ㄴ, ㄷ

① 엽록체와 광합성 색소

(1) **엽록체**: 광합성이 일어나는 세포 소기관으로 2중막 구조이다.

① 틸라코이드 막: 광계(광합성 색소가 결합된 단백질 복합체), 전자 전달계, ATP 합성 효소가 존재한다.

② 그라나: 틸라코이드 여러 개가 포개져 쌓여 있는 구조이다.

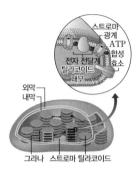

③ 스트로마: 엽록체의 기질 부분으로, 포도당이 합성되는 탄소 고정 반응이 일어나고, 포도당 합성에 관여하는 효소(RuBP와 CO_2의 반응을 촉매하는 루비스코 등)와 DNA, 리보솜이 존재한다.

(2) **광합성 색소**: 광합성에 필요한 빛에너지를 흡수하는 색소이다.

① 엽록소: 엽록소 a, b, c, d 등이 있으며, 엽록소 a를 포함한 여러 광합성 색소는 빛에너지를 흡수하여 반응 중심 색소인 엽록소 a로 전달한다.

② 카로티노이드: 카로틴과 잔토필 등이 있으며, 엽록소가 잘 흡수하지 못하는 파장의 빛을 흡수하여 엽록소로 전달하고, 과도한 빛에 의해 엽록소가 손상되는 것을 막아 준다.

(3) **광합성 색소의 분리**: 종이 크로마토그래피나 얇은 막 크로마토그래피(TLC)를 통해 광합성 색소를 분리한다.

① 각 색소의 분자량 차이, 전개액에 대한 용해도 차이와 전개 용지에 대한 흡착력 차이에 따라 전개율이 달라지는 원리를 이용하여 분리한다.

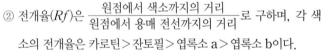

② 전개율(Rf)은 $\dfrac{\text{원점에서 색소까지의 거리}}{\text{원점에서 용매 전선까지의 거리}}$로 구하며, 각 색소의 전개율은 카로틴 > 잔토필 > 엽록소 a > 엽록소 b이다.

② 빛의 파장과 광합성

(1) **흡수 스펙트럼**: 빛의 파장에 따른 광합성 색소의 빛 흡수율을 그래프로 나타낸 것으로, 엽록소는 주로 청자색광과 적색광을 흡수하며, 카로티노이드는 청자색광과 녹색광을 흡수한다.

(2) **작용 스펙트럼**: 빛의 파장에 따른 광합성 속도를 그래프로 나타낸 것으로, 식물은 청자색광과 적색광에서 광합성 속도가 빠르다.

(3) **흡수 스펙트럼과 작용 스펙트럼의 관계**: 엽록소 a, b의 흡수 스펙트럼과 식물의 작용 스펙트럼이 거의 일치하는 것으로 보아 식물은 엽록소가 잘 흡수하는 청자색광과 적색광을 주로 이용하여 광합성을 한다는 것을 알 수 있다.

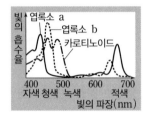
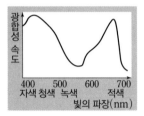

흡수 스펙트럼 　　　　　　작용 스펙트럼

③ 광합성 연구의 역사

(1) **엥겔만의 실험**: 서로 다른 파장의 빛을 해캄에 비춘 후 해캄 주위에 모여든 호기성 세균의 분포를 통해 빛의 파장에 따라 해캄의 광합성 속도가 달라짐이 밝혀졌다.

(2) **힐의 실험**: 엽록체가 함유된 추출액에 옥살산 철(Ⅲ)을 넣고 빛을 비추면 공기가 없는 환경에서 옥살산 철(Ⅲ)이 옥살산 철(Ⅱ)로 환원되고 O_2가 발생함이 밝혀졌다.

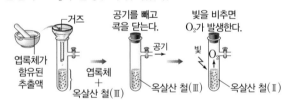

(3) **루벤의 실험**: ^{18}O로 표지된 $H_2^{18}O$과 $C^{18}O_2$를 이용하여 광합성 실험을 한 결과 발생하는 산소 기체는 물에서 유래함이 밝혀졌다.

(4) **벤슨의 실험**: 광합성 과정은 명반응이 일어난 후에 탄소 고정 반응이 진행될 수 있으며, 명반응과 탄소 고정 반응이 함께 일어나야 광합성이 지속될 수 있음이 밝혀졌다.

더 알기 캘빈 회로의 발견

방사성 동위 원소 ^{14}C로 표지된 $^{14}CO_2$를 공급하면서 배양한 클로렐라를 일정 시간마다 채취하여 광합성을 중지시키고, 세포 추출물을 2차원 크로마토그래피법을 이용하여 분리하였다. 전개한 크로마토그래피 용지를 X선 필름에 감광시켜 시간 경과에 따른 생성물을 확인하고, 이를 통해 탄소 고정 반응에서 $^{14}CO_2$로부터 포도당이 합성되기까지의 경로를 알아냈다.

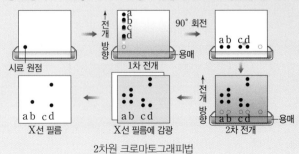

2차원 크로마토그래피법

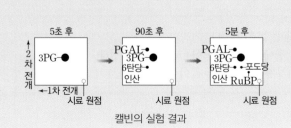

캘빈의 실험 결과

④ 명반응과 탄소 고정 반응

(1) **명반응**: 그라나(틸라코이드 막)에서 일어나며, 물이 광분해되어 O_2가 발생하고, 광인산화를 통해 ATP와 NADPH를 합성하는 과정이다. 명반응의 산물은 탄소 고정 반응(캘빈 회로)에 공급된다.

① **광계**: 광합성 색소와 단백질로 이루어진 복합체로 빛에너지를 흡수하여 고에너지 전자를 방출한다. 반응 중심 색소가 P_{700}인 광계 Ⅰ과 반응 중심 색소가 P_{680}인 광계 Ⅱ가 있다.

② **물의 광분해**: 빛에너지에 의해 광계 Ⅱ의 틸라코이드 내부 쪽에서 H_2O이 $2H^+$과 $2e^-$, $\frac{1}{2}O_2$로 분해된다.

③ **비순환적 전자 흐름과 순환적 전자 흐름**

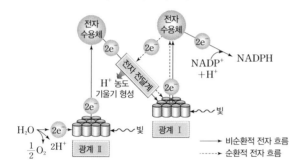

- 비순환적 전자 흐름(비순환적 광인산화)
  ㉠ 광계 Ⅱ에서 빛 흡수 → P_{680}으로 빛에너지 전달 → P_{680}에서 고에너지 전자 방출 → 전자 전달계를 거치면서 H^+ 농도 기울기 형성 → 전자는 광계 Ⅰ의 P_{700}으로 전달
  ㉡ 광계 Ⅱ에서 물이 광분해됨 → 방출된 전자는 광계 Ⅱ의 산화된 P_{680}을 환원
  ㉢ 광계 Ⅰ에서 빛 흡수 → P_{700}으로 빛에너지 전달 → P_{700}에서 고에너지 전자 방출 → 전자가 $NADP^+$에 최종적으로 수용되어 NADPH 생성
- 순환적 전자 흐름(순환적 광인산화): 광계 Ⅰ에서 빛 흡수 → P_{700}으로 빛에너지 전달 → P_{700}에서 고에너지 전자 방출 → 전자 전달계를 거치면서 H^+ 농도 기울기 형성 → 전자는 광계 Ⅰ의 P_{700}으로 돌아옴

④ **화학 삼투에 의한 ATP 합성**: 전자 전달 과정에서 능동 수송에 의해 틸라코이드 내부에 축적된 H^+이 ATP 합성 효소를 통해 스트로마로 확산되면서 ATP가 합성된다.

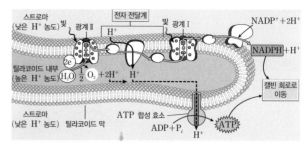

(2) **탄소 고정 반응**: 스트로마에서 일어나며, 명반응 산물인 ATP와 NADPH를 이용하여 CO_2를 환원시켜 포도당을 만드는 과정이다. 캘빈 회로는 '탄소 고정 → 3PG의 환원 → RuBP의 재생' 세 단계가 반복해서 일어난다. 포도당 1분자가 합성될 때 CO_2 6분자가 고정되고, ATP 18분자와 NADPH 12분자가 사용된다.

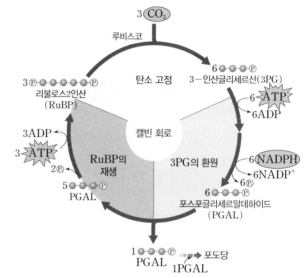

⑤ 광합성의 전과정

$$6CO_2 + 12H_2O \xrightarrow{\text{빛에너지}} C_6H_{12}O_6 + 6O_2 + 6H_2O$$

(1) **명반응**: 물의 광분해와 광인산화를 통해 O_2, ATP, NADPH가 생성된다.

$$12H_2O + 12NADP^+ \xrightarrow[\substack{18ADP + 18P_i \to 18ATP}]{\text{빛에너지}} 6O_2 + 12NADPH + 12H^+$$

(2) **탄소 고정 반응**: 명반응 산물을 이용하여 CO_2를 환원시켜 포도당을 합성한다.

$$6CO_2 + 12NADPH + 12H^+ \xrightarrow[\substack{18ATP \to 18ADP + 18P_i}]{} C_6H_{12}O_6 + 6H_2O + 12NADP^+$$

더 알기 **엽록체와 미토콘드리아에서의 ATP 합성 비교**

구분	엽록체에서의 ATP 합성(광인산화)	미토콘드리아에서의 ATP 합성(산화적 인산화)
공통점	• 전자 전달계에서 전자가 연속적인 산화 환원 반응을 통해 이동하며, 이 과정에서 방출된 에너지는 생체막(틸라코이드 막, 미토콘드리아 내막)을 경계로 H^+의 농도 기울기를 형성하는 데 사용된다. • 화학 삼투에 의해 H^+이 ATP 합성 효소를 통해 확산되면서 ATP가 합성된다.	
전자 공여체	H_2O	$NADH$, $FADH_2$
최종 전자 수용체	$NADP^+$	O_2
전자 전달계를 통한 H^+의 이동 방향	스트로마 → 틸라코이드 내부	미토콘드리아 기질 → 막 사이 공간
ATP 합성 효소를 통한 H^+의 이동 방향	틸라코이드 내부 → 스트로마	막 사이 공간 → 미토콘드리아 기질

| 2024학년도 9월 모의평가 |

그림은 3분자의 CO_2가 고정될 때 캘빈 회로와 물질 전환 과정의 일부를 나타낸 것이다. X와 Y는 3PG와 PGAL을 순서 없이 나타낸 것이다. ㉠~㉢은 분자 수이다.

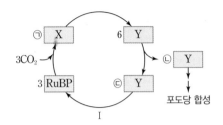

이에 대한 설명으로 옳은 것만을 〈보기〉에서 있는 대로 고른 것은?

┌─ 보기 ┌
ㄱ. X는 PGAL이다.
ㄴ. ㉠+㉡=6이다.
ㄷ. 과정 Ⅰ에서 ATP가 소모된다.
└─

① ㄱ   ② ㄴ   ③ ㄷ   ④ ㄱ, ㄷ   ⑤ ㄴ, ㄷ

정답과 해설 12쪽

▶ 24072-0069

그림은 캘빈 회로와 물질 전환 과정의 일부를, 표는 과정 Ⅰ~Ⅲ에서의 특징을 나타낸 것이다. X~Z는 3PG, PGAL, RuBP를 순서 없이 나타낸 것이다. ㉠~㉢은 분자 수이다.

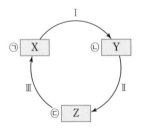

특징
• ㉠과 ㉡을 더한 값은 80이다.
• Ⅰ~Ⅲ에서 사용되는 ATP의 분자 수를 더한 값은 90이다.
• 1분자당 Z의 탄소 수는 3이다.

이에 대한 설명으로 옳은 것만을 〈보기〉에서 있는 대로 고른 것은?

┌─ 보기 ┌
ㄱ. Ⅰ에서 사용되는 NADPH의 분자 수는 6이다.
ㄴ. 1분자당 Y의 인산기 수는 2이다.
ㄷ. Ⅱ에서 $6CO_2$가 고정된다.
└─

① ㄱ   ② ㄴ   ③ ㄱ, ㄷ   ④ ㄴ, ㄷ   ⑤ ㄱ, ㄴ, ㄷ

01 ▶24072-0070

그림 (가)는 어떤 식물의 엽록체 구조를, (나)는 이 식물의 명반응에서 전자 전달계를 통한 H^+의 이동 방향을 나타낸 것이다. ⊙과 ⓒ은 스트로마와 틸라코이드 내부를 순서 없이 나타낸 것이고, Ⅰ과 Ⅱ는 각각 ⊙과 ⓒ 중 하나이다.

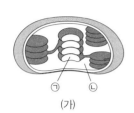 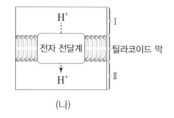

(가)   (나)

이에 대한 설명으로 옳은 것만을 〈보기〉에서 있는 대로 고른 것은?

┌─ 보기 ┐
ㄱ. Ⅱ는 ⊙이다.
ㄴ. ⓒ에서 물의 광분해가 일어난다.
ㄷ. (나)에서 H^+의 이동 방식은 촉진 확산이다.
└──────┘

① ㄱ　　② ㄴ　　③ ㄱ, ㄷ　　④ ㄴ, ㄷ　　⑤ ㄱ, ㄴ, ㄷ

02 ▶24072-0071

그림은 어떤 식물 잎의 광합성 색소를 유기 용매로 전개시켜 종이 크로마토그래피를 진행하는 과정에서 종이에 찍은 원점의 높이를, 표는 종이 크로마토그래피에서 분리된 색소 ⊙~ⓒ과 잔토필의 높이를 측정한 결과를 나타낸 것이다. ⊙~ⓒ은 카로틴, 엽록소 a, 엽록소 b를 순서 없이 나타낸 것이고, 종이 크로마토그래피 결과 측정된 용매 전선의 높이는 7 cm이다.

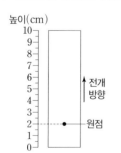

색소	높이(cm)
⊙	3.1
ⓒ	3.8
잔토필	6.3
ⓒ	6.8

이에 대한 설명으로 옳은 것만을 〈보기〉에서 있는 대로 고른 것은? (단, 각 색소의 전개율은 원점에서 용매 전선까지의 거리에 대한 원점에서 각 색소까지의 거리이다.)

┌─ 보기 ┐
ㄱ. 전개율은 ⊙이 ⓒ보다 크다.
ㄴ. ⓒ은 광합성을 하는 모든 식물에서 발견된다.
ㄷ. ⓒ은 카로티노이드에 속한다.
└──────┘

① ㄱ　　② ㄷ　　③ ㄱ, ㄷ　　④ ㄴ, ㄷ　　⑤ ㄱ, ㄴ, ㄷ

03 ▶24072-0072

그림 (가)는 어떤 식물에서 광합성 색소 ⊙, ⓒ의 흡수 스펙트럼과 광합성의 작용 스펙트럼을, (나)는 이 식물의 틸라코이드 막에 있는 광계 Ⅰ을 나타낸 것이다. ⊙과 ⓒ은 엽록소 a와 카로티노이드를 순서 없이 나타낸 것이다.

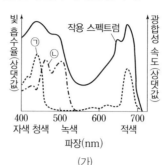 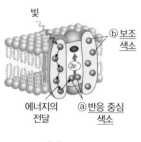

(가)   (나)

이에 대한 설명으로 옳은 것만을 〈보기〉에서 있는 대로 고른 것은?

┌─ 보기 ┐
ㄱ. ⓐ는 ⓒ으로 구성된다.
ㄴ. 엽록소 a의 빛 흡수율은 청자색광에서가 녹색광에서보다 높다.
ㄷ. ⓑ는 ⊙이 흡수하지 못하는 파장의 빛도 흡수하여 ⓐ로 전달하는 역할을 한다.
└──────┘

① ㄱ　　② ㄷ　　③ ㄱ, ㄴ　　④ ㄴ, ㄷ　　⑤ ㄱ, ㄴ, ㄷ

04 ▶24072-0073

표 (가)는 캘빈 회로에서 나타나는 물질 A~C의 특징을, (나)는 클로렐라 배양액에 $^{14}CO_2$를 공급하고 빛을 비춘 후 세 시점 t_1~t_3에서 얻은 세포 추출물에서 물질 ⊙~ⓒ의 방사선 검출 여부를 나타낸 것이다. 시간의 흐름은 $t_1 \rightarrow t_2 \rightarrow t_3$이고, A~C는 각각 3PG, PGAL, RuBP 중 하나이며, ⊙~ⓒ은 A~C를 순서 없이 나타낸 것이다.

┌──────────────────┐
│ • 1분자당 탄소 수는 A가 B │
│   보다 많다.   │
│ • 1분자의 B가 1분자의 C로 │
│   전환되는 과정에서 사용되는 │
│   ATP와 NADPH의 분자   │
│   수는 서로 같다.   │
└──────────────────┘

시점	⊙	ⓒ	ⓒ
t_1	−	−	+
t_2	+	−	+
t_3	+	+	+

(+: 검출됨, −: 검출 안 됨)

(가)   (나)

이에 대한 설명으로 옳은 것만을 〈보기〉에서 있는 대로 고른 것은?

┌─ 보기 ┐
ㄱ. ⓒ은 B이다.
ㄴ. 1분자당 인산기 수는 C와 ⓒ이 서로 같다.
ㄷ. 캘빈 회로에서 A가 B로 전환되는 과정에서 CO_2가 고정된다.
└──────┘

① ㄱ　　② ㄷ　　③ ㄱ, ㄴ　　④ ㄴ, ㄷ　　⑤ ㄱ, ㄴ, ㄷ

05

▶24072-0074

그림은 엽록체에서 일어나는 광합성 반응 (가)와 (나)를 나타낸 것이다. A~C는 3PG, PGAL, RuBP를 순서 없이 나타낸 것이고, ㉠과 ㉡은 ATP와 NADPH를 순서 없이 나타낸 것이다.

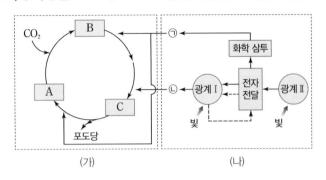

(가)   (나)

이에 대한 설명으로 옳은 것만을 〈보기〉에서 있는 대로 고른 것은?

┌ 보기 ┐
ㄱ. 순환적 전자 흐름이 일어나면 ㉠이 생성된다.
ㄴ. 1분자당 $\dfrac{인산기\ 수}{탄소\ 수}$ 는 B가 C보다 크다.
ㄷ. (나)에서 빛을 차단하면 (가)에서 RuBP의 농도가 지속적으로 증가한다.

① ㄱ   ② ㄴ   ③ ㄱ, ㄴ   ④ ㄱ, ㄷ   ⑤ ㄴ, ㄷ

06

▶24072-0075

그림 (가)는 어떤 식물의 엽록체 추출액을 이용한 힐의 실험을, (나)는 광합성이 활발한 이 식물 엽록체의 틸라코이드 막에서 일어나는 순환적 전자 흐름의 일부를 나타낸 것이다. ⓐ는 광합성의 명반응 결과 생성된 기체이고, X는 광계 Ⅰ과 광계 Ⅱ 중 하나이며, ㉠과 ㉡은 각각 스트로마와 틸라코이드 내부 중 하나이다.

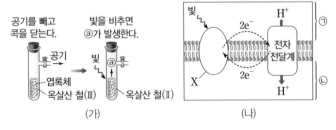

(가)   (나)

이에 대한 설명으로 옳은 것만을 〈보기〉에서 있는 대로 고른 것은?

┌ 보기 ┐
ㄱ. (가)에서 옥살산 철(Ⅲ)은 전자 수용체로 작용한다.
ㄴ. (나)에서 ㉠의 pH는 ㉡의 pH보다 높다.
ㄷ. (나)에서 X의 반응 중심 색소가 환원될 때 ⓐ가 발생한다.

① ㄱ   ② ㄷ   ③ ㄱ, ㄴ   ④ ㄴ, ㄷ   ⑤ ㄱ, ㄴ, ㄷ

07

▶24072-0076

그림은 어떤 식물에서 빛과 CO_2의 조건을 달리했을 때 시간에 따른 광합성 속도를 나타낸 것이다. ⓐ와 ⓑ는 '있음'과 '없음'을 순서 없이 나타낸 것이다.

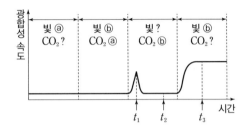

이에 대한 설명으로 옳은 것만을 〈보기〉에서 있는 대로 고른 것은? (단, 빛과 CO_2 이외의 조건은 동일하다.)

┌ 보기 ┐
ㄱ. ⓐ는 '없음'이다.
ㄴ. 포도당의 생성 속도는 t_1일 때가 t_2일 때보다 빠르다.
ㄷ. $\dfrac{스트로마의\ pH}{틸라코이드\ 내부의\ pH}$ 는 t_2일 때가 t_3일 때보다 크다.

① ㄱ   ② ㄷ   ③ ㄱ, ㄴ   ④ ㄱ, ㄷ   ⑤ ㄴ, ㄷ

08

▶24072-0077

표는 캘빈 회로에서 일어나는 물질 전환 과정 (가)~(다)를 나타낸 것이다. ⓐ와 ⓑ는 모두 분자 수이다.

(가)	ⓐ RuBP ⟶ ⓑ 3PG
(나)	5 PGAL ⟶ ⓐ RuBP
(다)	ⓑ 3PG ⟶ 6 PGAL

이에 대한 설명으로 옳은 것만을 〈보기〉에서 있는 대로 고른 것은?

┌ 보기 ┐
ㄱ. ⓐ+ⓑ=9이다.
ㄴ. (나)에서 3분자의 ATP가 사용된다.
ㄷ. (다)에서 NADPH의 산화가 일어난다.

① ㄱ   ② ㄴ   ③ ㄱ, ㄷ   ④ ㄴ, ㄷ   ⑤ ㄱ, ㄴ, ㄷ

09

▶24072-0078

그림은 광합성이 활발하게 일어나는 어떤 식물의 캘빈 회로 일부를, 표는 물질 ㉠~㉢의 1분자당 탄소 수의 비와 인산기 수의 비를 나타낸 것이다. ㉠~㉢은 3PG, PGAL, RuBP를 순서 없이 나타낸 것이다.

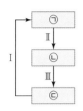

탄소 수의 비	㉠ : ㉡ = 3 : 5
인산기 수의 비	㉠ : ㉢ = 1 : 1

이에 대한 설명으로 옳은 것만을 〈보기〉에서 있는 대로 고른 것은?

┌ 보기 ┌
ㄱ. 과정 Ⅰ~Ⅲ은 모두 스트로마에서 일어난다.
ㄴ. 과정 Ⅰ에서 CO_2가 고정된다.
ㄷ. 과정 Ⅱ에서 사용되는 $\dfrac{\text{NADPH의 분자 수}}{\text{ATP의 분자 수}}=1$이다.

① ㄱ　　② ㄷ　　③ ㄱ, ㄴ　　④ ㄱ, ㄷ　　⑤ ㄴ, ㄷ

10

▶24072-0079

그림 (가)는 세균 X와 해캄을 이용한 엥겔만의 실험을, (나)는 해캄에 있는 광계 일부와 반응 ㉠을 나타낸 것이다. ⓐ와 ⓑ는 반응 중심 색소와 보조 색소를 순서 없이 나타낸 것이다.

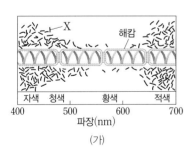
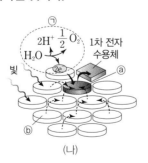

(가)　　　　　　(나)

이에 대한 설명으로 옳은 것만을 〈보기〉에서 있는 대로 고른 것은?

┌ 보기 ┌
ㄱ. (가)의 해캄에서 O_2 발생량이 적은 곳일수록 X가 많이 분포한다.
ㄴ. ⓑ에서 흡수한 빛에너지는 ⓐ로 전달된다.
ㄷ. (가)의 해캄에서 ㉠은 황색광에서가 적색광에서보다 활발히 일어난다.

① ㄱ　　② ㄴ　　③ ㄱ, ㄷ　　④ ㄴ, ㄷ　　⑤ ㄱ, ㄴ, ㄷ

11

▶24072-0080

그림은 어떤 식물에서 일어나는 물질대사 과정을 나타낸 것이다. (가)~(다)는 각각 명반응, 세포 호흡, 탄소 고정 반응 중 하나이고, ㉠~㉣은 포도당, O_2, CO_2, H_2O을 순서 없이 나타낸 것이다.

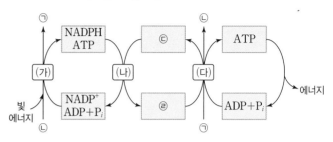

이에 대한 설명으로 옳은 것만을 〈보기〉에서 있는 대로 고른 것은?

┌ 보기 ┌
ㄱ. (가)에서 ㉡이 환원된다.
ㄴ. (나)에서 1분자의 ㉣을 생성하는 데 필요한 ㉢의 분자 수는 6이다.
ㄷ. (다)에서 ㉠은 미토콘드리아 내막의 전자 전달계에서 최종 전자 수용체로 작용한다.

① ㄱ　　② ㄴ　　③ ㄱ, ㄷ　　④ ㄴ, ㄷ　　⑤ ㄱ, ㄴ, ㄷ

12

▶24072-0081

표 (가)는 어떤 식물의 물질대사 과정에서 나타나는 3가지 특징을, (나)는 (가)의 특징 중 과정 Ⅰ과 Ⅱ가 갖는 특징의 개수를 나타낸 것이다. Ⅰ과 Ⅱ는 명반응과 산화적 인산화를 순서 없이 나타낸 것이다.

특징
• O_2가 생성된다.
• 전자 전달계가 관여한다.
• 화학 삼투가 일어난다.

(가)

구분	특징의 개수
Ⅰ	3
Ⅱ	ⓐ

(나)

이에 대한 설명으로 옳은 것만을 〈보기〉에서 있는 대로 고른 것은?

┌ 보기 ┌
ㄱ. ⓐ는 2이다.
ㄴ. 캘빈 회로에서 Ⅰ의 산물이 사용된다.
ㄷ. Ⅱ에서 $NADP^+$가 환원된다.

① ㄱ　　② ㄷ　　③ ㄱ, ㄴ　　④ ㄴ, ㄷ　　⑤ ㄱ, ㄴ, ㄷ

01

▶24072-0082

다음은 엽록체에서 일어나는 광합성을 알아보기 위한 실험이다.

[실험 과정 및 결과]
(가) 암실에 두었던 시금치의 엽록체를 추출하여 그라나와 스트로마를 분리한다.
(나) 시험관 Ⅰ~Ⅳ에 (가)에서 분리한 ㉠과 ㉡을 표와 같이 넣은 후, 각 시험관에 물질 A가 들어 있는 용액을 넣고 시험관 입구를 마개로 닫은 후 공기를 빼고 콕을 닫는다. ㉠과 ㉡은 그라나와 스트로마를 순서 없이 나타낸 것이고, A는 비순환적 전자 흐름에서 전자를 받아 환원되면 청색에서 무색으로 변한다.

공기를 빼고
콕을 닫는다.

공기

구분	Ⅰ	Ⅱ	Ⅲ	Ⅳ
㉠	○	○	×	×
㉡	○	×	○	×

(○: 첨가함, ×: 첨가하지 않음)

(다) 빛을 비추어 Ⅰ~Ⅳ에서 수용액의 색깔 변화를 관찰한다.
(라) Ⅰ~Ⅳ 중 Ⅰ과 Ⅲ의 수용액만 청색에서 무색으로 변하였다.

이 자료에 대한 설명으로 옳은 것만을 〈보기〉에서 있는 대로 고른 것은? (단, 제시된 조건 이외의 다른 조건은 동일하다.)

보기
ㄱ. ㉠은 스트로마이다.
ㄴ. (라)의 Ⅲ에서 O_2가 발생하였다.
ㄷ. Ⅰ에서 색 변화가 일어나는 동안 틸라코이드 내부의 pH는 증가한다.

① ㄱ   ② ㄴ   ③ ㄱ, ㄴ   ④ ㄱ, ㄷ   ⑤ ㄴ, ㄷ

02

▶24072-0083

그림은 광합성이 일어나고 있는 어떤 식물의 명반응에서 전자가 이동하는 경로의 일부와 광합성을 저해하는 물질 X와 Y의 작용 부위를, 표는 X와 Y의 작용을 나타낸 것이다. ㉠과 ㉡은 각각 P_{680}과 P_{700} 중 하나이고, ⓐ와 ⓑ는 각각 $NADP^+$와 NADPH 중 하나이다.

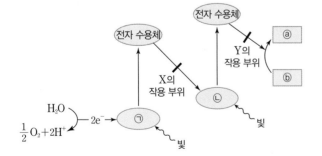

물질	작용
X	광계 Ⅱ에서 광계 Ⅰ로의 전자 전달을 차단함
Y	광계 Ⅰ의 전자 수용체에서 전자를 받아 O_2를 환원시킴

이에 대한 설명으로 옳은 것만을 〈보기〉에서 있는 대로 고른 것은? (단, 제시된 조건 이외는 고려하지 않는다.)

보기
ㄱ. ㉠은 파장이 700 nm인 빛을 680 nm인 빛보다 잘 흡수한다.
ㄴ. 비순환적 전자 흐름에서 $\dfrac{\text{환원된 } P_{700}\text{의 수}}{\text{산화된 } P_{700}\text{의 수}}$는 X를 처리하기 전이 처리한 후보다 크다.
ㄷ. 스트로마에서 $\dfrac{ⓐ\text{의 농도}}{ⓑ\text{의 농도}}$는 Y를 처리하기 전이 처리한 후보다 크다.

① ㄱ   ② ㄷ   ③ ㄱ, ㄴ   ④ ㄴ, ㄷ   ⑤ ㄱ, ㄴ, ㄷ

03

▶24072-0084

다음은 산소의 동위 원소 ^{18}O를 이용한 광합성 실험이다.

[실험 과정 및 결과]

(가) 클로렐라 배양액이 들어 있는 플라스크 A~D를 준비한 후 A와 B에는 CO_2와 $H_2{}^{18}O$을, C와 D에는 $C^{18}O_2$와 H_2O을 넣는다.

(나) (가)의 B와 D에만 빛을 비춘 후 A~D에서 발생하는 기체를 분석한다.

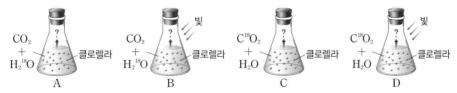

(다) 클로렐라의 광합성 결과로 플라스크 ㉠에서 $^{18}O_2$가, 플라스크 ㉡에서 O_2가 생성되었다. ㉠과 ㉡은 각각 A~D 중 하나이다.

이에 대한 설명으로 옳은 것만을 〈보기〉에서 있는 대로 고른 것은? (단, 제시된 조건 이외는 고려하지 않는다.)

보기
ㄱ. ㉠은 B이다.
ㄴ. D에서 순환적 전자 흐름에 의해 O_2가 생성되었다.
ㄷ. A~D 중 A와 C의 결과를 비교하면 광합성 결과 생성되는 기체가 CO_2와 H_2O 중 어느 물질에서 유래되는지 밝힐 수 있다.

① ㄱ   ② ㄴ   ③ ㄷ   ④ ㄱ, ㄴ   ⑤ ㄱ, ㄷ

04

▶24072-0085

그림 (가)는 광합성이 일어나고 있는 클로렐라의 캘빈 회로에서 물질 전환 과정의 일부를, (나)는 이 클로렐라의 엽록체에서 CO_2 농도를 감소시켰을 때 시간에 따른 물질 B와 C의 농도를 나타낸 것이다. A~C는 3PG, PGAL, RuBP를 순서 없이 나타낸 것이고, 과정 Ⅱ에서 ADP가 생성되지 않는다.

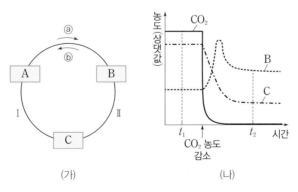

(가)   (나)

이에 대한 설명으로 옳은 것만을 〈보기〉에서 있는 대로 고른 것은? (단, CO_2 농도 이외의 다른 조건은 동일하다.)

보기
ㄱ. (가)에서 회로의 진행 방향은 ⓐ이다.
ㄴ. 과정 Ⅰ에서는 ATP와 NADPH 중 ATP만 사용된다.
ㄷ. $\dfrac{C의\ 농도}{RuBP의\ 농도}$ 는 t_2일 때가 t_1일 때보다 크다.

① ㄱ   ② ㄷ   ③ ㄱ, ㄴ   ④ ㄴ, ㄷ   ⑤ ㄱ, ㄴ, ㄷ

05

▶24072-0086

그림은 어떤 녹조류에 $^{14}CO_2$를 공급하고 빛 조건을 달리하였을 때 이 녹조류의 엽록체에서 ^{14}C가 포함된 물질 A~C의 양을 시간에 따라 측정하여 나타낸 것이다. A~C는 각각 포도당, 3PG, RuBP 중 하나이다.

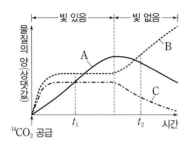

이에 대한 설명으로 옳은 것만을 〈보기〉에서 있는 대로 고른 것은? (단, 제시된 조건 이외의 다른 조건은 동일하다.)

〈보기〉
ㄱ. 1분자당 탄소 수는 A>C>B이다.
ㄴ. 스트로마에서 $\dfrac{NADP^+의\ 양}{NADPH의\ 양}$ 은 t_1일 때가 t_2일 때보다 크다.
ㄷ. 틸라코이드 내부의 H^+의 농도는 t_1일 때가 t_2일 때보다 높다.

① ㄱ   ② ㄴ   ③ ㄷ   ④ ㄱ, ㄴ   ⑤ ㄱ, ㄷ

06

▶24072-0087

그림 (가)는 어떤 식물 엽록체의 틸라코이드 막에서 일어나는 명반응의 전자 전달 과정 일부를, (나)는 빛 조건 ⓐ와 ⓑ에 따른 이 엽록체의 ㉠에서의 pH 변화를 나타낸 것이다. ㉠과 ㉡은 각각 틸라코이드 내부와 스트로마 중 하나이고, ⓐ와 ⓑ는 각각 '빛 있음'과 '빛 없음' 중 하나이다. 물질 ㉮는 광계 Ⅱ에서 광계 Ⅰ로의 전자 전달을 차단하여 전자 전달계를 통한 H^+의 이동을 저해한다.

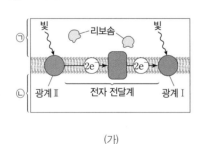

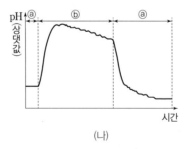

(가)   (나)

이에 대한 설명으로 옳은 것만을 〈보기〉에서 있는 대로 고른 것은? (단, 제시된 조건 이외의 다른 조건은 동일하다.)

〈보기〉
ㄱ. ⓐ는 '빛 없음'이다.
ㄴ. ⓑ 조건에서 ㉠에서의 pH는 ㉮를 처리하기 전이 처리한 후보다 높다.
ㄷ. (가)의 전자 전달계를 통한 H^+의 이동 과정에 ATP에 저장된 에너지가 사용된다.

① ㄱ   ② ㄷ   ③ ㄱ, ㄴ   ④ ㄴ, ㄷ   ⑤ ㄱ, ㄴ, ㄷ

07

▶ 24072-0088

다음은 엽록체의 ATP 합성에 대한 실험이다.

[실험 과정 및 결과]
(가) pH가 ⓐ인 수용액이 들어 있는 플라스크 Ⅰ에 시금치 잎의 엽록체에서 분리한 ㉠ 틸라코이드를 넣고, 틸라코이드 내부의 pH가 수용액의 pH와 같아질 때까지 둔다.
(나) (가)의 틸라코이드를 pH가 ⓑ인 수용액이 들어 있는 플라스크 Ⅱ로 옮긴다.
(다) Ⅱ를 암실로 옮긴 후, ADP와 무기 인산(P_i)을 충분히 첨가하였더니 ATP가 검출되었다.

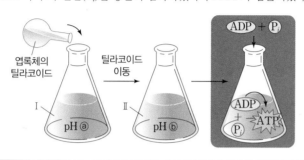

이에 대한 설명으로 옳은 것만을 〈보기〉에서 있는 대로 고른 것은? (단, 제시된 조건 이외의 다른 조건은 동일하다.)

┌ 보기 ┌
ㄱ. ⓐ > ⓑ이다.
ㄴ. (다)의 Ⅱ에서 화학 삼투에 의한 인산화가 일어났다.
ㄷ. ㉠의 막에는 ATP 합성 효소가 있다.

① ㄱ   ② ㄴ   ③ ㄱ, ㄷ   ④ ㄴ, ㄷ   ⑤ ㄱ, ㄴ, ㄷ

08

▶ 24072-0089

그림은 어떤 식물 세포에서 일어나는 물질대사 과정 일부를, 표는 물질 ㉠~㉤을 순서 없이 나타낸 것이다. ⓐ~ⓓ는 분자 수이다.

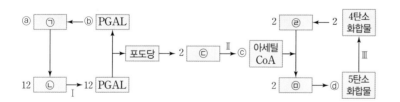

물질(㉠~㉤)
• 3PG
• RuBP
• 시트르산
• 피루브산
• 옥살아세트산

이에 대한 설명으로 옳은 것만을 〈보기〉에서 있는 대로 고른 것은?

┌ 보기 ┌
ㄱ. ⓑ = ⓐ + ⓒ + ⓓ이다.
ㄴ. 1분자당 $\dfrac{㉠과 ㉢의 탄소 수를 더한 값}{㉡과 ㉣의 탄소 수를 더한 값}$ > 1이다.
ㄷ. 과정 Ⅰ~Ⅲ 중 $\dfrac{ATP가 생성되는 반응이 일어나는 과정의 수}{ATP가 소모되는 반응이 일어나는 과정의 수}$ = 2이다.

① ㄱ   ② ㄷ   ③ ㄱ, ㄴ   ④ ㄴ, ㄷ   ⑤ ㄱ, ㄴ, ㄷ

06 유전 물질

① 원핵세포와 진핵세포의 유전체

(1) 유전체는 한 개체의 유전 정보가 저장되어 있는 DNA 전체이다.

(2) 원핵세포와 진핵세포의 유전체 비교

① 일반적으로 진핵세포의 유전체는 원핵세포의 유전체보다 크기가 크고, 유전자 수가 많다.

② 진핵세포의 유전체는 선형 DNA 여러 개로 구성되어 있는 반면, 대부분의 원핵세포의 유전체는 원형 DNA 1개로 구성되어 있고, 플라스미드라는 작은 원형 DNA가 있는 경우도 있다.

③ 진핵세포의 유전자에는 인트론이 포함되어 있다.

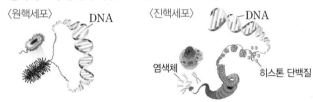

② 유전 물질(DNA) 확인 실험

(1) 그리피스의 실험(1928년): 열처리로 죽은 S형 균의 어떤 물질이 R형 균을 S형 균으로 형질 전환시켰음을 확인하였다.

(2) 에이버리의 실험(1944년): 열처리로 죽은 S형 균의 추출물에 DNA 분해 효소를 처리한 후 살아 있는 R형 균과 함께 생쥐에 주사했을 때 생쥐가 산 것을 통해 형질 전환을 일으키는 물질이 DNA라고 결론을 내렸다.

(3) 허시와 체이스의 실험(1952년): ^{35}S으로 표지한 파지의 단백질 껍질과 ^{32}P으로 표지한 파지의 DNA 중 파지의 DNA만 대장균 안으로 들어가 증식을 일으키는 것을 확인하고, 유전 물질은 DNA임을 증명하였다.

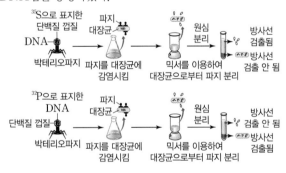

③ DNA의 구조

(1) 두 가닥의 폴리뉴클레오타이드가 나선형으로 꼬여 이중 나선 구조를 이룬다.

(2) 당-인산 골격은 바깥쪽에, 염기쌍은 안쪽에 위치한다.

(3) 두 가닥은 방향이 서로 반대이며, 퓨린 계열 염기(A, G)와 피리미딘 계열 염기(T, C)가 상보적으로 결합한다.

(4) 염기 조성 비율: A=T, G=C, A+G=T+C=50 %

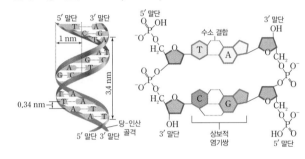

④ DNA의 복제

(1) DNA의 이중 나선 구조가 풀리면 2개의 가닥을 각각 주형으로 하여 새로운 가닥이 상보적으로 합성된다.

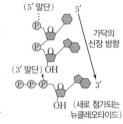

(2) DNA 중합 효소는 프라이머를 시작으로 3′ 말단에만 새로운 뉴클레오타이드를 첨가한다. 합성 중인 가닥은 항상 5′ → 3′ 방향으로 길어지며, 합성 중인 가닥과 주형 가닥의 방향은 서로 반대이다.

(3) 선도 가닥은 연속적으로 길게 합성되지만, 지연 가닥에서는 불연속적으로 짧은 DNA 조각들이 합성되며, 이 조각들은 DNA 연결 효소에 의해 하나로 길게 연결된다.

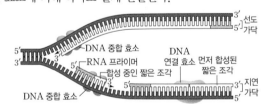

 더 알기 ◈ 메셀슨과 스탈의 DNA 복제 실험

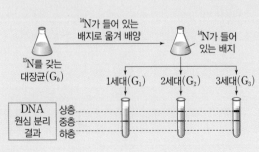

• 실험 과정

① ^{15}N가 포함된 배양액에서 여러 세대 배양하여 염기의 N가 ^{15}N로 표지된 대장균(G_0)을 얻는다.

② G_0을 ^{14}N가 포함된 배양액으로 옮긴 후 첫 번째 분열시켜 1세대 대장균(G_1)을, 두 번째 분열시켜 2세대 대장균(G_2)을, 세 번째 분열시켜 3세대 대장균(G_3)을 얻는다.

③ 각 세대 대장균의 DNA를 추출하여 원심 분리한다.

• 결론: 새로 만들어진 DNA 이중 나선의 두 가닥 중 한 가닥은 주형 가닥이고, 다른 한 가닥은 새로 합성된 가닥이다. → DNA는 반보존적으로 복제됨을 알 수 있다.

| 2024학년도 수능 |

다음은 어떤 세포에서 복제 중인 이중 가닥 DNA에 대한 자료이다.

- 이중 가닥 DNA를 구성하는 단일 가닥 I과 II는 각각 26개의 염기로 구성되며, 서로 상보적이다. I을 주형으로 하여 선도 가닥 ㉮가 합성되었고, II를 주형으로 하여 지연 가닥이 합성되는 과정에서 가닥 ㉯와 ㉰가 합성되었다.
- ㉮는 26개의 염기로, ㉯와 ㉰는 각각 13개의 염기로 구성된다. ㉮는 프라이머 X를, ㉯는 프라이머 Y를, ㉰는 프라이머 Z를 가진다.
- X~Z는 각각 4개의 염기로 구성되고, X와 Z는 서로 상보적이다.
- ㉮의 염기 서열은 다음과 같다. ㉠과 ㉡은 구아닌(G)과 사이토신(C)을 순서 없이 나타낸 것이다.

$$5'-㉠㉡C㉠AATATG㉡㉠G㉠CTCACTC㉡㉠G㉠C-3'$$

- ㉯와 ㉰를 구성하는 염기를 모두 합쳐서 구한 $\dfrac{C}{G}$의 값은 $\dfrac{1}{2}$이다.

이에 대한 설명으로 옳은 것만을 〈보기〉에서 있는 대로 고른 것은? (단, 돌연변이는 고려하지 않는다.)

┌ 보기 ┐
ㄱ. ㉰가 ㉯보다 먼저 합성되었다.
ㄴ. X와 Y의 염기 서열은 같다.
ㄷ. I에서 $\dfrac{C}{A+T}=\dfrac{3}{4}$이다.

① ㄱ ② ㄴ ③ ㄱ, ㄷ ④ ㄴ, ㄷ ⑤ ㄱ, ㄴ, ㄷ

접근 전략

㉮의 염기 서열로부터 상보적인 ㉯, ㉰의 염기 서열을 찾은 후 $\dfrac{C}{G}=\dfrac{1}{2}$임을 이용하여 ㉠과 ㉡을 결정하고, 염기 서열에서 Y와 Z의 가능한 위치를 파악한다. X와 상보적인 Z를 찾아 ㉯와 ㉰의 염기 서열을 확인한다.

간략 풀이

㉠은 C, ㉡은 G이다.
✗ ㉰가 ㉯보다 먼저 합성되었다.
◯ X와 Y의 염기 서열은 모두 $5'-CGCC-3'$이다.
◯ ㉮의 염기 서열에서 염기의 개수는 A+T가 8개, G이 6개이므로 I에서 $\dfrac{C}{A+T}=\dfrac{3}{4}$이다.

정답 | ④

정답과 해설 15쪽

▶ 24072-0090

다음은 어떤 세포에서 복제 중인 이중 가닥 DNA에 대한 자료이다.

- 이중 가닥 DNA를 구성하는 단일 가닥 I과 II는 각각 20개의 염기로 구성되며, 서로 상보적이다. I을 주형으로 하여 선도 가닥 ㉮가 합성되었고, II를 주형으로 하여 지연 가닥이 합성되는 과정에서 가닥 ㉯와 ㉰가 합성되었다.
- ㉮는 20개의 염기로, ㉯와 ㉰는 각각 10개의 염기로 구성된다. ㉮는 프라이머 X를, ㉯는 프라이머 Y를, ㉰는 프라이머 Z를 가진다.
- X~Z는 각각 4개의 염기로 구성되고, 주형 가닥과 프라이머 사이에 형성된 염기 간 수소 결합의 총개수는 X>Y>Z이다.
- ㉮의 염기 서열은 다음과 같다. ㉠과 ㉡은 아데닌(A)과 구아닌(G)을 순서 없이 나타낸 것이다. ⓐ는 5′ 말단과 3′ 말단 중 하나이다.

$$ⓐ-㉠T㉠C㉠CTCC㉡G㉡TCTTC㉡㉠C-?$$

이에 대한 설명으로 옳은 것만을 〈보기〉에서 있는 대로 고른 것은? (단, 돌연변이는 고려하지 않는다.)

┌ 보기 ┐
ㄱ. ⓐ는 5′ 말단이다.
ㄴ. ㉯는 ㉰보다 먼저 합성되었다.
ㄷ. $\dfrac{G+C}{A+T}$은 Y에서가 ㉯에서보다 크다.

① ㄱ ② ㄴ ③ ㄷ ④ ㄱ, ㄴ ⑤ ㄴ, ㄷ

유사점과 차이점

선도 가닥의 염기 서열을 제시하고, DNA 복제 원리를 다룬다는 점에서 대표 문제와 유사하지만 선도 가닥의 방향성이 제시되지 않았고, 주형 가닥과 프라이머 사이에 형성되는 염기 간 수소 결합의 총개수를 활용한다는 점에서 대표 문제와 다르다.

배경 지식

- 새로운 가닥의 합성은 주형 가닥을 기준으로 3′ 말단에서 5′ 말단 방향으로 일어난다.
- 복제 과정에서 합성된 프라이머는 RNA 뉴클레오타이드로 구성되므로 타이민(T)이 없다.

01

▶24072-0091

그림은 대장균과 사람의 유전체, DNA에 대한 학생 A~C의 발표 내용이다.

사람의 유전체에는 인트론이 포함되어 있습니다.

유전체 크기는 사람이 대장균보다 큽니다.

대장균과 사람의 세포에는 모두 선형 DNA가 있습니다.

학생 A   학생 B   학생 C

제시한 내용이 옳은 학생만을 있는 대로 고른 것은?

① A ② B ③ C ④ A, B ⑤ B, C

02

▶24072-0092

그림은 에이버리의 실험 일부를 나타낸 것이다. ㉠과 ㉡은 R형 균과 S형 균을 순서 없이 나타낸 것이고, 효소 Ⅰ과 Ⅱ는 단백질 분해 효소와 DNA 분해 효소를 순서 없이 나타낸 것이다.

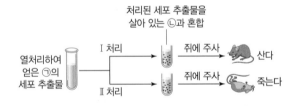

처리된 세포 추출물을 살아 있는 ㉡과 혼합

열처리하여 얻은 ㉠의 세포 추출물

Ⅰ 처리 → 쥐에 주사 → 산다

Ⅱ 처리 → 쥐에 주사 → 죽는다

이에 대한 설명으로 옳은 것만을 〈보기〉에서 있는 대로 고른 것은?

┌ 보기 ┐
ㄱ. ㉠은 S형 균이다.
ㄴ. Ⅰ의 기질은 단백질이다.
ㄷ. Ⅱ를 처리한 실험에서 살아 있는 ㉡이 ㉠으로 형질 전환되었다.

① ㄱ ② ㄴ ③ ㄱ, ㄴ ④ ㄱ, ㄷ ⑤ ㄴ, ㄷ

03

▶24072-0093

그림 (가)는 허시와 체이스의 실험 일부를, (나)는 (가)에 이용된 박테리오파지의 구조를 나타낸 것이다. ⓐ는 ^{32}P과 ^{35}S 중 하나이고, ㉠과 ㉡은 DNA와 단백질을 순서 없이 나타낸 것이다.

ⓐ로 표지한 파지 → 대장균에 감염 → 배양 → 믹서에 넣음 → 원심 분리 → 상층액, 침전물, 침전물에서만 방사선이 검출됨

(가)   (나)

이에 대한 설명으로 옳은 것만을 〈보기〉에서 있는 대로 고른 것은?

┌ 보기 ┐
ㄱ. ⓐ는 ^{32}P이다.
ㄴ. 자기 방사법이 이용되었다.
ㄷ. (가)에서 파지의 ㉡은 대장균 안으로 들어갔다.

① ㄱ ② ㄴ ③ ㄷ ④ ㄱ, ㄴ ⑤ ㄴ, ㄷ

04

▶24072-0094

그림은 3가지 DNA 복제 모델 (가)~(다)에 따른 복제 예상 결과를 나타낸 것이다. (가)~(다)는 반보존적 복제 모델, 보존적 복제 모델, 분산적 복제 모델을 순서 없이 나타낸 것이다.

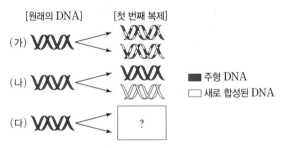

[원래의 DNA]   [첫 번째 복제]

(가)

(나)

(다)

주형 DNA
새로 합성된 DNA

이에 대한 설명으로 옳은 것만을 〈보기〉에서 있는 대로 고른 것은?

┌ 보기 ┐
ㄱ. (가)는 분산적 복제 모델이다.
ㄴ. 메셀슨과 스탈은 DNA가 (나)의 방식으로 복제됨을 증명하였다.
ㄷ. (다)의 첫 번째 복제 결과 형성된 이중 가닥 DNA에서 주형 가닥과 새로 합성된 가닥의 비율은 1 : 1이다.

① ㄱ ② ㄴ ③ ㄱ, ㄴ ④ ㄱ, ㄷ ⑤ ㄴ, ㄷ

05

▸24072-0095

그림은 20개의 염기쌍으로 구성된 이중 가닥 DNA X에서 2개의 염기쌍을 나타낸 것이다. ㉠~㉣은 각각 아데닌(A), 사이토신(C), 구아닌(G), 타이민(T) 중 하나이고, X에서 염기 간 수소 결합의 총개수는 50개이다.

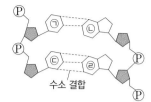

수소 결합

이에 대한 설명으로 옳은 것만을 〈보기〉에서 있는 대로 고른 것은? (단, 돌연변이는 고려하지 않는다.)

┌ 보기 ┐
ㄱ. ㉠은 구아닌(G)이다.
ㄴ. ㉣은 퓨린 계열 염기에 속한다.
ㄷ. X에서 $\dfrac{㉣의\ 개수}{㉡의\ 개수}=1$이다.

① ㄱ　　② ㄴ　　③ ㄷ　　④ ㄱ, ㄴ　　⑤ ㄴ, ㄷ

06

▸24072-0096

다음은 이중 가닥 DNA X의 모형을 만드는 실험이다.

• X는 서로 상보적인 폴리뉴클레오타이드 가닥 X_1과 X_2로 구성된다.

[실험 과정]

(가) X의 모형을 만드는 데 필요한 염기 사이토신(C), 타이민(T), ㉠, ㉡을 가진 뉴클레오타이드 부품 4종류와 수소 결합 막대 부품을 표와 같이 준비한다. ㉠과 ㉡은 각각 아데닌(A)과 구아닌(G) 중 하나이다.

구분	준비한 뉴클레오타이드 부품				수소 결합 막대 부품
	C	T	㉠	㉡	
개수(개)	12	13	13	12	100

(나) (가)의 부품 중 표와 같이 일부를 사용하여 X_1을 만들고, 남은 부품을 이용하여 X_2를 만들어 정상적인 이중 가닥 X의 모형을 완성하였으며, 부품 일부가 남았다.

구분	X_1을 만들 때 사용된 뉴클레오타이드 부품			
	C	T	㉠	㉡
개수(개)	6	5	6	7

이에 대한 설명으로 옳은 것만을 〈보기〉에서 있는 대로 고른 것은?

┌ 보기 ┐
ㄱ. ㉠은 아데닌(A)이다.
ㄴ. X에서 $\dfrac{T+㉡}{C+㉠}=1$이다.
ㄷ. X를 완성하고 남은 수소 결합 막대 부품의 총개수는 40개이다.

① ㄱ　　② ㄴ　　③ ㄱ, ㄷ　　④ ㄴ, ㄷ　　⑤ ㄱ, ㄴ, ㄷ

07

▸24072-0097

다음은 이중 가닥 DNA X에 대한 자료이다.

• X는 서로 상보적인 단일 가닥 Ⅰ과 Ⅱ로 구성되며, 100개의 염기쌍으로 구성된다.
• X에서 사이토신(C)의 함량은 28 %이다.
• Ⅰ에서 $\dfrac{G}{A}=\dfrac{1}{2}$이고, Ⅱ에서 피리미딘 계열 염기 개수는 60개이다.

이에 대한 설명으로 옳은 것만을 〈보기〉에서 있는 대로 고른 것은? (단, 돌연변이는 고려하지 않는다.)

┌ 보기 ┐
ㄱ. Ⅰ에서 타이민(T)의 개수는 4개이다.
ㄴ. Ⅱ에서 $\dfrac{C+T}{A+G}=\dfrac{2}{3}$이다.
ㄷ. X에서 염기 간 수소 결합의 총개수는 256개이다.

① ㄱ　　② ㄴ　　③ ㄱ, ㄷ　　④ ㄴ, ㄷ　　⑤ ㄱ, ㄴ, ㄷ

08

▸24072-0098

그림은 복제가 진행 중인 DNA의 선도 가닥에서 뉴클레오타이드 ㉠이 DNA 가닥에 결합하는 과정을 나타낸 것이다. ⓐ와 ⓑ는 각각 5′ 말단과 3′ 말단 중 하나이다.

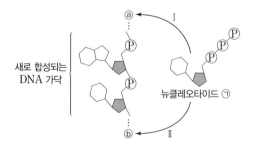

이에 대한 설명으로 옳은 것만을 〈보기〉에서 있는 대로 고른 것은? (단, 돌연변이는 고려하지 않는다.)

┌ 보기 ┐
ㄱ. ⓐ는 5′ 말단이다.
ㄴ. ㉠은 새로 합성되는 DNA 가닥에 Ⅰ의 방향으로 결합한다.
ㄷ. 지연 가닥에서 새로운 DNA의 합성은 지연 가닥의 ⓑ에서 ⓐ 방향으로 일어난다.

① ㄱ　　② ㄴ　　③ ㄱ, ㄴ　　④ ㄱ, ㄷ　　⑤ ㄴ, ㄷ

09

▶24072-0099

다음은 DNA 복제에 대한 실험이다.

- ㉠과 ㉡은 ^{14}N와 ^{15}N를 순서 없이 나타낸 것이다.

[실험 과정 및 결과]

(가) ㉠이 포함된 배지에서 여러 세대 배양된 대장균(G_0)을 얻는다.

(나) G_0을 ㉡이 포함된 배지로 옮겨 배양하여 1세대 대장균(G_1)과 2세대 대장균(G_2)을 얻고, G_2를 ㉠이 포함된 배지로 옮겨 배양하여 3세대 대장균(G_3)을 얻는다.

(다) G_1~G_3의 DNA를 추출하고 각각 원심 분리하여 각 세대별 상층($^{14}N-^{14}N$), 중층($^{14}N-^{15}N$), 하층($^{15}N-^{15}N$)에 존재하는 이중 나선 DNA의 상대량을 확인한다.

(라) 표는 각 세대별로 전체 DNA 중 각 층의 DNA가 차지하는 비율(%)을 나타낸 것이다.

구분	G_1	G_2	G_3
상층($^{14}N-^{14}N$)	?	0	?
중층($^{14}N-^{15}N$)	?	?	ⓑ
하층($^{15}N-^{15}N$)	?	ⓐ	?

이에 대한 설명으로 옳은 것만을 〈보기〉에서 있는 대로 고른 것은? (단, 돌연변이는 고려하지 않는다.)

보기

ㄱ. ㉠은 ^{15}N이다.

ㄴ. ⓑ는 ⓐ보다 크다.

ㄷ. G_1~G_3 중 각 세대의 전체 DNA를 구성하는 단일 가닥 중 ^{14}N가 있는 단일 가닥의 비율이 가장 높은 것은 G_1이다.

① ㄱ ② ㄴ ③ ㄷ ④ ㄱ, ㄴ ⑤ ㄴ, ㄷ

10

▶24072-0100

그림은 복제가 진행 중인 어떤 DNA에서 지연 가닥이 합성된 모습을 나타낸 것이다. ⓐ는 5′ 말단과 3′ 말단 중 하나이고, 가닥 Ⅰ과 Ⅱ의 염기 개수는 서로 같다.

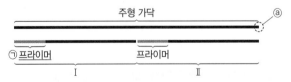

이에 대한 설명으로 옳은 것만을 〈보기〉에서 있는 대로 고른 것은? (단, 돌연변이는 고려하지 않는다.)

보기

ㄱ. ⓐ는 5′ 말단이다.

ㄴ. ㉠에는 타이민(T)이 있다.

ㄷ. Ⅰ과 Ⅱ 중 먼저 합성된 가닥은 Ⅱ이다.

① ㄱ ② ㄴ ③ ㄷ ④ ㄱ, ㄴ ⑤ ㄴ, ㄷ

11

▶24072-0101

다음은 복제 중인 이중 가닥 DNA X에 대한 자료이다.

- X는 100개의 염기쌍으로 구성된다.

- X는 서로 상보적인 단일 가닥 X_1과 X_2로 구성되며, X_1과 X_2의 염기 개수는 서로 같다.

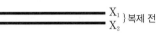

- 그림은 X가 50 % 복제된 모습을 나타낸 것이다. 염기 개수는 (가)에서가 (나)에서의 2배이다.

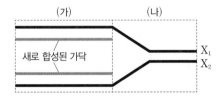

- (가)에서 $\dfrac{G}{A}=\dfrac{3}{2}$이고, (나)의 X_1에서 $\dfrac{G}{C}=\dfrac{5}{3}$이다.

- A의 함량은 (가)에서 20 %이고, (나)에서 10 %이다.

이에 대한 설명으로 옳은 것만을 〈보기〉에서 있는 대로 고른 것은? (단, 돌연변이는 고려하지 않는다.)

보기

ㄱ. (가)에서 사이토신(C)의 개수는 30개이다.

ㄴ. (나)의 X_2에서 $\dfrac{T}{G}=\dfrac{1}{4}$이다.

ㄷ. 염기 간 수소 결합의 총개수는 (가)에서가 복제 전 X에서보다 10개 적다.

① ㄱ ② ㄷ ③ ㄱ, ㄴ ④ ㄴ, ㄷ ⑤ ㄱ, ㄴ, ㄷ

12

▶24072-0102

그림은 복제 중인 DNA를 나타낸 것이다. ㉠과 ㉡은 DNA 연결 효소와 DNA 중합 효소를 순서 없이 나타낸 것이다. Ⅰ은 주형 가닥과 선도 가닥의 일부이다.

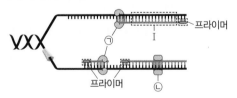

이에 대한 설명으로 옳은 것만을 〈보기〉에서 있는 대로 고른 것은? (단, 돌연변이는 고려하지 않는다.)

보기

ㄱ. 구간 Ⅰ에는 유라실(U)이 있다.

ㄴ. 프라이머는 ㉠에 의해 합성된다.

ㄷ. 복제 과정에서 생성된 DNA 조각을 연결하는 데 ㉡이 관여한다.

① ㄱ ② ㄷ ③ ㄱ, ㄴ ④ ㄴ, ㄷ ⑤ ㄱ, ㄴ, ㄷ

01

▶24072-0103

다음은 유전 물질의 규명에 대한 자료이다. (가)와 (나)는 에이버리의 실험과 허시와 체이스의 실험을 순서 없이 나타낸 것이고, ㉠은 DNA와 단백질 중 하나이며, ⓐ는 인(P)과 황(S) 중 하나이다.

> (가) 열처리하여 죽은 S형 균의 추출물을 ㉠ 분해 효소로 처리한 후 살아 있는 R형 균과 섞어 쥐에 주사하였더니 쥐가 죽었다. 죽은 쥐의 체내에서 살아 있는 S형 균이 관찰되었다.
>
> (나) ⓐ의 방사성 동위 원소로 표지한 박테리오파지를 대장균과 함께 배양한 배양액을 믹서에 넣고, 박테리오파지를 분리한 다음 원심 분리하여 상층액과 침전물을 얻는다. 그중 침전물에서만 방사선이 검출되었다.

이에 대한 설명으로 옳은 것만을 〈보기〉에서 있는 대로 고른 것은?

> **보기**
> ㄱ. (가)는 에이버리의 실험이다.
> ㄴ. ㉠의 구성 원소에 ⓐ가 포함된다.
> ㄷ. (나)에 자기 방사법이 이용되었다.

① ㄱ   ② ㄴ   ③ ㄷ   ④ ㄱ, ㄴ   ⑤ ㄱ, ㄷ

02

▶24072-0104

표 (가)는 생물 A~C의 유전체 크기와 유전자 개수를, (나)는 A~C의 특징을 나타낸 것이다. A~C는 대장균, 사람, 효모를 순서 없이 나타낸 것이다.

생물	유전체 크기 (100만 염기쌍)	유전자 개수 (개)
A	4.6	4300
B	12	6600
C	3200	21000

(가)

> • A에는 플라스미드가 있다.
> • 3역 6계의 분류 체계에 따르면 B는 균계에 속한다.
> • C는 진핵생물이다.

(나)

이에 대한 설명으로 옳은 것만을 〈보기〉에서 있는 대로 고른 것은?

> **보기**
> ㄱ. A의 유전체는 선형이다.
> ㄴ. B와 C의 유전체에는 모두 인트론이 있다.
> ㄷ. 개체당 유전체 크기에 대한 유전자 개수는 사람이 효모보다 많다.

① ㄱ   ② ㄴ   ③ ㄱ, ㄷ   ④ ㄴ, ㄷ   ⑤ ㄱ, ㄴ, ㄷ

03

▶24072-0105

그림은 메셀슨과 스탈의 실험에서 ^{15}N로 표지된 DNA를 가진 대장균(G_0)을 ^{14}N가 포함된 배양액으로 옮겨 배양하여 얻은 1세대 대장균(G_1), 2세대 대장균(G_2), 3세대 대장균(G_3)의 DNA를 각각 추출하여 원심 분리한 결과를 나타낸 것이고, 표는 DNA 복제 모델 Ⅰ~Ⅲ 중 과정 (가)와 (나)의 결과에 따른 기각 여부를 나타낸 것이다. Ⅰ~Ⅲ은 각각 반보존적 복제 모델, 보존적 복제 모델, 분산적 복제 모델 중 하나이다.

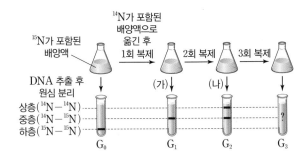

DNA 복제 모델	(가)의 결과	(나)의 결과
Ⅰ	기각 안 됨	기각됨
Ⅱ	기각됨	
Ⅲ	기각 안 됨	기각 안 됨

이에 대한 설명으로 옳은 것만을 〈보기〉에서 있는 대로 고른 것은? (단, 제시된 조건 이외의 조건과 돌연변이는 고려하지 않는다.)

보기
ㄱ. Ⅰ은 보존적 복제 모델이다.
ㄴ. Ⅱ에 따라 DNA가 복제된다면 (가)의 결과 상층과 하층 모두에서 DNA가 관찰될 것이다.
ㄷ. G_3의 DNA를 추출하여 원심 분리한 결과 각 층에 존재하는 DNA 분자 수 비는 상층 : 중층 : 하층=3 : 1 : 0 이다.

① ㄱ   ② ㄴ   ③ ㄷ   ④ ㄱ, ㄴ   ⑤ ㄴ, ㄷ

04

▶24072-0106

그림은 복제 중인 이중 가닥 DNA X의 일부를, 표는 X를 구성하는 단일 가닥 Ⅰ과 Ⅱ의 염기 조성의 특징을 나타낸 것이다. Ⅰ과 Ⅱ는 서로 상보적이고, 각각 120개의 염기로 구성된다. ㉠~㉢은 구아닌(G), 사이토신(C), 타이민(T)을 순서 없이 나타낸 것이다.

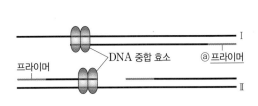

가닥	염기 조성의 특징
Ⅰ	• $\dfrac{㉡의\ 개수}{㉠의\ 개수}=1$이다. • 염기 개수는 아데닌(A)이 구아닌(G)보다 적다.
Ⅱ	• $\dfrac{㉡의\ 개수}{㉠의\ 개수}=\dfrac{1}{2}$이다. • ㉢의 함량이 25 %이다. • 퓨린 계열 염기 개수 : 피리미딘 계열 염기 개수 = 1 : 1이다.

이 자료에 대한 설명으로 옳은 것만을 〈보기〉에서 있는 대로 고른 것은? (단, 돌연변이는 고려하지 않는다.)

보기
ㄱ. ⓐ는 DNA 중합 효소에 의해 합성된다.
ㄴ. Ⅰ에서 염기 개수는 ㉢이 아데닌(A)의 2배이다.
ㄷ. X에서 염기 간 수소 결합의 총개수는 310개이다.

① ㄱ   ② ㄷ   ③ ㄱ, ㄴ   ④ ㄴ, ㄷ   ⑤ ㄱ, ㄴ, ㄷ

05

▶ 24072-0107

다음은 어떤 세포에서 복제 중인 이중 가닥 DNA P에 대한 자료이다.

- 두 종류의 염기로 구성된 P는 서로 상보적인 가닥 Ⅰ과 Ⅱ로 구성되고, Ⅰ과 Ⅱ의 염기 개수는 각각 15개이다.
- ㉠~㉢은 새로 합성된 가닥이고, 염기 개수는 각각 7개, 8개, 15개이며, 각각 3종류의 염기로 구성된다.
- ㉠은 프라이머 X를, ㉡은 프라이머 Y를, ㉢은 프라이머 Z를 가지며, X~Z는 염기 서열이 모두 같고, 각각 3개의 염기로 구성된다.
- 그림 (가)는 복제 중인 P를, (나)는 Ⅰ의 염기 서열을 나타낸 것이다. ⓐ와 ⓑ는 각각 5′ 말단과 3′ 말단 중 하나이다.

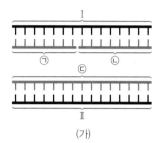

ⓐ−A⑦⑦TATAATATA⑦⑦T−ⓑ

(가)　　　　　　　　　　　　(나)

이에 대한 설명으로 옳은 것만을 〈보기〉에서 있는 대로 고른 것은? (단, 돌연변이는 고려하지 않는다.)

> **보기**
> ㄱ. ⓐ는 5′ 말단이다.
> ㄴ. ㉡은 ㉠보다 먼저 합성된 가닥이다.
> ㄷ. ㉢의 3′ 말단으로부터 3번째 뉴클레오타이드의 염기는 타이민(T)이다.

① ㄱ 　　　② ㄴ 　　　③ ㄱ, ㄷ 　　　④ ㄴ, ㄷ 　　　⑤ ㄱ, ㄴ, ㄷ

06

▶ 24072-0108

다음은 이중 가닥 DNA X에 대한 자료이다.

- 그림은 서로 상보적인 단일 가닥 X_1과 X_2로 구성된 X를 나타낸 것이다. ㉠~㉢은 각각 아데닌(A), 구아닌(G), 사이토신(C), 타이민(T) 중 서로 다른 하나이다. (가)에서는 염기 간 수소 결합을 표시하지 않았다.
- X에서 염기 간 수소 결합의 총개수는 35개이다.
- X_1에서 $\dfrac{㉠}{㉡} = \dfrac{3}{4}$이고, $\dfrac{㉠}{㉢} = 1$이다.

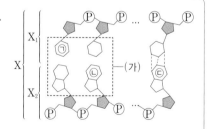

이에 대한 설명으로 옳은 것만을 〈보기〉에서 있는 대로 고른 것은? (단, 돌연변이는 고려하지 않는다.)

> **보기**
> ㄱ. ㉠은 사이토신(C)이다.
> ㄴ. X_2에서 ㉡의 개수는 3개이다.
> ㄷ. X에서 퓨린 계열 염기 개수는 14개이다.

① ㄱ 　　　② ㄷ 　　　③ ㄱ, ㄴ 　　　④ ㄴ, ㄷ 　　　⑤ ㄱ, ㄴ, ㄷ

07

▶24072-0109

다음은 어떤 세포에서 복제 중인 이중 가닥 DNA에 대한 자료이다.

- 이중 가닥 DNA를 구성하는 단일 가닥 (가)는 40개의 염기로 구성된다.
- (가)를 주형으로 하여 지연 가닥이 합성되는 과정에서 가닥 I과 II가 합성되었다. I과 II는 각각 20개의 염기로 구성되고, I이 II보다 먼저 합성되었다.
- I은 프라이머 X를, II는 프라이머 Y를 가지고, X와 Y를 구성하는 염기 개수는 각각 6개이다.
- (가)와 X 사이의 염기 간 수소 결합의 총개수는 12개이고, (가)와 Y 사이의 염기 간 수소 결합의 총개수는 14개이다.
- 그림은 (가)의 염기 서열을, 표는 구간 ㉠~㉢의 염기 서열을 나타낸 것이다. ㉮~㉲는 ㉠~㉢을 순서 없이 나타낸 것이고, ⓐ는 5′ 말단과 3′ 말단 중 하나이다.

(가) 5′−AT ┌㉠┬㉡┬㉢┐ CC−3′

구분	염기 서열
㉮	ⓐ−TCGCTCGTATAA
㉯	ⓐ−ATTATACAATTG
㉰	ⓐ−GTCGAGCATTAC

이에 대한 설명으로 옳은 것만을 〈보기〉에서 있는 대로 고른 것은? (단, 돌연변이는 고려하지 않는다.)

보기
ㄱ. X와 Y에서 유라실(U)의 개수는 서로 같다.
ㄴ. ㉢은 ㉯이다.
ㄷ. ㉠의 3′ 말단으로부터 8번째 뉴클레오타이드의 염기는 피리미딘 계열 염기이다.

① ㄱ ② ㄴ ③ ㄷ ④ ㄱ, ㄴ ⑤ ㄱ, ㄷ

08

▶24072-0110

다음은 어떤 세포에서 복제 중인 이중 가닥 DNA X에 대한 자료이다.

- 30개의 염기쌍으로 구성된 X는 서로 상보적인 단일 가닥 X_1과 X_2로 구성된다. X_2의 염기 서열은 다음과 같다. ⓐ와 ⓑ는 각각 5′ 말단과 3′ 말단 중 하나이다.

  ⓐ − TAATCACATCAGGATTGCTAACTCAGCCTT − ⓑ

- X_1을 주형으로 하여 선도 가닥 I이 합성되었고, X_2를 주형으로 하여 지연 가닥이 합성되는 과정에서 가닥 II와 III이 합성되었다. I과 X_1의 염기 개수는 서로 같으며, II와 III의 염기 개수를 더한 값은 30이다.
- I은 프라이머 ㉮를, II는 프라이머 ㉯를, III은 프라이머 ㉰를 가진다. ㉮~㉰는 각각 4개의 염기로 구성되며, 주형 가닥과 프라이머 사이의 염기 간 수소 결합의 총개수는 ㉯>㉰>㉮이다. ㉮~㉰에서 각각 $\dfrac{A+C}{G+U}=1$이다.

이에 대한 설명으로 옳은 것만을 〈보기〉에서 있는 대로 고른 것은? (단, 돌연변이는 고려하지 않는다.)

보기
ㄱ. ⓐ는 3′ 말단이다.
ㄴ. II는 III보다 먼저 합성된 가닥이다.
ㄷ. $\dfrac{T}{C}$은 II와 III에서 같다.

① ㄱ ② ㄷ ③ ㄱ, ㄴ ④ ㄴ, ㄷ ⑤ ㄱ, ㄴ, ㄷ

① 유전자와 형질 발현

(1) **유전자**: 유전 정보가 있는 DNA의 특정 부분을 유전자라고 하며, 유전자로부터 유전 형질이 나타나기까지의 과정을 유전자 발현이라고 한다.

(2) **1유전자 1효소설**: 비들과 테이텀은 다양한 붉은빵곰팡이 돌연변이주의 대사 과정을 연구한 결과 하나의 유전자는 한 가지 효소 합성에 관한 정보를 가진다는 1유전자 1효소설을 주장하였다.

② 유전 정보의 흐름

(1) **유전부호**: 3개의 염기가 한 조가 되어 20종류의 아미노산 각각을 암호화한 것이다.

① **3염기 조합**: 연속된 3개의 염기로 된 DNA의 유전부호이다.

② **코돈**: DNA의 3염기 조합에서 전사된 mRNA 상의 3개의 염기로 이루어진 유전부호이며, DNA의 3염기 조합에 대해 상보적인 염기 서열로 되어 있다.

③ AUG는 단백질 합성을 시작하는 개시 코돈이면서 메싸이오닌을 지정하고, UAA, UAG, UGA는 아미노산을 지정하지 않는 종결 코돈이다.

(2) **유전 정보의 중심 원리**: DNA의 유전 정보는 전사를 통해 mRNA로 전달되고, 이 mRNA가 폴리펩타이드 합성(번역)에 이용된다.

① **전사**: 유전자로부터 RNA가 만들어지는 과정이며, 진핵생물은 핵 내부에서, 원핵생물은 세포질에서 전사가 일어난다.

② **번역**: mRNA의 유전부호에 따라 폴리펩타이드가 합성되는 과정이며, 세포질에서 번역이 일어난다.

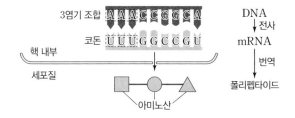

③ 전사

(1) **개시**: RNA 중합 효소가 프로모터에 결합하고 DNA 이중 가닥이 풀어지면, 한쪽 가닥을 주형으로 RNA 합성을 시작한다.

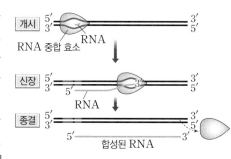

(2) **신장**: RNA 중합 효소가 DNA를 따라 이동하면서 이중 나선을 풀고, DNA의 주형 가닥에 상보적인 RNA 뉴클레오타이드를 연결시켜 RNA 가닥을 합성한다. 풀린 DNA 가닥은 다시 이중 나선을 형성한다.

(3) **종결**: RNA 중합 효소가 종결 신호에 도달하면 DNA로부터 떨어져 나오고, 합성된 RNA가 분리된다.

(4) **RNA 가공**: 진핵세포에서는 처음 전사된 RNA 중 인트론 부위가 제거되면서 엑손만으로 이루어진 mRNA가 된다.

④ 번역

(1) **개시**: mRNA가 리보솜 소단위체에 결합하고 메싸이오닌이 결합된 개시 tRNA가 개시 코돈(AUG)에 결합한다. 이후 리보솜 대단위체가 결합하여 폴리펩타이드 합성이 시작된다.

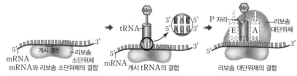

(2) **신장**: 새로운 tRNA가 리보솜의 A 자리에 아미노산을 공급하면, 기존 P 자리의 tRNA에 있는 폴리펩타이드에 공급된 아미노산이 결합하여 폴리펩타이드 사슬이 신장된다. 이후 리보솜은 mRNA의 3′ 말단 방향으로 이동한다.

(3) **종결**: 리보솜의 A 자리에 종결 코돈(UAA, UAG, UGA)이 오면 폴리펩타이드 합성은 완료된다.

더 알기 　유전부호의 해독 실험

유라실로만 이루어진 인공 mRNA → 세포 추출액 (단백질 합성계) 폴리펩타이드가 생성된다.

• 단백질 합성계(단백질 합성에 필요한 물질)에 유라실(U)로만 이루어진 인공 mRNA(5′−UUUUUUUUU⋯−3′)를 넣었더니 페닐알라닌으로만 이루어진 폴리펩타이드가 만들어졌다.

• 단백질 합성계에 아데닌(A)으로만 이루어진 인공 mRNA(5′−AAAAAAAAA⋯−3′)를 넣었더니 라이신으로만 이루어진 폴리펩타이드가 만들어졌다.

➡ UUU는 페닐알라닌, AAA는 라이신을 지정함을 알 수 있다.

| 2024학년도 수능 |

다음은 이중 가닥 DNA X와 mRNA Y에 대한 자료이다.

- 그림은 서로 상보적인 단일 가닥 Ⅰ과 Ⅱ로 구성된 X를 나타낸 것이다. X는 5개의 염기쌍으로 구성되고, ㉠은 아데닌(A), 사이토신(C), 구아닌(G), 타이민(T) 중 하나이다. ㉮ 이외에는 염기 사이의 수소 결합을 표시하지 않았다.
- X에서 염기 간 수소 결합의 총개수는 13개이다.
- Ⅰ에서 $\dfrac{A}{G}=2$이다.
- Ⅰ과 Ⅱ 중 하나로부터 Y가 전사되었고, 염기 개수는 X가 Y의 2배이다. Y의 3′ 말단 염기는 C이다.

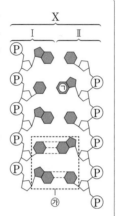

이에 대한 설명으로 옳은 것만을 〈보기〉에서 있는 대로 고른 것은? (단, 돌연변이는 고려하지 않는다.)

┌ 보기 ┐
ㄱ. ㉠은 아데닌(A)이다.
ㄴ. Y는 Ⅰ로부터 전사되었다.
ㄷ. Y에서 유라실(U)의 개수는 1개이다.
└────┘

① ㄱ   ② ㄴ   ③ ㄷ   ④ ㄱ, ㄴ   ⑤ ㄴ, ㄷ

접근 전략

제시된 조건으로부터 단일 가닥의 염기 서열을 파악하고, 전사된 mRNA의 염기에 대한 정보로부터 전사 주형 가닥을 파악할 수 있어야 한다.

간략 풀이

Y의 3′ 말단 염기가 C이므로 Y의 전사 주형 가닥의 5′ 말단 염기는 G이다. 폴리뉴클레오타이드에서 인산기가 있는 한쪽 끝이 5′ 말단이고, 5탄당의 수산기가 노출된 다른 쪽 끝이 3′ 말단이므로 Ⅱ의 5′ 말단 염기는 T이다. 그러므로 Y는 Ⅰ로부터 전사되었으며, Ⅰ의 염기 서열은 5′-G___CA-3′이다. X에서 염기 간 수소 결합의 총개수가 13개이므로 X에서 AT 염기쌍이 2개, GC 염기쌍이 3개이다. 또한 Ⅰ에서 $\dfrac{A}{G}=2$이므로 Ⅰ의 염기 서열에서 A은 2개, G은 1개이다. 따라서 Ⅰ의 염기 서열은 5′-GCACA-3′이며, ㉠은 G이다.
✗ ㉠은 구아닌(G)이다.
○ Y는 Ⅰ로부터 전사되었다.
✗ Y의 염기 서열은 5′-UGUGC-3′이므로 Y에서 유라실(U)의 개수는 2개이다.

정답 | ②

▶24072-0111

다음은 이중 가닥 DNA X와 mRNA Y에 대한 자료이다.

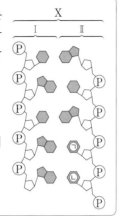

- 그림은 서로 상보적인 단일 가닥 Ⅰ과 Ⅱ로 구성된 X를 나타낸 것이다. X는 5개의 염기쌍으로 구성되고, ㉠과 ㉡은 각각 아데닌(A), 사이토신(C), 구아닌(G), 타이민(T) 중 서로 다른 하나이다. X에서 염기 사이의 수소 결합을 표시하지 않았다.
- X에서 염기 간 수소 결합의 총개수는 12개이다.
- Ⅱ에서 $\dfrac{T}{㉠}=2$이고, $\dfrac{A}{㉡}=\dfrac{1}{2}$이다.
- Ⅰ과 Ⅱ 중 하나로부터 Y가 전사되었고, 염기 개수는 X가 Y의 2배이다. Y의 3′ 말단 염기는 G이다.

이에 대한 설명으로 옳은 것만을 〈보기〉에서 있는 대로 고른 것은? (단, 돌연변이는 고려하지 않는다.)

┌ 보기 ┐
ㄱ. ㉠은 사이토신(C)이다.
ㄴ. Y는 Ⅰ로부터 전사되었다.
ㄷ. Y에서 유라실(U)의 개수는 2개이다.
└────┘

① ㄱ   ② ㄷ   ③ ㄱ, ㄴ   ④ ㄴ, ㄷ   ⑤ ㄱ, ㄴ, ㄷ

유사점과 차이점

이중 가닥 DNA X와 이로부터 전사된 mRNA Y에 대한 자료를 제시했다는 점에서 대표 문제와 유사하지만 X를 구성하는 단일 가닥의 염기에 대한 정보를 다른 방식으로 제시했다는 점에서 대표 문제와 다르다.

배경 지식

- 아데닌(A)과 타이민(T) 사이의 수소 결합의 개수는 2개이고, 구아닌(G)과 사이토신(C) 사이의 수소 결합의 개수는 3개이다.
- DNA의 이중 나선을 이루고 있는 두 단일 가닥은 양 말단의 방향이 서로 반대인 역평행 구조이다.

01

▶ 24072-0112

그림은 붉은빵곰팡이의 야생형에서 물질 ⓒ이 합성되는 과정을, 표는 최소 배지에 물질 X를 첨가하였을 때 붉은빵곰팡이 야생형과 돌연변이주 Ⅰ과 Ⅱ의 생장 여부와 배지에 들어 있는 물질을 이용하여 ㉠~ⓒ 중 새롭게 합성되는 물질을 나타낸 것이다. Ⅰ과 Ⅱ는 각각 유전자 a~c 중 서로 다른 하나에만 돌연변이가 일어난 것이다. X는 ㉠~ⓒ 중 하나이고, ㉠~ⓒ은 각각 아르지닌, 오르니틴, 시트룰린 중 하나이다.

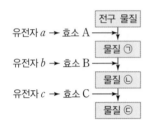

구분	최소 배지, X	
	생장	합성되는 물질
야생형	생장함	㉠, ⓛ, ⓒ
Ⅰ	생장 못함	㉠, ⓛ
Ⅱ	생장함	㉠, ⓒ

이에 대한 설명으로 옳은 것만을 〈보기〉에서 있는 대로 고른 것은? (단, 제시된 돌연변이 이외의 돌연변이는 고려하지 않는다.)

보기
ㄱ. X는 시트룰린이다.
ㄴ. Ⅰ은 b에 돌연변이가 일어난 것이다.
ㄷ. Ⅱ는 최소 배지에 ㉠을 첨가하여 배양하였을 때 생장한다.

① ㄱ   ② ㄷ   ③ ㄱ, ㄴ   ④ ㄱ, ㄷ   ⑤ ㄴ, ㄷ

02

▶ 24072-0113

그림은 유전 정보의 중심 원리를 나타낸 것이다. ㉠~ⓒ은 번역, 전사, DNA 복제를 순서 없이 나타낸 것이고, ⓐ와 ⓑ는 각각 폴리펩타이드와 mRNA 중 하나이다.

이에 대한 설명으로 옳은 것만을 〈보기〉에서 있는 대로 고른 것은?

보기
ㄱ. ⓐ의 기본 단위는 아미노산이다.
ㄴ. ㉠과 ⓛ 과정에 모두 효소가 이용된다.
ㄷ. 원핵세포의 세포질에서 ⓛ과 ⓒ이 모두 일어난다.

① ㄱ   ② ㄷ   ③ ㄱ, ㄴ   ④ ㄱ, ㄷ   ⑤ ㄴ, ㄷ

03

▶ 24072-0114

이중 가닥 DNA x는 서로 상보적인 단일 가닥 x_1과 x_2로 구성된다. mRNA y는 x_1을 주형으로 전사되었고, 염기 개수는 x가 y의 2배이다. 표는 핵산 가닥 Ⅰ~Ⅲ의 염기 개수를 나타낸 것이다. Ⅰ~Ⅲ은 x_1, x_2, y를 순서 없이 나타낸 것이다.

구분	염기 개수(개)					계
	A	T	G	C	U	
Ⅰ	23	ⓐ	?	?	?	100
Ⅱ	25	?	34	?	ⓑ	100
Ⅲ	?	ⓒ	?	18	0	100

이에 대한 설명으로 옳은 것만을 〈보기〉에서 있는 대로 고른 것은? (단, 돌연변이는 고려하지 않는다.)

보기
ㄱ. Ⅰ은 x_1이다.
ㄴ. ⓐ+ⓑ+ⓒ=71이다.
ㄷ. x_1과 x_2 사이의 염기 간 수소 결합의 총개수는 252개이다.

① ㄱ   ② ㄷ   ③ ㄱ, ㄴ   ④ ㄴ, ㄷ   ⑤ ㄱ, ㄴ, ㄷ

04

▶ 24072-0115

그림은 어떤 진핵세포에서 번역이 일어나는 과정의 일부를 나타낸 것이다. ⓐ와 ⓑ는 각각 mRNA의 5′ 말단과 3′ 말단 중 하나이다.

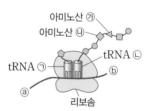

이에 대한 설명으로 옳은 것만을 〈보기〉에서 있는 대로 고른 것은?

보기
ㄱ. ⓐ는 mRNA의 3′ 말단이다.
ㄴ. 리보솜에서 ㉠이 ⓛ보다 먼저 방출된다.
ㄷ. ㉮는 ㉯보다 폴리펩타이드 사슬에 먼저 결합되었다.

① ㄱ   ② ㄴ   ③ ㄱ, ㄴ   ④ ㄱ, ㄷ   ⑤ ㄴ, ㄷ

05
▶24072-0116

그림은 어떤 진핵세포에서 유전자 x의 발현 과정을 나타낸 것이다. ㉠은 엑손과 인트론 중 하나이다.

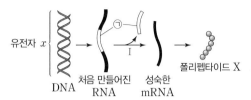

이에 대한 설명으로 옳은 것만을 〈보기〉에서 있는 대로 고른 것은?

┌─ 보기 ┌
ㄱ. 핵에서 과정 I이 일어난다.
ㄴ. ㉠에 X의 아미노산 서열이 암호화되어 있다.
ㄷ. 성숙한 mRNA에 RNA 중합 효소가 결합하는 프로모터가 있다.
└

① ㄱ   ② ㄷ   ③ ㄱ, ㄴ   ④ ㄴ, ㄷ   ⑤ ㄱ, ㄴ, ㄷ

06
▶24072-0117

표 (가)는 어떤 진핵세포에서 유전자 x, y, z로부터 각각 합성되는 폴리펩타이드 X, Y, Z의 아미노산 서열을, (나)는 유전부호의 일부를 나타낸 것이다. y는 x의 DNA 이중 가닥 중 전사 주형 가닥에서 ㉠1개의 염기가 타이민(T)과 사이토신(C) 중 하나로 치환된 것이고, z는 x의 전사 주형 가닥에서 ㉡1개의 염기가 삽입된 것이다. X, Y, Z의 합성은 개시 코돈에서 시작하여 종결 코돈에서 끝났다.

	유전자	폴리펩타이드	아미노산 서열
(가)	x	X	메싸이오닌 – 글루타민 – 아스파라진 – 발린 – 시스테인
	y	Y	메싸이오닌 – 글루타민 – 아스파라진 – 발린
	z	Z	메싸이오닌 – 글루타민

	코돈	아미노산	코돈	아미노산
(나)	AUG	메싸이오닌 (개시 코돈)	AAU	아스파라진
	CAA	글루타민	AAC	
	CAG		UGU	시스테인
	GUU		UGC	
	GUC	발린	UAA	
	GUA		UAG	종결 코돈
	GUG		UGA	

이에 대한 설명으로 옳은 것만을 〈보기〉에서 있는 대로 고른 것은? (단, 제시된 돌연변이 이외의 핵산 염기 서열 변화는 고려하지 않는다.)

┌─ 보기 ┌
ㄱ. ㉠은 피리미딘 계열 염기이다.
ㄴ. ㉡은 아데닌(A)이다.
ㄷ. Y와 Z가 합성될 때 사용된 종결 코돈의 염기 서열은 서로 같다.
└

① ㄱ   ② ㄴ   ③ ㄷ   ④ ㄱ, ㄴ   ⑤ ㄴ, ㄷ

07
▶24072-0118

그림은 어떤 원핵세포에서 유전자 발현이 일어나는 어느 한 시점에서의 모습을 나타낸 것이다. (가)와 (나)는 전사 주형 가닥에서 5′ 말단 방향과 3′ 말단 방향을 순서 없이 나타낸 것이다.

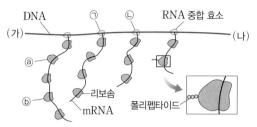

이에 대한 설명으로 옳은 것만을 〈보기〉에서 있는 대로 고른 것은? (단, 합성 중인 폴리펩타이드는 하나만 표시하였다.)

┌─ 보기 ┌
ㄱ. (가)는 전사 주형 가닥에서 3′ 말단 방향이다.
ㄴ. ㉠은 ㉡보다 프로모터에 먼저 결합하였다.
ㄷ. 리보솜에서 합성 중인 폴리펩타이드의 아미노산 개수는 ⓐ에서가 ⓑ에서보다 많다.
└

① ㄱ   ② ㄷ   ③ ㄱ, ㄴ   ④ ㄴ, ㄷ   ⑤ ㄱ, ㄴ, ㄷ

08
▶24072-0119

표 (가)는 어떤 진핵세포에서 유전자 x의 DNA 이중 가닥 중 한 가닥 x_1의 염기 서열, x의 전사 주형 가닥으로부터 전사된 mRNA y의 염기 서열과 y로부터 합성된 폴리펩타이드 X의 아미노산 서열을, (나)는 유전부호의 일부를 나타낸 것이다. ⓐ와 ⓑ는 각각 5′ 말단과 3′ 말단 중 하나이다.

	x_1의 염기 서열	5′–TGCGGACTTCGTACGTCG–3′		
(가)	y의 염기 서열	ⓐ–???C?U??AG??U?C???–ⓑ		
	X의 아미노산 서열	㉠아르지닌–㉡아르지닌–트레오닌 –라이신–세린–알라닌		

	코돈	아미노산	코돈	아미노산
(나)	AAG	라이신	GGA	글리신
	ACG	트레오닌	GCA	알라닌
	UGC	시스테인	CUU	류신
	UCC	세린	CGA	아르지닌
	UCG		CGU	

이에 대한 설명으로 옳은 것만을 〈보기〉에서 있는 대로 고른 것은? (단, 개시 코돈, 종결 코돈과 핵산 염기 서열 변화는 고려하지 않는다.)

┌─ 보기 ┌
ㄱ. x_1은 전사 주형 가닥이다.
ㄴ. ⓐ는 3′ 말단이다.
ㄷ. X의 ㉠과 ㉡을 암호화하는 코돈의 3′ 말단 염기는 서로 같다.
└

① ㄱ   ② ㄷ   ③ ㄱ, ㄴ   ④ ㄴ, ㄷ   ⑤ ㄱ, ㄴ, ㄷ

09

▶24072-0120

표는 어떤 진핵세포에서 유전자 x와, x에서 돌연변이가 일어난 유전자 y, z 각각의 DNA 이중 가닥 중 한 가닥의 염기 서열을 나타낸 것이다. ⓐ와 ⓑ는 각각 5′ 말단과 3′ 말단 중 하나이다. $x{\sim}z$로부터 각각 폴리펩타이드 X$\sim$Z가 합성되고, X$\sim$Z의 합성은 개시 코돈 AUG에서 시작하여 종결 코돈(UAA, UAG, UGA)에서 끝난다.

유전자	염기 서열
x	ⓐ-ATCTACGTCCACCTATTGCCCAACATGAA-ⓑ
y	ⓐ-ATCTACGTCCACCAATTGCCCAACATGAA-ⓑ
z	ⓐ-ATCTACGTCACCTATTGCCCAACATGAA-ⓑ

이에 대한 설명으로 옳은 것만을 〈보기〉에서 있는 대로 고른 것은? (단, 제시된 돌연변이 이외의 핵산 염기 서열 변화는 고려하지 않는다.)

ㄱ. ⓐ는 5′ 말단이다.
ㄴ. X와 Y를 구성하는 아미노산의 개수는 서로 다르다.
ㄷ. Y와 Z가 합성될 때 사용된 종결 코돈은 서로 같다.

① ㄱ ② ㄷ ③ ㄱ, ㄴ ④ ㄱ, ㄷ ⑤ ㄴ, ㄷ

10

▶24072-0121

다음은 어떤 진핵생물의 유전자 x와, x에서 돌연변이가 일어난 유전자 y의 발현에 대한 자료이다.

- x와 y로부터 각각 폴리펩타이드 X와 Y가 합성된다.
- x의 DNA 이중 가닥 중 전사 주형 가닥의 염기 서열은 다음과 같다.

  5′-GCTATAGACTCACGCCTGTGAGCGCATGATC-3′

- y는 x의 전사 주형 가닥에서 ㉠연속된 2개의 염기가 1회 결실된 것이다.
- Y는 1개의 히스티딘을 가진다.
- X와 Y의 합성은 개시 코돈 AUG에서 시작하여 종결 코돈에서 끝나며, 표는 유전부호를 나타낸 것이다.

UUU UUC	페닐알라닌	UCU UCC	세린	UAU UAC	타이로신	UGU UGC	시스테인	
UUA UUG	류신	UCA UCG		UAA UAG	종결 코돈	UGA UGG	종결 코돈 / 트립토판	
CUU CUC CUA CUG	류신	CCU CCC CCA CCG	프롤린	CAU CAC	히스티딘	CGU CGC CGA CGG	아르지닌	
				CAA CAG	글루타민			
AUU AUC AUA	아이소류신	ACU ACC ACA	트레오닌	AAU AAC	아스파라진	AGU AGC	세린	
AUG	메싸이오닌	ACG		AAA AAG	라이신	AGA AGG	아르지닌	
GUU GUC GUA GUG	발린	GCU GCC GCA GCG	알라닌	GAU GAC	아스파트산	GGU GGC	글리신	
				GAA GAG	글루탐산	GGA GGG		

이에 대한 설명으로 옳은 것만을 〈보기〉에서 있는 대로 고른 것은? (단, 제시된 돌연변이 이외의 핵산 염기 서열 변화는 고려하지 않는다.)

ㄱ. ㉠에 포함된 2개의 염기는 서로 같다.
ㄴ. Y는 6종류의 아미노산으로 구성된다.
ㄷ. 아미노산의 개수는 Y가 X보다 2개 많다.

① ㄱ ② ㄷ ③ ㄱ, ㄴ ④ ㄴ, ㄷ ⑤ ㄱ, ㄴ, ㄷ

11

▶24072-0122

그림은 어떤 진핵생물에서 유전자 x의 DNA 이중 가닥 중 전사 주형 가닥의 염기 서열을 나타낸 것이다. x로부터 폴리펩타이드 X가 합성되고, X의 합성은 개시 코돈 AUG에서 시작하여 종결 코돈(UAA, UAG, UGA)에서 끝난다. ⓐ와 ⓑ는 각각 5′ 말단과 3′ 말단 중 하나이다.

ⓐ-TCATAAGATTGACTACCACGGATCGTATACTCC-ⓑ

이에 대한 설명으로 옳은 것만을 〈보기〉에서 있는 대로 고른 것은? (단, 핵산 염기 서열 변화는 고려하지 않는다.)

ㄱ. ⓐ는 3′ 말단이다.
ㄴ. X의 3번째 아미노산을 암호화하는 코돈의 염기 서열은 GGC이다.
ㄷ. X가 합성될 때 사용된 종결 코돈은 UGA이다.

① ㄱ ② ㄴ ③ ㄱ, ㄷ ④ ㄴ, ㄷ ⑤ ㄱ, ㄴ, ㄷ

12

▶24072-0123

다음은 어떤 진핵생물의 유전자 x와, x에서 돌연변이가 일어난 유전자 y의 발현에 대한 자료이다.

- x와 y로부터 각각 폴리펩타이드 X와 Y가 합성된다.
- x의 DNA 이중 가닥 중 전사 주형 가닥의 염기 서열은 다음과 같다.

  5′-ATGCTACTCAGTTAGCGTCCGGTGACCATTAA-3′

- y는 x의 전사 주형 가닥에서 ㉠1개의 염기가 1회 결실되고, 다른 위치에 ㉠이 1회 삽입된 것이다.
- Y는 5개의 아미노산으로 구성되고, ⓐ아스파트산과 ⓑ히스티딘을 가진다.
- X와 Y의 합성은 개시 코돈 AUG에서 시작하여 종결 코돈에서 끝나며, 표는 유전부호를 나타낸 것이다.

UUU UUC	페닐알라닌	UCU UCC	세린	UAU UAC	타이로신	UGU UGC	시스테인	
UUA UUG	류신	UCA UCG		UAA UAG	종결 코돈	UGA UGG	종결 코돈 / 트립토판	
CUU CUC CUA CUG	류신	CCU CCC CCA CCG	프롤린	CAU CAC	히스티딘	CGU CGC CGA CGG	아르지닌	
				CAA CAG	글루타민			
AUU AUC AUA	아이소류신	ACU ACC ACA	트레오닌	AAU AAC	아스파라진	AGU AGC	세린	
AUG	메싸이오닌	ACG		AAA AAG	라이신	AGA AGG	아르지닌	
GUU GUC GUA GUG	발린	GCU GCC GCA GCG	알라닌	GAU GAC	아스파트산	GGU GGC	글리신	
				GAA GAG	글루탐산	GGA GGG		

이에 대한 설명으로 옳은 것만을 〈보기〉에서 있는 대로 고른 것은? (단, 제시된 돌연변이 이외의 핵산 염기 서열 변화는 고려하지 않는다.)

ㄱ. ㉠은 사이토신(C)이다.
ㄴ. Y는 2개의 아르지닌을 가진다.
ㄷ. Y의 ⓐ와 ⓑ를 암호화하는 각 코돈의 3′ 말단 염기는 서로 같다.

① ㄱ ② ㄴ ③ ㄱ, ㄴ ④ ㄱ, ㄷ ⑤ ㄴ, ㄷ

01

▶24072-0124

다음은 붉은빵곰팡이의 유전자 발현에 대한 자료이다.

- 야생형에서 아르지닌이 합성되는 과정은 그림과 같다.
- 돌연변이주 I은 유전자 $a \sim c$ 중 어느 하나에, II는 그 나머지 유전자 중 하나에만 돌연변이가 일어난 것이다.
- 야생형, I, II를 각각 최소 배지, 최소 배지에 물질 ㉠이 첨가된 배지, 최소 배지에 물질 ㉡이 첨가된 배지에서 배양하였을 때, 붉은빵곰팡이의 생장 여부와 각 배양 배지에서 배지에 들어 있는 물질을 이용하여 ㉠~㉡ 중 새롭게 합성된 물질의 가짓수는 표와 같다. ㉠~㉡은 오르니틴, 시트룰린, 아르지닌을 순서 없이 나타낸 것이다.

유전자 a → 효소 A
유전자 b → 효소 B
유전자 c → 효소 C

전구 물질 → 오르니틴 → 시트룰린 → 아르지닌

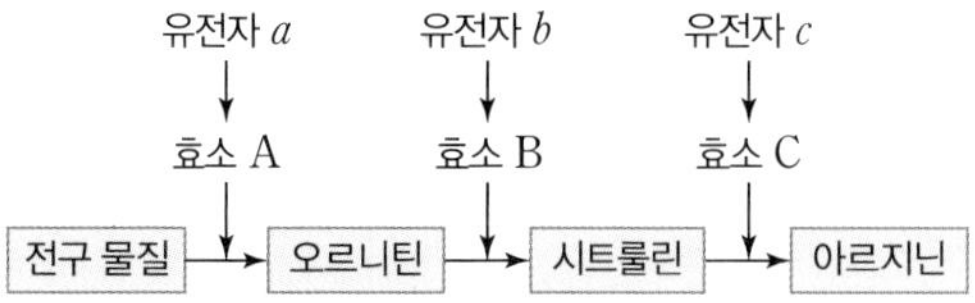

구분		최소 배지	최소 배지+㉠	최소 배지+㉡
야생형	생장	○	○	○
	합성된 물질 가짓수	3	3	3
I	생장	×	○	ⓐ
	합성된 물질 가짓수	1	2	1
II	생장	×	ⓑ	○
	합성된 물질 가짓수	0	1	2

(○: 생장함, ×: 생장 못함)

이에 대한 설명으로 옳은 것만을 〈보기〉에서 있는 대로 고른 것은? (단, 제시된 돌연변이 이외의 돌연변이는 고려하지 않는다.)

보기
ㄱ. ⓐ와 ⓑ는 모두 '×'이다.
ㄴ. ㉠은 효소 B의 기질이다.
ㄷ. II는 a에 돌연변이가 일어난 것이다.

① ㄱ   ② ㄷ   ③ ㄱ, ㄴ   ④ ㄱ, ㄷ   ⑤ ㄴ, ㄷ

02

▶24072-0125

다음은 이중 가닥 DNA x와 mRNA y에 대한 자료이다.

- x는 서로 상보적인 단일 가닥 x_1과 x_2로 구성되어 있다.
- x_1과 x_2 중 하나로부터 y가 전사되었고, 염기 개수는 x가 y의 2배이다.
- x에서 $\dfrac{A+T}{G+C} = \dfrac{4}{3}$이고, x_1에서 A의 개수는 T의 개수보다 적고, C의 개수는 G의 개수보다 많다.
- 표는 x_1, x_2, y를 구성하는 염기 개수를 나타낸 것이고, ㉠~㉢은 아데닌(A), 사이토신(C), 구아닌(G), 타이민(T), 유라실(U)을 순서 없이 나타낸 것이다.

구분	염기 개수(개)				
	㉠	㉡	㉢	㉣	㉤
x_1	ⓐ	0	?	?	28
x_2	?	?	46	ⓑ	?
y	28	34	?	0	?

이에 대한 설명으로 옳은 것만을 〈보기〉에서 있는 대로 고른 것은? (단, 돌연변이는 고려하지 않는다.)

보기
ㄱ. ⓐ+ⓑ=66이다.
ㄴ. ㉤은 구아닌(G)이다.
ㄷ. x를 구성하는 염기쌍의 개수는 120개이다.

① ㄱ   ② ㄷ   ③ ㄱ, ㄴ   ④ ㄴ, ㄷ   ⑤ ㄱ, ㄴ, ㄷ

03

▶24072-0126

다음은 어떤 진핵생물의 유전자 x의 발현에 대한 자료이다.

- x로부터 폴리펩타이드 X가 합성되며, x의 DNA 이중 가닥 중 한 가닥의 염기 서열은 다음과 같다. ㉠~㉢은 아데닌(A), 구아닌(G), 타이민(T)을 순서 없이 나타낸 것이고, ⓐ와 ⓑ는 각각 5′ 말단과 3′ 말단 중 하나이다.

  ⓐ-CC㉠ⓛ㉡㉢㉠ⓒCATGACCⓛⓒⓛC㉢C㉠ⓒⓛCCⓛ㉠㉢ⓒ-ⓑ

- X는 6개의 아미노산으로 구성되고, 류신을 가진다.
- X의 합성은 개시 코돈 AUG에서 시작하여 종결 코돈에서 끝나며, 표는 유전부호를 나타낸 것이다.

UUU UUC	페닐알라닌	UCU UCC	세린	UAU UAC	타이로신	UGU UGC	시스테인
UUA UUG	류신	UCA UCG		UAA	종결 코돈	UGA	종결 코돈
				UAG	종결 코돈	UGG	트립토판
CUU CUC CUA CUG	류신	CCU CCC CCA CCG	프롤린	CAU CAC	히스티딘	CGU CGC CGA CGG	아르지닌
				CAA CAG	글루타민		
AUU AUC AUA	아이소류신	ACU ACC ACA ACG	트레오닌	AAU AAC	아스파라진	AGU AGC	세린
AUG	메싸이오닌			AAA AAG	라이신	AGA AGG	아르지닌
GUU GUC GUA GUG	발린	GCU GCC GCA GCG	알라닌	GAU GAC	아스파트산	GGU GGC GGA GGG	글리신
				GAA GAG	글루탐산		

이에 대한 설명으로 옳은 것만을 〈보기〉에서 있는 대로 고른 것은? (단, 핵산 염기 서열 변화는 고려하지 않는다.)

┌ 보기 ┐
ㄱ. ㉠은 타이민(T)이다.
ㄴ. ⓐ는 3′ 말단이다.
ㄷ. X가 합성될 때 사용된 종결 코돈은 UAA이다.

① ㄱ   ② ㄴ   ③ ㄱ, ㄴ   ④ ㄱ, ㄷ   ⑤ ㄴ, ㄷ

04

▶24072-0127

다음은 인공 mRNA x의 번역에 대한 자료이다.

- 4종류의 뉴클레오타이드로 구성된 인공 mRNA x의 염기 서열은 그림과 같고, x로부터 번역된 폴리펩타이드 Ⅰ~Ⅲ의 아미노산 서열은 표와 같다. ㉠~㉣은 아데닌(A), 사이토신(C), 구아닌(G), 유라실(U)을 순서 없이 나타낸 것이고, (가)~(마)는 서로 다른 아미노산이다.

mRNA x

5′–㉠㉡㉢㉣㉢㉠㉢㉣㉢㉣㉢㉣㉢㉣㉢㉡㉣㉡–3′

폴리펩타이드	아미노산 서열
Ⅰ	(가)-(가)-ⓐ(나)-(나)
Ⅱ	ⓑ(나)-(나)-(나)-(가)-(가)
Ⅲ	(다)-(라)-(가)-(마)-(나)

- 표는 유전부호를 나타낸 것이다.

UUU / UUC	페닐알라닌	UCU / UCC	세린	UAU / UAC	타이로신	UGU / UGC	시스테인
UUA / UUG	류신	UCA / UCG		UAA	종결 코돈	UGA	종결 코돈
				UAG	종결 코돈	UGG	트립토판
CUU / CUC / CUA / CUG	류신	CCU / CCC / CCA / CCG	프롤린	CAU / CAC	히스티딘	CGU / CGC / CGA / CGG	아르지닌
				CAA / CAG	글루타민		
AUU / AUC / AUA	아이소류신	ACU / ACC / ACA / ACG	트레오닌	AAU / AAC	아스파라진	AGU / AGC	세린
AUG	메싸이오닌			AAA / AAG	라이신	AGA / AGG	아르지닌
GUU / GUC / GUA / GUG	발린	GCU / GCC / GCA / GCG	알라닌	GAU / GAC	아스파트산	GGU / GGC / GGA / GGG	글리신
				GAA / GAG	글루탐산		

이에 대한 설명으로 옳은 것만을 〈보기〉에서 있는 대로 고른 것은? (단, 개시 코돈, 종결 코돈과 핵산 염기 서열 변화는 고려하지 않는다.)

┌─ 보기 ─
ㄱ. ㉡은 아데닌(A)이다.
ㄴ. (가)는 류신이다.
ㄷ. Ⅰ의 ⓐ와 Ⅱ의 ⓑ를 암호화하는 코돈은 서로 같다.

① ㄱ   ② ㄴ   ③ ㄱ, ㄴ   ④ ㄱ, ㄷ   ⑤ ㄴ, ㄷ

05

▸24072-0128

다음은 어떤 진핵생물의 유전자 x와 돌연변이 유전자 y, z의 발현에 대한 자료이다.

- x, y, z로부터 각각 폴리펩타이드 X, Y, Z가 합성된다.
- X는 5개의 아미노산으로 구성되고, X의 아미노산 서열은 다음과 같다.

  메싸이오닌–글리신–류신–아이소류신–세린

- y는 x의 전사 주형 가닥에서 1개의 염기가 1회 삽입된 것이다. Y는 7개의 아미노산으로 구성되고, Y의 아미노산 서열은 다음과 같다.

  메싸이오닌–알라닌–트레오닌–아스파트산–페닐알라닌–류신–아르지닌

- z는 y의 전사 주형 가닥에서 ㉠ 연속된 2개의 염기가 1회 결실된 것이다. ㉠에는 퓨린 계열 염기와 피리미딘 염기가 각각 1개씩 있다. Z는 8개의 아미노산으로 구성되고, Z의 아미노산 서열은 다음과 같다.

  메싸이오닌–알라닌–(가)–페닐알라닌–프롤린–글루탐산–발린–글리신

- X, Y, Z의 합성은 개시 코돈 AUG에서 시작하여 종결 코돈에서 끝나며, 표는 유전부호를 나타낸 것이다.

UUU UUC	페닐알라닌	UCU UCC	세린	UAU UAC	타이로신	UGU UGC	시스테인
UUA UUG	류신	UCA UCG		UAA UAG	종결 코돈 종결 코돈	UGA UGG	종결 코돈 트립토판
CUU CUC CUA CUG	류신	CCU CCC CCA CCG	프롤린	CAU CAC	히스티딘	CGU CGC CGA CGG	아르지닌
				CAA CAG	글루타민		
AUU AUC AUA	아이소류신	ACU ACC ACA ACG	트레오닌	AAU AAC	아스파라진	AGU AGC	세린
AUG	메싸이오닌			AAA AAG	라이신	AGA AGG	아르지닌
GUU GUC GUA GUG	발린	GCU GCC GCA GCG	알라닌	GAU GAC	아스파트산	GGU GGC GGA GGG	글리신
				GAA GAG	글루탐산		

이에 대한 설명으로 옳은 것만을 〈보기〉에서 있는 대로 고른 것은? (단, 제시된 돌연변이 이외의 핵산 염기 서열 변화는 고려하지 않는다.)

┌ 보기 ┌
ㄱ. (가)는 트레오닌이다.
ㄴ. ㉠의 염기 서열은 5'–AC–3'이다.
ㄷ. X와 Y가 합성될 때 사용된 종결 코돈의 염기 서열은 서로 같다.

① ㄱ　　　　② ㄷ　　　　③ ㄱ, ㄴ　　　　④ ㄱ, ㄷ　　　　⑤ ㄴ, ㄷ

06

▶24072-0129

다음은 어떤 진핵생물의 유전자 x와 돌연변이 유전자 y, z의 발현에 대한 자료이다.

- x, y, z로부터 각각 폴리펩타이드 X, Y, Z가 합성된다. X, Y, Z를 구성하는 아미노산의 개수는 각각 5개, 7개, 5개이다.
- x의 DNA 이중 가닥 중 한 가닥의 염기 서열은 다음과 같다. ㉠~㉣은 아데닌(A), 사이토신(C), 구아닌(G), 타이민(T)을 순서 없이 나타낸 것이고, ⓐ와 ⓑ는 각각 5′ 말단과 3′ 말단 중 하나이다.

  ⓐ–CCTAC㉠ATC㉡TC㉢ACC㉣ATCCTCGTATC–ⓑ

- 표는 X, Y, Z를 구성하는 모든 아미노산과 각 아미노산의 수를 나타낸 것이다.

구분	아미노산 수						
	(가)	메싸이오닌	류신	발린	아스파르산	알라닌	글루타민
X	1	1	0	1	1	1	0
Y	2	1	1	1	0	2	0
Z	?	?	0	1	0	0	1

- y는 x의 전사 주형 가닥에서 ⓟ연속된 2개의 서로 다른 염기가 1회 결실된 것이다.
- z는 y의 전사 주형 가닥에 ⓟ가 1회 삽입된 것이다.
- X, Y, Z의 합성은 개시 코돈 AUG에서 시작하여 종결 코돈에서 끝나며, 표는 유전부호를 나타낸 것이다.

UUU UUC	페닐알라닌	UCU UCC	세린	UAU UAC	타이로신	UGU UGC	시스테인
UUA UUG	류신	UCA UCG		UAA	종결 코돈	UGA	종결 코돈
				UAG	종결 코돈	UGG	트립토판
CUU CUC CUA CUG	류신	CCU CCC CCA CCG	프롤린	CAU CAC	히스티딘	CGU CGC CGA CGG	아르지닌
				CAA CAG	글루타민		
AUU AUC AUA	아이소류신	ACU ACC ACA	트레오닌	AAU AAC	아스파라진	AGU AGC	세린
AUG	메싸이오닌	ACG		AAA AAG	라이신	AGA AGG	아르지닌
GUU GUC GUA GUG	발린	GCU GCC GCA GCG	알라닌	GAU GAC	아스파르산	GGU GGC GGA GGG	글리신
				GAA GAG	글루탐산		

이에 대한 설명으로 옳은 것만을 〈보기〉에서 있는 대로 고른 것은? (단, 제시된 돌연변이 이외의 핵산 염기 서열 변화는 고려하지 않는다.)

〈보기〉
ㄱ. Y에 있는 2개의 (가)를 암호화하는 각 코돈의 염기 서열은 서로 다르다.
ㄴ. ㉡은 구아닌(G)이다.
ㄷ. Z에 2개의 메싸이오닌이 있다.

① ㄱ   ② ㄷ   ③ ㄱ, ㄴ   ④ ㄴ, ㄷ   ⑤ ㄱ, ㄴ, ㄷ

07

▶ 24072-0130

다음은 어떤 진핵생물의 유전자 x와, x에서 돌연변이가 일어난 유전자 y의 발현에 대한 자료이다.

- x와 y로부터 각각 폴리펩타이드 X와 Y가 합성된다.
- x의 DNA 이중 가닥 중 한 가닥의 염기 서열은 다음과 같다. x의 DNA 이중 가닥에서 (가)와 상보적인 가닥 사이의 염기 간 수소 결합의 총개수는 15개이며, (가)는 3개의 퓨린 계열 염기와 3개의 피리미딘 계열 염기로 구성된다. ⓐ와 ⓑ는 각각 5' 말단과 3' 말단 중 하나이다.

  ⓐ–CAAGTACTTATCCCATT 　　(가)　　 CAATCGC–ⓑ

- X는 7개의 아미노산으로 구성되고, 2개의 발린과 3개의 아르지닌을 가진다.
- y는 x의 전사 주형 가닥에서 ⓟ 연속된 2개의 서로 다른 염기가 1회 결실되고, 다른 위치에 ⓟ가 1회 삽입된 것이다. ⓟ에는 퓨린 계열 염기와 피리미딘 계열 염기가 각각 1개씩 있다.
- Y는 7개의 아미노산으로 구성되고, ㉠2개의 세린과 1개의 시스테인을 가진다.
- X와 Y의 합성은 개시 코돈 AUG에서 시작하여 종결 코돈에서 끝나며, 표는 유전부호를 나타낸 것이다.

UUU UUC	페닐알라닌	UCU UCC	세린	UAU UAC	타이로신	UGU UGC	시스테인
UUA UUG	류신	UCA UCG		UAA	종결 코돈	UGA	종결 코돈
				UAG	종결 코돈	UGG	트립토판
CUU CUC CUA CUG	류신	CCU CCC CCA CCG	프롤린	CAU CAC	히스티딘	CGU CGC CGA CGG	아르지닌
				CAA CAG	글루타민		
AUU AUC AUA	아이소류신	ACU ACC ACA	트레오닌	AAU AAC	아스파라진	AGU AGC	세린
AUG	메싸이오닌(개시 코돈)	ACG		AAA AAG	라이신	AGA AGG	아르지닌
GUU GUC GUA GUG	발린	GCU GCC GCA GCG	알라닌	GAU GAC	아스파트산	GGU GGC GGA GGG	글리신
				GAA GAG	글루탐산		

이에 대한 설명으로 옳은 것만을 〈보기〉에서 있는 대로 고른 것은? (단, 제시된 돌연변이 이외의 핵산 염기 서열 변화는 고려하지 않는다.)

┌ 보기 ┌
ㄱ. (가)에는 구아닌(G)이 1개 있다.
ㄴ. ㉠을 암호화하는 각 코돈의 5' 말단 염기는 서로 같다.
ㄷ. X와 Y가 합성될 때 사용된 종결 코돈의 염기 서열은 서로 다르다.

① ㄱ 　　② ㄷ 　　③ ㄱ, ㄴ 　　④ ㄴ, ㄷ 　　⑤ ㄱ, ㄴ, ㄷ

08
▶24072-0131

다음은 인공 mRNA x와 y의 번역에 대한 자료이다.

- x의 염기 서열은 5′-(가)-(나)-(다)-3′ 순이며, 표의 Ⅰ~Ⅲ은 (가)~(다)를 순서 없이 나타낸 것이다. ㉠, ㉡, ㉢, ㉣은 아데닌(A), 사이토신(C), 구아닌(G), 유라실(U)을 순서 없이 나타낸 것이다.

구분	Ⅰ	Ⅱ	Ⅲ
염기 서열	5′-㉣㉡㉣㉡㉡	5′-㉡㉣㉠㉢㉠	5′-㉣㉢㉢㉠㉡

- x의 5′→3′ 방향 염기 서열과 y의 3′→5′ 방향 염기 서열은 서로 상보적이다.
- x와 y는 각각 5개의 아미노산으로 구성된 폴리펩타이드 X와 Y를 암호화하고, X는 1종류의 아미노산으로 구성된다.
- 표는 유전부호를 나타낸 것이다.

UUU UUC	페닐알라닌	UCU UCC	세린	UAU UAC	타이로신	UGU UGC	시스테인
UUA UUG	류신	UCA UCG		UAA	종결 코돈	UGA	종결 코돈
				UAG	종결 코돈	UGG	트립토판
CUU CUC CUA CUG	류신	CCU CCC CCA CCG	프롤린	CAU CAC	히스티딘	CGU CGC CGA CGG	아르지닌
				CAA CAG	글루타민		
AUU AUC AUA	아이소류신	ACU ACC ACA ACG	트레오닌	AAU AAC	아스파라진	AGU AGC	세린
AUG	메싸이오닌			AAA AAG	라이신	AGA AGG	아르지닌
GUU GUC GUA GUG	발린	GCU GCC GCA GCG	알라닌	GAU GAC	아스파트산	GGU GGC GGA GGG	글리신
				GAA GAG	글루탐산		

이에 대한 설명으로 옳은 것만을 〈보기〉에서 있는 대로 고른 것은? (단, 개시 코돈, 종결 코돈과 핵산 염기 서열 변화는 고려하지 않는다.)

┌ 보기 ┌
ㄱ. (다)는 Ⅱ이다.
ㄴ. ㉠은 G이다.
ㄷ. Y는 3종류의 아미노산으로 구성된다.

① ㄱ   ② ㄴ   ③ ㄷ   ④ ㄱ, ㄴ   ⑤ ㄴ, ㄷ

① 원핵생물의 유전자 발현 조절

(1) **오페론:** 하나의 프로모터에 의해 여러 유전자의 발현이 함께 조절되는 유전자 발현의 조절 단위이다.

(2) **젖당 오페론:** 프로모터, 작동 부위, 구조 유전자로 구성되며, 젖당 오페론의 앞쪽에 조절 유전자가 있다.

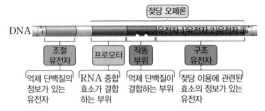

(3) **젖당 오페론의 발현 조절**

① **조절 유전자:** 젖당 오페론의 발현을 조절하는 억제 단백질의 암호화 부위로 항상 발현되며, 젖당 오페론에는 포함되지 않는다.

② **젖당이 없을 때:** 억제 단백질이 작동 부위에 결합하여 RNA 중합 효소가 프로모터에 결합하는 것을 방해하므로 구조 유전자의 전사가 일어나지 않는다.

③ **젖당이 있을 때(포도당 없음):** 억제 단백질이 젖당 유도체와 결합하여 입체 구조가 변형되므로 작동 부위에 결합하지 못한다. 이로 인해 RNA 중합 효소가 프로모터에 결합하여 구조 유전자의 전사가 일어나고, 젖당 이용에 관련된 효소가 생성됨으로써 젖당이 에너지원으로 사용된다.

② 진핵생물의 유전자 발현 조절

(1) **진핵생물의 유전자 발현 조절 단계**

① **전사 전 조절:** 염색질의 응축 정도를 변화시킨다.

② **전사 조절:** 가장 중요한 조절 단계로 여러 전사 인자가 전사 개시 여부와 전사 속도에 영향을 미친다.

③ **전사 후 조절(RNA 가공):** 처음 만들어진 RNA에서 인트론이 제거되고 핵막을 통과할 수 있도록 변형된다.

④ **번역 조절:** 성숙한 mRNA의 분해 속도를 조절하여 번역을 촉진하거나 억제한다.

(2) **진핵생물의 전사 개시**

① **전사 인자:** DNA의 프로모터와 조절 부위 등에 결합하여 전사를 조절하는 조절 단백질로, 세포에 있는 전사 인자의 종류에 따라 발현되는 유전자가 달라질 수 있다.

② **조절 부위:** 전사 인자가 결합하는 DNA 부위로, 근거리 조절 부위와 원거리 조절 부위가 있으며, 유전자에 따라 조절 부위의 종류(염기 서열)가 다르다.

③ **전사 개시:** 진핵생물에서는 RNA 중합 효소가 여러 전사 인자들과 함께 프로모터에 결합하여 전사 개시 복합체를 형성해야 전사를 시작할 수 있다.

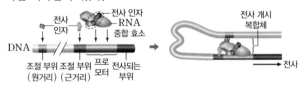

전사 개시 복합체의 형성

③ 원핵생물과 진핵생물의 유전자 발현 조절 과정 비교

원핵생물	진핵생물
• 유전자마다 프로모터가 있거나 오페론처럼 여러 유전자가 하나의 프로모터에 연결된다. • 젖당 오페론의 경우, 억제 단백질이 작동 부위에 결합한다.	• 대부분 하나의 프로모터에 하나의 유전자가 연결된다. • 한 유전자의 전사에서 여러 조절 단백질(전사 인자)이 여러 조절 부위에 결합한다.

④ 발생과 유전자 발현 조절

(1) **유전자의 선택적 발현**

① **세포 분화:** 수정란의 세포 분열로 생겨난 세포들이 발생 과정을 통해 형태와 기능이 서로 다른 다양한 세포들로 되는 것을 의미하며, 분화된 세포들의 유전체 구성은 수정란과 동일하다.

② 핵심 조절 유전자가 발현되어 생성된 전사 인자가 다른 조절 유전자의 발현을 조절하는 과정이 연쇄적으로 일어나면서, 그 결과 생성된 전사 인자의 조합에 따라 유전자의 선택적 발현이 일어나 다양한 세포로 분화된다.

③ 마이오디 유전자로부터 생성된 마이오디 단백질이 전사 인자로 작용하여 다른 전사 인자 유전자의 발현을 촉진하고, 그 결과 생성된 전사 인자에 의해 마이오신, 액틴 등 근육 특이 단백질의 합성이 촉진되어 근육 모세포가 근육 세포로 분화된다.

(2) **유전자 발현의 공간적 차이에 의한 형태 형성**

① **혹스 유전자:** 발생 초기의 배아에서 몸의 각 체절에 만들어질 기관을 결정하는 핵심 조절 유전자들로, 유전자 발현 산물은 전사 인자이다. 초파리, 쥐, 사람 등 많은 동물에서 염기 서열과 염색체 상의 배열 순서, 발현 양상이 잘 보존되어 있다.

② 초파리에서 혹스 유전자들은 모두 하나의 염색체에 있으며, 염색체 상에서 이들이 배열된 순서는 각각이 결정하는 체절이 배열된 순서와 일치한다.

더 알기 ◆ 초파리의 발생과 혹스 유전자

• 혹스 유전자들에서 공통적으로 나타나는 염기 서열 부위를 호미오 박스(homeo box)라고 하고, 혹스 유전자가 발현되어 생성된 전사 인자에서 호미오 박스가 번역된 부위는 특정 유전자의 프로모터나 조절 부위에 결합한다.

• 혹스 유전자에 이상이 생기면 관련된 기관 전체가 비정상적인 돌연변이 개체로 발생한다.

[야생형 초파리]
• 머리 체절에서 더듬이 형성
• 두 번째 가슴 체절에서 1쌍의 날개 형성
• 세 번째 가슴 체절에서 1쌍의 평균곤 형성

[*Antp* 유전자 돌연변이]
머리 체절에서 *Antp*가 발현되면 머리 체절에서 더듬이 대신 다리 형성

[*Ubx* 유전자 돌연변이]
*Ubx*가 결실되면 평균곤이 날개로 바뀌어 두 쌍의 날개 형성

| 2024학년도 수능 |

다음은 어떤 동물에서 세포 P의 분화와 관련된 유전자 (가)와 (나)의 전사 조절에 대한 자료이다.

- P는 (가)와 (나) 중 (가)만 발현되면 세포 Ⅰ로, (가)와 (나) 중 (나)만 발현되면 세포 Ⅱ로, (가)와 (나)가 모두 발현되면 세포 Ⅲ으로 분화된다.
- (가)와 (나)의 프로모터와 전사 인자 결합 부위 A~C는 그림과 같다.

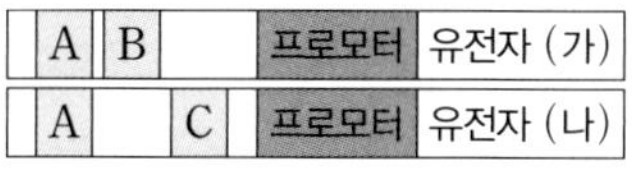

| A | B | | 프로모터 | 유전자 (가) |
| A | | C | 프로모터 | 유전자 (나) |

- 전사 인자 X, Y, Z는 (가)와 (나)의 전사 촉진에 관여한다. X는 B에만 결합하며, Y는 A와 C 중 어느 하나에만 결합하고, Z는 그 나머지 하나에만 결합한다.
- (가)와 (나) 각각의 전사는 각 유전자의 전사 인자 결합 부위 모두에 전사 인자가 결합했을 때 촉진된다.
- P에서 발현된 전사 인자에 따른 ㉠~㉢의 형성 결과는 표와 같다. ㉠~㉢은 Ⅰ~Ⅲ을 순서 없이 나타낸 것이다.

발현된 전사 인자	세포		
	㉠	㉡	㉢
X, Y	ⓐ	?	×
X, Z	×	×	○
Y, Z	○	×	?

(○: 형성됨, ×: 형성 안 됨)

이에 대한 설명으로 옳은 것만을 〈보기〉에서 있는 대로 고른 것은? (단, 제시된 조건 이외는 고려하지 않는다.)

┌ 보기 ┐
ㄱ. ⓐ는 '×'이다.
ㄴ. ㉢은 Ⅱ이다.
ㄷ. Y는 C에 결합한다.
└────────┘

① ㄱ　　　　② ㄴ　　　　③ ㄱ, ㄷ　　　　④ ㄴ, ㄷ　　　　⑤ ㄱ, ㄴ, ㄷ

▶ 24072-0132

유사점과 차이점

세포에 존재하는 전사 인자의 종류에 따라 세포 분화가 일어난다는 것을 다룬다는 점에서 대표 문제와 유사하지만 발현된 전사 인자를 이용해 형성된 세포의 종류를 파악하도록 한다는 점에서 대표 문제와 다르다.

다음은 어떤 동물에서 세포 P의 분화와 관련된 유전자 (가)와 (나)의 전사 조절에 대한 자료이다.

- P는 (가)와 (나) 중 (가)만 발현되면 세포 Ⅰ로, (가)와 (나) 중 (나)만 발현되면 세포 Ⅱ로, (가)와 (나)가 모두 발현되면 세포 Ⅲ으로 분화된다.
- (가)와 (나)의 프로모터와 전사 인자 결합 부위 A~D는 그림과 같다.

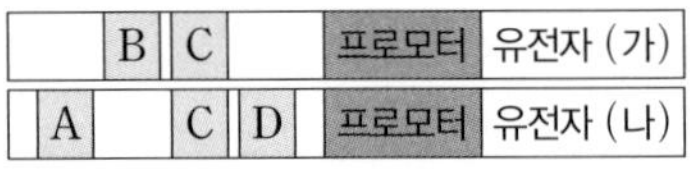

	B	C		프로모터	유전자 (가)
A		C	D	프로모터	유전자 (나)

- 전사 인자 W, X, Y, Z는 (가)와 (나)의 전사 촉진에 관여한다. W는 D에만 결합하며, X는 A~C 중 어느 하나에만, Y는 나머지 두 전사 인자 결합 부위 중 하나에만, Z는 그 나머지 하나에만 결합한다.
- (가)의 전사는 전사 인자가 B와 C 중 적어도 한 부위에 결합했을 때 촉진되고, (나)의 전사는 전사 인자가 A, C, D 중 적어도 두 부위에 결합했을 때 촉진된다.
- P에서 발현된 전사 인자에 따른 ㉠~㉢의 형성 결과는 표와 같다. ㉠~㉢은 Ⅰ~Ⅲ을 순서 없이 나타낸 것이다.

발현된 전사 인자	세포		
	㉠	㉡	㉢
W, X	×	×	○
X, Y	○	×	×
Y, Z	×	○	×

(○: 형성됨, ×: 형성 안 됨)

이에 대한 설명으로 옳은 것만을 〈보기〉에서 있는 대로 고른 것은? (단, 제시된 조건 이외는 고려하지 않는다.)

┌ 보기 ┐
ㄱ. X는 A에 결합한다.
ㄴ. ㉡은 Ⅰ이다.
ㄷ. P에 W~Z 중 X와 Z만 있으면 세포 Ⅱ로 분화된다.
└─────┘

① ㄱ   ② ㄷ   ③ ㄱ, ㄴ   ④ ㄴ, ㄷ   ⑤ ㄱ, ㄴ, ㄷ

배경 지식

- 세포에 존재하는 전사 인자의 종류에 따라 발현되는 유전자의 종류가 달라져 서로 다른 세포로 분화된다.
- 유전자의 전사에 관여하는 전사 인자는 특정 결합 부위에만 결합한다.

01

▶24072-0133

그림은 ⓐ에서 충분히 배양한 대장균의 젖당 오페론과 젖당 오페론을 조절하는 조절 유전자의 작용을 나타낸 것이다. ⓐ는 포도당은 없고 젖당이 있는 배지와 포도당과 젖당이 모두 없는 배지 중하나이고, ㉠과 ㉡은 젖당 오페론의 구조 유전자와 젖당 오페론을 조절하는 조절 유전자를 순서 없이 나타낸 것이다.

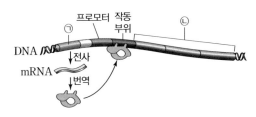

이에 대한 설명으로 옳은 것만을 〈보기〉에서 있는 대로 고른 것은? (단, 돌연변이는 고려하지 않는다.)

┌─ 보기 ┌
ㄱ. ⓐ는 포도당은 없고 젖당이 있는 배지이다.
ㄴ. ㉠은 젖당 오페론에 포함된다.
ㄷ. 젖당 분해 효소의 아미노산 서열은 ㉡에 암호화되어 있다.
└────────

① ㄱ   ② ㄷ   ③ ㄱ, ㄴ   ④ ㄴ, ㄷ   ⑤ ㄱ, ㄴ, ㄷ

02

▶24072-0134

그림은 대장균을 포도당과 젖당이 모두 포함된 배지에서 배양할 때 시간에 따른 젖당 분해 효소의 농도와 대장균의 수를 나타낸 것이다. ㉠과 ㉡은 젖당 분해 효소의 농도와 대장균의 수를 순서 없이 나타낸 것이다.

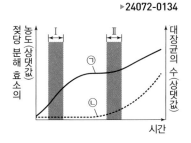

이에 대한 설명으로 옳은 것만을 〈보기〉에서 있는 대로 고른 것은? (단, 돌연변이는 고려하지 않는다.)

┌─ 보기 ┌
ㄱ. ㉠은 젖당 분해 효소의 농도이다.
ㄴ. 구간 I에서 젖당 오페론을 조절하는 억제 단백질이 생성된다.
ㄷ. 구간 II에서 젖당 오페론의 프로모터에 RNA 중합 효소가 결합한다.
└────────

① ㄱ   ② ㄷ   ③ ㄱ, ㄴ   ④ ㄴ, ㄷ   ⑤ ㄱ, ㄴ, ㄷ

03

▶24072-0135

그림 (가)와 (나)는 진핵생물에서 일어나는 유전자 발현 조절 단계의 일부를 나타낸 것이다. 과정 ⓐ와 ⓑ는 염색질(염색사)이 풀어지는 과정과 염색질(염색사)이 응축되는 과정을 순서 없이 나타낸 것이고, 과정 ㉠과 ㉡은 각각 번역, 전사, RNA 가공 중 하나를 나타낸 것이다.

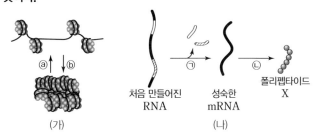

처음 만들어진 RNA   성숙한 mRNA   폴리펩타이드 X
(가)   (나)

이에 대한 설명으로 옳은 것만을 〈보기〉에서 있는 대로 고른 것은? (단, 돌연변이는 고려하지 않는다.)

┌─ 보기 ┌
ㄱ. ⓐ가 일어났을 때가 ⓑ가 일어났을 때보다 RNA 중합 효소가 DNA에 잘 결합한다.
ㄴ. ㉠에서 전사 개시 복합체가 형성된다.
ㄷ. ㉡은 폴리펩타이드 X 분해 여부를 통해 조절된다.
└────────

① ㄱ   ② ㄴ   ③ ㄷ   ④ ㄱ, ㄴ   ⑤ ㄱ, ㄷ

04

▶24072-0136

다음은 대장균 I～III을 서로 다른 조건의 배지에서 각각 배양했을 때의 젖당 오페론 조절에 대한 자료이다. I～III은 야생형 대장균, 젖당 오페론을 조절하는 조절 유전자가 결실된 돌연변이 대장균, 젖당 오페론의 구조 유전자가 결실된 돌연변이 대장균을 순서 없이 나타낸 것이고, ㉠과 ㉡은 포도당은 없고 젖당이 있는 배지와 포도당과 젖당이 모두 없는 배지를 순서 없이 나타낸 것이다.

- ㉠에서 배양한 I과 II에서는 모두 젖당 분해 효소가 생성된다.
- ㉡에서 배양한 II와 III에서는 젖당 오페론의 작동 부위에 억제 단백질이 결합한다.

이에 대한 설명으로 옳은 것만을 〈보기〉에서 있는 대로 고른 것은? (단, 제시된 돌연변이 이외의 돌연변이와 제시된 조건 이외는 고려하지 않는다.)

┌─ 보기 ┌
ㄱ. II는 젖당 오페론을 조절하는 조절 유전자가 결실된 돌연변이 대장균이다.
ㄴ. I을 ㉡에서 배양하면 젖당 오페론의 프로모터에 RNA 중합 효소가 결합한다.
ㄷ. 젖당 오페론의 프로모터가 결실된 돌연변이 대장균은 ㉠에서 젖당 분해 효소를 합성한다.
└────────

① ㄱ   ② ㄴ   ③ ㄷ   ④ ㄱ, ㄴ   ⑤ ㄴ, ㄷ

05
▶ 24072-0137

그림 (가)와 (나)는 사람의 DNA 일부와 대장균의 DNA 일부를 순서 없이 나타낸 것이다.

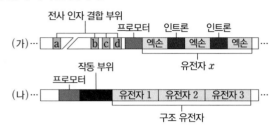

이 자료에 대한 설명으로 옳은 것만을 〈보기〉에서 있는 대로 고른 것은? (단, 돌연변이는 고려하지 않는다.)

┌ 보기 ┐
ㄱ. (가)의 전사 인자 결합 부위와 (나)의 작동 부위에는 모두 RNA 중합 효소가 결합한다.
ㄴ. (가)에는 오페론이 포함되어 있다.
ㄷ. (가)와 (나)에서 각각 전사가 1회 일어날 때, 각각 1개의 RNA가 합성된다.

① ㄱ   ② ㄷ   ③ ㄱ, ㄴ   ④ ㄴ, ㄷ   ⑤ ㄱ, ㄴ, ㄷ

06
▶ 24072-0138

다음은 어떤 동물의 세포 Ⅰ~Ⅲ에서 유전자 x의 전사 조절에 대한 자료이다.

┌─────────────────────────────────────┐
• x의 프로모터와 전사 인자 결합 예상 부위 ㉠~㉣은 그림과 같다. x의 전사 인자 결합 부위는 ㉠~㉣ 중 세 부위이다.

| ㉠ | ㉡ | ㉢ | ㉣ | 프로모터 | 유전자 x |

• x의 전사에 관여하는 전사 인자는 A, B, C이다. A는 ㉠~㉣ 중 어느 하나에만 결합하고, B는 나머지 세 전사 인자 결합 부위 중 하나에만 결합하고, C는 그 나머지 중 하나에만 결합한다.

• x의 전사는 전사 인자 결합 부위 중 ⓐ에 전사 인자가 결합하고 동시에 나머지 두 부위 중 하나에만 전사 인자가 결합해도 촉진된다. ⓐ는 ㉠~㉣ 중 하나이다.

세포 / 제거된 부위	Ⅰ	Ⅱ	Ⅲ
없음	○	○	?
㉠, ㉢	×	○	○
㉡, ㉢	×	×	×
㉢, ㉣	○	×	○

• Ⅰ에서는 A와 B만, Ⅱ에서는 A와 C만 발현된다.

• Ⅰ~Ⅲ에서 ㉠~㉣의 제거 여부에 따른 x의 전사 여부는 표와 같다.

(○: 전사됨, ×: 전사 안 됨)
└─────────────────────────────────────┘

이에 대한 설명으로 옳은 것만을 〈보기〉에서 있는 대로 고른 것은? (단, 제시된 조건 이외는 고려하지 않는다.)

┌ 보기 ┐
ㄱ. ⓐ는 ㉢이다.
ㄴ. 제거된 부위가 없는 Ⅱ에서 ㉠을 제거해도 x가 발현된다.
ㄷ. 제거된 부위가 없는 Ⅲ에서는 A, B, C가 모두 발현된다.

① ㄱ   ② ㄴ   ③ ㄷ   ④ ㄱ, ㄷ   ⑤ ㄴ, ㄷ

07
▶ 24072-0139

그림은 사람의 간세포의 핵 DNA에서 일어나는 유전자 x의 전사 조절 과정을 나타낸 것이다. 유전자 x로부터 단백질 X가 합성되고, X는 간세포에서만 생성된다. ㉠과 ㉡은 a와 b를 순서 없이 나타낸 것이다.

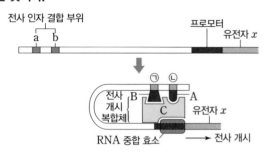

이에 대한 설명으로 옳은 것은? (단, 돌연변이는 고려하지 않는다.)

① ㉠은 a이다.
② x에는 인트론만 있다.
③ a와 b는 간세포의 핵 DNA에만 있다.
④ 수정체 세포에 A, B, C가 모두 있다.
⑤ A와 B는 x의 발현을 촉진하는 데 관여한다.

08
▶ 24072-0140

다음은 어떤 동물 배아의 체절 Ⅰ~Ⅲ에서 유전자 x, y, z의 전사 조절에 대한 자료이다.

┌─────────────────────────────────────┐
• x, y, z의 프로모터와 전사 인자 결합 부위 A~D는 그림과 같다.

• x, y, z는 각각 전사 인자 X, 전사 인자 Y, 전사 인자 Z를 암호화한다.

A	B		프로모터	유전자 x
	B	C	프로모터	유전자 y
		C	D	프로모터	유전자 z

• X~Z는 각각 기관 (가)~(다) 중 서로 다른 하나의 기관 형성에 관여한다. X와 Y가 모두 있으면 Y만 작용하고, Y와 Z가 모두 있으면 Y와 Z가 모두 작용한다.

• x~z의 전사에 관여하는 전사 인자는 ㉠~㉣이며, ㉠은 A에만, ㉡은 B에만, ㉢은 C에만, ㉣은 D에만 결합하고, x~z는 전사 인자 결합 부위 모두에 전사 인자가 결합해야 전사가 촉진된다.

• 표는 X~Z에 의해 이 동물 배아의 체절 Ⅰ~Ⅲ에서 형성되는 모든 기관을 나타낸 것이다.

배아의 체절	Ⅰ	Ⅱ	Ⅲ
형성되는 기관	(가)	(나)	(다)

• 돌연변이로 인해 Ⅱ에서 ㉢이 발현되면 (나) 대신 (다)가 형성되고, 돌연변이로 인해 Ⅲ에서 ㉣이 발현되면 (가)와 (다)가 모두 형성된다.
└─────────────────────────────────────┘

이에 대한 설명으로 옳은 것만을 〈보기〉에서 있는 대로 고른 것은? (단, 제시된 조건 이외는 고려하지 않는다.)

┌ 보기 ┐
ㄱ. X는 (나) 형성에 관여한다.
ㄴ. 돌연변이로 인해 Ⅰ에서 ㉠이 발현되면 (가) 대신에 (다)가 형성된다.
ㄷ. Ⅲ에서는 ㉡과 ㉢이 모두 발현된다.

① ㄱ   ② ㄴ   ③ ㄱ, ㄷ   ④ ㄴ, ㄷ   ⑤ ㄱ, ㄴ, ㄷ

정답과 해설 25쪽

01

▶ 24072-0141

그림은 야생형 대장균의 젖당 오페론과 젖당 오페론을 조절하는 조절 유전자를, 표는 대장균 Ⅰ~Ⅲ을 서로 다른 배지에서 각각 배양할 때 나타나는 특징의 유무를 나타낸 것이다. ㉠~㉢은 젖당 오페론의 프로모터, 젖당 오페론의 작동 부위, 젖당 오페론을 조절하는 조절 유전자를 순서 없이 나타낸 것이고, Ⅰ~Ⅲ은 각각 야생형 대장균, ㉠이 결실된 돌연변이 대장균, ㉡이 결실된 돌연변이 대장균 중 하나이다.

특징	Ⅰ	Ⅱ	Ⅲ
포도당은 없고 젖당이 있는 배지에서 배양하면 젖당 오페론의 구조 유전자가 발현된다.	ⓐ	○	○
포도당과 젖당이 모두 없는 배지에서 배양하면 ㉢에 ㉮억제 단백질이 결합한다.	○	ⓑ	×

(○: 있음, ×: 없음)

이에 대한 설명으로 옳은 것만을 〈보기〉에서 있는 대로 고른 것은? (단, 제시된 돌연변이 이외의 돌연변이는 고려하지 않으며, Ⅰ~Ⅲ의 배양 조건은 동일하다.)

보기
ㄱ. ⓐ와 ⓑ는 모두 '○'이다.
ㄴ. Ⅱ는 야생형 대장균이다.
ㄷ. ㉮의 아미노산 서열은 젖당 오페론의 구조 유전자에 암호화되어 있다.

① ㄱ   ② ㄴ   ③ ㄷ   ④ ㄱ, ㄴ   ⑤ ㄱ, ㄷ

02

▶ 24072-0142

다음은 야생형 대장균 X에 있는 오페론 (가)에 대한 자료이다. ㉠~㉣은 (가)의 프로모터, (가)의 작동 부위, (가)의 구조 유전자, (가)를 조절하는 조절 유전자를 순서 없이 나타낸 것이다.

- (가)는 ㉠, ㉡, ㉢으로 구성된다.
- ㉠은 물질 P 합성에 필요한 3가지 효소를 암호화한다. 3가지 효소에 의해 전구 물질이 P로 합성된다.
- ㉣로부터 발현되는 물질 Q는 P와 결합한 상태일 때만 ㉡에 결합할 수 있고, P와 결합하지 않은 상태에서는 ㉡에 결합할 수 없다. ㉡에 P와 Q의 복합체가 결합하면 RNA 중합 효소가 ㉢에 결합하지 못한다.

이에 대한 설명으로 옳은 것만을 〈보기〉에서 있는 대로 고른 것은? (단, 제시된 조건 이외는 고려하지 않는다.)

보기
ㄱ. P가 많을수록 X에서 P의 합성이 억제된다.
ㄴ. ㉠이 1회 전사되면 3개의 mRNA가 생성된다.
ㄷ. (가)에서 ㉢이 결실된 돌연변이 대장균은 항상 P를 합성한다.

① ㄱ   ② ㄴ   ③ ㄱ, ㄷ   ④ ㄴ, ㄷ   ⑤ ㄱ, ㄴ, ㄷ

03

▶24072-0143

표는 유전자 발현 과정 (가)와 (나)에서 3가지 특징의 유무를 나타낸 것이다. (가)와 (나)는 대장균의 유전자 발현 과정과 사람의 유전자 발현 과정을 순서 없이 나타낸 것이다.

특징	(가)	(나)
㉠	×	○
ⓐRNA 중합 효소에 의해 전사가 진행된다.	○	○
유전자 발현의 조절 단위로 오페론이 있다.	○	×

(○: 있음, ×: 없음)

이에 대한 설명으로 옳은 것만을 〈보기〉에서 있는 대로 고른 것은?

보기
ㄱ. '전사 결과 처음 만들어진 mRNA에 인트론이 있다.'는 ㉠에 해당한다.
ㄴ. (가)와 (나) 모두에서 ⓐ는 프로모터에 결합한다.
ㄷ. (나)에는 전사 전 조절 과정이 있다.

① ㄱ　　　② ㄷ　　　③ ㄱ, ㄴ　　　④ ㄴ, ㄷ　　　⑤ ㄱ, ㄴ, ㄷ

04

▶24072-0144

다음은 어떤 동물의 세포 Ⅰ~Ⅲ에서 유전자 x, y, z의 전사 조절에 대한 자료이다.

- x, y, z는 각각 전사 인자 X와 효소 Y와 Z를 암호화하며, x~z가 전사되면 X, Y, Z가 합성된다.
- 유전자 ㉮~㉰의 프로모터와 전사 인자 결합 부위 A~D는 그림과 같다. ㉮~㉰는 x~z를 순서 없이 나타낸 것이다.

A	B		프로모터	유전자 ㉮
	B	C	프로모터	유전자 ㉯
	B	C	D	프로모터	유전자 ㉰

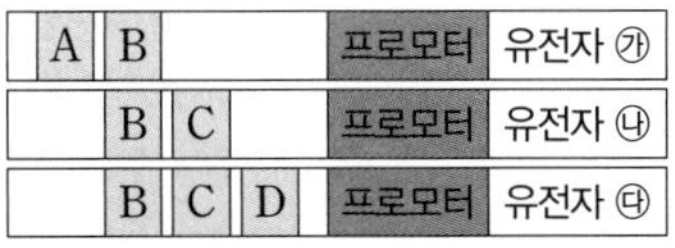

- x~z의 전사에 관여하는 전사 인자는 X, ㉠, ㉡이다. X는 A에만, ㉠은 B에만, ㉡은 C와 D에만 결합한다.
- ㉮와 ㉯의 전사는 각 유전자의 전사 인자 결합 부위 모두에 전사 인자가 결합했을 때 촉진되고, ㉰의 전사는 C에는 전사 인자가 반드시 결합하고, 동시에 B와 D 중 하나에만 전사 인자가 결합해도 촉진된다.
- Y에 의해 물질 ⓑ가 ⓒ로 전환되는 반응이 촉진되고, Z에 의해 물질 ⓐ가 ⓑ로 전환되는 반응이 촉진된다.
- 표는 세포 Ⅰ~Ⅲ을 ⓐ가 포함된 배지에서 배양했을 때, X, ⓑ, ⓒ의 유무를 나타낸 것이다. 세포 Ⅰ~Ⅲ에는 각각 ㉠과 ㉡ 모두 또는 ㉠과 ㉡ 중 하나가 있다.

세포 ＼ 물질	X	ⓑ	ⓒ
Ⅰ	○	?	○
Ⅱ	?	○	×
Ⅲ	×	×	×

(○: 있음, ×: 없음)

이에 대한 설명으로 옳은 것만을 〈보기〉에서 있는 대로 고른 것은? (단, 제시된 조건 이외는 고려하지 않는다.)

보기
ㄱ. ㉰는 x이다.
ㄴ. Ⅱ에는 X가 없다.
ㄷ. X는 Y 합성에 관여한다.

① ㄱ　　　② ㄷ　　　③ ㄱ, ㄴ　　　④ ㄴ, ㄷ　　　⑤ ㄱ, ㄴ, ㄷ

05

▶24072-0145

다음은 어떤 동물의 세포 Ⅰ~Ⅳ에서 유전자 x, y, z의 전사 조절에 대한 자료이다.

- x, y, z는 각각 단백질 X, Y, Z를 암호화하며, x~z의 프로모터와 전사 인자 결합 부위 A, B, C, D는 그림과 같다.
- x~z의 전사에 관여하는 전사 인자는 ⓐ~ⓓ이며, ⓐ는 B와 C 중 어느 하나에만, ⓑ는 A와 C 중 어느 하나에만, ⓒ는 A와 D 중 어느 하나에만, ⓓ는 B와 D 중 어느 하나에만 결합한다.

A			D	프로모터	유전자 x
	B	C		프로모터	유전자 y
		C	D	프로모터	유전자 z

- x~z 각각의 전사는 각 유전자의 전사 인자 결합 부위 모두에 전사 인자가 결합했을 때 촉진된다.
- 표는 세포 Ⅰ~Ⅳ에 존재하는 전사 인자와 Ⅰ~Ⅳ에서 x~z의 전사 여부를 나타낸 것이다.

유전자 \ 세포 및 전사 인자	Ⅰ ⓐ, ⓑ	Ⅱ ⓐ, ⓒ	Ⅲ ⓑ, ⓒ	Ⅳ ⓐ, ⓒ, ⓓ
x	?	×	?	?
y	?	?	×	○
z	×	○	×	?

(○: 전사됨, ×: 전사 안 됨)

- Ⅰ~Ⅳ에서 X~Z 중 X~Z가 모두 없으면 분화되지 않고, X만 있는 세포 또는 Y만 있는 세포는 (가)로, X와 Y가 모두 있는 세포 또는 Y와 Z가 모두 있는 세포는 (나)로, Z만 있는 세포는 (다)로 분화된다.

이에 대한 설명으로 옳은 것만을 〈보기〉에서 있는 대로 고른 것은? (단, 제시된 조건 이외는 고려하지 않는다.)

보기
ㄱ. ⓐ는 C에만 결합한다.
ㄴ. 전사 인자 ⓑ, ⓒ, ⓓ가 있는 세포에서는 X가 발현된다.
ㄷ. Ⅰ~Ⅳ 중 (가)로 분화되는 세포는 2개이다.

① ㄱ   ② ㄷ   ③ ㄱ, ㄴ   ④ ㄴ, ㄷ   ⑤ ㄱ, ㄴ, ㄷ

06

▶24072-0146

그림은 야생형 초파리와 유전자 ⓐ가 결실된 돌연변이 초파리를, 표는 ⓐ에 대한 자료를 나타낸 것이다.

날개
평균곤
야생형 초파리

날개
날개
ⓐ 결실
돌연변이 초파리

(가) 대부분의 척추동물에서는 초파리의 ⓐ와 매우 유사한 염기 서열을 갖는 유전자가 있다.
(나) ⓐ가 결실된 돌연변이 초파리는 가슴의 세 번째 체절에서 날개가 퇴화되어 형성되는 평균곤 대신 한 쌍의 날개가 형성된다.

이에 대한 설명으로 옳은 것만을 〈보기〉에서 있는 대로 고른 것은? (단, 제시된 돌연변이 이외의 돌연변이는 고려하지 않는다.)

보기
ㄱ. ⓐ의 유전자 산물은 야생형 초파리의 가슴 세 번째 체절에서 날개 형성을 촉진하는 기능을 한다.
ㄴ. (가)는 생물 진화의 증거 중 분자진화학적 증거에 해당한다.
ㄷ. (나)를 통해 ⓐ는 가슴 세 번째 체절에서 만들어질 기관을 결정하는 데 관여한다는 것을 추정할 수 있다.

① ㄱ   ② ㄴ   ③ ㄱ, ㄷ   ④ ㄴ, ㄷ   ⑤ ㄱ, ㄴ, ㄷ

07

▶24072-0147

다음은 근육 세포 분화에 대한 자료이다.

- 근육 모세포(근원세포)는 배아 전구 세포와 모양은 같지만 근육 세포(근섬유)로 분화 운명이 결정된 세포이고, 배아 전구 세포는 ㉠ 연골 세포, 근육 세포 등으로 분화될 수 있는 능력이 있는 세포이다.

핵

배아 전구 세포   근육 모세포   근육 세포
(근원세포)   (근섬유)

세포＼유전자	x	y	z
I	×	○	×
II	○	○	○
III	×	×	×

(○: 전사됨, ×: 전사 안 됨)

- 액틴과 마이오신은 근육 세포의 주요 구성 성분이다.
- 표는 세포 I~III에서 유전자 x, y, z의 전사 여부를 나타낸 것이다. I~III은 근육 세포, 근육 모세포, 배아 전구 세포를 순서 없이 나타낸 것이다. x, y, z로부터 각각 마이오신, 마이오디 단백질, 전사 인자 ⓐ 중 서로 다른 하나가 생성된다. 마이오디 단백질은 ⓐ 생성에 관여하고, ⓐ는 액틴과 마이오신의 생성에 관여한다.
- ㉠으로 분화 운명이 결정된 세포에 x를 인위적으로 발현시키면 액틴과 마이오신은 생기지만 근육 세포로 분화하지 않고, y를 인위적으로 발현시키면 정상적인 근육 세포로 분화한다.

이에 대한 설명으로 옳은 것만을 〈보기〉에서 있는 대로 고른 것은? (단, 제시된 조건 이외는 고려하지 않는다.)

보기
ㄱ. III은 배아 전구 세포이다.
ㄴ. x는 핵심 조절 유전자이다.
ㄷ. z의 발현을 억제시킨 근육 모세포로부터 분화된 세포에는 마이오신이 없다.

① ㄱ   ② ㄴ   ③ ㄱ, ㄷ   ④ ㄴ, ㄷ   ⑤ ㄱ, ㄴ, ㄷ

08

▶24072-0148

다음은 어떤 식물 종의 꽃 형성에 대한 자료이다.

- 유전자 a, b, c는 미분화 조직에서 꽃 형성에 필요한 전사 인자를 암호화한다.
- 미분화 조직에서 a~c 중 a만 발현되는 부위는 꽃받침이, a와 b만 발현되는 부위는 꽃잎이, b와 c만 발현되는 부위는 수술이, c만 발현되는 부위는 암술이 된다.
- a가 결실된 돌연변이 개체는 a가 발현되어야 할 미분화 조직에서 c가 발현되고, c가 결실된 돌연변이 개체는 c가 발현되어야 할 미분화 조직에서 a가 발현된다.
- 표는 야생형과 돌연변이 개체 I~III의 미분화 조직 ㉠~㉣로부터 분화된 꽃의 구조를 나타낸 것이다. I~III은 각각 a~c 중 1개가 결실된 돌연변이 개체이다.

개체＼미분화 조직	㉠	㉡	㉢	㉣
야생형	암술	꽃받침	수술	꽃잎
I	암술	꽃받침	암술	꽃받침
II	암술	암술	ⓐ	수술
III	꽃받침	꽃받침	?	ⓑ

이에 대한 설명으로 옳은 것만을 〈보기〉에서 있는 대로 고른 것은? (단, 제시된 돌연변이 이외의 돌연변이는 고려하지 않는다.)

보기
ㄱ. I은 a가 결실된 돌연변이 개체이다.
ㄴ. ⓐ와 ⓑ는 모두 꽃잎이다.
ㄷ. III의 ㉢에서는 a가 발현된다.

① ㄱ   ② ㄷ   ③ ㄱ, ㄴ   ④ ㄴ, ㄷ   ⑤ ㄱ, ㄴ, ㄷ

① 원시 지구의 상태

원시 대기에는 산소(O_2)가 거의 없었을 것으로 추정되고, 오존층이 형성되지 않아 태양의 강한 자외선과 우주 방사선이 지구로 유입되었으며 번개와 화산 활동이 활발하여 에너지원이 풍부하였다.

② 원시 생명체의 탄생 가설

(1) **화학적 진화설**: 오파린에 의해 주장되었다.

(2) **심해 열수구설**: 화산 활동으로 에너지가 풍부하고, 환원성 조건을 갖추고 있는 심해 열수구가 유기물이 합성될 수 있는 조건을 갖추고 있어서 최초의 생명체 탄생 장소로 주목받고 있다.

③ 원시 생명체의 탄생

(1) **유기물의 생성**

① 간단한 유기물의 생성: 아미노산, 뉴클레오타이드 등
- 무기물로부터 간단한 유기물이 합성되어 원시 바다에 축적되었다.
- 밀러와 유리의 실험: 원시 지구의 환경과 비슷한 조건의 실험 장치를 만들어 간단한 유기물을 합성하였다.

② 복잡한 유기물의 생성: 단백질, 핵산 등
- 원시 바다에 축적된 간단한 유기물이 여러 과정을 통해 농축되어 복잡한 유기물로 합성되었다.
- 폭스의 실험: 여러 아미노산을 혼합한 후 고압 상태에서 가열하여 아미노산 중합체를 합성하였다.

(2) **유기물 복합체의 형성**: 복잡한 유기물이 모여 막 구조를 갖는 유기물 복합체가 형성되었다.

① 코아세르베이트: 유기물이 액상의 막으로 둘러싸인 구조를 갖는다.
② 마이크로스피어: 폭스가 합성, 단백질로 구성된 막을 갖는다.
③ 리포솜: 인지질 2중층의 막 구조를 갖고, 현재의 세포막과 거의 유사한 구조를 갖는다.

③ 원시 생명체의 탄생 (이어서)

(3) **원시 생명체의 탄생**: 유기물 복합체에 효소와 유전 물질인 핵산이 추가되어 물질대사와 자기 복제를 할 수 있는 원시 생명체가 탄생하였다.

(4) **최초의 유전 물질**: RNA 우선 가설 → DNA, RNA, 단백질 중에서 RNA가 최초의 유전 물질로 추정된다. 일부 RNA(리보자임)는 유전 정보 저장과 전달 및 효소의 기능을 갖는다.

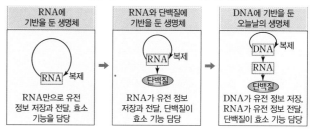

④ 원시 생명체의 진화

(1) **원핵생물의 출현**

① 종속 영양 생물(무산소 호흡): 최초의 생명체는 무산소 호흡으로 유기물을 분해하여 에너지를 얻는 종속 영양 생물로 추정된다. 이 생물들의 번성으로 대기 중 이산화 탄소는 증가하고 바닷속 유기물의 양은 감소하였다.

② 독립 영양 생물(광합성): 유기물을 스스로 합성하는 독립 영양 생물인 광합성 세균이 출현하였고, 이 생물들의 번성으로 대기 중 산소(O_2)의 농도와 바닷속 유기물의 양이 증가하였다.

③ 종속 영양 생물(산소 호흡): 산소(O_2)의 농도와 유기물 양의 증가로 산소를 이용하여 유기물을 분해하고 에너지를 얻는 종속 영양 생물이 출현하였다.

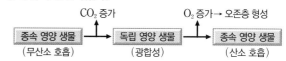

(2) **단세포 진핵생물의 출현**: 막 진화설, 세포내 공생설
(3) **다세포 진핵생물의 출현**: 단세포 진핵생물이 군체를 이룬 후, 환경에 적응하는 과정에서 세포의 형태와 기능이 분화되어 다세포 진핵생물로 진화하였다.
(4) **육상 생물의 출현**: 대기 중 산소(O_2) 농도 증가로 오존층이 형성되어 자외선이 상당 부분 차단됨으로써 생물의 육상 진출이 가능해졌다.

더 알기 ◆ 막 진화설과 세포내 공생설에 근거한 진핵생물의 출현 과정

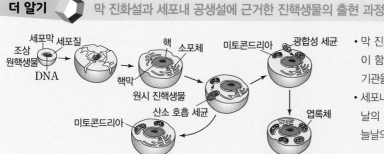

- **막 진화설**: 무산소 호흡으로 에너지를 얻던 원핵생물 중 일부가 세포막이 함입되어 핵막, 소포체, 리소좀 등과 같이 막으로 둘러싸인 세포 소기관을 형성하며 원시 진핵생물로 진화하였다.
- **세포내 공생설**: 산소 호흡 세균이 원시 진핵생물 안에 공생하다가 오늘날의 미토콘드리아가 되었고, 이 세포에 광합성 세균이 공생하다가 오늘날의 엽록체가 되었다.

| 2024학년도 수능 |

다음은 생물 A~C에 대한 자료이다. A~C는 최초의 광합성 세균, 최초의 단세포 진핵생물, 최초의 산소 호흡 세균을 순서 없이 나타낸 것이다.

- A~C 중 A가 가장 나중에 출현하였다.
- C는 빛에너지를 화학 에너지로 전환한다.

이에 대한 설명으로 옳은 것만을 〈보기〉에서 있는 대로 고른 것은?

┌ 보기 ┐
ㄱ. A는 최초의 단세포 진핵생물이다.
ㄴ. B는 핵막을 갖는다.
ㄷ. 코아세르베이트는 C에 해당한다.

① ㄱ　　　② ㄴ　　　③ ㄷ　　　④ ㄱ, ㄴ　　　⑤ ㄴ, ㄷ

접근 전략

생물의 출현 과정에서 원핵생물인 세균이 진핵생물보다 먼저 출현하였으므로 A가 무엇인지 파악하고, 빛에너지를 화학 에너지로 전환할 수 있는 생물 C가 무엇인지 찾아야 한다.

간략 풀이

A는 최초의 단세포 진핵생물, B는 최초의 산소 호흡 세균, C는 최초의 광합성 세균이다.
㉠ 원핵생물인 세균이 진핵생물보다 먼저 출현하였으므로 A는 최초의 단세포 진핵생물이다.
✗. 최초의 산소 호흡 세균(B)은 원핵생물이므로 핵막을 갖지 않는다.
✗. 유기물 복합체인 코아세르베이트는 생물이 아니므로 최초의 광합성 세균(C)에 해당하지 않는다.
정답 | ①

닮은 꼴 문제로 유형 익히기

정답과 해설 26쪽

▶ 24072-0149

그림은 지구의 대기 변화와 생물 ㉠~㉢의 출현 과정 일부를 나타낸 것이고, 표는 생물 A~C에 대한 자료이다. A~C는 최초의 광합성 세균, 최초의 단세포 진핵생물, 최초의 무산소 호흡 세균을 순서 없이 나타낸 것이고, ㉠~㉢은 A~C를 순서 없이 나타낸 것이다.

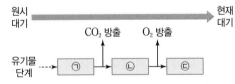

- A~C 중 A는 빛에너지를 화학 에너지로 전환한다.
- B는 핵막을 갖는다.

이에 대한 설명으로 옳은 것만을 〈보기〉에서 있는 대로 고른 것은?

┌ 보기 ┐
ㄱ. ㉠은 C이다.
ㄴ. A는 엽록체를 갖는다.
ㄷ. 마이크로스피어는 B에 해당한다.

① ㄱ　　　② ㄴ　　　③ ㄷ　　　④ ㄱ, ㄴ　　　⑤ ㄴ, ㄷ

유사점과 차이점

생물이 갖는 특징을 이용하여 진화 과정에서 생물의 출현 순서를 다룬다는 점에서 대표 문제와 유사하지만 최초의 무산소 호흡 세균을 묻고, 그림 자료를 추가하여 진화 과정에서 생물이 출현한 순서를 추론해야 한다는 점에서 대표 문제와 다르다.

배경 지식

- 오파린의 가설에 따른 생물의 진화 과정에서 유기물 복합체에 해당하는 것으로는 코아세르베이트(오파린), 마이크로스피어(폭스), 리포솜 등이 있다.
- 최초의 무산소 호흡 세균은 유기물을 분해하여 이산화 탄소를 방출하며, 최초의 광합성 세균보다 먼저 출현하였다.

01

▶24072-0150

그림 (가)는 원시 지구에서 유기물 합성 가능성을 알아본 밀러와 유리의 실험을, (나)는 오파린이 원시 세포의 기원으로 주장한 유기물 복합체를 나타낸 것이다.

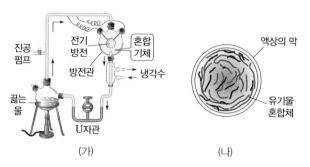

(가)   (나)

이에 대한 설명으로 옳은 것만을 〈보기〉에서 있는 대로 고른 것은?

보기
ㄱ. (가)의 혼합 기체에는 암모니아(NH_3)가 포함된다.
ㄴ. (가)의 U자관에서 (나)가 검출된다.
ㄷ. (나)는 마이크로스피어이다.

① ㄱ   ② ㄴ   ③ ㄷ   ④ ㄱ, ㄷ   ⑤ ㄴ, ㄷ

02

▶24072-0151

그림은 오파린의 가설에 따른 원시 대기로부터 원시 생명체의 출현 과정을 나타낸 것이다.

이에 대한 설명으로 옳은 것만을 〈보기〉에서 있는 대로 고른 것은?

보기
ㄱ. 과정 I 에서 에너지가 흡수된다.
ㄴ. 아미노산은 ㉠에 해당한다.
ㄷ. ㉡은 유전 물질을 갖는다.

① ㄱ   ② ㄴ   ③ ㄱ, ㄷ   ④ ㄴ, ㄷ   ⑤ ㄱ, ㄴ, ㄷ

03

▶24072-0152

표는 물질 A와 B에서 2가지 특징의 유무를, 그림은 B의 구조를 나타낸 것이다. A와 B는 단백질과 리보자임을 순서 없이 나타낸 것이다

구분	A	B
유전 정보를 저장 할 수 있다.	×	?
화학 반응을 촉매 할 수 있다.	?	ⓐ

(○: 있음, ×: 없음)

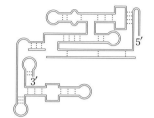

이에 대한 설명으로 옳은 것만을 〈보기〉에서 있는 대로 고른 것은?

보기
ㄱ. A는 단백질이다.
ㄴ. ⓐ는 '×'이다.
ㄷ. B의 구성 성분에 디옥시리보스가 포함된다.

① ㄱ   ② ㄷ   ③ ㄱ, ㄴ   ④ ㄱ, ㄷ   ⑤ ㄴ, ㄷ

04

▶24072-0153

표는 최초의 원시 생명체에 대한 설명을, 그림은 리포솜의 구조를 나타낸 것이다.

• 최초의 원시 생명체는 종속 영양 생물이다.
• 최초의 원시 생명체에 의해 대기 중 기체 ⓐ의 농도가 증가했다.

이에 대한 설명으로 옳은 것만을 〈보기〉에서 있는 대로 고른 것은?

보기
ㄱ. ㉠은 인지질이다.
ㄴ. CO_2는 ⓐ에 해당한다.
ㄷ. 리포솜은 최초의 원시 생명체의 예에 해당한다.

① ㄱ   ② ㄷ   ③ ㄱ, ㄴ   ④ ㄴ, ㄷ   ⑤ ㄱ, ㄴ, ㄷ

05

▶24072-0154

그림은 원시 지구에서 원시 생명체의 진화 과정을 나타낸 것이다. A와 B는 각각 최초의 광합성 세균과 최초의 산소 호흡 세균 중 하나이고, ㉠과 ㉡은 O_2와 CO_2를 순서 없이 나타낸 것이다.

이에 대한 설명으로 옳은 것만을 〈보기〉에서 있는 대로 고른 것은?

| 보기 |
ㄱ. A에서 빛에너지가 화학 에너지로 전환된다.
ㄴ. B는 ㉡을 이용하여 유기물을 분해한다.
ㄷ. 최초의 원시 생명체와 B는 모두 종속 영양 생물에 속한다.

① ㄱ ② ㄴ ③ ㄱ, ㄷ ④ ㄴ, ㄷ ⑤ ㄱ, ㄴ, ㄷ

06

▶24072-0155

그림은 RNA 우선 가설에 따른 생명체 (가)와 (나)의 유전 정보의 흐름과 물질대사를 나타낸 것이다. (가)와 (나)는 각각 DNA에 기반을 둔 생명체와 RNA에 기반을 둔 생명체 중 하나이고, ㉠과 ㉡은 각각 DNA와 RNA 중 하나이다.

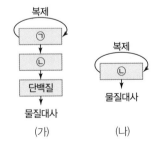

이에 대한 설명으로 옳은 것만을 〈보기〉에서 있는 대로 고른 것은?

| 보기 |
ㄱ. (가)는 (나)보다 나중에 출현하였다.
ㄴ. ㉠은 이중 나선 구조이다.
ㄷ. 광합성 세균에서는 (나)와 같은 유전 정보 흐름이 나타난다.

① ㄱ ② ㄷ ③ ㄱ, ㄴ ④ ㄴ, ㄷ ⑤ ㄱ, ㄴ, ㄷ

07

▶24072-0156

그림은 세포내 공생설에 따른 진핵세포의 출현 과정을 나타낸 것이다. ㉠~㉢은 광합성 세균, 미토콘드리아, 산소 호흡 세균을 순서 없이 나타낸 것이다.

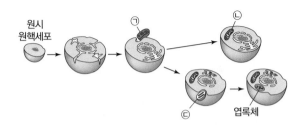

이에 대한 설명으로 옳은 것만을 〈보기〉에서 있는 대로 고른 것은?

| 보기 |
ㄱ. ㉠은 막으로 둘러싸인 세포 소기관을 가진다.
ㄴ. ㉡은 2중막 구조를 갖는다.
ㄷ. ㉡과 ㉢은 모두 유전 물질을 갖는다.

① ㄱ ② ㄷ ③ ㄱ, ㄴ ④ ㄴ, ㄷ ⑤ ㄱ, ㄴ, ㄷ

08

▶24072-0157

그림 (가)는 지구의 탄생부터 현재까지 생물의 존재 기간을, (나)는 세포내 공생설의 일부를 나타낸 것이다. ㉠~㉢은 다세포 진핵생물, 단세포 진핵생물, 원핵생물을 순서 없이 나타낸 것이고, ⓐ와 ⓑ는 광합성 세균과 산소 호흡 세균을 순서 없이 나타낸 것이다.

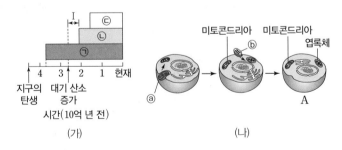

이에 대한 설명으로 옳은 것만을 〈보기〉에서 있는 대로 고른 것은?

| 보기 |
ㄱ. ⓑ는 ㉠에 해당한다.
ㄴ. 구간 Ⅰ에서 A가 출현하였다.
ㄷ. ⓐ와 A는 모두 독립 영양 생물에 속한다.

① ㄱ ② ㄴ ③ ㄱ, ㄴ ④ ㄱ, ㄷ ⑤ ㄴ, ㄷ

01

▶24072-0158

그림 (가)는 원시 지구에서 유기물 합성 가능성을 알아본 밀러와 유리의 실험을, (나)는 (가)의 U자관 내 물질 ⓐ와 ⓑ의 농도 변화를 나타낸 것이다. ⓐ와 ⓑ는 각각 아미노산과 암모니아 중 하나이다.

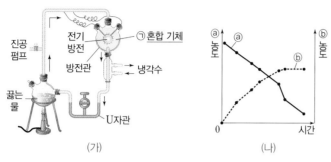

(가)   (나)

이에 대한 설명으로 옳은 것만을 〈보기〉에서 있는 대로 고른 것은?

┌─ 보기 ┌
  ㄱ. 산소(O_2)는 ㉠에 포함된다.
  ㄴ. ⓑ는 단백질의 기본 단위이다.
  ㄷ. 실험 결과 (가)의 U자관에서 코아세르베이트가 검출되었다.

① ㄱ   ② ㄴ   ③ ㄷ   ④ ㄱ, ㄴ   ⑤ ㄱ, ㄷ

02

▶24072-0159

그림 (가)는 오파린의 가설에 따른 화학적 진화 과정 일부를, (나)는 RNA 우선 가설에 따른 생명체의 진화 과정에서 RNA와 단백질에 기반을 둔 생명체의 유전 정보 흐름을 나타낸 것이다. A와 B는 RNA와 단백질을 순서 없이 나타낸 것이다.

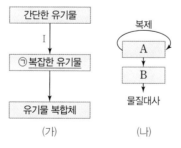

(가)   (나)

이에 대한 설명으로 옳은 것만을 〈보기〉에서 있는 대로 고른 것은?

┌─ 보기 ┌
  ㄱ. 오파린은 과정 I을 증명하였다.
  ㄴ. A는 ㉠에 해당한다.
  ㄷ. 마이크로스피어에는 B가 포함된 막이 있다.

① ㄱ   ② ㄷ   ③ ㄱ, ㄴ   ④ ㄴ, ㄷ   ⑤ ㄱ, ㄴ, ㄷ

03

▶24072-0160

그림은 원시 생명체의 출현과 진화 과정을, 표는 생물 Ⅰ~Ⅲ에서 2가지 특징의 유무를 나타낸 것이다. A~C는 최초의 광합성 세균, 최초의 산소 호흡 세균, 최초의 종속 영양 생물을 순서 없이 나타낸 것이고, Ⅰ~Ⅲ은 A~C를 순서 없이 나타낸 것이다.

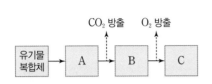

구분	종속 영양을 한다.	세포 호흡 과정에 O_2를 이용한다.
Ⅰ	ⓐ	○
Ⅱ	×	?
Ⅲ	?	×

(○: 있음, ×: 없음)

이에 대한 설명으로 옳은 것만을 〈보기〉에서 있는 대로 고른 것은?

┌─ 보기 ┐
ㄱ. A는 Ⅲ이다.
ㄴ. ⓐ는 '○'이다.
ㄷ. Ⅱ에는 엽록체가 있다.
└─────┘

① ㄱ   ② ㄷ   ③ ㄱ, ㄴ   ④ ㄴ, ㄷ   ⑤ ㄱ, ㄴ, ㄷ

04

▶24072-0161

표는 진핵세포가 갖는 세포 소기관 A~C를 형성 기원 가설 (가)와 (나)에 따라 구분하여 나타낸 것이고, 그림은 (가)에 따른 진핵세포의 출현 과정의 일부를 나타낸 것이다. (가)와 (나)는 각각 막 진화설과 세포내 공생설 중 하나이고, A~C는 소포체, 엽록체, 미토콘드리아를 순서 없이 나타낸 것이다.

형성 기원 가설	세포 소기관
(가)	A, B
(나)	C

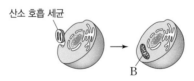

이에 대한 설명으로 옳은 것만을 〈보기〉에서 있는 대로 고른 것은?

┌─ 보기 ┐
ㄱ. C는 소포체이다.
ㄴ. A와 B에는 모두 DNA가 있다.
ㄷ. (가)에 따르면 A는 B보다 먼저 형성되었다.
└─────┘

① ㄱ   ② ㄷ   ③ ㄱ, ㄴ   ④ ㄴ, ㄷ   ⑤ ㄱ, ㄴ, ㄷ

1 종의 개념과 분류의 단계

(1) **종의 개념**: 생물을 분류하는 기본 단위이다.

① **형태학적 종**: 하나의 표준종을 기준으로 정하고, 이와 외부 형태가 유사한 생물을 같은 종으로 분류한다.

② **생물학적 종**: 자연 상태에서 자유롭게 교배가 일어나고, 교배에서 얻은 자손이 생식 능력이 있는 생물 집단이다.

(2) **분류 단계**: 종을 기본 단위로 하며, 종, 속, 과, 목, 강, 문, 계, 역의 8단계로 구성된다.

(3) **학명**: 국제적으로 통용되는 생물의 명칭이다.

- **이명법**: 속명과 종소명, 명명자로 구성되며, 명명자는 생략할 수 있다.
  - 속명과 종소명은 라틴어 또는 라틴어화하여 이탤릭체로 기록한다. 속명의 첫 글자는 대문자로, 종소명의 첫 글자는 소문자로 표기한다.
  - 명명자는 이름을 정체로 기록하며, 첫 글자는 대문자로 표기하고, 이름의 첫 글자만 쓰거나 생략할 수도 있다.

  예 사람: *Homo sapiens* Linné, *Homo sapiens* L.,
  <u>속명</u> <u>종소명</u> <u>명명자</u> <u>속명</u> <u>종소명</u> <u>명명자</u>

  Homo sapiens
  <u>속명</u> <u>종소명</u>

2 계통수와 생물의 분류 체계

(1) **계통수**

① 생물이 진화해 온 경로를 바탕으로 생물 상호 간의 유연관계를 나뭇가지 모양으로 나타낸 것이다.

② 계통수의 아래쪽에는 공통 조상이 위치하고, 가지 끝에는 현존하는 생물종이 위치한다.

③ 계통수에서 분기점은 하나의 공통 조상에서 두 계통으로 나누어져 진화하였음을 의미한다.

④ 가까운 분기점을 공유할수록 생물종 사이의 유연관계가 가깝다.

(2) **생물 분류 체계의 변화**

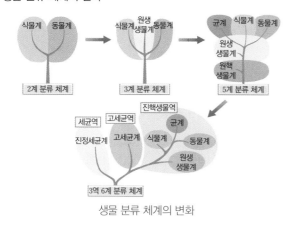

생물 분류 체계의 변화

3 3역 6계 분류 체계

(1) **3역**: 세균역, 고세균역, 진핵생물역이 있다.

특징 \ 역	세균역	고세균역	진핵생물역
핵막과 막성 세포 소기관	없음(원핵세포)		있음(진핵세포)
세포벽의 펩티도글리칸	있음	없음	없음
히스톤과 결합한 DNA	없음	일부 있음	있음
염색체 모양	원형	원형	선형

(2) **6계**: 진정세균계, 고세균계, 원생생물계, 식물계, 균계, 동물계가 있다.

① **진정세균계**: 단세포 원핵생물로 세포벽에 펩티도글리칸 성분이 있다. 독립 영양 생물과 종속 영양 생물이 모두 있으며, 주로 분열법으로 증식하고 세대가 짧다. 예 젖산균, 대장균, 남세균 등

② **고세균계**: 단세포 원핵생물로 세포벽에 펩티도글리칸 성분이 없다. 대부분 극한 환경에서 서식한다.
예 극호열균(호열성 고세균), 극호염균, 메테인 생성균 등

③ **원생생물계**: 식물계, 균계, 동물계에 속하지 않는 진핵생물이 묶인 무리이다. 독립 영양 생물과 종속 영양 생물이 모두 있다.
예 아메바, 짚신벌레, 유글레나, 미역, 다시마 등

④ **식물계**
- 다세포 진핵생물이다.
- 광합성을 하는 독립 영양 생물이며, 광합성 색소로 엽록소 a와 b, 카로티노이드를 가지고 있다.
- 세포벽의 주성분은 셀룰로스이고, 주로 육상에서 서식한다.
- 건조한 육상 환경에 견딜 수 있도록 줄기와 잎의 표면에 큐티클층이 있어 수분 손실을 방지한다.

⑤ **균계**: 대부분 다세포 진핵생물로 몸이 균사로 이루어져 있으며, 세포벽에 키틴 성분이 있다. 종속 영양 생물이고, 포자로 번식한다.
예 버섯, 곰팡이, 효모(단세포, 균사 없음) 등

⑥ **동물계**
- 다세포 진핵생물로 먹이를 섭취하여 살아가는 종속 영양 생물이다.
- 세포벽이 없으며, 대부분 감각 기관과 운동 기관이 발달해 있다.

4 식물계의 분류

(1) **식물계의 분류 기준**: 관다발의 유무, 종자의 유무, 씨방의 유무 등을 기준으로 분류한다.

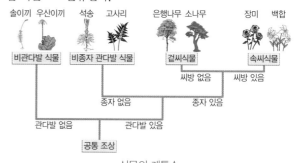

식물의 계통수

(2) 식물계의 분류

① 비관다발 식물(선태식물) **예** 우산이끼, 솔이끼, 뿔이끼 등
- 수중 생활에서 육상 생활로 옮겨 가는 중간 단계의 특성을 나타낸다.
- 관다발이 없어 물기가 마르지 않는 습한 곳에서 서식한다.
- 포자로 번식한다.

② 비종자 관다발 식물
　예 석송식물문(석송 등), 양치식물문(고사리, 고비, 쇠뜨기 등)
- 뿌리, 줄기, 잎의 구분이 뚜렷하고 관다발을 가지고 있다.
- 관다발에는 형성층이 없고, 체관과 헛물관으로 이루어져 있다.
- 그늘지고 습한 곳에 서식하며, 포자로 번식한다.

③ 종자식물
- 뿌리, 줄기, 잎의 구분이 뚜렷하고, 관다발이 잘 발달하였다.
- 종자로 번식하며, 종자는 단단한 껍질에 둘러싸여 있다.
- 씨방의 유무에 따라 겉씨식물과 속씨식물로 분류된다.

구분	특징	
겉씨 식물	• 씨방이 없어서 밑씨가 겉으로 드러나 있음 • 관다발은 체관과 헛물관으로 이루어져 있음 • 소철식물문(소철 등), 은행식물문(은행나무 등), 마황식물문, 구과식물문(소나무 등)으로 분류됨	밑씨
속씨 식물	• 밑씨가 씨방에 들어 있으며, 밑씨는 수정 후 종자로 발달함 • 관다발은 체관과 물관으로 이루어져 있음 • 외떡잎식물: 떡잎 1장, 나란히맥, 관다발 불규칙적 배열 **예** 벼, 보리, 옥수수, 백합 등 • 쌍떡잎식물: 떡잎 2장, 그물맥, 관다발 규칙적 배열 **예** 장미, 해바라기, 국화, 콩 등	씨방 밑씨

⑤ 동물계의 분류

(1) 동물계의 분류 기준

① 배엽의 수와 몸의 대칭성에 따른 분류

구분	배엽의 수	몸의 대칭성
해면동물	무배엽성 동물	대칭성 없음
자포동물	2배엽성 동물 (외배엽과 내배엽만 형성)	방사 대칭
편형동물, 연체동물, 환형동물, 선형동물, 절지동물, 극피동물, 척삭동물	3배엽성 동물 (외배엽과 내배엽 사이에 중배엽을 형성)	좌우 대칭 (극피동물의 성체는 방사 대칭)

② 원구와 입의 관계에 따른 분류(3배엽성 동물의 분류)

선구동물	후구동물
원구가 입이 됨	원구가 항문이 됨
편형동물, 연체동물, 환형동물, 선형동물, 절지동물	극피동물, 척삭동물

③ DNA의 염기 서열을 이용한 분류(선구동물의 분류)

촉수담륜동물	탈피동물
호흡과 먹이 포획에 이용되는 촉수관을 가지거나 담륜자(트로코포라) 유생 시기를 가짐	성장을 위해 탈피를 함
편형동물, 연체동물, 환형동물	선형동물, 절지동물

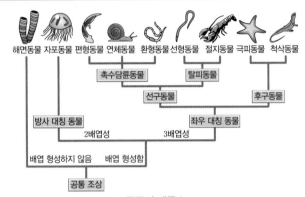

동물의 계통수

(2) 동물계의 분류

① 해면동물 **예** 주황해변해면, 해로동굴해면 등
- 포배 단계의 동물로 조직이나 기관이 분화되어 있지 않다.

② 자포동물 **예** 말미잘, 산호, 해파리, 히드라 등
- 자세포가 있는 촉수를 이용하여 먹이를 잡거나 몸을 보호한다.

③ 편형동물 **예** 플라나리아, 촌충, 디스토마 등
- 몸이 납작하고 원구가 입으로 발달하지만 항문이 없다.

④ 연체동물 **예** 달팽이, 소라, 대합, 오징어, 문어 등
- 몸이 연하고 외투막으로 둘러싸여 있으며, 체절이 없다.

⑤ 환형동물 **예** 지렁이, 갯지렁이, 거머리 등
- 몸이 원통형이고 수많은 체절이 있다.

⑥ 선형동물 **예** 예쁜꼬마선충, 회충, 요충 등
- 몸이 원통형이고 체절이 없으며, 겉이 큐티클층으로 덮여 있어 주기적으로 탈피를 한다.

⑦ 절지동물 **예** 파리, 나비, 새우, 게, 가재, 지네, 거미 등
- 전체 동물 종의 대부분을 차지하며, 체절로 된 몸이 키틴질의 단단한 외골격으로 덮여 있어 성장 시 탈피를 한다.

⑧ 극피동물 **예** 불가사리, 해삼, 성게 등
- 수관계를 가지고 있으며, 관족으로 이동하고 먹이를 섭취한다.

⑨ 척삭동물 **예** 우렁쉥이(미삭동물), 창고기(두삭동물), 어류, 양서류, 파충류, 조류, 포유류(척추동물) 등
- 미삭동물은 유생 시기에만 척삭이 나타났다가 없어지고, 두삭동물은 일생 동안 뚜렷한 척삭이 나타나며, 척추동물은 발생 초기에는 척삭이 나타나지만 성장하면서 척추로 대체된다.

더 알기 ◈ 동물계의 분류 기준

• 몸의 대칭성에 따른 분류

방사 대칭	좌우 대칭
감각 기관이 온몸에 고르게 분포해 있어서 모든 방향에서 오는 자극에 반응한다.	왼쪽과 오른쪽, 앞과 뒤, 등과 배의 방향성이 나타나며, 몸의 앞쪽에 감각 기관이 집중되어 있다.

• 원구와 입의 관계에 따른 분류

선구동물	후구동물
원구가 입이 되고 원구의 반대쪽에 항문이 생기는 동물이다.	원구가 항문이 되고 원구의 반대쪽에 입이 생기는 동물이다.

테마 대표 문제

| 2024학년도 수능 |

표 (가)는 생물의 3가지 특징을, (나)는 생물 4종류의 3역 6계 분류 체계에 따른 계명과 (가)의 특징 중 각 생물이 가지는 특징의 개수를 나타낸 것이다.

특징
• rRNA가 있다. • 세포벽이 있다. • 엽록소 a가 있다.

(가)

생물	계명	특징의 개수
메테인 생성균	고세균계	?
대장균	?	ⓐ
소나무	식물계	ⓑ
불가사리	㉠	1

(나)

이에 대한 설명으로 옳은 것만을 〈보기〉에서 있는 대로 고른 것은?

보기
ㄱ. ㉠은 동물계이다.
ㄴ. ⓐ+ⓑ=4이다.
ㄷ. 메테인 생성균과 대장균은 같은 역에 속한다.

① ㄱ ② ㄴ ③ ㄷ ④ ㄱ, ㄴ ⑤ ㄱ, ㄷ

접근 전략

메테인 생성균, 대장균, 소나무, 불가사리가 3역 6계 분류 체계에 따라 어떤 계에 속하는지와 각 생물이 어떤 특징을 가지는지 파악해야 한다.

간략 풀이

㉠. 불가사리는 동물계에 속한다.
ㄴ. (가)에서 대장균이 갖는 특징은 2개('rRNA가 있다.', '세포벽이 있다.')이고 소나무가 갖는 특징은 3개이다. 따라서 ⓐ(2)+ⓑ(3)=5이다.
ㄷ. 메테인 생성균은 고세균역에, 대장균은 세균역에 속한다.

정답 | ①

닮은 꼴 문제로 유형 익히기

정답과 해설 28쪽

▸ 24072-0162

표 (가)는 생물 4종류의 3역 6계 분류 체계에 따른 역명과 특징 ㉠~㉢ 중 각 생물이 가지는 특징을 나타낸 것이고, (나)는 ㉠~㉢을 순서 없이 나타낸 것이다.

생물	역명	특징
대장균	세균역	㉠
솔이끼	ⓐ	?
지렁이	ⓑ	㉡
푸른곰팡이	?	?

(가)

특징(㉠~㉢)
• 핵막이 있다. • 세포벽이 있다. • 독립 영양 생물이다.

(나)

이에 대한 설명으로 옳은 것만을 〈보기〉에서 있는 대로 고른 것은?

보기
ㄱ. ㉢은 '세포벽이 있다.'이다.
ㄴ. ⓐ와 ⓑ는 모두 진핵생물역이다.
ㄷ. 솔이끼는 ㉠~㉢을 모두 갖는다.

① ㄱ ② ㄴ ③ ㄷ ④ ㄱ, ㄴ ⑤ ㄴ, ㄷ

유사점과 차이점

4가지 생물을 제시하고 각 생물이 가지는 특징을 묻는다는 점에서 대표 문제와 유사하지만, 각각의 생물이 3역 6계 분류 체계에 따라 어떤 역에 속하는지와 특징의 개수 대신 특징의 종류를 알아내야 한다는 점에서 대표 문제와 다르다.

배경 지식

• 세균역과 고세균역에 속하는 생물은 핵막이 없고, 진핵생물역에 속하는 생물은 핵막이 있다.
• 진정세균계, 고세균계, 식물계, 균계 등에 속하는 생물은 세포벽이 있다.

01

▶24072-0163

표는 영장목에 속하는 4종의 동물 A~D의 학명과 과명을 나타낸 것이다.

종	학명	과명
A	*Hylobates* ⓐ*agilis*	긴팔원숭이과
B	*Hylobates muelleri*	?
C	*Pan troglodytes*	사람과
D	*Gorilla gorilla*	사람과

이에 대한 설명으로 옳은 것만을 〈보기〉에서 있는 대로 고른 것은?

┌─ 보기 ┌────────────────────────────┐
ㄱ. ⓐ는 속명이다.
ㄴ. A와 C는 같은 강에 속한다.
ㄷ. B는 긴팔원숭이과에 속한다.
└──────────────────────────────────┘

① ㄱ   ② ㄴ   ③ ㄱ, ㄷ   ④ ㄴ, ㄷ   ⑤ ㄱ, ㄴ, ㄷ

03

▶24072-0165

그림은 3역 6계 분류 체계를 나타낸 것이다. A~C는 고세균역, 세균역, 진핵생물역을 순서 없이 나타낸 것이고, ㉠~㉢은 균계, 식물계, 원생생물계를 순서 없이 나타낸 것이다.

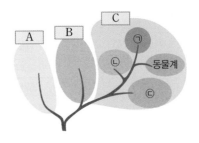

이에 대한 설명으로 옳은 것만을 〈보기〉에서 있는 대로 고른 것은?

┌─ 보기 ┌────────────────────────────┐
ㄱ. A와 B에 속하는 생물은 모두 핵막이 없다.
ㄴ. ㉠은 식물계이다.
ㄷ. ㉡과 ㉢에 독립 영양 생물이 있다.
└──────────────────────────────────┘

① ㄱ   ② ㄴ   ③ ㄱ, ㄷ   ④ ㄴ, ㄷ   ⑤ ㄱ, ㄴ, ㄷ

02

▶24072-0164

표 (가)는 3역 6계로 분류되는 4종류의 생물을, (나)는 생물의 4가지 특징을 나타낸 것이다.

생물	특징
대장균 메테인 생성균 우산이끼 효모	• 단세포로 구성되어 있다. • 리보솜이 있다. • 막성 세포 소기관이 있다. • 엽록소를 갖는다.
(가)	(나)

이에 대한 설명으로 옳은 것만을 〈보기〉에서 있는 대로 고른 것은?

┌─ 보기 ┌────────────────────────────┐
ㄱ. 효모는 (나)의 3가지 특징을 갖는다.
ㄴ. (나)에서 대장균과 우산이끼가 공통으로 갖는 특징은 1가지이다.
ㄷ. 3역 6계 분류 체계에 따르면 대장균과 메테인 생성균은 모두 세균역에 속한다.
└──────────────────────────────────┘

① ㄱ   ② ㄷ   ③ ㄱ, ㄴ   ④ ㄴ, ㄷ   ⑤ ㄱ, ㄴ, ㄷ

04

▶24072-0166

표는 3역 6계 분류 체계에 따른 3역의 특징을 나타낸 것이다. A~C는 고세균역, 세균역, 진핵생물역을 순서 없이 나타낸 것이다.

특징	A	B	C
핵막	?	없음	?
세포벽의 펩티도글리칸	없음	없음	있음
히스톤과 결합한 DNA	ⓐ	?	없음

이에 대한 설명으로 옳은 것만을 〈보기〉에서 있는 대로 고른 것은?

┌─ 보기 ┌────────────────────────────┐
ㄱ. A에 속하는 생물은 선형 DNA를 갖는다.
ㄴ. ⓐ는 '있음'이다.
ㄷ. 3역 6계 분류 체계에 따르면 A와 B의 유연관계는 A와 C의 유연관계보다 가깝다.
└──────────────────────────────────┘

① ㄱ   ② ㄴ   ③ ㄱ, ㄷ   ④ ㄴ, ㄷ   ⑤ ㄱ, ㄴ, ㄷ

05

▶24072-0167

그림은 솔이끼와 식물 A~C의 형태적 형질을 기준으로 작성한 계통수를 나타낸 것이다. A~C는 석송, 민들레, 은행나무를 순서 없이 나타낸 것이고, 특징 ㉠과 ㉡은 '종자가 있음'과 '관다발이 있음'을 순서 없이 나타낸 것이다.

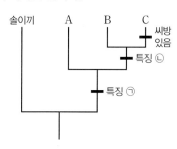

이에 대한 설명으로 옳은 것만을 〈보기〉에서 있는 대로 고른 것은?

┌─ 보기 ┐
ㄱ. A는 체관을 갖는다.
ㄴ. C는 은행나무이다.
ㄷ. ㉡은 '종자가 있음'이다.
└─────────┘

① ㄱ   ② ㄴ   ③ ㄱ, ㄷ   ④ ㄴ, ㄷ   ⑤ ㄱ, ㄴ, ㄷ

06

▶24072-0168

그림 (가)와 (나)는 각각 식물 A와 B에서 밑씨가 포함된 기관의 일부를 나타낸 것이다. A와 B는 장미와 소나무를 순서 없이 나타낸 것이고, ㉠은 씨방과 열매 중 하나이다.

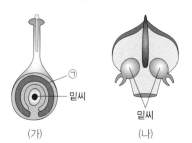

이에 대한 설명으로 옳은 것만을 〈보기〉에서 있는 대로 고른 것은?

┌─ 보기 ┐
ㄱ. B는 소나무이다.
ㄴ. ㉠은 씨방이다.
ㄷ. A와 B에서 모두 밑씨가 수정 후 종자로 발달한다.
└─────────┘

① ㄱ   ② ㄷ   ③ ㄱ, ㄴ   ④ ㄴ, ㄷ   ⑤ ㄱ, ㄴ, ㄷ

07

▶24072-0169

다음은 동물 A~C에 대한 자료이다. A~C는 악어, 지렁이, 우렁쉥이(멍게)를 순서 없이 나타낸 것이고, ㉠과 ㉡은 척삭과 척추를 순서 없이 나타낸 것이다.

┌─────────────────────────┐
• A와 B는 모두 후구동물에 속하고, C에는 체절이 있다.
• B는 발생 초기에 ㉠이 나타났다가 성장하면서 ㉡으로 대체된다.
└─────────────────────────┘

이에 대한 설명으로 옳은 것만을 〈보기〉에서 있는 대로 고른 것은?

┌─ 보기 ┐
ㄱ. A는 극피동물에 속한다.
ㄴ. C는 탈피를 한다.
ㄷ. ㉡은 척추이다.
└─────────┘

① ㄱ   ② ㄷ   ③ ㄱ, ㄴ   ④ ㄴ, ㄷ   ⑤ ㄱ, ㄴ, ㄷ

08

▶24072-0170

그림은 동물문 (가)~(다), 연체동물, 척삭동물의 특징을 바탕으로 작성한 계통수를 나타낸 것이다. (가)~(다)는 극피동물, 자포동물, 환형동물을 순서 없이 나타낸 것이다.

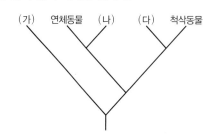

이에 대한 설명으로 옳은 것만을 〈보기〉에서 있는 대로 고른 것은?

┌─ 보기 ┐
ㄱ. (가)에 속하는 동물은 자세포가 있는 촉수를 가진다.
ㄴ. (나)는 극피동물이다.
ㄷ. (다)에 속하는 동물은 성체의 몸의 대칭성이 방사 대칭성이다.
└─────────────────┘

① ㄱ   ② ㄴ   ③ ㄱ, ㄷ   ④ ㄴ, ㄷ   ⑤ ㄱ, ㄴ, ㄷ

01

▶ 24072-0171

표 (가)는 곤충강(Insecta)에 속하는 5종의 동물 A~E의 학명을 나타낸 것이고, (나)는 A~E의 분류 단계 ㉠~㉢에 대한 설명이다. ㉠~㉢은 과, 목, 속을 순서 없이 나타낸 것이다.

동물	학명
A	*Figulus binodulus*
B	*Acrida cinerea*
C	*Figulus venustus*
D	*Allomyrina dichotoma*
E	*Locusta migratoria*

(가)

- A~E는 3개의 ㉠으로 구성된다.
- A와 B는 다른 ㉡에 속하고, B와 E는 같은 ㉠에 속한다.
- A와 E는 다른 ㉢에 속하고, C와 D는 같은 ㉢에 속한다.

(나)

이에 대한 설명으로 옳은 것만을 〈보기〉에서 있는 대로 고른 것은?

보기
ㄱ. ㉠은 목이다.
ㄴ. A와 E는 다른 목에 속한다.
ㄷ. B와 E의 유연관계는 B와 D의 유연관계보다 가깝다.

① ㄱ   ② ㄴ   ③ ㄱ, ㄷ   ④ ㄴ, ㄷ   ⑤ ㄱ, ㄴ, ㄷ

02

▶ 24072-0172

표 (가)는 생물의 5가지 특징을, (나)는 (가)의 특징 중 생물 A~E에서 서로 공통으로 가지는 특징의 개수를 나타낸 것이다. A~E는 가재, 남세균, 소나무, 우산이끼, 붉은빵곰팡이를 순서 없이 나타낸 것이다.

특징
• 관다발을 갖는다.
• 광합성을 한다.
• 다세포 생물이다.
• 세포벽을 갖는다.
• 종속 영양을 한다

(가)

생물	공통으로 가지는 특징의 개수
A, D	0
A, E	1
B, C	ⓐ
B, D	1
C, E	2

(나)

이에 대한 설명으로 옳은 것만을 〈보기〉에서 있는 대로 고른 것은?

보기
ㄱ. A는 남세균이다.
ㄴ. ⓐ는 3이다.
ㄷ. 3역 6계 분류 체계에 따르면 B와 D의 유연관계는 D와 E의 유연관계보다 가깝다.

① ㄱ   ② ㄷ   ③ ㄱ, ㄴ   ④ ㄴ, ㄷ   ⑤ ㄱ, ㄴ, ㄷ

03

▶24072-0173

표 (가)는 식물 A~D에서 특징 Ⅰ~Ⅲ의 유무를 나타낸 것이고, (나)는 Ⅰ~Ⅲ을 순서 없이 나타낸 것이다. A~D는 장미, 고사리, 솔이끼, 은행나무를 순서 없이 나타낸 것이다.

특징 \ 식물	A	B	C	D
Ⅰ	×	?	○	?
Ⅱ	?	×	○	×
Ⅲ	×	○	?	×

(○: 있음, ×: 없음)

(가)

특징(Ⅰ~Ⅲ)
• 씨방이 있다.
• 체관을 갖는다.
• 종자로 번식한다.

(나)

이에 대한 설명으로 옳은 것만을 〈보기〉에서 있는 대로 고른 것은?

┌ 보기 ┐
ㄱ. Ⅰ은 '체관을 갖는다.'이다.
ㄴ. A는 셀룰로스로 구성된 세포벽을 갖는다.
ㄷ. D에는 헛물관이 있다.

① ㄱ   ② ㄷ   ③ ㄱ, ㄴ   ④ ㄴ, ㄷ   ⑤ ㄱ, ㄴ, ㄷ

04

▶24072-0174

그림은 배아의 초기 발생 과정의 일부를, 표는 동물 A~D에서 3가지 특징의 유무를 나타낸 것이다. ㉠과 ㉡은 입과 항문을 순서 없이 나타낸 것이고, A~D는 촌충, 회충, 말미잘, 불가사리를 순서 없이 나타낸 것이다.

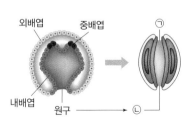

외배엽 중배엽 ㉠
내배엽 원구 → ㉡

동물	특징		
	원구가 ㉡이 됨	촉수담륜동물에 속함	탈피를 함
A	?	×	?
B	?	○	?
C	○	×	×
D	?	?	×

(○: 있음, ×: 없음)

이에 대한 설명으로 옳은 것만을 〈보기〉에서 있는 대로 고른 것은?

┌ 보기 ┐
ㄱ. ㉠은 입이다.
ㄴ. B는 촌충이다.
ㄷ. D는 중배엽을 형성한다.

① ㄱ   ② ㄷ   ③ ㄱ, ㄴ   ④ ㄴ, ㄷ   ⑤ ㄱ, ㄴ, ㄷ

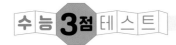

05

▸24072-0175

표는 생물종 Ⅰ~Ⅴ의 유연관계를 파악할 수 있는 어떤 유전자의 뉴클레오타이드 자리 1~6의 염기 정보를, 그림은 1~6에서 일어난 염기 치환 ㉠~㉥을 기준으로 작성한 계통수를 나타낸 것이다. (가)~(라)는 각각 Ⅱ~Ⅴ 중 하나이고, 염기 치환은 각 뉴클레오타이드 자리에서 1회씩만 일어났다.

종	뉴클레오타이드 자리					
	1	2	3	4	5	6
Ⅰ	A	T	T	C	T	T
Ⅱ	G	C	T	G	C	T
Ⅲ	A	C	G	C	T	T
Ⅳ	G	C	T	G	T	T
Ⅴ	A	C	T	G	T	G

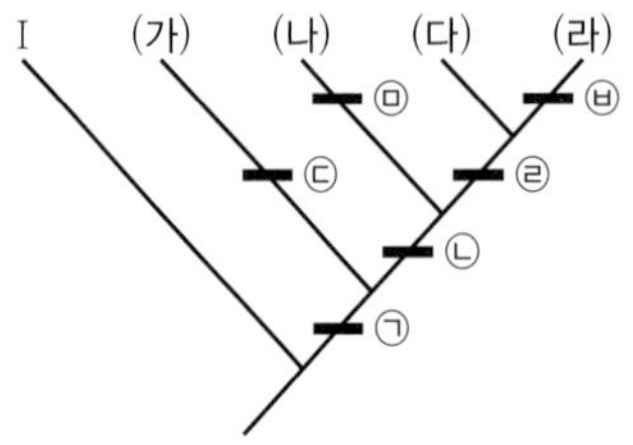

이에 대한 설명으로 옳은 것만을 <보기>에서 있는 대로 고른 것은?

보기

ㄱ. (가)는 Ⅲ이다.
ㄴ. ㉠과 ㉥ 모두에서 사이토신(C)으로의 염기 치환이 일어났다.
ㄷ. Ⅳ와 Ⅱ의 유연관계는 Ⅳ와 Ⅴ의 유연관계보다 가깝다.

① ㄱ ② ㄴ ③ ㄱ, ㄷ ④ ㄴ, ㄷ ⑤ ㄱ, ㄴ, ㄷ

06

▸24072-0176

표 (가)는 동물 A~D에서 특징 ㉠~㉢의 유무와 배엽의 개수를 나타낸 것이고, (나)는 ㉠~㉢을 순서 없이 나타낸 것이다. A~D는 지네, 거머리, 해파리, 주황해변해면을 순서 없이 나타낸 것이고, ⓐ와 ⓑ는 2와 3을 순서 없이 나타낸 것이다.

동물		A	B	C	D
특징	㉠	○	×	?	?
	㉡	?	×	×	×
	㉢	×	×	?	×
배엽의 개수		ⓐ	?	ⓑ	?

(○: 있음, ×: 없음)

(가)

특징(㉠~㉢)
• 외골격을 갖는다.
• 척삭을 갖는다.
• 체절이 있다.

(나)

이에 대한 설명으로 옳은 것만을 <보기>에서 있는 대로 고른 것은?

보기

ㄱ. ⓐ는 3이다.
ㄴ. B는 해파리이다.
ㄷ. D는 몸의 대칭성이 좌우 대칭성이다.

① ㄱ ② ㄴ ③ ㄱ, ㄷ ④ ㄴ, ㄷ ⑤ ㄱ, ㄴ, ㄷ

① 진화의 증거

(1) **화석상의 증거**: 화석을 통해 그 당시에 살았던 생물의 종류, 서식 환경에 대한 정보를 얻을 수 있다. **예** 고래 조상 화석, 종자고사리 화석

(2) **생물지리학적 증거**: 생물의 분포 양상은 육지와 해수면의 지질학적 변화에 의해 형성되는 지리적 장벽으로 인해 다르게 나타난다. **예** 갈라파고스 군도의 핀치, 오스트레일리아의 캥거루

(3) **비교해부학적 증거**: 해부학적 형태나 구조를 비교하여 다양한 생물의 진화 과정을 추정할 수 있다.

① **상동 형질(상동 기관)**: 공통 조상에서 물려받은 형태적 특징이다. **예** 박쥐의 날개와 사자의 앞다리

② **상사 형질(상사 기관)**: 공통 조상에서 물려받지 않았지만 서로 형태적으로 유사해진 특징이다. **예** 새의 날개와 곤충의 날개, 완두의 덩굴손(잎)과 포도의 덩굴손(줄기)

③ **흔적 기관**: 환경과 생활 양식의 변화로 현재 흔적만 남은 기관이다. **예** 사람의 꼬리뼈

(4) **진화발생학적 증거**: 동물에서 성체 시기에는 관찰되지 않는 발생 초기 단계의 유사성을 통해 공통 조상으로부터 진화해 왔음을 알 수 있다. **예** 닭과 사람의 발생 초기 배아에서 근육성 꼬리와 아가미 틈

(5) **분자진화학적 증거**: 단백질의 아미노산 서열, DNA 염기 서열 등 생명체를 구성하는 물질의 분자생물학적 특징을 비교하여 생물 간 유연관계와 진화 과정을 알 수 있다. **예** 미토콘드리아에 있는 사이토크롬 c의 아미노산 서열 비교, 척추동물에서 글로빈 단백질의 아미노산 서열 비교

② 개체군 진화의 원리

(1) **변이와 자연 선택에 따른 진화의 과정**

① 유전적 변이의 생성	다양한 유전적 변이가 생성된다.
② 과잉 생산과 생존 경쟁	많은 수의 자손이 태어나며, 생존 경쟁이 일어난다.
③ 자연 선택	다양한 변이를 갖는 개체 중 환경 조건에서 생존과 번식에 유리한 개체가 더 많은 자손을 남긴다.
④ 종의 분화	자손 세대는 부모 세대와 다른 유전적 특성을 갖게 되며, 이것이 누적되어 종의 분화가 일어난다.

(2) **유전자풀과 대립유전자 빈도**

① **유전자풀**: 집단(개체군)의 개체들이 갖고 있는 대립유전자 전체

② **대립유전자 빈도**: 유전자풀에 포함된 대립유전자의 상대적 빈도

③ 하디·바인베르크 법칙과 유전적 평형

(1) **유전적 평형**: 세대를 거듭해도 각 세대를 구성하는 대립유전자의 종류와 빈도가 변하지 않을 때 유전적 평형 상태에 있다고 한다.

(2) **하디·바인베르크 법칙**: 유전적 평형 상태의 집단(＝멘델 집단)에서는 대립유전자 빈도와 유전자형 빈도가 세대를 거듭하더라도 변하지 않고 일정하게 유지된다는 법칙이다.

(3) **멘델 집단**: 하디·바인베르크 법칙이 성립하는 집단으로 유전적 평형이 유지되는 가상의 집단이다. 멘델 집단은 다음의 조건이 충족되어야 한다. 조건 중 하나라도 충족되지 않으면 유전적 평형이 깨지고, 개체군은 진화하게 된다.

> [멘델 집단의 조건]
> ① 집단의 크기가 충분히 커야 한다.
> ② 돌연변이가 일어나지 않아야 한다.
> ③ 다른 개체군 집단과 유전자 흐름이 없어야 한다.
> ④ 집단 내에서 개체 간 교배가 무작위로 일어나야 한다.
> ⑤ 자연 선택이 일어나지 않아야 하며, 집단 내 구성원의 생존력과 생식력이 동일해야 한다.

(4) **하디·바인베르크 법칙의 증명**

① 어떤 멘델 집단에서 두 대립유전자 A와 a가 존재할 때, A와 a의 유전자 빈도를 각각 p, q라고 하면($p+q=1$), 자손(F_1)에서 특정 유전자형을 갖는 개체의 빈도는 다음과 같다.

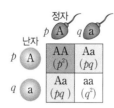

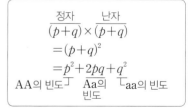

$$\frac{정자}{(p+q)} \times \frac{난자}{(p+q)}$$
$$=(p+q)^2$$
$$=p^2+2pq+q^2$$

AA의 빈도 ┘ Aa의 빈도 └aa의 빈도

② 부모 집단에서 대립유전자 A와 a의 빈도는 세대를 거듭하여도 자손 세대에서 동일하게 유지된다.

더 알기 대립유전자의 빈도 계산하기

• **무당벌레 무늬 대립유전자의 빈도 계산하기**

표현형	몸 전체 검정	검정 점 있음	검정 점 없음
유전자형	BB	Bb	bb
개체 수	36	48	16

(1) 유전자풀의 대립유전자 수＝전체 개체 수×2
무당벌레 집단의 총개체 수는 100마리이므로 이 개체군의 유전자풀을 구성하는 대립유전자 B와 b의 총수는 100×2＝200이다.

(2) **대립유전자 빈도 계산**

유전자형	대립유전자 B의 수	대립유전자 b의 수
BB	2×36＝72	0
Bb	1×48＝48	1×48＝48
bb	0	2×16＝32
합계	120	80

• 대립유전자 B의 빈도＝$\dfrac{대립유전자\ B의\ 수}{전체\ 대립유전자의\ 수}=\dfrac{120}{200}=0.6$

• 대립유전자 b의 빈도＝$\dfrac{대립유전자\ b의\ 수}{전체\ 대립유전자의\ 수}=\dfrac{80}{200}=0.4$

11 진화의 원리

④ 유전자풀의 변화 요인

집단의 유전자풀에 변화를 일으켜 유전적 평형이 깨지면 진화가 일어나며, 진화를 일으키는 요인으로는 돌연변이, 자연 선택, 유전적 부동, 유전자 흐름 등이 있다.

⑴ 돌연변이: 유전 물질인 DNA에 변화가 일어나 집단 내에 없던 대립유전자가 나타날 수 있다. 생식세포에서 일어난 돌연변이는 자손에게 전달되어 유전자풀의 변화를 일으킨다.

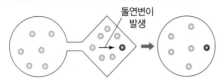

⑵ 자연 선택: 특정 대립유전자를 갖는 개체가 환경에 잘 적응하여 다른 대립유전자를 갖는 개체보다 자손을 많이 남기면 집단의 유전자풀이 변화된다.

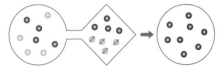

⑶ 유전적 부동: 집단에서 자손 세대로 대립유전자가 무작위로 전달되어 대립유전자의 빈도가 예측할 수 없는 방향으로 변화하는 현상이다. 집단의 크기가 작을수록 유전적 부동이 강하게 작용한다. 유전적 부동에는 병목 효과와 창시자 효과가 있다.

① 병목 효과: 가뭄, 홍수, 산불, 지진 등과 같은 자연재해로 집단의 크기가 급격히 감소할 때 나타나는 현상이다.

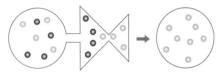

② 창시자 효과: 소수의 개체들이 모집단으로부터 우연히 분리되어 모집단과 다른 유전자풀의 새로운 집단을 형성할 때 나타나는 현상이다.

⑷ 유전자 흐름: 개체군 간에 새로운 대립유전자가 유입(이입)되거나, 유출(이출)되면 유전자풀을 구성하는 대립유전자의 종류와 빈도가 달라진다.

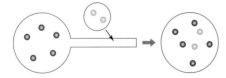

⑤ 종분화

한 종으로 구성된 다른 집단 사이에서 어떤 요인에 의하여 생식적 격리가 일어나 기존의 생물종으로부터 새로운 생물종이 출현하는 과정이다.

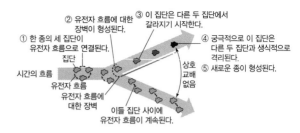

⑴ 지리적 격리에 의한 종분화 과정

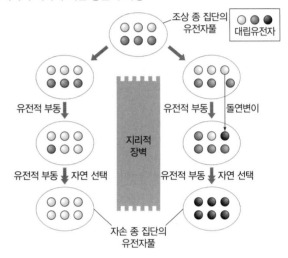

① 어떤 한 종의 개체군이 지리적 장벽(강, 바다, 산맥, 협곡 등)에 의해 유전자 흐름이 차단된 두 집단으로 분리된다.

② 자연 선택, 돌연변이, 유전적 부동 등의 요인에 의해 분리된 두 집단의 형질 차이(유전자풀의 차이)가 점차 증가한다.

③ 서로 교배가 불가능한 생식적 격리 상태가 되어 서로 다른 두 종으로 분화된다.

④ 집단의 크기가 작은 경우 유전적 부동에 의해 유전자풀의 변화가 잘 일어나기 때문에 지리적으로 격리된 작은 집단에서는 비교적 짧은 시간 안에 종의 분화가 잘 일어난다.

⑵ 지리적 격리에 의한 종분화 사례

① 그랜드 캐니언 협곡의 영양다람쥐 분화: 해리스영양다람쥐와 흰꼬리영양다람쥐는 협곡이 생기기 전 같은 종이었지만, 협곡의 생성으로 지리적 격리가 일어나 분리된 두 집단 사이에 유전자 흐름이 차단되었다. 오랜 세월을 거쳐 각 집단에서 서로 다른 변이가 누적되면서 생식적 격리가 일어나 서로 다른 종으로 분화되었다.

② 코르테즈 무지개 놀래기와 파란머리 놀래기의 분화: 중앙아메리카의 파나마 지협을 경계로 대서양 쪽과 태평양 쪽으로 나뉘어 놀래기의 종분화가 일어났다. 태평양 쪽에 코르테즈 무지개 놀래기가 서식하며 대서양 쪽에 파란머리 놀래기가 서식하고 있다.

더 알기 고리종

① 어떤 한 종의 생물이 고리 모양의 서식지를 따라 이동하면서 서로 인접한 여러 집단을 형성한다.
② 인접한 집단 간에는 유전자 흐름이 유지되어 제한적인 유전적 분화가 일어난다. 하지만 고리 양 끝에 위치한 두 집단은 유전적 분화의 정도가 매우 커 생식적으로 격리되어 있다.
③ 이러한 현상이 나타나는 이웃 집단들의 모임을 고리종이라고 한다.
　예 캘리포니아의 엔사티나도롱뇽

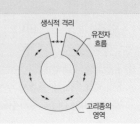

| 2024학년도 수능 |

다음은 동물 집단 Ⅰ과 Ⅱ에 대한 자료이다.

- Ⅰ에서 대립유전자 B의 DNA 염기 서열에 변화가 생겨 새로운 대립유전자 B*가 나타났고, ㉠ 자연 선택에 의해 Ⅰ에서 B*의 빈도가 증가하였다.
- Ⅰ의 일부 개체가 새로운 지역으로 이주하여 Ⅱ를 형성하였다. 이때 ㉡ 창시자 효과에 의해 Ⅱ에서 B*의 빈도가 Ⅰ과 달라졌다.

이에 대한 설명으로 옳은 것만을 〈보기〉에서 있는 대로 고른 것은?

┌─ 보기 ┌
ㄱ. ㉠과 ㉡은 모두 유전자풀의 변화 요인이다.
ㄴ. ㉠은 환경 변화에 대한 개체의 적응 능력과 무관하게 일어난다.
ㄷ. ㉡은 유전적 부동의 한 현상이다.

① ㄱ   ② ㄴ   ③ ㄷ   ④ ㄱ, ㄷ   ⑤ ㄴ, ㄷ

접근 전략

자연 선택과 창시자 효과의 특징을 알고 있어야 한다.

간략 풀이

㉠ 자연 선택(㉠)과 창시자 효과(㉡)는 모두 유전자풀의 변화 요인이다.
✗ 자연 선택(㉠)은 생존율과 번식률을 높이는 데 유리한 형질을 가진 개체가 다른 개체보다 이 형질에 대한 대립유전자를 더 많이 남겨 집단의 유전자풀이 변하게 되는 현상이다. 따라서 자연 선택(㉠)은 환경 변화에 대한 개체의 적응 능력과 관계가 있다.
㉢ 창시자 효과(㉡)는 유전적 부동의 한 현상이다.

정답 | ④

닮은 꼴 문제로 유형 익히기

정답과 해설 31쪽

▶ 24072-0177

다음은 동물 집단 Ⅰ에 대한 자료이다.

- Ⅰ에서 ㉠ 돌연변이에 의해 대립유전자 B의 DNA 염기 서열에 변화가 생겨 새로운 대립유전자 B*가 나타났다.
- 자연재해에 의해 Ⅰ에서 B의 개체 수가 급격히 감소할 때, ㉡ 병목 효과에 의해 Ⅰ에서 B*의 빈도가 증가하였고, B의 빈도는 감소하였다.

이에 대한 설명으로 옳은 것만을 〈보기〉에서 있는 대로 고른 것은?

┌─ 보기 ┌
ㄱ. ㉠은 집단 내에 존재하지 않던 새로운 대립유전자를 제공한다.
ㄴ. ㉡은 유전적 부동의 한 현상이다.
ㄷ. ㉠과 ㉡은 모두 두 집단 사이의 유전자 흐름(이동)에 의해 일어난다.

① ㄱ   ② ㄴ   ③ ㄷ   ④ ㄱ, ㄴ   ⑤ ㄴ, ㄷ

유사점과 차이점

유전자풀의 변화 요인을 다룬다는 점에서 대표 문제와 유사하지만 자연 선택과 창시자 효과가 아닌 돌연변이와 병목 효과를 다룬다는 점에서 대표 문제와 다르다.

배경 지식

- 유전자풀의 변화 요인에는 돌연변이, 자연 선택, 유전적 부동, 유전자 흐름이 있다.
- 병목 효과와 창시자 효과는 모두 유전적 부동의 한 현상이다.

01
▸24072-0178

그림은 갈라파고스 군도의 서로 다른 섬에 서식하는 핀치의 먹이 섭취 방법에 따른 부리 모양을 나타낸 것이다.

나무 구멍 속   곤충을 잡아먹음   선인장을 파먹음
곤충을 꺼내 먹음

이 자료에 나타난 생물 진화의 증거와 가장 관련이 깊은 것은?

① 사람의 맹장은 현재는 그 흔적만 남아 있다.

② 오리너구리는 오스트레일리아에서만 발견된다.

③ 새의 날개와 잠자리의 날개는 기능은 같지만 기본 구조는 다르다.

④ 말의 화석을 통해 말의 발가락 수는 감소하는 방향으로 진화했다는 것을 알 수 있다.

⑤ 깃털을 가진 파충류 화석의 발견으로 파충류와 조류 사이의 진화 과정을 파악할 수 있다.

02
▸24072-0179

표는 생물 진화의 증거의 예를 나타낸 것이다. (가)와 (나)는 분자진화학적 증거와 진화발생학적 증거를 순서 없이 나타낸 것이다

생물 진화의 증거	예
(가)	발생 초기 닭의 배아와 사람의 배아는 그 형태가 유사하고, 모두 아가미 틈이 관찰된다.
(나)	사이토크롬 c 단백질의 아미노산 서열은 사람과 거북에서가 사람과 뱀에서보다 큰 차이를 보인다.
비교해부학적 증거	㉠

이에 대한 설명으로 옳은 것만을 〈보기〉에서 있는 대로 고른 것은?

┌ 보기 ┐
ㄱ. '사람의 꼬리뼈는 과거의 기능을 더 이상 수행하지 않고 흔적으로만 남아 있다.'는 ㉠에 해당한다.
ㄴ. '환형동물인 갯지렁이와 연체동물인 전복은 모두 담륜자(트로코포라) 유생 시기를 갖는다.'는 (가)의 예에 해당한다.
ㄷ. (나)에 의하면 사람과 거북의 유연관계는 사람과 뱀의 유연관계보다 가깝다.

① ㄱ   ② ㄷ   ③ ㄱ, ㄴ   ④ ㄴ, ㄷ   ⑤ ㄱ, ㄴ, ㄷ

03
▸24072-0180

다음은 생물 진화의 증거로 이용되는 예이다. (가)~(다)는 화석상의 증거의 예, 비교해부학적 증거의 예, 분자진화학적 증거의 예를 순서 없이 나타낸 것이다.

┌─────────────────────────────────┐
│ (가) 최근에 계란 노른자에 있는 단백질을 암호화하는 유전자의 염기 서열의 흔적이 사람의 염색체에 남아 있는 것이 발견되었다.
│ (나) 고래 조상의 화석으로 보아 수중 포유류는 육상 포유류에서 유래되었다.
│ (다) ㉠사람의 팔과 고래의 가슴지느러미는 생김새와 기능은 다르지만 해부학적 구조가 동일하다.
└─────────────────────────────────┘

이에 대한 설명으로 옳은 것만을 〈보기〉에서 있는 대로 고른 것은?

┌ 보기 ┐
ㄱ. ㉠은 상사 형질(상사 기관)이다.
ㄴ. (가)는 비교해부학적 증거의 예이다.
ㄷ. (나)와 (다)는 모두 생물이 서로 다른 환경에 적응하면서 진화한 결과이다.

① ㄱ   ② ㄷ   ③ ㄱ, ㄴ   ④ ㄱ, ㄷ   ⑤ ㄴ, ㄷ

04
▸24072-0181

표는 진화의 요인 Ⅰ~Ⅲ에서 3가지 특징의 유무를 나타낸 것이다. Ⅰ~Ⅲ은 자연 선택, 유전자 흐름, 창시자 효과를 순서 없이 나타낸 것이다.

특징	진화의 요인		
	Ⅰ	Ⅱ	Ⅲ
유전적 부동의 한 현상이다.	×	×	○
원래의 집단에서 일부 개체가 다른 지역으로 이주한다.	ⓐ	×	?
㉠	○	○	○

(○: 있음, ×: 없음)

이에 대한 설명으로 옳은 것만을 〈보기〉에서 있는 대로 고른 것은?

┌ 보기 ┐
ㄱ. ⓐ는 '○'이다.
ㄴ. Ⅱ는 환경 변화에 대한 개체의 적응 능력과 무관하게 일어난다.
ㄷ. '집단 내에 새로운 대립유전자가 출현한다.'는 ㉠에 해당한다.

① ㄱ   ② ㄷ   ③ ㄱ, ㄴ   ④ ㄴ, ㄷ   ⑤ ㄱ, ㄴ, ㄷ

05

▶ 24072-0182

다음은 진화의 요인에 대한 설명이다.

집단을 구성하는 부모 세대의 대립유전자가 자손에게 무작위로 전달되어 세대 간 대립유전자 빈도가 예측할 수 없는 방향으로 변화하는 현상을 [(가)]이라고 하며, 원래의 집단을 구성하는 개체 중 일부 개체들이 모여 새로운 집단을 형성할 때 나타나는 현상인 [(나)](이)가 일어나는 집단에서 [(가)]이 잘 나타난다.

(가)와 (나)로 가장 적절한 것은?

	(가)	(나)
①	자연 선택	유전자 흐름
②	자연 선택	창시자 효과
③	유전적 부동	병목 효과
④	유전적 부동	창시자 효과
⑤	유전자 흐름	병목 효과

06

▶ 24072-0183

다음은 동물 개체군 A에 대한 자료이다.

(가) 수백만 마리로 구성된 A가 자연재해로 인해 약 50마리 정도만 살아남았다. 그후 A는 개체 수가 줄기 전보다 유전적 다양성이 낮아졌으며, 알의 부화율을 낮추는 대립유전자의 비율이 높아져서 실제 알의 부화율이 전체 알 중 50 % 미만으로 감소하였다.
(나) 이 지역에 동일 종의 개체를 이주시키자 알 부화율이 전체 알 중 90 % 이상으로 다시 향상되었다.

이 자료에 대한 설명으로 옳은 것만을 〈보기〉에서 있는 대로 고른 것은?

┌ 보기 ┐
ㄱ. A는 하디·바인베르크 평형이 유지되는 집단이다.
ㄴ. (가)에서 병목 효과가 일어났다.
ㄷ. (나)에서 유전자 흐름(이동)이 일어났다.

① ㄱ   ② ㄴ   ③ ㄷ   ④ ㄱ, ㄴ   ⑤ ㄴ, ㄷ

07

▶ 24072-0184

다음은 동일 종으로 구성된 초파리 집단 ㉠에서의 살충제 X 저항성에 대한 자료이다.

• X에 대한 저항성은 대립유전자 H와 H^*에 의해 결정되며, H와 H^* 사이의 우열 관계는 분명하다.
• ㉠에서 유전자형이 HH인 개체, HH^*인 개체, H^*H^*인 개체 중 HH인 개체만 X에 대한 저항성이 있다.
• 시점 $t_1 \sim t_3$에서 ㉠의 개체 수는 서로 같고, t_1에서 t_3으로 시간이 지나는 동안 ㉠은 X에 지속적으로 노출되었다. ㉠에서 H의 빈도는 t_1일 때 0, t_2일 때 0.1, t_3일 때 0.4이다.

이에 대한 설명으로 옳은 것만을 〈보기〉에서 있는 대로 고른 것은? (단, 제시된 X 이외의 조건은 고려하지 않고, 이입과 이출은 없다.)

┌ 보기 ┐
ㄱ. t_1일 때 ㉠에는 개체 사이에 X에 대한 저항성의 변이가 있었다.
ㄴ. t_1에서 t_2로 시간이 지나는 동안 ㉠의 유전자풀이 변하였다.
ㄷ. t_2에서 t_3으로 시간이 지나는 동안 자연 선택이 일어났다.

① ㄱ   ② ㄴ   ③ ㄱ, ㄷ   ④ ㄴ, ㄷ   ⑤ ㄱ, ㄴ, ㄷ

08

▶ 24072-0185

표는 하디·바인베르크 평형이 유지되는 동물 종 P로 구성된 집단 I에서 털색에 따른 유전자형과 개체 수를 나타낸 것이다. 털색은 상염색체에 있는 대립유전자 A와 a에 의해 결정된다.

표현형	회색	회색	흰색
유전자형	AA	Aa	aa
개체 수	4	12	9

이에 대한 설명으로 옳은 것만을 〈보기〉에서 있는 대로 고른 것은?

┌ 보기 ┐
ㄱ. I에서 A의 빈도는 0.6이다.
ㄴ. I에서 돌연변이가 일어난다.
ㄷ. 일정 시간이 지난 후 이 집단의 총개체 수가 300일 때 회색 털의 개체 수는 192이다.

① ㄱ   ② ㄴ   ③ ㄷ   ④ ㄱ, ㄴ   ⑤ ㄱ, ㄷ

09 ▶24072-0186

그림은 종 A~E의 종분화 과정을, 표는 ㉠~㉤의 특징을 나타낸 것이다. ㉠~㉤은 A~E를 순서 없이 나타낸 것이다.

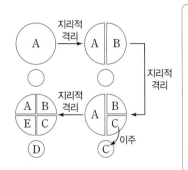

- ㉠~㉤은 2개의 과, 3개의 속으로 분류된다.
- ㉠은 ㉣으로부터 분화되었다.
- ㉠, ㉢, ㉣은 각각 서로 다른 속에 속한다.
- ㉠, ㉢, ㉤은 같은 과에 속한다.

이에 대한 설명으로 옳은 것만을 〈보기〉에서 있는 대로 고른 것은? (단, 제시된 조건 이외는 고려하지 않는다.)

ㄱ. ㉣은 E이다.
ㄴ. ㉠과 ㉢의 유연관계는 ㉢과 ㉤의 유연관계보다 가깝다.
ㄷ. ㉡과 ㉣은 같은 속에 속한다.

① ㄱ ② ㄴ ③ ㄱ, ㄷ ④ ㄴ, ㄷ ⑤ ㄱ, ㄴ, ㄷ

10 ▶24072-0187

다음은 어떤 동물 종 P로 구성된 여러 집단에 대한 자료이다.

- 각 집단의 개체 수는 10000이고, 각각 하디·바인베르크 평형이 유지된다. 각 집단에서 암컷과 수컷의 개체 수는 같다.
- P의 날개 길이는 상염색체에 있는 긴 날개 대립유전자 A와 짧은 날개 대립유전자 a에 의해 결정된다. A는 a에 대해 완전 우성이다.
- 그림은 각 집단 내 A의 빈도에 따른 ㉠ 개체의 비율을 나타낸 것이다. ㉠은 긴 날개와 짧은 날개 중 하나이다.

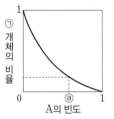

- A의 빈도가 @인 집단에서 ㉠을 갖지 않는 개체들을 합쳐서 구한 a의 빈도는 $\frac{2}{7}$이다.

이에 대한 설명으로 옳은 것만을 〈보기〉에서 있는 대로 고른 것은?

ㄱ. @는 0.6이다.
ㄴ. A의 빈도가 0.3인 집단에서 ㉠을 갖는 개체 수는 4900이다.
ㄷ. a의 빈도가 @인 집단에서 ㉠을 갖는 임의의 암컷이 ㉠을 갖지 않는 임의의 수컷과 교배하여 자손(F₁)을 낳을 때, 이 F₁이 ㉠을 갖지 않을 확률은 $\frac{5}{8}$이다.

① ㄱ ② ㄴ ③ ㄱ, ㄷ ④ ㄴ, ㄷ ⑤ ㄱ, ㄴ, ㄷ

11 ▶24072-0188

표는 동물 종 P의 서로 다른 두 집단 I과 II에서 t_1일 때와 t_2일 때 털색에 따른 개체 수를 나타낸 것이다. P의 털색은 상염색체에 있는 검은색 털 대립유전자 A와 회색 털 대립유전자 A*에 의해 결정되며, A와 A* 사이의 우열 관계는 분명하다. I과 II 중 한 집단만 하디·바인베르크 평형이 유지되는 집단이고, I과 II에서 각각 암컷과 수컷의 개체 수는 같다.

집단	t_1		t_2	
	검은색 털	회색 털	검은색 털	회색 털
I	4375	5625	500	400
II	10000	8000	3000	2400

이에 대한 설명으로 옳은 것만을 〈보기〉에서 있는 대로 고른 것은?

ㄱ. I의 유전자풀은 t_1일 때와 t_2일 때가 서로 같다.
ㄴ. 대립유전자 A는 A*에 대해 우성이다.
ㄷ. t_2일 때 II에서 임의의 검은색 털 암컷이 임의의 회색 털 수컷과 교배하여 자손(F₁)을 낳을 때, 이 F₁이 검은색 털을 가질 확률은 $\frac{3}{5}$이다.

① ㄱ ② ㄴ ③ ㄱ, ㄷ ④ ㄴ, ㄷ ⑤ ㄱ, ㄴ, ㄷ

12 ▶24072-0189

표는 다윈의 자연 선택에 대한 설명을, 그림은 유전자풀의 변화 요인 @~ⓒ를 나타낸 것이다. @~ⓒ는 돌연변이, 유전자 흐름, 자연 선택을 순서 없이 나타낸 것이다. A와 a는 특정 형질을 결정하는 대립유전자이다.

(가) ㉠ 개체 간에 다양한 유전적 변이가 있어서 자손 사이에 생존 경쟁이 일어난다.
(나) 생존과 번식에 유리한 개체가 살아남아 더 많은 자손을 남긴다.

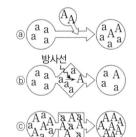

이에 대한 설명으로 옳은 것만을 〈보기〉에서 있는 대로 고른 것은?

ㄱ. ⓒ는 유전자 흐름이다.
ㄴ. ⓑ는 ㉠의 원인 중 하나이다.
ㄷ. (나)는 @에 대한 설명이다.

① ㄱ ② ㄴ ③ ㄱ, ㄷ ④ ㄴ, ㄷ ⑤ ㄱ, ㄴ, ㄷ

01

▶ 24072-0190

표는 생물 진화의 증거의 예를, 그림은 (가)~(다) 중 하나의 예를 나타낸 것이다. (가)~(다)는 화석상의 증거, 비교해부학적 증거, 분자진화학적 증거를 순서 없이 나타낸 것이다.

생물 진화의 증거	예
(가)	어류와 양서류의 특징을 모두 가지는 생물의 화석이 발견되었다.
(나)	글로빈 단백질을 구성하는 아미노산 서열의 차이는 사람과 ㉠ 침성장어에서가 사람과 생쥐에서보다 크다.
(다)	?

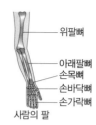

위팔뼈
아래팔뼈
손목뼈
손바닥뼈
손가락뼈

박쥐의 날개　　사람의 팔

이에 대한 설명으로 옳은 것만을 〈보기〉에서 있는 대로 고른 것은?

보기
ㄱ. 그림은 (다)의 예이다.
ㄴ. 척추동물의 진화 과정을 파악하는 데 (가)와 (나)가 모두 이용된다.
ㄷ. ㉠은 후구동물에 해당한다.

① ㄱ　　　　② ㄷ　　　　③ ㄱ, ㄴ　　　　④ ㄴ, ㄷ　　　　⑤ ㄱ, ㄴ, ㄷ

02

▶ 24072-0191

다음은 생물 진화의 증거에 대한 교사와 학생 A, B의 대화 내용이다.

생물 진화의 증거에는 생물지리학적 증거, 진화발생학적 증거, ㉠화석상의 증거 등이 있어요.

갈라파고스 군도의 섬마다 부리 모양이 조금씩 다른 핀치가 서식하는 것은 생물지리학적 증거에 해당합니다.

양치식물과 ㉡ 종자식물의 특징을 모두 갖는 종자고사리 화석이 발견된 것은 진화발생학적 증거에 해당합니다.

교사　　　　학생 A　　　　학생 B

이에 대한 설명으로 옳은 것만을 〈보기〉에서 있는 대로 고른 것은?

보기
ㄱ. 남아메리카 대륙에 살지 않는 푸른발부비가 갈라파고스 군도에 사는 것은 ㉠의 예에 해당한다.
ㄴ. ㉡은 모두 씨방을 갖는다.
ㄷ. 제시한 내용이 옳은 학생은 A와 B 중 A이다.

① ㄱ　　　　② ㄷ　　　　③ ㄱ, ㄴ　　　　④ ㄱ, ㄷ　　　　⑤ ㄴ, ㄷ

03

▸24072-0192

그림은 어떤 지역의 연못 Ⅰ과 Ⅱ 모두에 서식하는 동물 종 P의 체형 ㉠과 ㉡을, 표는 체형이 ㉠인 개체와 체형이 ㉡인 개체의 특징을 나타낸 것이다. Ⅰ과 Ⅱ 중 한 곳에만 P의 포식자 X가 서식한다.

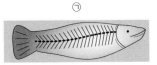

㉠

순발력 있게 빠른 속도로 헤엄칠
수 있는 체형

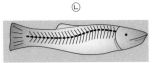

㉡

오래도록 꾸준히 헤엄칠 수 있는
체형

- Ⅰ에서 체형이 ㉠인 개체의 비율은 체형이 ㉡인 개체의 비율보다 높다.
- Ⅱ에서 체형이 ㉠인 개체의 비율은 체형이 ㉡인 개체의 비율보다 낮다.
- X로부터의 생존율은 체형이 ㉠인 개체가 체형이 ㉡인 개체보다 높다.

이에 대한 설명으로 옳은 것만을 〈보기〉에서 있는 대로 고른 것은? (단, Ⅰ과 Ⅱ는 지리적으로 격리되어 있고, Ⅰ과 Ⅱ의 제시된 조건 이외는 고려하지 않는다.)

┌─ 보기 ┐
ㄱ. P의 체형에는 변이가 있다.
ㄴ. X는 Ⅱ에 서식한다.
ㄷ. P의 체형 ㉠과 ㉡은 P의 생존율에 영향을 미친다.
└──────┘

① ㄱ   ② ㄴ   ③ ㄱ, ㄷ   ④ ㄴ, ㄷ   ⑤ ㄱ, ㄴ, ㄷ

04

▸24072-0193

표는 유전자풀의 변화 요인의 사례 (가)와 (나)를, 그림은 자연 선택과 유전자 흐름 중 하나를 나타낸 것이다.

구분	예
(가)	1814년에 어떤 나라의 사람 집단 P에서 15명이 사람이 살지 않는 섬으로 이주하여 사람 집단 Q를 형성하였다. 이때 이주한 사람은 모두 정상이나, 유전병 X 발현 대립유전자 하나를 갖고 있는 사람이 있었다. 1960년에 Q를 구성하는 240명 중 4명이 유전병 X를 가졌고, X 발현 대립유전자의 빈도는 Q에서가 P에서보다 10배 높게 유지되었다.
(나)	어떤 동물 종으로 구성된 개체군 ㉠의 밝은 색 모래로 이루어진 서식지가 어두운 색 모래로 뒤덮이는 환경 변화가 일어나자, 그후 ㉠에서 회색 털 개체가 흰색 털 개체보다 생존과 번식에 유리하여 더 많은 자손을 남겼다.

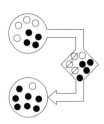

이에 대한 설명으로 옳은 것만을 〈보기〉에서 있는 대로 고른 것은? (단, 돌연변이는 고려하지 않는다.)

┌─ 보기 ┐
ㄱ. 1960년에 P의 유전자풀은 Q의 유전자풀과 같다.
ㄴ. (가)에서 창시자 효과가 일어났다.
ㄷ. 그림과 같은 유전자풀의 변화 요인에 의해 (나)에서 유전자풀의 변화가 일어났다.
└──────┘

① ㄱ   ② ㄷ   ③ ㄱ, ㄴ   ④ ㄴ, ㄷ   ⑤ ㄱ, ㄴ, ㄷ

05

▶24072-0194

다음은 어떤 지역 A~C에 서식하는 동물 종 I에 대한 자료이다.

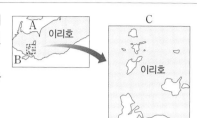

(가) I에서 뚜렷한 띠무늬가 있는 개체는 ㉠, 서로 다른 패턴의 연한 띠무늬가 있는 개체는 각각 ㉡과 ㉢, 민무늬의 개체는 ㉣이다. 띠무늬는 유전 형질이다.

(나) A와 B에서는 모두 ㉠이 ㉣보다 천적을 피하는 데 유리하고, C에서는 ㉣이 ㉠보다 천적을 피하는 데 유리하다.

(다) ㉮ A와 B에서 매년 3~10마리의 개체가 C로 이동하여 C에 띠무늬가 있는 개체가 지속적으로 공급된다.

지역	띠무늬에 따른 개체 수 백분율(%)			
	㉠	㉡	㉢	㉣
A	100	0	0	0
B	82	10	3	5
C	5	15	30	50

이에 대한 설명으로 옳은 것만을 〈보기〉에서 있는 대로 고른 것은? (단, 제시된 이주 이외의 다른 유전자풀 변화 요인은 고려하지 않는다.)

---보기---

ㄱ. I의 유전자풀은 A에서와 C에서가 서로 다르다.

ㄴ. ㉠과 ㉣은 생식적으로 격리되어 있다.

ㄷ. ㉮로 인해 B와 C 사이의 I의 유전자풀의 차이가 증가한다.

① ㄱ   ② ㄴ   ③ ㄷ   ④ ㄱ, ㄴ   ⑤ ㄱ, ㄷ

06

▶24072-0195

그림 (가)는 지리적 격리인 산맥 형성, 섬의 분리 I, 섬의 분리 II와 하나의 공통 조상으로부터 종 분화된 종 A~D의 분포를, (나)는 A~D의 계통수를 나타낸 것이다. ㉠~㉢은 각각 산맥 형성, 섬의 분리 I, 섬의 분리 II 중 하나가 일어난 이후에 종이 분화된 시점이다. A~D는 서로 다른 생물학적 종이다.

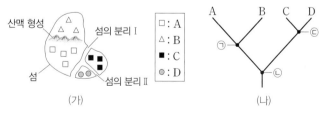

(가)   (나)

이에 대한 설명으로 옳은 것만을 〈보기〉에서 있는 대로 고른 것은? (단, 산맥 형성, 섬의 분리 I과 II 이외의 지리적 격리는 없으며, 이입과 이출은 없다.)

---보기---

ㄱ. 섬의 분리 I이 산맥 형성보다 먼저 일어났다.

ㄴ. ㉢은 섬의 분리 II가 일어난 이후에 종이 분화된 시점이다.

ㄷ. C는 B로부터 분화되었다.

① ㄱ   ② ㄷ   ③ ㄱ, ㄴ   ④ ㄴ, ㄷ   ⑤ ㄱ, ㄴ, ㄷ

07

▶24072-0196

다음은 엔사티나도롱뇽($Ensatina\ salamander$)에 대한 자료이다.

북아메리카의 엔사티나도롱뇽은 캘리포니아 중앙 협곡 주위에서 고리 모양으로 분포하고 있다. A~G에서 인접한 집단 사이에는 교배가 일어나지만 양 끝 부분에 있는 A와 G는 교배가 일어나지 않는다.

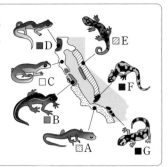

이에 대한 설명으로 옳은 것만을 〈보기〉에서 있는 대로 고른 것은?

┌─ 보기 ┌
ㄱ. A는 G와 생식적 격리가 일어났다.
ㄴ. D와 E 사이에서 유전자 흐름이 일어날 수 있다.
ㄷ. 엔사티나도롱뇽의 서식 분포와 집단 사이의 교배 가능 여부는 고리종의 예에 해당한다.

① ㄱ   ② ㄷ   ③ ㄱ, ㄴ   ④ ㄴ, ㄷ   ⑤ ㄱ, ㄴ, ㄷ

08

▶24072-0197

다음은 동물 종 P로 구성된 집단 Ⅰ과 Ⅱ에 대한 자료이다.

• Ⅰ과 Ⅱ는 각각 하디·바인베르크 평형이 유지되는 집단이고, Ⅰ의 개체 수와 Ⅱ의 개체 수의 합은 15000이다. Ⅰ과 Ⅱ에서 각각 암컷과 수컷의 개체 수는 같다.
• 유전 형질 ㉠은 상염색체에 있는 대립유전자 A와 A^*에 의해 결정되고, A와 A^* 사이의 우열 관계는 분명하다.
• Ⅰ에서 유전자형이 AA인 개체 수는 유전자형이 A^*A^*인 개체 수의 3배이고, Ⅱ에서 유전자형이 AA^*인 개체 수는 유전자형이 A^*A^*인 개체 수의 2배이다.
• Ⅱ에서 ㉠이 발현된 개체들을 합쳐서 구한 A의 빈도는 $\frac{2}{3}$이다.
• $\dfrac{\text{Ⅰ에서 ㉠이 발현되지 않은 개체 수}}{\text{Ⅱ에서 ㉠이 발현된 개체 수}} = \dfrac{208}{1275}$이다.

이에 대한 설명으로 옳은 것만을 〈보기〉에서 있는 대로 고른 것은?

┌─ 보기 ┌
ㄱ. ㉠이 발현된 개체 수는 Ⅰ에서가 Ⅱ에서보다 많다.
ㄴ. Ⅰ에서 A를 가진 개체들을 합쳐서 구한 A^*의 빈도는 $\frac{2}{7}$이다.
ㄷ. Ⅱ에서 A를 갖는 암컷이 A를 갖는 수컷과 교배하여 자손(F_1)을 낳을 때, 이 F_1에게서 ㉠이 발현되지 않을 확률은 $\frac{1}{3}$이다.

① ㄱ   ② ㄴ   ③ ㄱ, ㄷ   ④ ㄴ, ㄷ   ⑤ ㄱ, ㄴ, ㄷ

09

다음은 개체 수가 각각 10000인 동물 종 P로 구성된 집단 Ⅰ~Ⅲ에 대한 자료이다.

- P의 몸색은 상염색체에 있는 검은색 몸 대립유전자 A와 회색 몸 대립유전자 A*에 의해 결정되고, A와 A* 사이의 우열 관계는 분명하다. Ⅰ~Ⅲ에서 각각 암컷과 수컷의 개체 수는 같다.
- Ⅰ~Ⅲ 중 두 집단만 하디·바인베르크 평형이 유지되는 집단이다.
- Ⅱ에서 회색 몸 개체들을 합쳐서 A*의 빈도를 구하면 $\frac{4}{7}$이다.
- 표는 Ⅰ~Ⅲ에서 유전자형이 ㉠과 ㉡인 개체 수를 나타낸 것이다. ㉠과 ㉡은 AA*와 A*A*를 순서 없이 나타낸 것이다.

집단 유전자형	Ⅰ	Ⅱ	Ⅲ
㉠	4200	625	8100
㉡	4900	3750	1800

이에 대한 설명으로 옳은 것만을 〈보기〉에서 있는 대로 고른 것은?

[보기]

ㄱ. Ⅰ은 하디·바인베르크 평형이 유지되는 집단이다.

ㄴ. Ⅱ에서 유전자형이 AA*인 개체들을 제외한 나머지 개체들을 합쳐서 구한 A*의 빈도는 $\frac{1}{10}$이다.

ㄷ. Ⅲ에서 임의의 검은색 몸인 암컷이 임의의 회색 몸인 수컷과 교배하여 자손(F₁)을 낳을 때, 이 F₁이 검은색 몸일 확률은 $\frac{1}{11}$이다.

① ㄱ   ② ㄴ   ③ ㄱ, ㄷ   ④ ㄴ, ㄷ   ⑤ ㄱ, ㄴ, ㄷ

10

▶24072-0199

다음은 동물 종 P의 두 집단 Ⅰ과 Ⅱ에서 유전 형질 ㉠과 ㉡에 대한 자료이다.

- Ⅰ과 Ⅱ는 각각 하디 · 바인베르크 평형이 유지되는 집단이다.
- P에서 ㉠의 유전자와 ㉡의 유전자는 서로 다른 상염색체에 있다.
- ㉠은 대립유전자 A와 A^*에 의해 결정되고, ㉡은 대립유전자 B와 B^*에 의해 결정된다. A는 A^*에 대해 완전 우성이고, B와 B^* 사이의 우열 관계는 분명하다.
- Ⅱ의 개체 수는 Ⅰ의 개체 수의 2배이고, Ⅰ과 Ⅱ에서 각각 암컷과 수컷의 개체 수는 같다.
- 유전자형이 BB^*인 개체는 ㉡이 발현되지 않는다.
- Ⅰ에서 ㉠이 발현된 암컷이 ㉠이 발현되지 않은 수컷과 교배하여 자손(F_1)을 낳을 때, 이 F_1에게서 ㉠이 발현될 확률은 $\frac{3}{5}$이다.
- Ⅰ에서 A의 빈도는 Ⅱ에서 B^*의 빈도와 같고, $\dfrac{\text{B의 수}}{\text{㉡이 발현된 개체 수}}$ 는 Ⅰ에서 10, Ⅱ에서 3이다.
- Ⅱ에서 ㉠이 발현된 개체 수는 5500이고, ㉡이 발현된 개체 수는 8000이다.

이에 대한 설명으로 옳은 것만을 〈보기〉에서 있는 대로 고른 것은?

〈보기〉

ㄱ. Ⅰ에서 $\dfrac{A^*\text{의 빈도}}{B^*\text{의 빈도}}$ 는 $\dfrac{A\text{의 빈도}}{B\text{의 빈도}}$ 의 2배이다.

ㄴ. Ⅰ에서 ㉠이 발현된 개체 수와 ㉡이 발현된 개체 수의 차이는 4649이다.

ㄷ. Ⅱ에서 ㉠과 ㉡이 모두 발현된 임의의 암컷이 ㉠과 ㉡이 모두 발현되지 않는 임의의 수컷과 교배하여 자손(F_1)을 낳을 때, 이 F_1에게서 ㉠은 발현되지 않고, ㉡이 발현될 확률은 $\dfrac{2}{11}$이다.

① ㄱ   ② ㄷ   ③ ㄱ, ㄴ   ④ ㄴ, ㄷ   ⑤ ㄱ, ㄴ, ㄷ

① 유전자 재조합 기술

(1) DNA의 특정 염기 서열을 인식하여 자르는 제한 효소와 잘린 DNA의 말단끼리 이어주는 DNA 연결 효소를 이용하여 재조합 DNA를 만드는 기술이다.

(2) 이용: 의약품의 대량 생산, 형질 전환된 농작물이나 가축의 생산 등

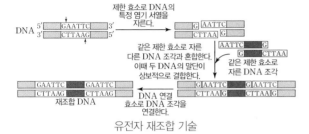

유전자 재조합 기술

② 핵치환

(1) 한 세포에서 핵을 꺼내어 핵을 제거한 난자에 이식하는 기술이다.

(2) 이용: 복제 동물 생산, 멸종 위기 동물 보존 등

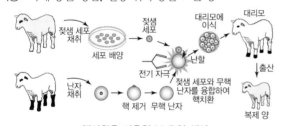

핵치환을 이용한 복제 양 생산

③ 조직 배양

(1) 생물체에서 떼어낸 세포나 조직을 배양액이나 영양 배지에서 증식시키는 기술이다.

(2) 이용: 우수한 형질을 가진 식물의 대량 증식, 희귀 식물 보존 등

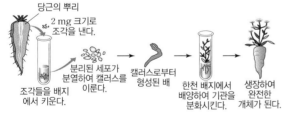

당근을 이용한 조직 배양

④ 세포 융합

(1) 서로 다른 두 종류의 세포를 융합시켜 두 세포의 형질을 함께 지닌 잡종 세포를 만드는 기술이다.

(2) 이용: 잡종 식물의 생산, 단일 클론 항체의 생산 등

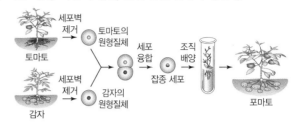

세포 융합 기술을 이용한 잡종 식물의 생산

⑤ 생명 공학 기술을 이용한 난치병 치료

(1) 단일 클론 항체: 활성화된 B 림프구와 암세포를 융합시킨 후, 잡종 세포만을 선별하고 증식시켜 만들어진 단일 클론 세포에서 생성되는 한 종류의 항체이다.

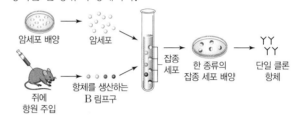

단일 클론 항체의 생산 과정

(2) 줄기세포: 신체 조직을 구성하는 여러 종류의 세포로 분화할 수 있는 능력을 가진 미분화 세포로, 성체 줄기세포, 배아 줄기세포, 유도 만능(역분화) 줄기세포가 있다.

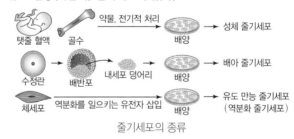

줄기세포의 종류

(3) 유전자 치료: DNA 운반체를 이용해 치료에 필요한 정상 유전자를 환자의 몸 안에 넣어 결함 유전자를 대체하거나 그 부위에서 정상 단백질을 생산하게 하도록 하는 기술이다.

⑥ 유전자 변형 생물체(LMO)

(1) 생명 공학 기술을 이용하여 만들어진 새로운 조합의 유전 물질을 가진 생물체이다.

(2) 예: 병충해에 강한 옥수수, 제초제 저항성 콩, 생장 속도가 빠르고 크게 자라는 슈퍼 연어, 사람의 인슐린을 생산하는 세균 등

더 알기 형질 전환 대장균 제작 및 선별

- 앰피실린 저항성 유전자와 젖당 분해 효소 유전자가 있는 플라스미드를 준비하고, 제한 효소와 DNA 연결 효소를 이용하여 유용한 유전자가 젖당 분해 효소 유전자 부위에 삽입된 재조합 플라스미드를 생성한다.
- 플라스미드를 대장균에 주입하는 과정에서 플라스미드가 주입되지 않은 대장균 A, 재조합되지 않은 플라스미드가 주입된 대장균 B, 재조합된 플라스미드가 주입된 대장균 C가 생긴다.
- 젖당 분해 효소에 의해 분해되면 흰색에서 푸른색으로 변하는 물질 (X-gal)과 앰피실린이 들어 있는 배지에서 대장균 A~C를 배양하면 유용한 유전자를 가진 대장균 C(흰색 군체)를 선별할 수 있다.

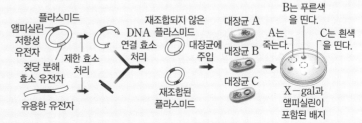

| 2024학년도 수능 |

그림은 동물의 줄기세포 (가)와 (나)를 만드는 과정을 나타낸 것이다. (가)와 (나)는 성체 줄기세포와 유도 만능 줄기세포(역분화 줄기세포)를 순서 없이 나타낸 것이다.

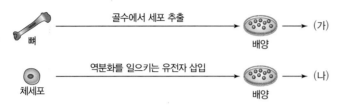

이에 대한 설명으로 옳은 것만을 〈보기〉에서 있는 대로 고른 것은?

┌ 보기 ┐
ㄱ. (가)는 성체 줄기세포이다.
ㄴ. (나)가 만들어지는 과정에서 체세포의 역분화가 일어났다.
ㄷ. (가)와 (나)는 모두 분화가 완료된 세포이다.
└─────────────────────────────────────┘

① ㄱ   ② ㄴ   ③ ㄱ, ㄴ   ④ ㄱ, ㄷ   ⑤ ㄴ, ㄷ

접근 전략

줄기세포를 얻는 과정에 제시된 특성을 통해 (가)는 성체 줄기세포이고, (나)는 유도 만능 줄기세포임을 파악해야 한다.

간략 풀이

㉠ 골수에서 세포를 추출하고 배양하여 (가)를 만들었으므로 (가)는 성체 줄기세포이고, 체세포에 역분화를 일으키는 유전자를 삽입하여 (나)를 만들었으므로 (나)는 유도 만능 줄기세포이다.

㉡ 유도 만능 줄기세포(나)가 만들어지는 과정에서 역분화를 일으키는 유전자를 삽입했으므로 체세포의 역분화가 일어났다.

✗ (가)와 (나)는 모두 줄기세포이므로 분화가 완료된 세포가 아니다.

정답 | ③

닮은 꼴 문제로 유형 익히기

정답과 해설 35쪽

▶ 24072-0200

다음은 줄기세포를 이용한 세포 분화 실험이다.

- 실험 Ⅰ의 탯줄 혈액과 실험 Ⅱ의 체세포는 동일한 개체로부터 유래하였다. ㉠과 ㉡은 성체 줄기세포와 유도 만능 줄기세포(역분화 줄기 세포)를 순서 없이 나타낸 것이다.

[실험 Ⅰ의 과정 및 결과]
(가) 탯줄 혈액으로부터 ㉠을 추출하여 배양한다.
(나) (가)의 ㉠에 어떤 물질을 처리한 결과 ⓐ 신경 세포로 분화하였다.

[실험 Ⅱ의 과정 및 결과]
(가) 체세포에 역분화를 일으키는 유전자를 삽입하여 배양한다.
(나) (가)에서 배양한 세포로부터 ㉡을 추출하여 어떤 물질을 처리한 결과 ⓑ 신경 세포로 분화하였다.

이에 대한 설명으로 옳은 것만을 〈보기〉에서 있는 대로 고른 것은?

┌ 보기 ┐
ㄱ. ㉠은 성체 줄기세포이다.
ㄴ. 실험 Ⅱ에서 핵치환 기술이 사용된다.
ㄷ. ⓐ와 ⓑ의 유전자 구성은 서로 같다.
└─────────────────────────────────────┘

① ㄱ   ② ㄴ   ③ ㄷ   ④ ㄱ, ㄴ   ⑤ ㄴ, ㄷ

유사점과 차이점

줄기세포를 얻는 과정에 제시된 특성을 이용하여 줄기세포의 종류를 파악하도록 하는 과정은 대표 문제와 유사하지만, 자료의 형태와 줄기세포의 종류에서 대표 문제와 다르다.

배경 지식

- 배아 줄기세포는 수정란에서 유래한 배아의 배반포의 내세포 덩어리에서 얻은 줄기세포이다.
- 성체 줄기세포는 탯줄 혈액이나 성체의 골수 등에서 얻은 줄기세포이다.
- 유도 만능 줄기세포(역분화 줄기세포)는 분화가 끝난 성체의 체세포를 역분화시켜 배아 줄기세포처럼 다양한 세포로 분화될 수 있도록 한 줄기세포이다.

01

▶24072-0201

그림은 유전자 재조합 기술을 이용하여 생장 호르몬 유전자가 재조합된 플라스미드를 만들고, 이를 숙주 대장균에 도입하는 과정을 나타낸 것이다. 앰피실린은 항생제이고, 앰피실린과 물질 Z가 포함된 배지에서 대장균 Ⅰ~Ⅲ을 섞어 배양하면 흰색 군체와 푸른색 군체가 형성된다. 젖당 분해 효소 유전자의 산물은 물질 Z를 분해하여 대장균 군체색을 흰색에서 푸른색으로 변화시킨다. 유전자 a와 b는 앰피실린 저항성 유전자와 젖당 분해 효소 유전자를 순서 없이 나타낸 것이다.

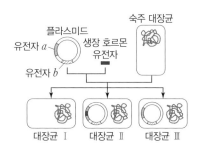

이에 대한 설명으로 옳은 것만을 〈보기〉에서 있는 대로 고른 것은? (단, 돌연변이는 고려하지 않으며, 숙주 대장균에는 젖당 분해 효소 유전자, 앰피실린 저항성 유전자, 생장 호르몬 유전자가 없다.)

보기
ㄱ. 유전자 a는 젖당 분해 효소 유전자이다.
ㄴ. 앰피실린이 포함된 배지에서 Ⅱ는 군체를 형성한다.
ㄷ. Z가 포함된 배지에서 Ⅲ은 푸른색 군체를 형성한다.

① ㄱ ② ㄷ ③ ㄱ, ㄴ ④ ㄴ, ㄷ ⑤ ㄱ, ㄴ, ㄷ

02

▶24072-0202

그림은 암 치료를 위해 단일 클론 항체를 만드는 과정을 나타낸 것이다.

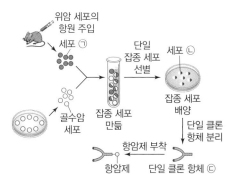

이에 대한 설명으로 옳은 것만을 〈보기〉에서 있는 대로 고른 것은?

보기
ㄱ. ㉠과 ㉡은 모두 위암 세포와 항원 항체 반응을 일으키는 항체를 생산한다.
ㄴ. 항암제가 부착된 ㉢은 위암의 치료에 사용된다.
ㄷ. 이 과정에서 세포 융합 기술과 조직 배양 기술이 모두 사용되었다.

① ㄱ ② ㄴ ③ ㄱ, ㄷ ④ ㄴ, ㄷ ⑤ ㄱ, ㄴ, ㄷ

03

▶24072-0203

그림 (가)는 유전자 재조합 기술을 이용하여 대장균 Ⅰ로부터 대장균 Ⅲ을 얻는 과정을, (나)는 (가)의 대장균 Ⅰ~Ⅲ을 섞어 서로 다른 항생제가 각각 첨가된 배지에서 배양했을 때 군체 형성 여부를 나타낸 것이다. 앰피실린, 테트라사이클린, 카나마이신은 항생제이고, 유전자 a~c는 앰피실린 저항성 유전자, 테트라사이클린 저항성 유전자, 카나마이신 저항성 유전자를 순서 없이 나타낸 것이다. 동일한 대장균은 각 배지에서 동일한 위치에 있다.

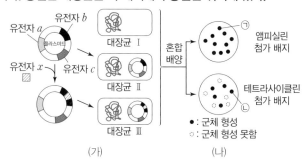

이에 대한 설명으로 옳은 것만을 〈보기〉에서 있는 대로 고른 것은? (단, 돌연변이는 고려하지 않으며, 대장균 Ⅰ에는 유전자 x, 앰피실린 저항성 유전자, 테트라사이클린 저항성 유전자, 카나마이신 저항성 유전자가 없다.)

보기
ㄱ. b는 앰피실린 저항성 유전자이다.
ㄴ. (나)에서 ㉠은 Ⅲ의 군체이다.
ㄷ. (나)의 ㉡을 카나마이신 첨가 배지에서 배양하면 군체를 형성하지 못한다.

① ㄱ ② ㄴ ③ ㄷ ④ ㄱ, ㄴ ⑤ ㄴ, ㄷ

04

▶24072-0204

그림은 생명 공학 기술을 이용하여 복제 동물 X와 줄기세포 Y를 얻는 과정을 나타낸 것이다. 동물 A, B, C는 같은 종이고 유전적으로 서로 다른 개체이며, Y는 배아 줄기세포와 성체 줄기세포 중 하나이다.

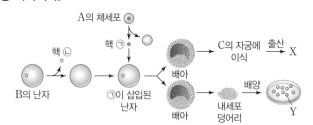

이에 대한 설명으로 옳은 것만을 〈보기〉에서 있는 대로 고른 것은? (단, 돌연변이는 고려하지 않는다.)

보기
ㄱ. X는 A를 복제한 동물이다.
ㄴ. B의 체세포에 있는 모든 유전자는 Y에 있는 모든 유전자와 서로 같다.
ㄷ. Y는 분화가 완료된 세포이다.

① ㄱ ② ㄴ ③ ㄷ ④ ㄱ, ㄴ ⑤ ㄴ, ㄷ

05
▶24072-0205

표는 시험관 Ⅰ~Ⅲ에서 이중 가닥 DNA x에 제한 효소 ⓐ와 ⓑ를 여러 조합으로 처리하여 완전히 절단했을 때 생성되는 DNA 조각의 수를 나타낸 것이다. x는 선형 DNA와 원형 DNA 중 하나이고, x에 ⓐ와 ⓑ의 인식 부위는 각각 1개씩이다. 각 DNA 조각의 염기 수는 ㉠>㉡>㉢>㉣>㉤이고, ㉡에는 ⓐ의 인식 부위가 없으며, Ⅲ에서 생성된 DNA 조각 중에는 ㉣이 있다.

시험관	Ⅰ	Ⅱ	Ⅲ
처리한 제한 효소	ⓐ	ⓑ	ⓐ, ⓑ
DNA 조각 수	2	2	?
생성된 DNA 조각	㉠, ㉤	㉡, ㉢	?

이에 대한 설명으로 옳은 것만을 〈보기〉에서 있는 대로 고른 것은?

보기
ㄱ. x는 선형 DNA이다.
ㄴ. DNA 조각의 염기 수는 ㉣+㉤=㉢이다.
ㄷ. ㉠을 시험관에 넣고 ⓑ로 완전히 자르면 ㉡과 ㉣이 생성된다.

① ㄱ ② ㄷ ③ ㄱ, ㄴ ④ ㄴ, ㄷ ⑤ ㄱ, ㄴ, ㄷ

06
▶24072-0206

그림은 동물 A의 세포 ㉠과 B의 세포 ㉡을 이용하여 줄기세포를 만드는 과정을 나타낸 것이다. A와 B는 같은 종의 동물이며, 유전적으로 서로 다르다.

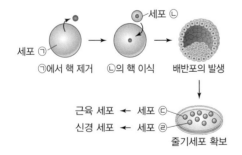

세포 ㉠ → ㉠에서 핵 제거 → 세포 ㉡ / ㉡의 핵 이식 → 배반포의 발생 → 줄기세포 확보 / 세포 ㉢ → 근육 세포 / 세포 ㉣ → 신경 세포

이에 대한 설명으로 옳은 것만을 〈보기〉에서 있는 대로 고른 것은? (단, 돌연변이는 고려하지 않는다.)

보기
ㄱ. 핵치환 기술이 사용되었다.
ㄴ. 핵 속 DNA의 유전자 구성은 배반포 세포와 ㉡이 서로 같다.
ㄷ. 세포 분화 과정에서 ㉢과 ㉣의 유전자 구성은 서로 달라진다.

① ㄱ ② ㄷ ③ ㄱ, ㄴ ④ ㄱ, ㄷ ⑤ ㄴ, ㄷ

07
▶24072-0207

다음은 이중 가닥 DNA x와 제한 효소에 대한 자료이다.

• x는 33개의 염기쌍으로 이루어져 있고, x 중 한 가닥의 염기 서열은 다음과 같다. ⓐ와 ⓑ는 각각 5′ 말단과 3′ 말단 중 하나이다.

ⓐ-CCCGGGCCCCTAGGGATCCTTAAGCCTAGGATC-ⓑ

• 그림은 제한 효소 BamHⅠ과 SmaⅠ이 인식하는 염기 서열과 절단 위치를 나타낸 것이다.

5′-G̲GATCC-3′ 5′-CCC̲GGG-3′
3′-CCTAG̲G-5′ 3′-GGG̲CCC-5′
BamHⅠ   SmaⅠ

⋮ : 절단 위치

• x를 시험관 Ⅰ에 넣고 SmaⅠ을 첨가하여 완전히 자른 결과 생성된 DNA 조각 수는 2이고, 염기 수가 12인 DNA 조각이 생성된다.

이에 대한 설명으로 옳은 것만을 〈보기〉에서 있는 대로 고른 것은?

보기
ㄱ. ⓐ는 5′ 말단이다.
ㄴ. x를 시험관에 넣고 BamHⅠ을 첨가하여 완전히 자른 결과 염기 수가 34인 DNA 조각이 생성된다.
ㄷ. x를 시험관에 넣고 BamHⅠ과 SmaⅠ을 첨가하여 완전히 자른 결과 생성되는 DNA 조각 수는 4이다.

① ㄱ ② ㄴ ③ ㄷ ④ ㄱ, ㄴ ⑤ ㄴ, ㄷ

08
▶24072-0208

그림은 유전자 ㉠에 이상이 있는 선천성 면역 결핍 환자 A의 유전자 치료 과정을 나타낸 것이다.

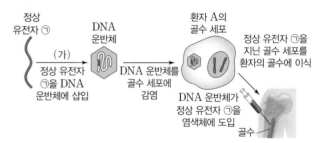

정상 유전자 ㉠ / (가) 정상 유전자 ㉠을 DNA 운반체에 삽입 / DNA 운반체 / DNA 운반체를 골수 세포에 감염 / 환자 A의 골수 세포 / DNA 운반체가 정상 유전자 ㉠을 염색체에 도입 / 정상 유전자 ㉠을 지닌 골수 세포를 환자의 골수에 이식 / 골수

이에 대한 설명으로 옳은 것만을 〈보기〉에서 있는 대로 고른 것은? (단, 돌연변이는 고려하지 않는다.)

보기
ㄱ. (가)에서 유전자 재조합 기술이 사용되었다.
ㄴ. ㉠의 운반체로 바이러스가 이용될 수 있다.
ㄷ. 치료된 환자 A의 생식세포는 ㉠을 가진다.

① ㄱ ② ㄴ ③ ㄷ ④ ㄱ, ㄴ ⑤ ㄴ, ㄷ

01

▶24072-0209

다음은 플라스미드 P를 이용한 유전자 재조합 실험이다.

- 그림은 P를 나타낸 것이다. 유전자 a~c는 앰피실린 저항성 유전자, 카나마이신 저항성 유전자, 젖당 분해 효소 유전자를 순서 없이 나타낸 것이다. 앰피실린과 카나마이신은 항생제이다.

[실험 과정 및 결과]

(가) P의 a에 유전자 x가 삽입된 재조합 플라스미드 P_1을, P_1의 b에 유전자 y가 삽입된 재조합 플라스미드 P_2를, P_2의 c에 유전자 z가 삽입된 재조합 플라스미드 P_3을 만든다.

(나) 대장균 I에 P_1을 도입하여 대장균 II를, I에 P_2를 도입하여 대장균 III을, I에 P_3을 도입하여 대장균 IV를 만든다.

(다) I~IV를 섞어 서로 다른 배지에서 배양할 때 I과 ㉠~㉢의 군체 형성 여부는 표와 같다. ㉠~㉢은 II~IV를 순서 없이 나타낸 것이다.

구분	I	㉠	㉡	㉢
앰피실린이 첨가된 배지	×	ⓐ	○	○
카나마이신이 첨가된 배지	×	×	○	ⓑ

(○: 형성함, ×: 형성 못함)

이에 대한 설명으로 옳은 것만을 〈보기〉에서 있는 대로 고른 것은? (단, 돌연변이는 고려하지 않는다.)

보기

ㄱ. ⓐ와 ⓑ는 모두 '×'이다.

ㄴ. ㉠은 II이다.

ㄷ. a는 앰피실린 저항성 유전자이다.

① ㄱ   ② ㄷ   ③ ㄱ, ㄴ   ④ ㄱ, ㄷ   ⑤ ㄴ, ㄷ

02

▶24072-0210

다음은 벼 줄기의 즙액을 빨아 먹는 벼멸구에 저항성을 가진 벼 품종을 생산하는 과정이다.

(가) 배추로부터 벼멸구에 대한 해충 저항성 유전자 $BrD1$을 분리한다.

(나) 벼의 체세포를 배양하여 ㉠캘러스를 만든다.

(다) 분리한 $BrD1$을 삽입한 재조합 플라스미드를 만들고, 재조합 플라스미드를 캘러스의 세포에 도입하여 형질을 전환시킨다.

(라) 형질이 전환된 세포를 선별하여 벼의 성체로 발생시킨다.

이에 대한 설명으로 옳은 것만을 〈보기〉에서 있는 대로 고른 것은?

보기

ㄱ. ㉠은 미분화된 세포 덩어리이다.

ㄴ. (다) 과정에 핵치환 기술이 사용되었다.

ㄷ. (나)와 (라)의 벼는 유전자 구성이 서로 동일하다.

① ㄱ   ② ㄷ   ③ ㄱ, ㄴ   ④ ㄱ, ㄷ   ⑤ ㄴ, ㄷ

03

▶24072-0211

표 (가)는 제한 효소 A~C가 인식하는 염기 서열과 절단 위치를, (나)는 시험관 Ⅰ~Ⅳ에서 이중 가닥 DNA를 제한 효소로 완전히 자른 결과 생성된 DNA 조각 수와 각 DNA 조각의 염기 수를 나타낸 것이다. ㉠과 ㉡은 원형 DNA와 선형 DNA를 순서 없이 나타낸 것이고, A의 절단 위치는 ㉠에서가 ㉡에서보다 많다. ⓐ는 Ⅰ에서, ⓑ는 Ⅳ에서 각각의 염기 수에 해당하는 DNA 조각이며, ⓑ의 양쪽 말단을 절단한 제한 효소는 서로 다르다.

제한 효소	인식하는 염기 서열과 절단 위치
A	5′–GGATCC–3′ 3′–CCTAGG–5′
B	5′–GAATTC–3′ 3′–CTTAAG–5′
C	5′–AGATCT–3′ 3′–TCTAGA–5′

⫶: 절단 위치

(가)

시험관	Ⅰ	Ⅱ	Ⅲ	Ⅳ
첨가한 이중 가닥 DNA	㉠	㉠	㉡	㉡
첨가한 제한 효소	A	A, B	A	A, C
생성된 DNA 조각 수	2	3	2	3
생성된 각 DNA 조각의 염기 수	250, ⓐ750	250, 300, 450	250, 750	ⓑ200, 250, 550

(나)

이에 대한 설명으로 옳은 것만을 〈보기〉에서 있는 대로 고른 것은? (단, 돌연변이는 고려하지 않는다.)

보기
ㄱ. ㉠은 원형 DNA이다.
ㄴ. A의 절단 위치는 ㉡에 2개가 있다.
ㄷ. ⓐ와 ⓑ를 재조합한 원형 DNA를 A로 완전히 자른 결과 생성되는 DNA 조각 수는 2이다.

① ㄱ   ② ㄴ   ③ ㄱ, ㄴ   ④ ㄱ, ㄷ   ⑤ ㄴ, ㄷ

04

▶24072-0212

그림은 유전자 재조합 기술을 이용하여 만든 재조합 플라스미드를 숙주 대장균 E에 도입하여 대장균 F와 G를 얻는 과정을, 표는 대장균 F와 G를 섞어 서로 다른 배지에 배양할 때 F와 G의 군체 형성 여부를 나타낸 것이다. ⓐ는 제한 효소 A의 절단 위치이고, ⓑ는 제한 효소 B의 절단 위치이며, ⓟ와 ⓠ는 ⓐ와 ⓑ를 순서 없이 나타낸 것이다. 유전자 Ⅰ과 Ⅱ는 항생제 저항성 유전자가 아니다.

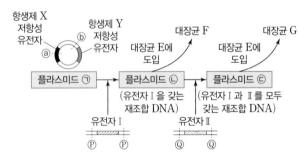

구분	F	G
X가 첨가된 배지	형성함	?
Y가 첨가된 배지	?	형성함

이에 대한 설명으로 옳은 것만을 〈보기〉에서 있는 대로 고른 것은? (단, 돌연변이는 고려하지 않으며, 대장균 E에는 항생제 X 저항성 유전자와 항생제 Y 저항성 유전자가 없다.)

보기
ㄱ. ⓟ는 ⓐ이다.
ㄴ. ㉢을 A와 B로 완전히 자른 결과 생성되는 DNA 조각 수는 4이다.
ㄷ. F는 X와 Y가 모두 첨가된 배지에서 군체를 형성하지 못한다.

① ㄱ   ② ㄴ   ③ ㄷ   ④ ㄱ, ㄴ   ⑤ ㄴ, ㄷ

05

▶24072-0213

그림은 유전자 재조합 기술을 이용하여 대장균 Ⅰ로부터 유전자 x의 단백질과 유전자 y의 단백질을 모두 생산하는 대장균 Ⅳ를 얻는 과정을, 표는 대장균 ㉠~㉣을 섞어 서로 다른 배지에 배양한 결과를 나타낸 것이다. 젖당 분해 효소 유전자의 산물은 물질 Z를 분해하여 대장균 군체색을 흰색에서 푸른색으로 변화시킨다. 앰피실린과 카나마이신은 항생제이고, ⓐ와 ⓑ는 앰피실린과 카나마이신을 순서 없이 나타낸 것이며, ㉠~㉣은 Ⅰ~Ⅳ를 순서 없이 나타낸 것이다.

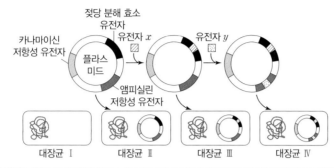

구분		㉠	㉡	㉢	㉣
Z와 ⓐ가 첨가된 배지	군체 형성 여부	형성함	형성함	형성함	?
	군체색	푸른색	㉮	흰색	?
Z와 ⓑ가 첨가된 배지	군체 형성 여부	형성함	형성함	?	형성 못함
	군체색	푸른색	㉯	?	?

이에 대한 설명으로 옳은 것만을 〈보기〉에서 있는 대로 고른 것은? (단, 돌연변이는 고려하지 않으며, 대장균 Ⅰ에는 앰피실린 저항성 유전자, 카나마이신 저항성 유전자, 젖당 분해 효소 유전자가 없다.)

┌ 보기 ┌
ㄱ. ⓐ는 카나마이신이다.
ㄴ. ㉮와 ㉯는 모두 '흰색'이다.
ㄷ. ㉢은 y를 가진다.

① ㄱ   ② ㄷ   ③ ㄱ, ㄴ   ④ ㄴ, ㄷ   ⑤ ㄱ, ㄴ, ㄷ

06

▶24072-0214

다음은 줄기세포를 이용한 세포 분화 실험이다.

• ㉠과 ㉡은 성체 줄기세포와 유도 만능 줄기세포(역분화 줄기세포)를 순서 없이 나타낸 것이다.
[실험 Ⅰ의 과정 및 결과]
(가) 개체 P의 분화가 끝난 피부 세포에 외부 유전자를 도입하여 미분화된 상태의 ㉠을 얻고, 이를 배양한다.
(나) (가)에서 배양한 ㉠에 어떤 물질을 처리한 결과 신경 세포 X로 분화하였다.
[실험 Ⅱ의 과정 및 결과]
(가) 탯줄로부터 ㉡을 추출하여 배양한다.
(나) (가)의 ㉡에 어떤 물질을 처리한 결과 신경 세포 Y로 분화하였다.

이에 대한 설명으로 옳은 것만을 〈보기〉에서 있는 대로 고른 것은?

┌ 보기 ┌
ㄱ. ㉠은 유도 만능 줄기세포이다.
ㄴ. Ⅰ과 Ⅱ를 통해 신경 세포를 얻는 과정에 모두 난자가 필요하다.
ㄷ. ㉠과 ㉡은 모두 배반포의 내세포 덩어리로부터 추출한다.

① ㄱ   ② ㄷ   ③ ㄱ, ㄴ   ④ ㄴ, ㄷ   ⑤ ㄱ, ㄴ, ㄷ

07
▶24072-0215

다음은 이중 가닥 DNA x와 제한 효소에 대한 자료이다.

- x는 31개의 염기쌍으로 이루어져 있고, x 중 한 가닥의 염기 서열은 다음과 같다. ㉠~㉣은 아데닌(A), 사이토신(C), 구아닌(G), 타이민(T)을 순서 없이 나타낸 것이다.

$$5'-㉣㉠㉣㉢㉠㉢㉢㉠㉡㉡㉢㉠㉠㉣㉣㉡㉢㉠㉣㉡㉡㉡㉢㉠㉣㉣㉡㉢㉠㉣㉡㉡㉢-3'$$

- 그림은 제한 효소 BamHⅠ, NdeⅠ, PvuⅠ이 인식하는 염기 서열과 절단 위치를 나타낸 것이다.

$$5'-G\downarrow GATCC-3' \quad 5'-CA\downarrow TATG-3' \quad 5'-CGAT\downarrow CG-3'$$
$$3'-CCTAG\uparrow G-5' \quad 3'-GTAT\uparrow AC-5' \quad 3'-GC\uparrow TAGC-5'$$

BamHⅠ   NdeⅠ   PvuⅠ

┊ : 절단 위치

- x를 시험관 Ⅰ~Ⅳ에 넣고 제한 효소를 첨가하여 완전히 자른 결과 생성된 DNA 조각 수와 각 DNA 조각의 염기 수는 표와 같다. Ⅳ에 첨가한 제한 효소는 BamHⅠ, NdeⅠ, PvuⅠ 중 2가지이다.

시험관	Ⅰ	Ⅱ	Ⅲ	Ⅳ
첨가한 제한 효소	BamHⅠ	NdeⅠ	PvuⅠ	?
생성된 DNA 조각 수	ⓐ	ⓑ	3	4
생성된 각 DNA 조각의 염기 수	?	?	?	10, 10, 20, 22

이에 대한 설명으로 옳은 것만을 〈보기〉에서 있는 대로 고른 것은?

┌ 보기 ┐
ㄱ. ⓐ+ⓑ=6이다.
ㄴ. Ⅲ에서 염기 개수가 22개인 DNA 조각이 생성된다.
ㄷ. Ⅳ에 첨가한 효소는 BamHⅠ과 PvuⅠ이다.

① ㄱ   ② ㄴ   ③ ㄷ   ④ ㄱ, ㄴ   ⑤ ㄴ, ㄷ

08

▶24072-0216

다음은 이중 가닥 DNA x와 제한 효소에 대한 자료이다.

- x는 31개의 염기쌍으로 이루어져 있고, x 중 한 가닥의 염기 서열은 다음과 같다.

  5′−CG〔 ㉠ 〕TA−3′

- x를 구성하는 상보적인 두 단일 가닥 사이의 염기 간 수소 결합의 총개수는 81개이고, ㉠에는 염기 서열이 5′−CGGGGA−3′인 부위가 있다.
- 그림은 제한 효소 BamHⅠ, BglⅡ, EcoRⅠ, SmaⅠ이 인식하는 염기 서열과 절단 위치를 나타낸 것이다.

  5′−GGATCC−3′   5′−AGATCT−3′   5′−GAATTC−3′   5′−CCCGGG−3′
  3′−CCTAGG−5′   3′−TCTAGA−5′   3′−CTTAAG−5′   3′−GGGCCC−5′
  　　BamHⅠ　　　　　　BglⅡ　　　　　　　EcoRⅠ　　　　　　SmaⅠ

  ┊: 절단 위치

- x를 시험관 Ⅰ~Ⅴ에 넣고 제한 효소를 첨가하여 완전히 자른 결과 생성된 DNA 조각 수와 각 DNA 조각의 염기 수는 표와 같다.

시험관	Ⅰ	Ⅱ	Ⅲ	Ⅳ	Ⅴ
첨가한 제한 효소	BamHⅠ	BglⅡ	EcoRⅠ	SmaⅠ	BamHⅠ, BglⅡ
생성된 DNA 조각 수	2	2	2	3	?
생성된 각 DNA 조각의 염기 수	30, 32	8, 54	10, 52	20, 20, 22	?

이에 대한 설명으로 옳은 것만을 〈보기〉에서 있는 대로 고른 것은?

┌ 보기 ┐
ㄱ. ㉠에서 구아닌(G)의 개수는 9개이다.
ㄴ. Ⅳ에서 생성된 염기 개수가 22개인 DNA 조각에서 염기 간 수소 결합의 총개수는 27개이다.
ㄷ. Ⅴ에서 염기 개수가 30개인 DNA 조각이 생성된다.

① ㄱ　　　　　② ㄷ　　　　　③ ㄱ, ㄴ　　　　　④ ㄴ, ㄷ　　　　　⑤ ㄱ, ㄴ, ㄷ

과학탐구영역 **생명과학 II**

실전 모의고사

문항에 따라 배점이 다릅니다. 3점 문항에는 점수가 표시되어 있습니다. 점수 표시가 없는 문항은 모두 2점입니다.

01

▶24072-0217

다음은 생명 과학자의 주요 성과 (가)~(다)에 대한 내용이다. ㉠과 ㉡은 DNA와 RNA를 순서 없이 나타낸 것이다.

(가) 니런버그와 마테이는 인공 합성된 ㉠을 이용하여 유전부호를 해독하였다.
(나) 에이버리는 폐렴 쌍구균의 형질 전환 실험을 통해 ㉡이 유전 물질임을 입증하였다.
(다) 왓슨과 크릭은 ㉡의 이중 나선 구조를 알아내었다.

이에 대한 설명으로 옳은 것만을 〈보기〉에서 있는 대로 고른 것은?

보기
ㄱ. ㉠은 DNA이다.
ㄴ. (나)는 '유전자 재조합 기술 개발'보다 먼저 이룬 성과이다.
ㄷ. (가)~(다)를 시대 순으로 배열하면 (나)→(가)→(다)이다.

① ㄱ　　② ㄴ　　③ ㄱ, ㄷ　　④ ㄴ, ㄷ　　⑤ ㄱ, ㄴ, ㄷ

02

▶24072-0218

그림 (가)는 효소 X가 있을 때와 없을 때 화학 반응에서 에너지 변화를, (나)는 X에 의한 반응에서 조건 ㉠과 ㉡일 때 시간에 따른 기질의 농도를 나타낸 것이다. ㉠과 ㉡은 경쟁적 저해제가 있을 때와 없을 때를 순서 없이 나타낸 것이다.

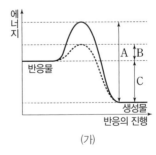 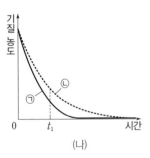

(가)　　　　　(나)

이에 대한 설명으로 옳은 것만을 〈보기〉에서 있는 대로 고른 것은?

보기
ㄱ. A는 X가 없을 때의 활성화 에너지이다.
ㄴ. ㉠은 경쟁적 저해제가 없을 때이다.
ㄷ. ㉡에서 t_1일 때 반응물과 생성물의 에너지 차이는 C이다.

① ㄱ　　② ㄴ　　③ ㄱ, ㄷ　　④ ㄴ, ㄷ　　⑤ ㄱ, ㄴ, ㄷ

03

▶24072-0219

그림은 동물 세포의 구조를 나타낸 것이다. A~C는 핵, 골지체, 미토콘드리아를 순서 없이 나타낸 것이다.

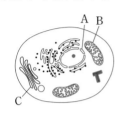

이에 대한 설명으로 옳은 것만을 〈보기〉에서 있는 대로 고른 것은?

보기
ㄱ. A에서 RNA가 합성된다.
ㄴ. B에는 리보솜이 있다.
ㄷ. C는 인지질 2중층으로 된 막을 갖는다.

① ㄱ　　② ㄴ　　③ ㄱ, ㄷ　　④ ㄴ, ㄷ　　⑤ ㄱ, ㄴ, ㄷ

04

▶24072-0220

그림 (가)는 캘빈 회로에서 물질 전환 과정의 일부를, (나)는 광합성이 활발하게 일어나는 클로렐라에 빛을 차단한 후 시간에 따른 물질 ㉡의 농도를 나타낸 것이다. ㉠과 ㉡은 3PG와 RuBP를 순서 없이 나타낸 것이다.

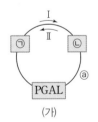 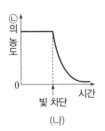

(가)　　　　　(나)

이에 대한 설명으로 옳은 것만을 〈보기〉에서 있는 대로 고른 것은? (단, 빛 이외의 조건은 동일하다.)

보기
ㄱ. (가)에서 회로 진행 방향은 Ⅰ이다.
ㄴ. 과정 ⓐ에서 NADPH가 사용된다.
ㄷ. 1분자당 $\dfrac{인산기\ 수}{탄소\ 수}$ 는 ㉠이 ㉡보다 작다.

① ㄱ　　② ㄷ　　③ ㄱ, ㄴ　　④ ㄴ, ㄷ　　⑤ ㄱ, ㄷ

05

▶ 24072-0221

다음은 3역 6계 분류 체계에 따라 분류한 5종의 생물 A~E에 대한 자료이다.

- A~E는 4개의 계로 분류된다.
- A와 C는 서로 다른 ㉠에 속하고, A와 D는 서로 같은 ㉡에 속한다. ㉠과 ㉡은 역과 계를 순서 없이 나타낸 것이다.
- B와 D는 서로 같은 ㉠에 속하고, C와 D는 서로 다른 ㉡에 속하며, B와 E는 서로 다른 ㉡에 속한다.
- B와 D의 유연관계는 A와 D의 유연관계보다 가깝다.

이에 대한 설명으로 옳은 것만을 〈보기〉에서 있는 대로 고른 것은? [3점]

┌─ 보기 ┐
ㄱ. ㉠은 계이다.
ㄴ. B와 D는 서로 다른 계에 속한다.
ㄷ. C와 E는 모두 원핵생물이다.
└────────┘

① ㄱ   ② ㄴ   ③ ㄱ, ㄷ   ④ ㄴ, ㄷ   ⑤ ㄱ, ㄴ, ㄷ

06

▶ 24072-0222

표는 세포막을 통한 물질의 이동 방식 A와 B에서 특징의 유무를, 그림은 물질 ㉠이 들어 있는 배양액에 어떤 세포를 넣은 후 시간에 따른 ㉠의 세포 안 농도를 나타낸 것이다. A와 B는 능동 수송과 촉진 확산을 순서 없이 나타낸 것이고, ㉠의 이동 방식은 A와 B 중 하나이다. C는 ㉠의 세포 안과 밖의 농도가 같아졌을 때 ㉠의 세포 밖 농도이다.

특징 이동 방식	ATP 사용됨	막단백질이 이용됨
A	×	ⓐ
B	○	ⓑ

(○: 있음, ×: 없음)

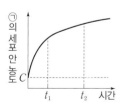

이에 대한 설명으로 옳은 것만을 〈보기〉에서 있는 대로 고른 것은?

┌─ 보기 ┐
ㄱ. ⓐ와 ⓑ는 모두 '○'이다.
ㄴ. ㉠의 이동 방식은 B이다.
ㄷ. ㉠의 세포 안과 밖의 농도 차는 t_1일 때가 t_2일 때보다 크다.
└────────┘

① ㄱ   ② ㄷ   ③ ㄱ, ㄴ   ④ ㄴ, ㄷ   ⑤ ㄱ, ㄴ, ㄷ

07

▶ 24072-0223

그림은 세포 호흡이 일어나고 있는 미토콘드리아의 TCA 회로에서 물질 전환 과정 Ⅰ~Ⅲ을, 표는 Ⅰ~Ⅲ에서 1분자의 물질 A, B, C가 각각 1분자의 물질 B, C, A로 전환되는 과정에서 생성되는 물질 ㉠~㉢의 분자 수를 나타낸 것이다. A~C는 시트르산, 4탄소 화합물, 5탄소 화합물을 순서 없이 나타낸 것이고, ㉠~㉢은 ATP, $FADH_2$, NADH를 순서 없이 나타낸 것이다.

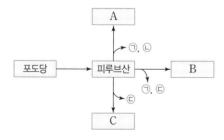

물질 과정	㉠	㉡	㉢
Ⅰ	2	1	ⓐ
Ⅱ	ⓑ	?	0
Ⅲ	2	0	1

이에 대한 설명으로 옳은 것만을 〈보기〉에서 있는 대로 고른 것은? [3점]

┌─ 보기 ┐
ㄱ. A는 5탄소 화합물이다.
ㄴ. ㉡은 $FADH_2$이다.
ㄷ. ⓐ와 ⓑ는 모두 1이다.
└────────┘

① ㄱ   ② ㄷ   ③ ㄱ, ㄴ   ④ ㄴ, ㄷ   ⑤ ㄱ, ㄴ, ㄷ

08

▶ 24072-0224

그림은 세포 호흡과 발효에서의 물질 전환 과정을 나타낸 것이다. A~C는 아세틸 CoA, 에탄올, 젖산을 순서 없이 나타낸 것이고, ㉠~㉢은 CO_2, NADH, NAD^+를 순서 없이 나타낸 것이다.

```
                    ┌───┐
                    │ A │
                    └───┘
                      ↑
                    ㉠, ㉡
┌──────┐   ┌───────┐        ┌───┐
│ 포도당 │ → │ 피루브산 │ ──→    │ B │
└──────┘   └───────┘        └───┘
                      ↓ ㉠, ㉢
                     ㉢
                    ┌───┐
                    │ C │
                    └───┘
```

이에 대한 설명으로 옳은 것만을 〈보기〉에서 있는 대로 고른 것은?

┌─ 보기 ┐
ㄱ. ㉠은 NADH이다.
ㄴ. 1분자당 $\dfrac{수소\ 수}{탄소\ 수}$는 B와 C가 같다.
ㄷ. 사람의 근육 세포에서 O_2가 부족할 때 피루브산이 C로 전환된다.
└────────┘

① ㄱ   ② ㄷ   ③ ㄱ, ㄴ   ④ ㄴ, ㄷ   ⑤ ㄱ, ㄴ, ㄷ

09

▶24072-0225

그림은 전자 전달이 활발하게 일어나고 있는 미토콘드리아 내막의 전자 전달계를 나타낸 것이다. ㉠과 ㉡은 각각 $FADH_2$와 $NADH$ 중 하나이고, (가)는 전자 전달계를 구성하는 단백질 복합체이며, Ⅰ과 Ⅱ는 각각 막 사이 공간과 미토콘드리아 기질 중 하나이다.

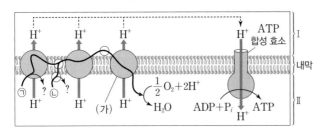

이에 대한 설명으로 옳은 것만을 〈보기〉에서 있는 대로 고른 것은?

┌ 보기 ┌
ㄱ. ㉡은 $FADH_2$이다.
ㄴ. ATP 합성 효소를 통한 H^+의 이동을 차단하는 물질을 처리하면 Ⅰ의 pH는 처리하기 전보다 감소한다.
ㄷ. (가)를 통해 H^+이 Ⅱ에서 Ⅰ로 이동하는 방식은 촉진 확산이다.

① ㄱ   ② ㄷ   ③ ㄱ, ㄴ   ④ ㄴ, ㄷ   ⑤ ㄱ, ㄴ, ㄷ

10

▶24072-0226

다음은 동물 종 P의 두 집단 Ⅰ과 Ⅱ에 대한 자료이다.

- Ⅰ과 Ⅱ를 구성하는 개체 수는 같고, Ⅰ과 Ⅱ는 모두 하디·바인베르크 평형이 유지되는 집단이다.
- P의 유전 형질 (가)는 상염색체에 있는 대립유전자 A와 A^*에 의해 결정된다. A는 A^*에 대해 완전 우성이고, 유전자형이 AA인 개체와 AA^*인 개체에게서 (가)가 발현된다.
- ㉡을 가진 개체들을 합쳐서 구한 ㉠의 빈도는 Ⅰ이 Ⅱ의 2배이다. ㉠과 ㉡은 A와 A^*를 순서 없이 나타낸 것이다.
- 유전자형이 AA^*인 개체들을 제외한 나머지 개체들을 합쳐서 구한 ㉡의 빈도는 Ⅰ에서 $\frac{9}{13}$이다.
- Ⅰ에서 유전자형이 AA^*인 개체 수는 Ⅱ에서 (가)가 발현된 개체 수보다 크다.

이에 대한 설명으로 옳은 것만을 〈보기〉에서 있는 대로 고른 것은?
[3점]

┌ 보기 ┌
ㄱ. ㉠은 A이다.
ㄴ. Ⅱ에서 $\dfrac{\text{유전자형이 } AA^* \text{인 개체 수}}{\text{(가)가 발현되지 않은 개체 수}} = \dfrac{2}{5}$이다.
ㄷ. Ⅰ과 Ⅱ의 개체들을 모두 합쳐서 구한 A의 빈도는 $\dfrac{17}{30}$이다.

① ㄱ   ② ㄷ   ③ ㄱ, ㄴ   ④ ㄴ, ㄷ   ⑤ ㄱ, ㄴ, ㄷ

11 ▶24072-0227

다음은 이중 가닥 DNA x와 mRNA y에 대한 자료이다.

- x를 구성하는 단일 가닥 x_1과 x_2는 서로 상보적이며, 각각 60개의 염기로 구성되어 있고, x의 염기 간 수소 결합의 총 개수는 154개이다.
- x_2로부터 y가 전사되었고, 염기 개수는 x가 y의 2배이다.
- $\dfrac{\textcircled{\footnotesize ㄱ}+\textcircled{\footnotesize ㄴ}}{\textcircled{\footnotesize ㄷ}+\textcircled{\footnotesize ㄹ}}$은 x_1에서 1, y에서 $\dfrac{8}{15}$이다. $\textcircled{\footnotesize ㄱ}$~$\textcircled{\footnotesize ㄹ}$은 아데닌(A), 사이토신(C), 구아닌(G), 타이민(T)을 순서 없이 나타낸 것이다.
- x_1에서 $\dfrac{\textcircled{\footnotesize ㄱ}}{\textcircled{\footnotesize ㄷ}}=\dfrac{8}{9}$이고, 퓨린 계열 염기의 개수는 피리미딘 계열 염기의 개수와 같다.

이에 대한 설명으로 옳은 것만을 〈보기〉에서 있는 대로 고른 것은? (단, 돌연변이는 고려하지 않는다.) [3점]

─ 보기 ─
ㄱ. x_1에서 구아닌(G)의 개수는 18개이다.
ㄴ. $\textcircled{\footnotesize ㄷ}$은 아데닌(A)이다.
ㄷ. x_2에서 $\textcircled{\footnotesize ㄴ}$의 개수+$\textcircled{\footnotesize ㄷ}$의 개수=28이다.

① ㄱ ② ㄴ ③ ㄱ, ㄷ ④ ㄴ, ㄷ ⑤ ㄱ, ㄴ, ㄷ

12 ▶24072-0228

그림은 어떤 세균에서 전사가 일어나는 과정을 나타낸 것이다. $\textcircled{\footnotesize ㄱ}$과 $\textcircled{\footnotesize ㄴ}$은 합성되는 RNA X의 5′ 말단과 3′ 말단을 순서 없이 나타낸 것이다.

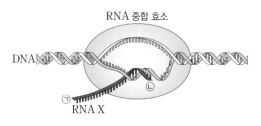

이에 대한 설명으로 옳은 것만을 〈보기〉에서 있는 대로 고른 것은?

─ 보기 ─
ㄱ. $\textcircled{\footnotesize ㄱ}$은 5′ 말단이다.
ㄴ. $\textcircled{\footnotesize ㄴ}$에 첨가되는 뉴클레오타이드에 디옥시리보스가 있다.
ㄷ. X에 프로모터가 포함되어 있다.

① ㄱ ② ㄷ ③ ㄱ, ㄴ ④ ㄴ, ㄷ ⑤ ㄱ, ㄴ, ㄷ

13 ▶24072-0229

다음은 어떤 세포에서 복제 중인 이중 가닥 DNA에 대한 자료이다.

- 이중 가닥 DNA를 구성하는 단일 가닥 Ⅰ은 26개의 염기로 구성되며, 염기 서열은 다음과 같다. $\textcircled{\footnotesize ㄱ}$~$\textcircled{\footnotesize ㄷ}$은 아데닌(A), 사이토신(C), 타이민(T)을 순서 없이 나타낸 것이다.

  3′-C$\textcircled{\footnotesize ㄱ}A\textcircled{\footnotesize ㄴ}$AGCTA$\textcircled{\footnotesize ㄱ}$GTCGT$\textcircled{\footnotesize ㄷ}$$\textcircled{\footnotesize ㄱ}$GTAGG$\textcircled{\footnotesize ㄴ}$CAT-5′

- Ⅰ을 주형으로 하여 지연 가닥이 합성되는 과정에서 가닥 ㉮와 ㉯가 합성되었다. ㉮의 염기 개수는 11개, ㉯의 염기 개수는 15개이다.
- ㉮는 프라이머 X를, ㉯는 프라이머 Y를 가지고, X와 Y는 각각 5개의 염기로 구성된다. X와 Y의 G+C 함량은 모두 40 %이다.
- ㉮에서 X를 제외한 나머지 부분에서 G+C 함량과 퓨린 계열 염기 함량은 모두 50 %이다. ㉯에서 Y를 제외한 나머지 부분에서 G+C 함량과 퓨린 계열 염기 함량은 모두 60 %이다.

이에 대한 설명으로 옳은 것만을 〈보기〉에서 있는 대로 고른 것은? (단, 돌연변이는 고려하지 않는다.) [3점]

─ 보기 ─
ㄱ. $\textcircled{\footnotesize ㄱ}$은 사이토신(C)이다.
ㄴ. ㉯가 ㉮보다 먼저 합성되었다.
ㄷ. 피리미딘 계열 염기의 개수는 X에서가 Y에서보다 많다.

① ㄱ ② ㄴ ③ ㄷ ④ ㄱ, ㄷ ⑤ ㄴ, ㄷ

14 ▶24072-0230

그림은 원시 지구에서 생명체의 출현 과정과 대기의 변화를 나타낸 것이다. A~C는 광합성 세균, 산소 호흡 세균, 무산소 호흡 종속 영양 생물을 순서 없이 나타낸 것이고, $\textcircled{\footnotesize ㄱ}$과 $\textcircled{\footnotesize ㄴ}$은 O_2와 CO_2를 순서 없이 나타낸 것이다.

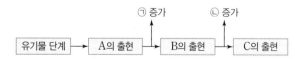

이에 대한 설명으로 옳은 것만을 〈보기〉에서 있는 대로 고른 것은?

─ 보기 ─
ㄱ. A는 광합성 세균이다.
ㄴ. $\textcircled{\footnotesize ㄴ}$은 O_2이다.
ㄷ. 세포내 공생설에 따르면 미토콘드리아의 기원은 B이다.

① ㄱ ② ㄴ ③ ㄱ, ㄷ ④ ㄴ, ㄷ ⑤ ㄱ, ㄴ, ㄷ

15 ▶24072-0231

표 (가)는 광합성이 일어나는 어떤 식물의 A와 B에서 특징의 유무를 나타낸 것이고, (나)는 특징 ㉠과 ㉡을 순서 없이 나타낸 것이다. A와 B는 순환적 전자 흐름(순환적 광인산화)과 비순환적 전자 흐름(비순환적 광인산화)을 순서 없이 나타낸 것이다.

구분 특징	A	B
P_{700}에서 고에너지 전자가 방출된다.	ⓐ	○
㉠	?	ⓑ
㉡	○	×

(○: 있음, ×: 없음)

(가)

특징(㉠, ㉡)
• 물의 광분해를 통해 O_2가 생성된다.
• H^+ 농도 기울기를 이용해 ATP가 생성된다.

(나)

이에 대한 설명으로 옳은 것만을 〈보기〉에서 있는 대로 고른 것은? [3점]

┌ 보기 ┌
ㄱ. A에서 광계 Ⅱ가 관여한다.
ㄴ. ⓐ와 ⓑ는 모두 '○'이다.
ㄷ. ㉡은 '물의 광분해를 통해 O_2가 생성된다.'이다.

① ㄱ ② ㄴ ③ ㄱ, ㄷ ④ ㄴ, ㄷ ⑤ ㄱ, ㄴ, ㄷ

16 ▶24072-0232

표 (가)는 동물의 4가지 특징을, (나)는 (가)의 특징 중 동물 A~C와 거미가 서로 공통으로 가지는 특징의 개수를 나타낸 것이다. A~C는 지렁이, 불가사리, 예쁜꼬마선충을 순서 없이 나타낸 것이다.

특징
• 탈피를 한다.
• 3배엽성이다.
• 원구가 입이 된다.
• 촉수담륜동물에 속한다.

(가)

동물	공통으로 가지는 특징 개수
A, B	2
A, C	?
B, 거미	2

(나)

이에 대한 설명으로 옳은 것만을 〈보기〉에서 있는 대로 고른 것은? [3점]

┌ 보기 ┌
ㄱ. A는 예쁜꼬마선충이다.
ㄴ. C는 일생 동안 척삭을 갖는다.
ㄷ. A와 B가 공통으로 가지는 특징의 종류는 B와 거미가 공통으로 가지는 특징의 종류와 모두 같다.

① ㄱ ② ㄴ ③ ㄱ, ㄷ ④ ㄴ, ㄷ ⑤ ㄱ, ㄴ, ㄷ

17 ▶24072-0233

다음은 유전자 x와, x에서 돌연변이가 일어난 유전자 y와 z의 발현에 대한 자료이다.

• x, y, z로부터 각각 폴리펩타이드 X, Y, Z가 합성된다.
• x가 포함된 DNA 이중 가닥 중 전사 주형 가닥의 염기 서열은 다음과 같다.

5'-CTAGTCTATACTATCGACTGGCCTCCGTGCATATG-3'

• y는 x에서 ㉠ 연속된 7개의 염기쌍이 결실된 것이며, 이로부터 합성되는 폴리펩타이드 Y를 구성하는 아미노산 개수는 X를 구성하는 아미노산 개수와 같다.
• z는 x의 전사 주형 가닥에서 ㉡ 연속한 피리미딘 계열 염기 2개가 2개의 동일한 염기로 치환된 것이며, 이로부터 합성되는 폴리펩타이드 Z의 아미노산 서열 일부는 다음과 같다.

히스티딘-알라닌-글리신

• X, Y, Z의 합성은 개시 코돈 AUG에서 시작하여 종결 코돈에서 끝나며, 표는 유전부호를 나타낸 것이다.

UUU UUC	페닐알라닌	UCU UCC		UAU UAC	타이로신	UGU UGC	시스테인
UUA UUG	류신	UCA UCG	세린	UAA	종결 코돈	UGA	종결 코돈
				UAG	종결 코돈	UGG	트립토판
CUU CUC CUA CUG	류신	CCU CCC CCA CCG	프롤린	CAU CAC	히스티딘	CGU CGC	아르지닌
				CAA CAG	글루타민	CGA CGG	
AUU AUC AUA	아이소류신	ACU ACC ACA	트레오닌	AAU AAC	아스파라진	AGU AGC	세린
AUG	메싸이오닌	ACG		AAA AAG	라이신	AGA AGG	아르지닌
GUU GUC GUA GUG	발린	GCU GCC GCA GCG	알라닌	GAU GAC	아스파트산	GGU GGC	글리신
				GAA GAG	글루탐산	GGA GGG	

이에 대한 설명으로 옳은 것만을 〈보기〉에서 있는 대로 고른 것은? (단, 제시된 돌연변이 이외의 핵산 염기 서열 변화는 고려하지 않는다.) [3점]

┌ 보기 ┌
ㄱ. ㉠에서 염기 간 수소 결합의 총개수는 18개이다.
ㄴ. ㉡은 5'-TC-3'이다.
ㄷ. Y와 Z가 공통으로 갖는 아미노산은 4가지이다.

① ㄱ ② ㄷ ③ ㄱ, ㄴ ④ ㄴ, ㄷ ⑤ ㄱ, ㄴ, ㄷ

18

▶24072-0234

다음은 대장균 Ⅰ~Ⅲ에 대한 자료이다.

- Ⅰ~Ⅲ은 야생형 대장균, 돌연변이 대장균 A와 B를 순서 없이 나타낸 것이다.
- A는 젖당 오페론의 구조 유전자가 결실된 돌연변이 대장균이고, B는 젖당 오페론을 조절하는 조절 유전자가 결실된 돌연변이 대장균이다.
- 표는 Ⅰ~Ⅲ을 배지 (가)와 (나)에서 각각 배양할 때의 결과를 나타낸 것이다. (가)와 (나)는 포도당은 있고 젖당이 없는 배지와 포도당은 없고 젖당이 있는 배지를 순서 없이 나타낸 것이다.

대장균	억제 단백질과 작동 부위의 결합		젖당 분해 효소 생성	
	(가)	(나)	(가)	(나)
Ⅰ	×	?	?	○
Ⅱ	?	○	×	㉠
Ⅲ	?	㉡	○	?

(○: 결합함 또는 생성됨, ×: 결합 못함 또는 생성 안 됨)

이에 대한 설명으로 옳은 것만을 〈보기〉에서 있는 대로 고른 것은? (단, 제시된 돌연변이 이외의 돌연변이는 고려하지 않는다.) [3점]

┌ 보기 ┐
ㄱ. (가)는 포도당은 없고 젖당이 있는 배지이다.
ㄴ. ㉠과 ㉡은 모두 '×'이다.
ㄷ. Ⅱ는 야생형 대장균이다.
└──────┘

① ㄱ   ② ㄷ   ③ ㄱ, ㄴ   ④ ㄱ, ㄷ   ⑤ ㄴ, ㄷ

19

▶24072-0235

그림은 종 A가 종 B로 분화하는 과정을 나타낸 것이다. 지리적 격리는 섬의 분리에 의해 1회 일어났고, A와 B는 서로 다른 생물학적 종이다.

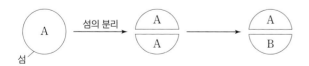

이에 대한 설명으로 옳은 것만을 〈보기〉에서 있는 대로 고른 것은?

┌ 보기 ┐
ㄱ. 지리적 격리는 종분화의 요인 중 하나이다.
ㄴ. A와 B 사이에서 생식 가능한 자손이 태어날 수 있다.
ㄷ. A의 유전자풀은 B의 유전자풀과 같다.
└──────┘

① ㄱ   ② ㄴ   ③ ㄱ, ㄷ   ④ ㄴ, ㄷ   ⑤ ㄱ, ㄴ, ㄷ

20

▶24072-0236

다음은 이중 가닥 DNA X와 제한 효소에 대한 자료이다.

- X는 30개의 염기쌍으로 이루어져 있고, X 중 한 가닥 X_1의 염기 서열은 다음과 같다.

  5′-AG[?   ]CTCA-3′

- 그림은 제한 효소 EcoRⅠ, KpnⅠ, XhoⅠ이 인식하는 염기 서열과 절단 위치를 나타낸 것이다.

  5′-GAATTC-3′   5′-GGTACC-3′   5′-CTCGAG-3′
  3′-CTTAAG-5′   3′-CCATGG-5′   3′-GAGCTC-5′
    EcoRⅠ   KpnⅠ   XhoⅠ

  [╎ : 절단 위치]

- X를 시험관 Ⅰ~Ⅵ에 넣고 제한 효소를 첨가하여 완전히 자른 결과 생성된 DNA 조각 수와 각 DNA 조각의 염기 수는 표와 같다.

시험관	Ⅰ	Ⅱ	Ⅲ	Ⅳ	Ⅴ	Ⅵ
첨가한 제한 효소	XhoⅠ	EcoRⅠ	KpnⅠ	XhoⅠ, EcoRⅠ	XhoⅠ, KpnⅠ	EcoRⅠ, KpnⅠ
생성된 DNA 조각 수	3	2	3	4	5	4
생성된 각 DNA 조각의 염기 수	18, 20, 22	8, 52	12, 20, 28	8, 10, 20, 22	?	8, 12, 20, 20

이에 대한 설명으로 옳은 것만을 〈보기〉에서 있는 대로 고른 것은? [3점]

┌ 보기 ┐
ㄱ. X에서 G+C 함량은 50 %이다.
ㄴ. X_1에서 구아닌(G)의 총개수는 7개이다.
ㄷ. Ⅴ에서 염기 수가 10인 DNA 조각이 4개 생성된다.
└──────┘

① ㄱ   ② ㄴ   ③ ㄷ   ④ ㄱ, ㄴ   ⑤ ㄱ, ㄷ

문항에 따라 배점이 다릅니다. 3점 문항에는 점수가 표시되어 있습니다. 점수 표시가 없는 문항은 모두 2점입니다

01

▶24072-0237

다음은 생명 과학자들의 주요 성과 (가)~(다)의 내용이다. ㉠과 ㉡은 각각 파스퇴르와 에이버리 중 하나이다.

(가) ㉠은 폐렴 쌍구균의 형질 전환 실험을 통해 DNA가 유전 물질임을 입증하였다.

(나) ㉡은 백조목 플라스크를 이용하여 생물 속생설을 입증하였고, 탄저병 백신을 개발하였다.

(다) 캘빈은 방사성 동위 원소인 ^{14}C와 크로마토그래피를 이용하여 이산화 탄소로부터 포도당이 합성되는 경로를 밝혔다.

이에 대한 설명으로 옳은 것만을 〈보기〉에서 있는 대로 고른 것은?

┌ 보기 ┐
ㄱ. ㉠은 에이버리이다.
ㄴ. (다)에 자기 방사법이 이용되었다.
ㄷ. (다)는 (나)보다 먼저 이룬 성과이다.

① ㄱ　② ㄷ　③ ㄱ, ㄴ　④ ㄴ, ㄷ　⑤ ㄱ, ㄴ, ㄷ

02

▶24072-0238

그림은 생물 (가)와 (나)의 구성 단계 일부를, 표는 구성 단계 X의 예를 나타낸 것이다. (가)와 (나)는 각각 동물과 식물 중 하나이고, A~D는 기관, 조직, 기관계, 조직계를 순서 없이 나타낸 것이며, X는 A~D 중 하나이다.

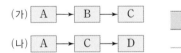

X의 예
물관, 체관

이에 대한 설명으로 옳은 것만을 〈보기〉에서 있는 대로 고른 것은?

┌ 보기 ┐
ㄱ. X는 A이다.
ㄴ. (가)는 식물이다.
ㄷ. D는 기관계이다.

① ㄱ　② ㄴ　③ ㄷ, ㄷ　④ ㄴ, ㄷ　⑤ ㄱ, ㄴ, ㄷ

03

▶24072-0239

그림 (가)는 저해제 X에 의해 효소 E에 의한 반응이 저해되는 것을, (나)는 E에 의한 반응에서 시간에 따른 기질의 농도를 나타낸 것이다. Ⅰ과 Ⅱ는 X가 있을 때와 없을 때를 순서 없이 나타낸 것이다.

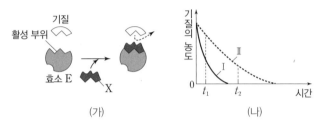

(가)　(나)

이에 대한 설명으로 옳은 것만을 〈보기〉에서 있는 대로 고른 것은?

┌ 보기 ┐
ㄱ. X는 경쟁적 저해제이다.
ㄴ. t_1일 때 생성물의 농도는 Ⅰ에서가 Ⅱ에서보다 높다.
ㄷ. Ⅱ에서 E에 의한 반응의 활성화 에너지는 t_1일 때가 t_2일 때보다 크다.

① ㄱ　② ㄷ　③ ㄱ, ㄴ　④ ㄴ, ㄷ　⑤ ㄱ, ㄴ, ㄷ

04

▶24072-0240

표 (가)는 세포막을 통한 물질의 이동 방식 Ⅰ~Ⅲ에서 특징 ㉠~㉢의 유무를, (나)는 ㉠~㉢을 순서 없이 나타낸 것이다. Ⅰ~Ⅲ은 능동 수송, 단순 확산, 촉진 확산을 순서 없이 나타낸 것이다.

구분	㉠	㉡	㉢
Ⅰ	○	?	○
Ⅱ	×	?	×
Ⅲ	ⓐ	×	○

(○: 있음, ×: 없음)

(가)

특징(㉠~㉢)
• 고농도에서 저농도로 물질이 이동한다.
• 인지질 2중층을 통해 물질이 직접 이동한다.
• Na^+-K^+ 펌프를 통한 Na^+의 이동 방식이다.

(나)

이에 대한 설명으로 옳은 것만을 〈보기〉에서 있는 대로 고른 것은?

[3점]

┌ 보기 ┐
ㄱ. ⓐ는 '○'이다.
ㄴ. Ⅱ는 능동 수송이다.
ㄷ. ㉢은 '고농도에서 저농도로 물질이 이동한다.'이다.

① ㄱ　② ㄷ　③ ㄱ, ㄴ　④ ㄴ, ㄷ　⑤ ㄱ, ㄴ, ㄷ

05 ▶24072-0241

그림은 세포 호흡이 활발한 미토콘드리아의 전자 전달계에서 전자의 이동에 따른 에너지 수준을 나타낸 것이다. ㉠~㉢은 각각 O_2, NADH, $FADH_2$ 중 하나이다.

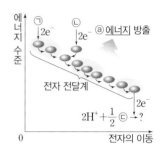

이에 대한 설명으로 옳은 것만을 〈보기〉에서 있는 대로 고른 것은? [3점]

보기
ㄱ. 1분자의 아세틸 CoA가 TCA 회로를 거쳐 완전 분해될 때 $\frac{생성되는 ㉡의 분자 수}{생성되는 ㉠의 분자 수} = \frac{1}{3}$ 이다.
ㄴ. ⓐ는 막 사이 공간에서 미토콘드리아 기질로 H^+이 능동 수송되는 데 이용된다.
ㄷ. 2분자의 ㉠과 2분자의 ㉡으로부터 각각 방출된 전자에 의해 환원되는 ㉢의 분자 수는 서로 같다.

① ㄱ ② ㄴ ③ ㄱ, ㄷ ④ ㄴ, ㄷ ⑤ ㄱ, ㄴ, ㄷ

06 ▶24072-0242

그림은 어떤 식물 세포의 세포 소기관 X의 ATP 합성 효소를 통한 H^+의 이동을, 표는 X의 특징을 나타낸 것이다. X는 엽록체와 미토콘드리아 중 하나이고, A와 B는 각각 미토콘드리아 기질, 막 사이 공간, 스트로마, 틸라코이드 내부 중 서로 다른 하나이다.

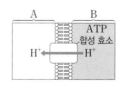

㉠ CO_2의 고정이 일어난다.

이에 대한 설명으로 옳은 것만을 〈보기〉에서 있는 대로 고른 것은?

보기
ㄱ. X에서 빛에너지가 화학 에너지로 전환된다.
ㄴ. A에서 ㉠이 일어난다.
ㄷ. B에 리보솜이 있다.

① ㄱ ② ㄷ ③ ㄱ, ㄴ ④ ㄴ, ㄷ ⑤ ㄱ, ㄴ, ㄷ

07 ▶24072-0243

그림은 어떤 식물에서 ㉠과 ㉡의 조건을 달리했을 때 시간에 따른 광합성 속도를 나타낸 것이다. ㉠과 ㉡은 빛과 CO_2를 순서 없이 나타낸 것이다.

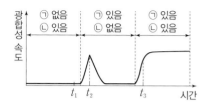

이에 대한 설명으로 옳은 것만을 〈보기〉에서 있는 대로 고른 것은? (단, 빛과 CO_2 이외의 조건은 동일하다.) [3점]

보기
ㄱ. ㉠은 CO_2이다.
ㄴ. 스트로마에서 NADPH의 농도는 t_1일 때가 t_2일 때보다 낮다.
ㄷ. 단위 시간당 생성되는 O_2의 양은 t_2일 때가 t_3일 때보다 많다.

① ㄱ ② ㄴ ③ ㄱ, ㄷ ④ ㄴ, ㄷ ⑤ ㄱ, ㄴ, ㄷ

08 ▶24072-0244

그림 (가)와 (나)는 젖산 발효와 알코올 발효의 일부를 순서 없이 나타낸 것이다. X와 Y는 각각 젖산과 에탄올 중 하나이고, ㉠~㉢은 CO_2, NAD^+, NADH를 순서 없이 나타낸 것이다.

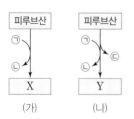

(가)   (나)

이에 대한 설명으로 옳은 것만을 〈보기〉에서 있는 대로 고른 것은?

보기
ㄱ. ㉠은 NAD^+이다.
ㄴ. (가)에서 피루브산이 환원된다.
ㄷ. 1분자당 $\frac{수소 수}{탄소 수}$는 X가 Y보다 크다.

① ㄱ ② ㄴ ③ ㄱ, ㄷ ④ ㄴ, ㄷ ⑤ ㄱ, ㄴ, ㄷ

09

▶24072-0245

그림은 TCA 회로의 일부를, 표는 아세틸 CoA를 이용한 TCA 회로의 물질 전환 과정의 일부에서 생성되는 물질 ⓐ~ⓓ의 분자 수 비를 나타낸 것이다. ㉠~㉢은 옥살아세트산, 4탄소 화합물, 5탄소 화합물을 순서 없이 나타낸 것이고, ⓐ~ⓓ는 CO_2, ATP, $FADH_2$, NADH를 순서 없이 나타낸 것이다. 1분자당 탄소 수는 ㉠과 ㉡이 서로 같다.

과정	분자 수 비
㉠ → ㉡	ⓐ : ⓑ = 1 : 1
㉡ → ㉢	ⓑ : ⓒ = 1 : 1
㉢ → ㉠	ⓒ : ⓓ = 1 : 1

이에 대한 설명으로 옳은 것만을 〈보기〉에서 있는 대로 고른 것은? [3점]

보기
ㄱ. ⓐ는 NADH이다.
ㄴ. 과정 I에 아세틸 CoA가 이용된다.
ㄷ. 1분자의 ㉢이 ㉠을 거쳐 1분자의 ㉡으로 전환되는 과정에서 1분자의 ⓑ가 생성된다.

① ㄱ ② ㄴ ③ ㄱ, ㄷ ④ ㄴ, ㄷ ⑤ ㄱ, ㄴ, ㄷ

10

▶24072-0246

그림은 물질 ㉠과 ㉡의 기본 단위를 나타낸 것이고, 표는 에이버리의 실험 일부에 대한 자료이다. ㉠과 ㉡은 DNA와 단백질을 순서 없이 나타낸 것이고, ㉮는 ㉠과 ㉡ 중 하나이다.

㉠의 기본 단위: 인산 — ⓐ — 염기

㉡의 기본 단위:
$$H_2N-\overset{\overset{\displaystyle H}{|}}{\underset{\underset{\displaystyle R}{|}}{C}}-COOH$$

에이버리는 유전 물질을 규명하기 위해 죽은 S형 균의 추출물에 ㉮ 분해 효소를 처리하고, 이를 살아 있는 R형 균과 섞어 배양한 결과 살아 있는 S형 균이 관찰되었다.

이에 대한 설명으로 옳은 것만을 〈보기〉에서 있는 대로 고른 것은?

보기
ㄱ. 표의 실험에서 R형 균이 S형 균으로 형질 전환되었다.
ㄴ. ㉮는 ㉡이다.
ㄷ. ⓐ는 리보스이다.

① ㄱ ② ㄴ ③ ㄷ ④ ㄱ, ㄴ ⑤ ㄱ, ㄷ

11

▶24072-0247

그림은 10개의 염기쌍으로 이루어진 이중 가닥 DNA x를 이루는 단일 가닥 I, II와 I과 II 중 하나를 주형으로 하여 전사된 mRNA y를, 표는 x와 부위 ㉠~㉢의 염기 조성 특징을 나타낸 것이다.

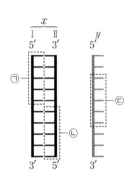

• x에서 $\dfrac{G+C}{A+T}=1$이다.

• ㉠에서 $\dfrac{A}{C}=\dfrac{1}{2}$이다.

• ㉡에서 $\dfrac{G}{C}=1$이다.

• ㉢에서 $\dfrac{C+T}{A+G}=3$이다.

• 퓨린 계열 염기의 개수는 ㉠에서가 ㉡에서보다 많다.

이에 대한 설명으로 옳은 것만을 〈보기〉에서 있는 대로 고른 것은? (단, 돌연변이는 고려하지 않는다.) [3점]

보기
ㄱ. y의 전사 주형 가닥은 I이다.
ㄴ. ㉢은 3종류의 염기로 구성된다.
ㄷ. y의 5′ 말단에서 2번째 염기는 퓨린 계열 염기이다.

① ㄱ ② ㄷ ③ ㄱ, ㄴ ④ ㄴ, ㄷ ⑤ ㄱ, ㄴ, ㄷ

12

▶24072-0248

표는 3가지 생명 공학 기술을 이용한 예를 나타낸 것이다. I과 II는 세포 융합 기술과 핵치환 기술을 순서 없이 나타낸 것이다.

생명 공학 기술	예
I	무핵 난자에 체세포의 핵을 이식한 후 대리모에 착상시켜 형질이 복제된 개체를 만든다.
II	?
유전자 재조합 기술	㉠제한 효소를 이용하여 얻은 사람의 인슐린 유전자를 플라스미드와 재조합한 후 재조합된 플라스미드를 대장균에 주입하여 인슐린을 대량으로 획득한다.

이에 대한 설명으로 옳은 것만을 〈보기〉에서 있는 대로 고른 것은?

보기
ㄱ. I은 핵치환 기술이다.
ㄴ. II를 이용하여 단일 클론 항체를 얻을 수 있다.
ㄷ. ㉠은 DNA의 특정 염기 서열을 인식하여 절단한다.

① ㄱ ② ㄷ ③ ㄱ, ㄴ ④ ㄴ, ㄷ ⑤ ㄱ, ㄴ, ㄷ

13 ▶24072-0249

다음은 붉은빵곰팡이의 유전자 발현에 대한 자료이다.

- 그림은 야생형 붉은빵곰팡이에서 아르지닌이 합성되는 과정을 나타낸 것이다.

유전자 a → 효소 A, 유전자 b → 효소 B, 유전자 c → 효소 C

전구 물질 → 오르니틴 → 시트룰린 → 아르지닌

- 야생형 붉은빵곰팡이의 포자에 X선을 쬐어 돌연변이를 일으켜 돌연변이주 Ⅰ~Ⅲ을 얻는다. Ⅰ~Ⅲ은 각각 a, b, c 중 서로 다른 하나가 결실된 돌연변이이다.
- 최소 배지와 최소 배지에 물질 ㉠~㉢의 첨가에 따른 붉은빵곰팡이 야생형과 Ⅰ~Ⅲ의 생장 여부를 조사한 결과는 표와 같다. ㉠~㉢은 시트룰린, 아르지닌, 오르니틴을 순서 없이 나타낸 것이다.

구분	최소 배지	최소 배지 + ㉠	최소 배지 + ㉡	최소 배지 + ㉢
야생형	?	○	?	?
Ⅰ	×	○	×	○
Ⅱ	×	?	○	○
Ⅲ	×	○	?	×

(○: 생장함, ×: 생장 못함)

이에 대한 설명으로 옳은 것만을 〈보기〉에서 있는 대로 고른 것은? (단, 제시된 돌연변이 이외의 돌연변이는 고려하지 않는다.) [3점]

보기
ㄱ. ㉢은 시트룰린이다.
ㄴ. Ⅲ은 b가 결실된 돌연변이이다.
ㄷ. Ⅱ는 최소 배지에 ㉠이 첨가된 배지에서 ㉡을 합성한다.

① ㄱ ② ㄴ ③ ㄱ, ㄷ ④ ㄴ, ㄷ ⑤ ㄱ, ㄴ, ㄷ

14 ▶24072-0250

그림은 오파린이 주장한 화학적 진화 과정의 일부를, 표는 원시 세포의 기원으로 추정되는 A와 B에 대한 설명을 나타낸 것이다. A와 B는 마이크로스피어와 코아세르베이트를 순서 없이 나타낸 것이다.

원시 대기 → 간단한 유기물 →(Ⅰ)→ 복잡한 유기물

- 오파린은 A를 원시 생명체의 기원이라고 주장하였다.
- 폭스는 ㉠아미노산에 높은 열을 가하고 물에 넣어 B를 만들었다.

이에 대한 설명으로 옳은 것만을 〈보기〉에서 있는 대로 고른 것은?

보기
ㄱ. A는 마이크로스피어이다.
ㄴ. 과정 Ⅰ에서 ㉠이 생성된다.
ㄷ. B의 막을 통해 물질 이동이 일어난다.

① ㄱ ② ㄷ ③ ㄱ, ㄴ ④ ㄴ, ㄷ ⑤ ㄱ, ㄴ, ㄷ

15 ▶24072-0251

그림은 5계 분류 체계와 3역 6계 분류 체계를 나타낸 것이다. ㉠~㉤은 고세균역, 세균역, 식물계, 원핵생물계, 진핵생물역을 순서 없이 나타낸 것이다.

이에 대한 설명으로 옳은 것만을 〈보기〉에서 있는 대로 고른 것은?

보기
ㄱ. ㉠에 속하는 생물은 모두 ㉢에 속한다.
ㄴ. ㉣에 속하는 생물은 셀룰로스가 포함된 세포벽을 갖는다.
ㄷ. 3역 6계의 분류 체계에서 ㉡과 ㉢의 유연관계는 ㉢과 ㉤의 유연관계보다 가깝다.

① ㄴ ② ㄷ ③ ㄱ, ㄴ ④ ㄱ, ㄷ ⑤ ㄱ, ㄴ, ㄷ

16

▶24072-0252

다음은 어떤 세포에서 복제 중인 이중 가닥 DNA W에 대한 자료이다.

- 20개의 염기쌍으로 구성된 W는 서로 상보적인 단일 가닥 I과 II로 구성된다.
- I과 II 중 @ 한 가닥의 염기 서열은 다음과 같다. ⊙은 아데닌(A), 구아닌(G), 사이토신(C), 타이민(T) 중 하나이다.

  3′-ATⓉTATATⓉGATAⓉGTⓉATA-5′

- I을 복제 주형 가닥으로 하여 지연 가닥이 합성되는 과정에서 가닥 ㉮와 ㉯가 합성되었으며, I의 염기 수는 ㉮의 2배이고, ㉮와 ㉯의 염기 수는 서로 같다.
- ㉮에는 프라이머 X가, ㉯에는 프라이머 Y가 있으며, X와 Y는 4개의 염기로 구성된다.
- X에서 $\dfrac{C}{A}=\dfrac{1}{2}$이다.
- Y를 제외한 ㉯의 나머지 부분에서 $\dfrac{G+C}{A+T}=\dfrac{1}{2}$이다.

이에 대한 설명으로 옳은 것만을 〈보기〉에서 있는 대로 고른 것은? (단, 돌연변이는 고려하지 않는다.) [3점]

보기
ㄱ. @는 I이다.
ㄴ. ㉮는 ㉯보다 먼저 합성되었다.
ㄷ. $\dfrac{G+C}{A+T}$은 ㉯에서가 ㉮에서보다 크다.

① ㄱ   ② ㄴ   ③ ㄱ, ㄷ   ④ ㄴ, ㄷ   ⑤ ㄱ, ㄴ, ㄷ

17

▶24072-0253

어떤 동물의 유전 형질 (가)는 1쌍의 대립유전자 A와 a에 의해 결정된다. 그림은 이 동물 집단 P에서 시간에 따른 A의 빈도를, 표는 진화의 요인 ⊙과 ⓒ에 대한 설명을 나타낸 것이다. ⊙과 ⓒ은 돌연변이와 병목 효과를 순서 없이 나타낸 것이다. 구간 I에서 ⊙과 ⓒ 중 하나가 일어났다.

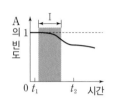

- ⊙은 자연재해에 의해 집단 크기가 급격히 감소할 때 대립유전자 빈도가 변하는 현상이다.
- ⓒ은 집단 내 새로운 대립유전자를 제공하는 현상이다.

이에 대한 설명으로 옳은 것만을 〈보기〉에서 있는 대로 고른 것은? (단, 이입과 이출은 없으며, 제시된 자료 이외는 고려하지 않는다.) [3점]

보기
ㄱ. a의 빈도는 t_1일 때가 t_2일 때보다 크다.
ㄴ. ⊙은 유전적 부동의 한 현상이다.
ㄷ. 구간 I에서 ⓒ이 일어났다.

① ㄱ   ② ㄴ   ③ ㄱ, ㄷ   ④ ㄴ, ㄷ   ⑤ ㄱ, ㄴ, ㄷ

18

▶24072-0254

다음은 어떤 진핵생물의 유전자 x와, x에서 돌연변이가 일어난 유전자 y, z의 발현에 대한 자료이다.

- x, y, z로부터 각각 폴리펩타이드 X, Y, Z가 합성된다.
- y는 x의 전사 주형 가닥에서 연속된 2개의 ㉠동일한 염기가 1회 결실된 것이다.
- z는 x의 전사 주형 가닥에서 1개의 ㉡염기가 1회 삽입된 것이다.
- X, Y, Z의 아미노산 서열은 다음과 같다. ㉮와 ㉯는 류신, 세린을 순서 없이 나타낸 것이다.

  X: 메싸이오닌 – ㉮ – ㉮ – 아르지닌 – ㉯ – 아르지닌
  Y: 메싸이오닌 – ㉮ – ㉯ – ㉮
  Z: 메싸이오닌 – ㉮ – ㉯ – ㉯ – ㉮

- X, Y, Z의 합성은 개시 코돈 AUG에서 시작하여 종결 코돈에서 끝나며, 표는 유전부호를 나타낸 것이다.

UUU UUC	페닐알라닌	UCU UCC	세린	UAU UAC	타이로신	UGU UGC	시스테인
UUA UUG	류신	UCA UCG		UAA	종결 코돈	UGA	종결 코돈
				UAG	종결 코돈	UGG	트립토판
CUU CUC CUA CUG	류신	CCU CCC CCA CCG	프롤린	CAU CAC	히스티딘	CGU CGC	아르지닌
				CAA CAG	글루타민	CGA CGG	
AUU AUC AUA	아이소류신	ACU ACC ACA	트레오닌	AAU AAC	아스파라진	AGU AGC	세린
AUG	메싸이오닌	ACG		AAA AAG	라이신	AGA AGG	아르지닌
GUU GUC GUA GUG	발린	GCU GCC GCA GCG	알라닌	GAU GAC	아스파트산	GGU GGC	글리신
				GAA GAG	글루탐산	GGA GGG	

이에 대한 설명으로 옳은 것만을 〈보기〉에서 있는 대로 고른 것은? (단, 제시된 돌연변이 이외의 핵산 염기 서열 변화는 고려하지 않는다.) [3점]

┌─ 보기 ┌
ㄱ. ㉮는 류신이다.
ㄴ. Y와 Z 각각의 2번째 아미노산인 ㉮를 암호화하는 코돈은 서로 같다.
ㄷ. ㉠과 ㉡은 모두 피리미딘 계열 염기이다.

① ㄱ   ② ㄴ   ③ ㄱ, ㄷ   ④ ㄴ, ㄷ   ⑤ ㄱ, ㄴ, ㄷ

19

▶24072-0255

표 (가)는 생물의 특징 ㉠~㉢을 순서 없이 나타낸 것이고, (나)는 동물 A~D를 (가)의 특징을 기준으로 구분하여 나타낸 것이다. A~D는 가재, 오징어, 지렁이, 해파리를 순서 없이 나타낸 것이다.

특징(㉠~㉢)		특징	특징을 갖는 생물
• 체절이 있다.		㉠	A
• 탈피를 한다.		㉡	A, C
• 3배엽성 동물이다.		㉢	A, C, D
(가)		(나)	

이에 대한 설명으로 옳은 것만을 〈보기〉에서 있는 대로 고른 것은?

┌─ 보기 ┌
ㄱ. A는 가재이다.
ㄴ. ㉠은 '체절이 있다.'이다.
ㄷ. B와 C의 유연관계는 C와 D의 유연관계보다 가깝다.

① ㄱ   ② ㄷ   ③ ㄱ, ㄴ   ④ ㄴ, ㄷ   ⑤ ㄱ, ㄴ, ㄷ

20

▶24072-0256

다음은 동물 종 P의 세 집단 Ⅰ~Ⅲ에 대한 자료이다.

- Ⅰ~Ⅲ은 각각 하디·바인베르크 평형이 유지되는 집단이다. Ⅰ과 Ⅱ를 구성하는 개체 수는 같고, Ⅱ의 개체 수는 Ⅲ의 개체 수의 $\frac{4}{9}$배이다. Ⅰ~Ⅲ에서 각각 암컷과 수컷의 개체 수는 같다.
- P의 유전 형질 (가)는 상염색체에 있는 (가) 발현 대립유전자 A와 정상 대립유전자 A*에 의해 결정되고, A는 A*에 대해 완전 우성이다.
- Ⅰ에서 A*을 가진 개체들을 합쳐서 구한 A의 빈도는 $\frac{1}{4}$이다.
- Ⅰ과 Ⅱ의 개체들을 모두 합쳐서 구한 A*의 빈도는 $\frac{7}{12}$이다.
- $\dfrac{\text{Ⅲ에서 (가)가 발현된 개체 수}}{\text{Ⅰ에서 (가)가 발현되지 않은 개체 수}}=2$이다.

이에 대한 설명으로 옳은 것만을 〈보기〉에서 있는 대로 고른 것은? [3점]

┌─ 보기 ┌
ㄱ. A의 빈도는 Ⅰ에서가 Ⅱ에서보다 크다.
ㄴ. 유전자형이 AA인 개체 수는 Ⅰ과 Ⅲ에서 같다.
ㄷ. Ⅲ에서 임의의 암컷이 임의의 수컷과 교배하여 자손(F₁)을 낳을 때, 이 F₁에게서 (가)가 발현되지 않을 확률은 $\frac{4}{9}$이다.

① ㄱ   ② ㄴ   ③ ㄱ, ㄷ   ④ ㄴ, ㄷ   ⑤ ㄱ, ㄴ, ㄷ

문항에 따라 배점이 다릅니다. 3점 문항에는 점수가 표시되어 있습니다. 점수 표시가 없는 문항은 모두 2점입니다.

01
▶24072-0257

표는 생명 과학자 A~C의 주요 성과를 나타낸 것이다. A~C는 제너, 플레밍, 파스퇴르를 순서 없이 나타낸 것이다. ㉠은 생명 속생설과 자연 발생설 중 하나이다.

생명 과학자	주요 성과
A	㉠을 입증하였다.
B	ⓐ 푸른곰팡이에서 페니실린을 발견하였다.
C	사람에게 우두를 접종하여 천연두를 예방할 수 있는 종두법을 개발하였다.

이에 대한 설명으로 옳은 것만을 〈보기〉에서 있는 대로 고른 것은?

보기
ㄱ. ㉠은 생명 속생설이다.
ㄴ. ⓐ는 종속 영양 생물이다.
ㄷ. C의 종두법 개발은 B의 페니실린 발견보다 나중에 이룬 성과이다.

① ㄴ   ② ㄷ   ③ ㄱ, ㄴ   ④ ㄱ, ㄷ   ⑤ ㄱ, ㄴ, ㄷ

02
▶24072-0258

그림은 원심 분리기를 이용하여 동물 세포 파쇄액으로부터 세포 소기관 A~C를 분리하는 과정을, 표는 세포 소기관의 3가지 특징을 나타낸 것이다. A~C는 핵, 소포체, 미토콘드리아를 순서 없이 나타낸 것이다.

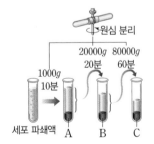

특징
• RNA가 합성된다.
• 인지질 2중층으로 이루어진 막이 있다.
• 화학 삼투에 의한 ATP 합성이 일어난다.

이에 대한 설명으로 옳은 것만을 〈보기〉에서 있는 대로 고른 것은? [3점]

보기
ㄱ. A의 막과 C의 막 일부는 연결되어 있다.
ㄴ. B에서 ATP가 합성된다.
ㄷ. 표의 3가지 특징 중 B가 갖는 특징의 개수는 C가 갖는 특징의 개수보다 많다.

① ㄱ   ② ㄷ   ③ ㄱ, ㄴ   ④ ㄴ, ㄷ   ⑤ ㄱ, ㄴ, ㄷ

03
▶24072-0259

다음은 삼투를 알아보기 위한 실험이다.

[실험 과정]
(가) 크기가 동일한 당근 3개를 준비한 후, 중앙 부분을 자르고 속을 깊이 파내어 높이 10cm의 당근 컵을 만든다.

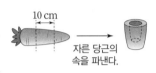

(나) 500 mL 비커 Ⅰ~Ⅲ과 증류수, 농도가 서로 다른 설탕 용액 A, B를 준비한다.
(다) Ⅰ~Ⅲ에 (가)의 당근 컵을 1개씩 넣고, 당근 컵 안쪽과 당근 컵 바깥쪽의 용액 높이가 같도록 표와 같이 용액을 넣는다. 당근 컵 안쪽에 넣어준 용액의 높이는 당근 컵의 절반을 넘지 않도록 하며, Ⅰ~Ⅲ의 표면과 당근 컵 안쪽에 유성 펜으로 초기 용액의 높이를 표시한다.

구분	Ⅰ	Ⅱ	Ⅲ
당근 컵 안쪽	증류수	B	B
당근 컵 바깥쪽	A	증류수	A

(라) Ⅰ~Ⅲ의 입구 부분을 투명한 비닐로 씌워 비커 안의 물이 증발하지 않도록 하고, 충분한 시간이 지난 후 당근 컵 안과 밖의 용액의 높이를 비교한다.

[실험 결과]
• ㉠ Ⅰ~Ⅲ 중 2개의 비커에서만 당근 컵 안쪽의 용액 높이가 당근 컵 바깥쪽의 용액 높이보다 증가하였다.

이 자료에 대한 설명으로 옳은 것만을 〈보기〉에서 있는 대로 고른 것은? (단, 제시된 조건 이외의 다른 조건은 동일하다.) [3점]

보기
ㄱ. Ⅰ은 ㉠에 해당한다.
ㄴ. 설탕 용액의 농도는 B가 A보다 높다.
ㄷ. 당근 컵 안과 밖으로의 물 분자의 이동에 ATP가 사용된다.

① ㄱ   ② ㄴ   ③ ㄱ, ㄷ   ④ ㄴ, ㄷ   ⑤ ㄱ, ㄴ, ㄷ

04
▶24072-0260

그림 (가)는 효소 X에 의한 반응을, (나)는 X에 의한 반응에서 물질 ⓐ의 총량을 시간에 따라 나타낸 것이다. ㉠과 ㉡은 각각 기질과 생성물 중 하나이고, t_2 시점에 물질 ⓑ를 추가하였으며, ⓐ와 ⓑ는 각각 ㉠과 ㉡ 중 하나이다.

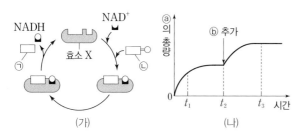

(가)   (나)

이에 대한 설명으로 옳은 것만을 〈보기〉에서 있는 대로 고른 것은?

보기
ㄱ. ⓑ는 ㉠이다.
ㄴ. X는 가수 분해 효소이다.
ㄷ. $\dfrac{㉡과\ 결합한\ X의\ 수}{X의\ 총수}$ 는 t_1일 때가 t_3일 때보다 크다.

① ㄱ   ② ㄷ   ③ ㄱ, ㄴ   ④ ㄴ, ㄷ   ⑤ ㄱ, ㄴ, ㄷ

05
▶24072-0261

그림은 해당 과정에서의 에너지 변화를 나타낸 것이다. ㉠과 ㉡은 각각 포도당과 피루브산 중 하나이다.

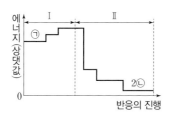

이에 대한 설명으로 옳은 것만을 〈보기〉에서 있는 대로 고른 것은?

보기
ㄱ. 구간 Ⅰ과 구간 Ⅱ 중 구간 Ⅱ에서만 ATP가 생성된다.
ㄴ. 1분자당 수소 수는 ㉠이 ㉡의 3배이다.
ㄷ. 해당 과정은 미토콘드리아 기질에서 일어난다.

① ㄱ   ② ㄷ   ③ ㄱ, ㄴ   ④ ㄴ, ㄷ   ⑤ ㄱ, ㄴ, ㄷ

06
▶24072-0262

그림은 광합성이 활발하게 일어나는 어떤 식물의 명반응에서 전자가 이동하는 경로 일부를, 표는 이 식물에서 광합성 색소 ⓐ와 ⓑ의 파장에 따른 빛 흡수율을 비교하여 나타낸 것이다. X와 Y는 광계 Ⅰ과 광계 Ⅱ를 순서 없이 나타낸 것이고, ㉠과 ㉡은 각각 H_2O과 $NADP^+$ 중 하나이며, ⓐ와 ⓑ는 각각 엽록소 a와 카로틴 중 하나이다.

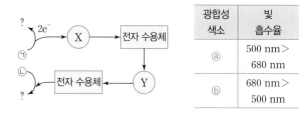

광합성 색소	빛 흡수율
ⓐ	500 nm > 680 nm
ⓑ	680 nm > 500 nm

이에 대한 설명으로 옳은 것만을 〈보기〉에서 있는 대로 고른 것은?

보기
ㄱ. ⓐ는 Y의 반응 중심 색소이다.
ㄴ. 순환적 전자 흐름에서 X의 반응 중심 색소가 산화되고 환원되는 반응이 일어난다.
ㄷ. 1분자의 ㉠이 분해될 때 방출되는 전자의 수는 1분자의 ㉡이 환원될 때 필요한 전자의 수와 같다.

① ㄱ   ② ㄷ   ③ ㄱ, ㄴ   ④ ㄴ, ㄷ   ⑤ ㄱ, ㄴ, ㄷ

07
▶24072-0263

그림 (가)는 어떤 식물의 CO_2 흡수량을 이틀 동안 한 시간 간격으로 측정한 결과를, (나)는 이 식물의 캘빈 회로에서 물질 전환 과정의 일부를 나타낸 것이다. X~Z는 3PG, PGAL, RuBP를 순서 없이 나타낸 것이고, ⓐ와 ⓑ는 분자 수이다.

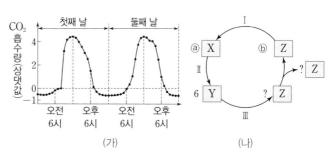

(가)   (나)

이에 대한 설명으로 옳은 것만을 〈보기〉에서 있는 대로 고른 것은? (단, 제시된 조건 이외는 고려하지 않는다.) [3점]

보기
ㄱ. (가)에서 첫째 날 오후 1시일 때가 둘째 날 오전 3시일 때보다 (나)의 과정 Ⅱ가 더 많이 일어났다.
ㄴ. $\dfrac{1분자당\ X의\ 인산기\ 수+ⓐ}{1분자당\ Y의\ 탄소\ 수+ⓑ}$ 는 1보다 작다.
ㄷ. 과정 Ⅰ과 Ⅲ에서 모두 ATP가 사용된다.

① ㄱ   ② ㄷ   ③ ㄱ, ㄴ   ④ ㄴ, ㄷ   ⑤ ㄱ, ㄴ, ㄷ

08

▶24072-0264

표는 진핵세포에서 일어나는 물질대사 (가)~(다)의 특징을 나타낸 것이다. (가)~(다)는 젖산 발효, 알코올 발효, TCA 회로를 순서 없이 나타낸 것이다.

구분	장소	ATP	NAD$^+$	탈탄산 반응
(가)	?	생성됨	?	일어남
(나)	세포질	?	?	일어남
(다)	?	?	생성됨	?

이에 대한 설명으로 옳은 것만을 〈보기〉에서 있는 대로 고른 것은?

┌─ 보기 ┌
ㄱ. (가)에서 시트르산이 5탄소 화합물로 전환된다.
ㄴ. 사람의 근육 세포에서 (나)가 일어난다.
ㄷ. (가)~(다)에서 모두 기질 수준 인산화에 의해 ATP가 생성된다.

① ㄱ ② ㄴ ③ ㄱ, ㄷ ④ ㄴ, ㄷ ⑤ ㄱ, ㄴ, ㄷ

09

▶24072-0265

그림은 미토콘드리아에 4탄소 화합물, ADP와 무기 인산(P_i), 물질 X를 순차적으로 첨가하면서 시간에 따른 생성된 ATP 총량과 소비된 O_2 총량을, 표는 산화적 인산화 과정에서 세포 호흡을 저해하는 물질 ㉠과 ㉡의 작용을 나타낸 것이다. X는 ㉠과 ㉡ 중 하나이고, ⓐ와 ⓑ는 각각 ATP와 O_2 중 하나이다.

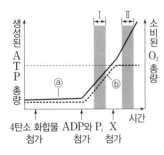

물질	작용
㉠	미토콘드리아 내막의 ATP 합성 효소를 통한 H$^+$의 이동을 차단한다.
㉡	미토콘드리아 내막에 있는 인지질을 통해 H$^+$이 새어 나가게 한다.

이에 대한 설명으로 옳은 것만을 〈보기〉에서 있는 대로 고른 것은? (단, 4탄소 화합물, ADP, 무기 인산(P_i)은 충분히 첨가되었다.)

[3점]

┌─ 보기 ┌
ㄱ. X는 ㉡이다.
ㄴ. 구간 Ⅰ에서 ⓐ가 환원되어 H_2O이 생성된다.
ㄷ. 구간 Ⅰ과 구간 Ⅱ에서 모두 미토콘드리아 내막의 전자 전달계를 통한 H$^+$의 능동 수송이 일어났다.

① ㄴ ② ㄷ ③ ㄱ, ㄴ ④ ㄱ, ㄷ ⑤ ㄱ, ㄴ, ㄷ

10

▶24072-0266

표는 야생형 대장균, 돌연변이 대장균 Ⅰ, Ⅱ를 포도당은 없고 젖당이 있는 배지에서 각각 배양했을 때 억제 단백질과 작동 부위의 결합 유무와 물질 ㉠의 생성 여부를 나타낸 것이다. Ⅰ과 Ⅱ는 젖당 오페론을 조절하는 조절 유전자로부터 젖당 유도체와 결합하지 못하는 억제 단백질이 생성되는 돌연변이와 젖당 오페론의 작동 부위가 결실된 돌연변이를 순서 없이 나타낸 것이다. ㉠은 억제 단백질과 젖당 분해 효소 중 하나이고, ⓐ와 ⓑ는 '생성됨'과 '생성 안 됨'을 순서 없이 나타낸 것이다.

구분	억제 단백질과 작동 부위 결합	㉠의 생성
야생형	?	ⓐ
Ⅰ	?	?
Ⅱ	결합함	ⓑ

이에 대한 설명으로 옳은 것만을 〈보기〉에서 있는 대로 고른 것은? (단, 제시된 돌연변이 이외의 돌연변이는 고려하지 않는다.)

┌─ 보기 ┌
ㄱ. 야생형에서 ㉠은 배지의 젖당 유무와 관계없이 항상 생성된다.
ㄴ. ⓑ는 '생성 안 됨'이다.
ㄷ. Ⅱ를 포도당은 있고 젖당이 없는 배지에서 배양하면 젖당 오페론의 구조 유전자가 발현된다.

① ㄱ ② ㄴ ③ ㄱ, ㄷ ④ ㄴ, ㄷ ⑤ ㄱ, ㄴ, ㄷ

11

▶24072-0267

다음은 유전자풀의 변화 요인에 대한 교사와 학생 A~C의 대화 내용이다.

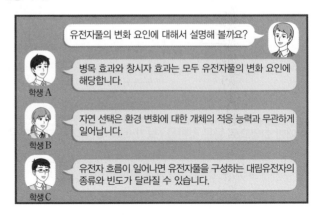

제시한 내용이 옳은 학생만을 있는 대로 고른 것은?

① A ② B ③ A, C ④ B, C ⑤ A, B, C

12

▶24072-0268

다음은 어떤 진핵생물의 유전자 x와 x에서 돌연변이가 일어난 유전자 y의 발현에 대한 자료이다.

- x와 y로부터 각각 폴리펩타이드 X와 Y가 합성된다.
- x의 DNA 이중 가닥 중 전사 주형 가닥은 다음과 같다. ㉠~㉣은 아데닌(A), 사이토신(C), 구아닌(G), 타이민(T)을 순서 없이 나타낸 것이다.

3'-㉠㉠㉡㉢㉡㉡㉣㉢㉣㉡㉢㉢㉣㉢㉢㉢㉣㉡㉢㉣㉢㉢㉡㉡㉡㉣㉡㉡㉢㉢㉢㉣㉣㉡㉢㉣㉡-5'

- X의 아미노산 서열은 다음과 같으며, X를 구성하는 7개의 아미노산을 암호화하는 각 코돈의 염기 서열은 모두 다르다. ㉮와 ㉯는 세린과 트레오닌을 순서 없이 나타낸 것이다.

메싸이오닌-㉮-㉯-㉮-㉮-㉯-㉯

- y는 x의 전사 주형 가닥에서 연속된 2개의 동일한 피리미딘 계열 염기가 1회 삽입된 것이다.
- Y는 9개의 아미노산으로 구성되고, Y는 발린, 세린, 프롤린, 아르지닌, 트레오닌, 메싸이오닌, 아스파라진만을 갖는다.
- X와 Y의 합성은 개시 코돈 AUG에서 시작하여 종결 코돈에서 끝난다.
- 표는 유전부호를 나타낸 것이다.

UUU UUC	페닐알라닌	UCU UCC	세린	UAU UAC	타이로신	UGU UGC	시스테인
UUA UUG	류신	UCA UCG		UAA	종결 코돈	UGA	종결 코돈
				UAG	종결 코돈	UGG	트립토판
CUU CUC CUA CUG	류신	CCU CCC CCA CCG	프롤린	CAU CAC	히스티딘	CGU CGC	아르지닌
				CAA CAG	글루타민	CGA CGG	
AUU AUC AUA	아이소류신	ACU ACC ACA	트레오닌	AAU AAC	아스파라진	AGU AGC	세린
AUG	메싸이오닌	ACG		AAA AAG	라이신	AGA AGG	아르지닌
GUU GUC GUA GUG	발린	GCU GCC GCA GCG	알라닌	GAU GAC	아스파트산	GGU GGC	글리신
				GAA GAG	글루탐산	GGA GGG	

이에 대한 설명으로 옳은 것만을 〈보기〉에서 있는 대로 고른 것은? (단, 제시된 돌연변이 이외의 핵산 염기 서열 변화는 고려하지 않는다.) [3점]

| 보기 |

ㄱ. ㉮는 트레오닌이다.
ㄴ. ㉠과 ㉣은 모두 퓨린 계열 염기이다.
ㄷ. Y의 7번째 아미노산은 아르지닌이다.

① ㄱ　　② ㄷ　　③ ㄱ, ㄴ　　④ ㄴ, ㄷ　　⑤ ㄱ, ㄴ, ㄷ

13

▶24072-0269

다음은 붉은빵곰팡이의 유전자 발현에 대한 자료이다.

- 그림 (가)는 야생형 붉은빵곰팡이에서 아르지닌이 합성되는 과정을 나타낸 것이다.

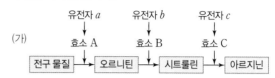

(가)

- 돌연변이주 Ⅰ~Ⅲ은 각각 유전자 a~c 중 서로 다른 하나의 유전자에 돌연변이가 일어나 기능이 상실되었다.
- 최소 배지, 최소 배지에 물질 ㉠이 첨가된 배지, 최소 배지에 물질 ㉡이 첨가된 배지, 최소 배지에 물질 ㉢이 첨가된 배지를 준비한다. 각 배지를 그림 (나)와 같이 4등분하여 ⓐ~ⓓ를 각각 배양했을 때 생장 여부는 그림 (다)와 같다. ㉠~㉢은 시트룰린, 아르지닌, 오르니틴을 순서 없이 나타낸 것이고, ⓐ~ⓓ는 야생형, Ⅰ~Ⅲ을 순서 없이 나타낸 것이다.

(나)

(다)

이에 대한 설명으로 옳은 것만을 〈보기〉에서 있는 대로 고른 것은? (단, 제시된 돌연변이 이외의 돌연변이는 고려하지 않는다.) [3점]

| 보기 |

ㄱ. ㉡은 효소 C의 기질이다.
ㄴ. ⓑ는 a의 기능이 상실된 돌연변이주이다.
ㄷ. ⓒ는 최소 배지에 ㉢을 첨가한 배지에서 생장할 수 있다.

① ㄱ　　② ㄷ　　③ ㄱ, ㄴ　　④ ㄴ, ㄷ　　⑤ ㄱ, ㄴ, ㄷ

14
▶24072-0270

표는 원시 지구에서 생명체 A, B, 최초의 광합성 세균이 출현한 시점 $t_1 \sim t_3$과 각 시점에서의 대기 중 O_2 농도, 각 생명체의 출현으로 인한 대기 중 기체 ㉠과 ㉡의 농도 변화를 나타낸 것이다. A와 B는 최초의 산소 호흡 세균과 최초의 무산소 호흡 종속 영양 생물을 순서 없이 나타낸 것이고, ⓐ는 ⓑ보다 크며, ㉠과 ㉡은 O_2와 CO_2를 순서 없이 나타낸 것이다.

시점	출현한 생물	대기 중 O_2 농도 (%)	㉠과 ㉡의 농도 변화
t_1	A	ⓐ	?
t_2	B	ⓑ	㉠의 농도 증가
t_3	최초의 광합성 세균	?	㉡의 농도 증가

이에 대한 설명으로 옳은 것만을 〈보기〉에서 있는 대로 고른 것은?

보기
ㄱ. ㉡은 O_2이다.
ㄴ. A는 원핵생물이다.
ㄷ. 시간의 흐름은 $t_2 \to t_3 \to t_1$이다.

① ㄱ ② ㄷ ③ ㄱ, ㄴ ④ ㄴ, ㄷ ⑤ ㄱ, ㄴ, ㄷ

15
▶24072-0271

표 (가)는 생물 A~D에서 특징 ㉠~㉣의 유무를, (나)는 ㉠~㉣을 순서 없이 나타낸 것이다. A~D는 장미, 효모, 남세균, 우산이끼를 순서 없이 나타낸 것이다.

구분	㉠	㉡	㉢	㉣
A	○	ⓐ	×	○
B	○	×	?	×
C	?	?	○	○
D	○	×	×	ⓑ

(○: 있음, ×: 없음)

(가)

특징(㉠~㉣)
• 다세포 생물이다.
• 세포벽을 갖는다.
• 종자로 번식한다.
• 독립 영양 생물이다.

(나)

이에 대한 설명으로 옳은 것만을 〈보기〉에서 있는 대로 고른 것은? [3점]

보기
ㄱ. ⓐ와 ⓑ는 모두 '○'이다.
ㄴ. 3역 6계 분류 체계에 따르면 A와 B의 유연관계는 A와 C의 유연관계보다 가깝다.
ㄷ. 3역 6계 분류 체계에 따르면 D는 세균역에 속한다.

① ㄱ ② ㄷ ③ ㄱ, ㄴ ④ ㄱ, ㄷ ⑤ ㄴ, ㄷ

16
▶24072-0272

표는 동물 A~E의 특징을 나타낸 것이다. A~E는 거미, 달팽이, 말미잘, 우렁쉥이(멍게), 주황해변해면을 순서 없이 나타낸 것이고, ㉠과 ㉡은 입과 항문을 순서 없이 나타낸 것이다.

• A~E 중 A는 무배엽성 동물이고, B는 방사 대칭 동물이며, C~E는 좌우 대칭 동물이다.
• C와 D는 원구가 ㉠이 되고, E는 원구가 ㉡이 된다.
• C는 성장 과정에서 탈피를 하지만, D는 탈피를 하지 않는다.

이에 대한 설명으로 옳은 것만을 〈보기〉에서 있는 대로 고른 것은?

보기
ㄱ. ㉠은 항문이다.
ㄴ. B와 C는 모두 중배엽을 형성한다.
ㄷ. D는 촉수담륜동물에 속한다.

① ㄱ ② ㄷ ③ ㄱ, ㄴ ④ ㄴ, ㄷ ⑤ ㄱ, ㄴ, ㄷ

17
▶24072-0273

다음은 어떤 세포에서 복제 중인 이중 가닥 DNA에 대한 자료이다.

• 이중 가닥 DNA를 구성하는 단일 가닥 Ⅰ은 50개의 염기로 구성되며, Ⅰ을 주형으로 하여 지연 가닥이 합성되는 과정에서 가닥 Ⅱ와 Ⅲ이 합성되었다. Ⅱ와 Ⅲ은 각각 25개의 염기로 구성된다.
• Ⅱ는 프라이머 X를, Ⅲ은 프라이머 Y를 갖고, X와 Y는 각각 5개의 염기로 구성된다.
• 표는 X와 ㉠~㉣에서 $G+C$의 함량(%)과 $\frac{A}{G}$을 나타낸 것이다. ㉠~㉣은 Ⅰ~Ⅲ, Y를 순서 없이 나타낸 것이다. ㉠에서 타이민(T)의 개수는 9개이고, Ⅰ과 Ⅱ에서 C의 개수는 서로 같다.

구분	X	㉠	㉡	㉢	㉣
$G+C$	40 %	40 %	48 %	56 %	60 %
$\frac{A}{G}$	3	1	1	$\frac{3}{2}$	$\frac{2}{3}$

• Ⅰ과 Ⅱ 사이의 염기 간 수소 결합의 총개수는 Ⅰ과 Ⅲ 사이의 염기 간 수소 결합의 총개수보다 4개 많다.

이에 대한 설명으로 옳은 것만을 〈보기〉에서 있는 대로 고른 것은? (단, 돌연변이는 고려하지 않는다.) [3점]

보기
ㄱ. ㉡은 Ⅰ이다.
ㄴ. 구아닌(G)의 개수는 X에서가 Y에서보다 많다.
ㄷ. 아데닌(A)의 개수는 Ⅱ에서가 Ⅲ에서보다 많다.

① ㄱ ② ㄴ ③ ㄱ, ㄷ ④ ㄴ, ㄷ ⑤ ㄱ, ㄴ, ㄷ

18

▶24072-0274

그림 (가)는 허시와 체이스가 수행한 실험의 일부를, (나)는 그리피스가 수행한 실험의 일부를 나타낸 것이다. ㉠은 ^{32}P과 ^{35}S 중 하나이고, 상층액 A와 침전물 B 중 A에서만 방사선이 검출되었다. ⓐ와 ⓑ는 R형 균과 S형 균을 순서 없이 나타낸 것이고, ⓑ는 피막을 갖는다.

이에 대한 설명으로 옳은 것만을 〈보기〉에서 있는 대로 고른 것은?

┌ 보기 ┐
ㄱ. A에는 ^{35}S으로 표지된 파지의 단백질이 있다.
ㄴ. (나)에서 ⓐ가 ⓑ로 형질 전환되었다.
ㄷ. (나)의 결과로 DNA가 유전 물질임이 증명되었다.

① ㄱ　　② ㄷ　　③ ㄱ, ㄴ　　④ ㄴ, ㄷ　　⑤ ㄱ, ㄴ, ㄷ

19

▶24072-0275

다음은 동물 종 P로 구성된 집단 Ⅰ과 Ⅱ에 대한 자료이다.

- Ⅰ과 Ⅱ는 모두 하디·바인베르크 평형이 유지되는 집단이고, Ⅰ을 구성하는 개체 수와 Ⅱ를 구성하는 개체 수의 합은 10000이며, 각 집단에서 암컷과 수컷의 개체 수는 같다.
- P의 몸색은 상염색체에 있는 회색 몸 대립유전자 A와 흰색 몸 대립유전자 A*에 의해 결정되며, A와 A* 사이의 우열 관계는 분명하다.
- Ⅰ에서 $\dfrac{\text{회색 몸 개체 수}}{\text{A의 수}} = \dfrac{3}{5}$이다.
- Ⅱ에서 유전자형이 ㉠인 개체의 빈도는 Ⅰ에서 흰색 몸 개체의 빈도의 4배이다. ㉠은 AA와 AA* 중 하나이다.
- 회색 몸 개체 수는 Ⅰ과 Ⅱ에서 같다.

이에 대한 설명으로 옳은 것만을 〈보기〉에서 있는 대로 고른 것은?
[3점]

┌ 보기 ┐
ㄱ. Ⅰ을 구성하는 개체 수는 6000이다.
ㄴ. $\dfrac{\text{Ⅰ에서 A의 빈도}}{\text{Ⅱ에서 A*의 빈도}} > 1$이다.
ㄷ. Ⅱ에서 유전자형이 AA*인 암컷이 임의의 흰색 몸 수컷과 교배하여 자손(F₁)을 낳을 때, 이 F₁이 흰색 몸일 확률은 $\dfrac{1}{2}$이다.

① ㄱ　　② ㄷ　　③ ㄱ, ㄴ　　④ ㄴ, ㄷ　　⑤ ㄱ, ㄴ, ㄷ

20

▶24072-0276

다음은 이중 가닥 DNA x와 제한 효소에 대한 자료이다.

- x는 35개의 염기쌍으로 이루어져 있으며, x의 DNA 이중 가닥 중 한 가닥의 염기 서열은 다음과 같다. ㉮와 ㉯는 각각 5개의 염기로 구성되어 있다.

5′-TATGA [㉮] AGAAGGAT [㉯] CGTAGGATCCCT-3′

- 그림은 제한 효소 EcoRⅠ, BamHⅠ, PvuⅠ, XbaⅠ이 인식하는 염기 서열과 절단 위치를 나타낸 것이다. ㉠과 ㉡은 각각 아데닌(A), 사이토신(C), 구아닌(G), 타이민(T) 중 하나이다.

5′-GAATTC-3′　　5′-GG㉠CC-3′　　5′-CG㉠CG-3′　　5′-TCTAGA-3′
3′-CTTAAG-5′　　3′-CC㉡GG-5′　　3′-GC㉡GC-5′　　3′-AGATCT-5′
　EcoRⅠ　　　　　BamHⅠ　　　　　PvuⅠ　　　　　XbaⅠ

┌──────┐
│ ⋮ : 절단 위치 │
└──────┘

- x를 시험관 Ⅰ～Ⅴ에 넣고 제한 효소를 첨가하여 완전히 자른 결과 생성된 DNA 조각 수와 각 DNA 조각의 염기 수는 표와 같다. ⓐ～ⓓ는 EcoRⅠ, BamHⅠ, PvuⅠ, XbaⅠ을 순서 없이 나타낸 것이고, Ⅴ에 첨가한 제한 효소는 ⓐ～ⓓ 중 2가지이다.

시험관	Ⅰ	Ⅱ	Ⅲ	Ⅳ	Ⅴ
첨가한 제한 효소	ⓑ	ⓐ, ⓒ	ⓐ, ⓓ	ⓑ, ⓒ	?
생성된 DNA 조각 수	3	3	3	4	4
생성된 각 DNA 조각의 염기 수	10, 26, 34	12, 26, 32	20, 24, 26	10, 12, 22, 26	10, 14, 20, 26

이에 대한 설명으로 옳은 것만을 〈보기〉에서 있는 대로 고른 것은?
[3점]

┌ 보기 ┐
ㄱ. ㉠은 아데닌(A)이다.
ㄴ. Ⅴ에 첨가한 제한 효소는 BamHⅠ과 XbaⅠ이다.
ㄷ. 퓨린 계열 염기의 수는 ㉮에서가 ㉯에서보다 많다.

① ㄱ　　② ㄷ　　③ ㄱ, ㄴ　　④ ㄴ, ㄷ　　⑤ ㄱ, ㄴ, ㄷ

문항에 따라 배점이 다릅니다. 3점 문항에는 점수가 표시되어 있습니다. 점수 표시가 없는 문항은 모두 2점입니다.

01
▶24072-0277

다음은 생명 과학자들의 주요 성과 (가)~(다)의 내용이다. ㉠과 ㉡은 파스퇴르와 하비를 순서 없이 나타낸 것이다.

(가) ㉠은 ⓐ 생물 속생설을 입증하였다.
(나) ㉡은 인체에서 혈액이 순환한다는 사실을 알아내었다.
(다) 멘델은 완두 교배 실험을 통해 유전의 기본 원리를 발견하였다.

이에 대한 설명으로 옳은 것만을 〈보기〉에서 있는 대로 고른 것은?

보기
ㄱ. ⓐ는 생물이 비생물로부터 생겨남을 설명한 것이다.
ㄴ. ㉡은 하비이다.
ㄷ. (가)~(다) 중 가장 먼저 이루어진 성과는 (나)이다.

① ㄱ ② ㄴ ③ ㄱ, ㄴ ④ ㄱ, ㄷ ⑤ ㄴ, ㄷ

02
▶24072-0278

표는 동물의 구성 단계 일부와 예를 나타낸 것이다. A~C는 기관, 세포, 기관계를 순서 없이 나타낸 것이고, ㉠과 ㉡은 심장과 적혈구를 순서 없이 나타낸 것이다.

구성 단계	예
A	㉠, 위
B	㉡
C	?

이에 대한 설명으로 옳은 것만을 〈보기〉에서 있는 대로 고른 것은?

보기
ㄱ. ㉠에는 상피 조직이 있다.
ㄴ. B는 식물의 구성 단계에도 있다.
ㄷ. 여러 종류의 기관이 모여 C를 이룬다.

① ㄱ ② ㄷ ③ ㄱ, ㄴ ④ ㄴ, ㄷ ⑤ ㄱ, ㄴ, ㄷ

03
▶24072-0279

그림은 고장액에 있던 식물 세포 X를 저장액에 넣었을 때 세포의 부피에 따른 A와 B를 나타낸 것이다. A와 B는 각각 팽압과 삼투압 중 하나이고, V_2일 때 A가 B의 2배이다.

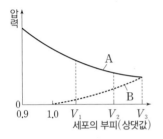

이에 대한 설명으로 옳은 것만을 〈보기〉에서 있는 대로 고른 것은?

보기
ㄱ. A는 삼투압이다.
ㄴ. V_2일 때 흡수력과 팽압의 크기는 서로 같다.
ㄷ. 흡수력은 V_3일 때가 V_1일 때보다 크다.

① ㄱ ② ㄷ ③ ㄱ, ㄴ ④ ㄴ, ㄷ ⑤ ㄱ, ㄴ, ㄷ

04
▶24072-0280

그림 (가)는 광합성이 활발한 어떤 식물의 틸라코이드 막에 존재하는 광계 X에서 일어나는 명반응 과정의 일부를, (나)는 이 식물의 명반응에서 비순환적 전자 흐름(비순환적 광인산화)에서의 전자 이동 경로를 나타낸 것이다. X는 A와 B 중 하나이고, A와 B는 광계 Ⅰ과 광계 Ⅱ를 순서 없이 나타낸 것이다.

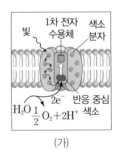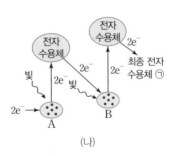

(가) (나)

이에 대한 설명으로 옳은 것만을 〈보기〉에서 있는 대로 고른 것은?

보기
ㄱ. X는 A이다.
ㄴ. (나)에서 P_{700}의 산화·환원이 일어난다.
ㄷ. (나)에서 ㉠은 NADPH이다.

① ㄱ ② ㄴ ③ ㄱ, ㄴ ④ ㄱ, ㄷ ⑤ ㄴ, ㄷ

05

▶24072-0281

그림 (가)는 효소 E에 의한 반응에서 조건 Ⅰ과 Ⅱ일 때 기질 농도에 따른 초기 반응 속도를 나타낸 것이고, Ⅰ과 Ⅱ는 각각 저해제 X가 있을 때와 없을 때 중 하나이다. 그림 (나)는 (가)의 Ⅰ과 Ⅱ에서 기질 농도가 S_1일 때 시간에 따른 ⓐ의 농도를 나타낸 것이고, ⓐ는 반응물과 생성물 중 하나이며, ㉠과 ㉡은 각각 Ⅰ과 Ⅱ 중 하나이다. X는 경쟁적 저해제와 비경쟁적 저해제 중 하나이며, E의 활성 부위가 아닌 다른 부위에 결합하여 E의 작용을 저해한다.

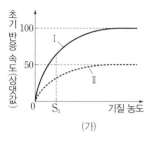
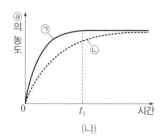

(가) (나)

이에 대한 설명으로 옳은 것만을 〈보기〉에서 있는 대로 고른 것은? (단, 제시된 조건 이외의 다른 조건은 동일하다.) [3점]

〈보기〉
ㄱ. ㉠은 Ⅰ이다.
ㄴ. (가)에서 S_1일 때 $\dfrac{기질과\ 결합하지\ 않은\ E의\ 수}{기질과\ 결합한\ E의\ 수}$는 Ⅰ에서가 Ⅱ에서보다 크다.
ㄷ. t_1일 때 E에 의한 반응 속도는 Ⅰ에서가 Ⅱ에서보다 빠르다.

① ㄱ ② ㄷ ③ ㄱ, ㄴ ④ ㄴ, ㄷ ⑤ ㄱ, ㄴ, ㄷ

06

▶24072-0282

그림은 오파린이 주장한 화학적 진화 과정의 일부를, 표는 원시 세포의 기원으로 추정되는 ⓐ와 ⓑ에 대한 자료를 나타낸 것이다. ⓐ와 ⓑ는 마이크로스피어와 코아세르베이트를 순서 없이 나타낸 것이다.

㉠ 복잡한 유기물 ↓ 유기물 복합체	• 오파린은 ⓐ를 원시 생명체의 기원이라고 주장하였다. • 폭스는 아미노산에 높은 열을 가하고 물에 넣어 ⓑ를 만들었다.

이에 대한 설명으로 옳은 것만을 〈보기〉에서 있는 대로 고른 것은?

〈보기〉
ㄱ. ⓐ는 마이크로스피어이다.
ㄴ. ⓑ는 막을 통해 물질 이동이 일어난다.
ㄷ. ⓐ와 ⓑ는 모두 ㉠에 해당한다.

① ㄱ ② ㄴ ③ ㄷ ④ ㄱ, ㄴ ⑤ ㄴ, ㄷ

07

▶24072-0283

그림은 3분자의 CO_2가 고정될 때의 캘빈 회로와 물질 전환 과정의 일부를 나타낸 것이다. X~Z는 3PG, PGAL, RuBP를 순서 없이 나타낸 것이다. ㉠~㉢은 분자 수이다.

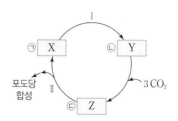

이에 대한 설명으로 옳은 것만을 〈보기〉에서 있는 대로 고른 것은? [3점]

〈보기〉
ㄱ. $\dfrac{㉡}{㉠} = \dfrac{3}{5}$이다.
ㄴ. 과정 Ⅰ과 Ⅱ에서 모두 NADPH가 소모된다.
ㄷ. 1분자당 $\dfrac{탄소\ 수}{인산기\ 수}$는 Y가 Z보다 크다.

① ㄱ ② ㄷ ③ ㄱ, ㄴ ④ ㄴ, ㄷ ⑤ ㄱ, ㄴ, ㄷ

08

▶24072-0284

그림은 세포 호흡이 일어나고 있는 미토콘드리아의 TCA 회로에서 물질 전환 과정 Ⅰ~Ⅲ을, 표는 Ⅰ~Ⅲ에서 생성되는 물질 ㉠~㉣ 중 2개의 분자 수를 더한 값을 나타낸 것이다. A~D는 시트르산, 옥살아세트산, 4탄소 화합물, 5탄소 화합물을 순서 없이 나타낸 것이고, ㉠~㉣은 ATP, CO_2, $FADH_2$, NADH를 순서 없이 나타낸 것이다. 1분자당 $\dfrac{C의\ 탄소\ 수}{A의\ 탄소\ 수 + D의\ 탄소\ 수} = \dfrac{2}{3}$이다.

A →Ⅰ→ B
C →Ⅱ→ D
D →Ⅲ→ B

과정	분자 수를 더한 값		
	㉠+㉡	㉡+㉢	㉢+㉣
Ⅰ	2	2	3
Ⅱ	1	3	4
Ⅲ	1	0	1

이에 대한 설명으로 옳은 것만을 〈보기〉에서 있는 대로 고른 것은? [3점]

〈보기〉
ㄱ. A는 5탄소 화합물이다.
ㄴ. Ⅱ에서 ATP가 생성된다.
ㄷ. TCA 회로에서 1분자의 C가 1분자의 B로 전환되는 과정에서 생성되는 ㉣의 분자 수는 3이다.

① ㄱ ② ㄷ ③ ㄱ, ㄴ ④ ㄴ, ㄷ ⑤ ㄱ, ㄴ, ㄷ

09

▶24072-0285

그림은 야생형 대장균의 젖당 오페론과 젖당 오페론을 조절하는 조절 유전자를, 표는 야생형 대장균, 돌연변이 대장균 X를 포도당은 없고 젖당이 있는 배지에서 각각 배양했을 때 억제 단백질과 젖당 분해 효소의 생성 여부를 나타낸 것이다. ㉠~㉢은 젖당 오페론의 구조 유전자, 젖당 오페론의 프로모터, 젖당 오페론을 조절하는 조절 유전자를 순서 없이 나타낸 것이다. X는 ㉠~㉢ 중 하나가 결실된 돌연변이이다.

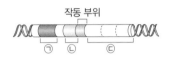

작동 부위

대장균	억제 단백질	젖당 분해 효소
야생형	생성함	생성함
X	생성 못함	생성함

이에 대한 설명으로 옳은 것만을 〈보기〉에서 있는 대로 고른 것은? (단, 제시된 돌연변이 이외의 돌연변이는 고려하지 않으며, 야생형 대장균과 X의 배양 조건은 동일하다.)

┌ 보기 ┐
ㄱ. 젖당 분해 효소의 아미노산 서열은 ㉠에 암호화되어 있다.
ㄴ. X는 ㉠이 결실된 돌연변이이다.
ㄷ. X에서 RNA 중합 효소와 ㉡의 결합이 일어난다.

① ㄱ   ② ㄷ   ③ ㄱ, ㄴ   ④ ㄴ, ㄷ   ⑤ ㄱ, ㄴ, ㄷ

10

▶24072-0286

다음은 이중 가닥 DNA X에 대한 자료이다.

┌──────────────────────────────┐
• X는 서로 상보적인 단일 가닥 X_1과 X_2로 구성되어 있다.
• X에서 $\dfrac{㉠+㉡}{㉢+㉣}=\dfrac{5}{6}$이고, 염기 간 수소 결합의 총개수는 140개이다. ㉠~㉣은 아데닌(A), 사이토신(C), 구아닌(G), 타이민(T)을 순서 없이 나타낸 것이다. ㉠은 피리미딘 계열 염기이다.
• X_1에서 $\dfrac{㉠}{㉡}=\dfrac{2}{3}$이고, $\dfrac{T}{㉢}=\dfrac{5}{6}$이며, X_1을 구성하는 퓨린 계열 염기의 수가 피리미딘 계열 염기의 수보다 많다.
└──────────────────────────────┘

이에 대한 설명으로 옳은 것만을 〈보기〉에서 있는 대로 고른 것은? (단, 돌연변이는 고려하지 않는다.)

┌ 보기 ┐
ㄱ. X에서 뉴클레오타이드의 총개수는 110개이다.
ㄴ. ㉢은 구아닌(G)이다.
ㄷ. X_2에서 ㉡의 개수는 15개이다.

① ㄱ   ② ㄴ   ③ ㄷ   ④ ㄱ, ㄴ   ⑤ ㄴ, ㄷ

11

▶24072-0287

그림은 세포 호흡과 발효에서 피루브산이 물질 A~C로 전환되는 과정 Ⅰ~Ⅲ을 나타낸 것이다. A~C는 젖산, 에탄올, 아세틸 CoA를 순서 없이 나타낸 것이다. Ⅰ~Ⅲ 중 효모에서 Ⅰ과 Ⅱ만 일어나고, 사람의 근육 세포에서 Ⅱ와 Ⅲ만 일어난다.

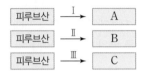

이에 대한 설명으로 옳은 것만을 〈보기〉에서 있는 대로 고른 것은? (단, CoA의 탄소 수는 고려하지 않는다.)

┌ 보기 ┐
ㄱ. 1분자당 탄소 수는 A와 B가 서로 같다.
ㄴ. Ⅰ과 Ⅲ에서 모두 NADH의 산화가 일어난다.
ㄷ. Ⅱ와 Ⅲ에서 모두 CO_2가 생성된다.

① ㄱ   ② ㄷ   ③ ㄱ, ㄴ   ④ ㄴ, ㄷ   ⑤ ㄱ, ㄴ, ㄷ

12

▶24072-0288

다음은 어떤 세포에서 복제 중인 이중 가닥 DNA에 대한 자료이다.

┌──────────────────────────────┐
• Ⅰ과 Ⅱ는 복제 주형 가닥이고, 서로 상보적이며, 각각 30개의 염기로 구성된다. Ⅰ의 염기 서열은 다음과 같다.

   5′-GCCGTAACAAGACTAACTGCTAGAGTGACT-3′

• ㉮를 주형으로 하여 선도 가닥 ㉠이 합성되고, ㉯를 주형으로 지연 가닥을 합성하는 과정에서 가닥 ㉡과 ㉢이 합성된다. ㉠의 염기 수는 30이고, ㉡과 ㉢의 염기 수의 합은 30이다. ㉮와 ㉯는 Ⅰ과 Ⅱ를 순서 없이 나타낸 것이다.
• ㉠은 프라이머 X를, ㉡은 프라이머 Y를, ㉢은 프라이머 Z를 가지고, X~Z는 각각 4개의 염기로 구성된다.
• 프라이머와 주형 가닥 사이의 염기 간 수소 결합의 총개수는 Z>Y>X이다.
└──────────────────────────────┘

이에 대한 설명으로 옳은 것만을 〈보기〉에서 있는 대로 고른 것은? (단, 돌연변이는 고려하지 않는다.) [3점]

┌ 보기 ┐
ㄱ. ㉮는 Ⅰ이다.
ㄴ. ㉢이 ㉡보다 먼저 합성되었다.
ㄷ. Y에서 퓨린 계열 염기의 개수는 2개이다.

① ㄱ   ② ㄷ   ③ ㄱ, ㄴ   ④ ㄱ, ㄷ   ⑤ ㄴ, ㄷ

13

▶ 24072-0289

표는 생물 4종류의 3역 6계 분류 체계에 따른 역명과 계명을 나타낸 것이다.

생물	역명	계명
효모	?	균계
대장균	㉠	?
오징어	?	동물계
메테인 생성균	고세균역	?

이에 대한 설명으로 옳은 것만을 〈보기〉에서 있는 대로 고른 것은?

┌ 보기 ┐
ㄱ. ㉠에 속하는 생물은 모두 종속 영양 생물이다.
ㄴ. 효모와 대장균에는 모두 핵막이 없다.
ㄷ. 3역 6계 분류 체계에 따르면 효모와 오징어의 유연관계는 효모와 메테인 생성균의 유연관계보다 가깝다.

① ㄱ　　② ㄷ　　③ ㄱ, ㄴ　　④ ㄱ, ㄷ　　⑤ ㄴ, ㄷ

14

▶ 24072-0290

다음은 진화의 요인에 대한 자료이다. (가)와 (나)는 유전자 흐름과 창시자 효과를 순서 없이 나타낸 것이다.

• (가)를 통해 기존에 존재하던 집단 A에서 일부 개체들이 다른 지역으로 이주하여 유전자풀이 A와는 다른 새로운 집단이 형성되었다.
• (나)를 통해 기존에 존재하던 두 집단 B와 C의 일부 개체들이 서로 이주하여 B와 C의 유전자풀이 각각 변화하였다.

이에 대한 설명으로 옳은 것만을 〈보기〉에서 있는 대로 고른 것은? (단, 제시된 진화의 요인 이외의 요인은 고려하지 않는다.)

┌ 보기 ┐
ㄱ. (가)는 유전적 부동의 한 현상이다.
ㄴ. (가)와 (나)는 모두 유전자풀의 변화 요인이다.
ㄷ. (가)와 (나)는 모두 DNA 염기 서열 변화에 의해 집단 내에 존재하지 않던 새로운 대립유전자를 제공한다.

① ㄱ　　② ㄷ　　③ ㄱ, ㄴ　　④ ㄴ, ㄷ　　⑤ ㄱ, ㄴ, ㄷ

15

▶ 24072-0291

다음은 동물 A~C에 대한 자료이다. A~C는 거미, 산호, 회충을 순서 없이 나타낸 것이다. ㉠은 내배엽과 중배엽 중 하나이다.

• A와 B는 모두 ㉠이 형성되지만, C는 ㉠이 형성되지 않는다.
• B에는 체절이 있다.

이에 대한 설명으로 옳은 것만을 〈보기〉에서 있는 대로 고른 것은? [3점]

┌ 보기 ┐
ㄱ. 성게는 ㉠이 형성된다.
ㄴ. B는 촉수담륜동물에 속한다.
ㄷ. A와 C는 모두 발생 과정에서 포배가 형성된다.

① ㄱ　　② ㄷ　　③ ㄱ, ㄴ　　④ ㄱ, ㄷ　　⑤ ㄴ, ㄷ

16

▶ 24072-0292

다음은 동물 종 P의 두 집단 Ⅰ과 Ⅱ에 대한 자료이다.

• Ⅰ과 Ⅱ를 구성하는 개체 수는 같고, Ⅰ과 Ⅱ 중 한 집단만 하디·바인베르크 평형이 유지되는 집단이다.
• P의 몸색은 상염색체에 있는 검은색 몸 대립유전자 A와 회색 몸 대립유전자 A^*에 의해 결정되며, A와 A^* 사이의 우열 관계는 분명하다.
• Ⅰ과 Ⅱ에서 A의 빈도는 서로 같다.
• 유전자형이 AA인 개체들과 AA^*인 개체들을 합쳐서 A의 빈도를 구하면 Ⅰ에서 $\frac{10}{17}$이고, Ⅱ에서 $\frac{5}{9}$이다.
• $\dfrac{\text{Ⅱ에서 회색 몸 개체 수}}{\text{Ⅰ에서 검은색 몸 대립유전자 수}} = \dfrac{12}{5}$이다.

이에 대한 설명으로 옳은 것만을 〈보기〉에서 있는 대로 고른 것은? [3점]

┌ 보기 ┐
ㄱ. 유전자형이 AA^*인 개체는 회색 몸을 갖는다.
ㄴ. 회색 몸 개체 수는 Ⅱ에서가 Ⅰ에서보다 많다.
ㄷ. Ⅱ에서 $\dfrac{\text{A를 가진 개체들을 합쳐서 구한 A의 빈도}}{A^*\text{를 가진 개체들을 합쳐서 구한 }A^*\text{의 빈도}} = \dfrac{2}{3}$이다.

① ㄱ　　② ㄷ　　③ ㄱ, ㄴ　　④ ㄴ, ㄷ　　⑤ ㄱ, ㄴ, ㄷ

17

▶24072-0293

다음은 세포 호흡에 대한 실험이다.

- 물질 X는 미토콘드리아 내막에 있는 인지질을 통해 H^+을 새어 나가게 하고, 물질 Y는 ATP 합성 효소를 통한 H^+의 이동을 차단한다.

[실험 과정 및 결과]

(가) 미토콘드리아가 들어 있는 시험관에 4탄소 화합물, ADP와 P_i, 물질 ㉠, ㉡을 순차적으로 첨가한다. ㉠과 ㉡은 X와 Y를 순서 없이 나타낸 것이다.

(나) 그림은 시험관에 남아 있는 O_2의 총량을 시간에 따라 측정한 결과를 나타낸 것이다.

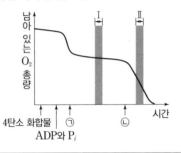

이에 대한 설명으로 옳은 것만을 〈보기〉에서 있는 대로 고른 것은? (단, 4탄소 화합물, ADP, P_i는 충분히 첨가되었다.) [3점]

┌ 보기 ┌
ㄱ. ㉠은 Y이다.
ㄴ. 단위 시간당 세포 호흡에 의해 생성되는 H_2O 분자 수는 구간 Ⅱ에서가 구간 Ⅰ에서보다 많다.
ㄷ. 미토콘드리아의 막 사이 공간의 pH는 구간 Ⅰ에서가 구간 Ⅱ에서보다 높다.

① ㄱ ② ㄷ ③ ㄱ, ㄴ ④ ㄴ, ㄷ ⑤ ㄱ, ㄴ, ㄷ

18

▶24072-0294

다음은 어떤 진핵생물의 유전자 x와, x에서 돌연변이가 일어난 유전자 y의 발현에 대한 자료이다.

- x와 y로부터 각각 폴리펩타이드 X와 Y가 합성된다.
- x의 DNA 이중 가닥 중 전사 주형 가닥의 염기 서열은 다음과 같다. (가)는 6개의 염기로 구성된다. ⓐ와 ⓑ는 각각 5′ 말단과 3′ 말단 중 하나이다.

  ⓐ-TCATGCTATTGCG [(가)] TAGCCTGCATGATA-ⓑ

- X는 7개의 아미노산으로 구성되고, 2개의 알라닌과 ㉠ 2개의 아이소류신을 가진다.
- y는 x의 전사 주형 가닥에서 연속된 2개의 동일한 염기가 1회 결실된 것이다.
- Y는 8개의 아미노산으로 구성되고, 1개의 아르지닌과 2개의 아이소류신을 가진다.
- X와 Y의 합성은 개시 코돈 AUG에서 시작하여 종결 코돈에서 끝나며, 표는 유전부호를 나타낸 것이다.

UUU UUC	페닐알라닌	UCU UCC	세린	UAU UAC	타이로신	UGU UGC	시스테인
UUA UUG	류신	UCA UCG		UAA 종결 코돈		UGA 종결 코돈	
				UAG 종결 코돈		UGG 트립토판	
CUU CUC CUA CUG	류신	CCU CCC CCA CCG	프롤린	CAU CAC	히스티딘	CGU CGC CGA CGG	아르지닌
				CAA CAG	글루타민		
AUU AUC AUA	아이소류신	ACU ACC ACA	트레오닌	AAU AAC	아스파라진	AGU AGC	세린
AUG	메싸이오닌	ACG		AAA AAG	라이신	AGA AGG	아르지닌
GUU GUC GUA GUG	발린	GCU GCC GCA GCG	알라닌	GAU GAC	아스파트산	GGU GGC GGA GGG	글리신
				GAA GAG	글루탐산		

이에 대한 설명으로 옳은 것만을 〈보기〉에서 있는 대로 고른 것은? (단, 제시된 돌연변이 이외의 핵산 염기 서열 변화는 고려하지 않는다.) [3점]

┌ 보기 ┌
ㄱ. ⓐ는 3′ 말단이다.
ㄴ. (가)에서 퓨린 계열 염기 개수는 3개이다.
ㄷ. X의 ㉠을 암호화하는 각 코돈의 3′ 말단 염기는 서로 같다.

① ㄱ ② ㄴ ③ ㄷ ④ ㄱ, ㄴ ⑤ ㄴ, ㄷ

19

▶24072-0295

다음은 어떤 동물의 세포 Ⅰ과 Ⅱ에서 유전자 (가)와 (나)의 전사 조절에 대한 자료이다.

- (가)와 (나)의 프로모터와 전사 인자 결합 부위 A~C는 그림과 같다.

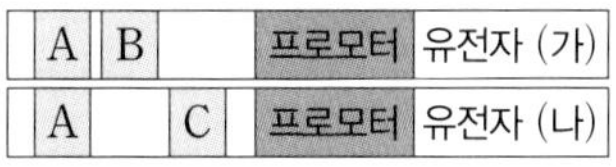

| A | B | | 프로모터 | 유전자 (가) |
| A | | C | 프로모터 | 유전자 (나) |

- 유전자 x, y, z는 각각 전사 인자 X, Y, Z를 암호화하며, X~Z는 (가)와 (나)의 전사 촉진에 관여한다. X~Z는 각각 A~C 중 서로 다른 한 부위에만 결합한다.
- (가)의 전사는 전사 인자가 A와 B 모두에 결합했을 때 촉진되고, (나)의 전사는 전사 인자가 A와 C 중 적어도 한 부위에 결합했을 때 촉진된다.
- Ⅰ과 Ⅱ에서 x~z의 제거 여부에 따른 (가)와 (나)의 전사 결과는 표와 같다. 제거된 유전자가 없는 Ⅰ과 제거된 유전자가 없는 Ⅱ에서는 각각 X~Z 중 2가지만 발현된다.

구분		제거된 유전자			
		없음	x	y	z
Ⅰ	(가)	×	×	ⓐ	×
	(나)	○	○	○	○
Ⅱ	(가)	○	×	○	×
	(나)	○	○	○	×

(○: 전사됨, ×: 전사 안 됨)

이에 대한 설명으로 옳은 것만을 〈보기〉에서 있는 대로 고른 것은? (단, 제시된 조건 이외는 고려하지 않는다.) [3점]

보기

ㄱ. ⓐ는 '×'이다.
ㄴ. Y의 결합 부위는 B이다.
ㄷ. 제거된 유전자가 없는 Ⅰ에서는 Z가 발현된다.

① ㄱ   ② ㄷ   ③ ㄱ, ㄴ   ④ ㄱ, ㄷ   ⑤ ㄴ, ㄷ

20

▶24072-0296

다음은 이중 가닥 DNA x와 제한 효소에 대한 자료이다.

- x는 37개의 염기쌍으로 이루어져 있고, x 중 한 가닥의 염기 서열은 다음과 같다. ㉠~㉢은 각각 5개의 염기로 구성되어 있다.

  5'-ATCGGT ㉠ ATGGG ㉡ TATGT ㉢ CGGACC-3'

- 그림은 제한 효소 BamHⅠ, KpnⅠ, NdeⅠ이 인식하는 염기 서열과 절단 위치를 나타낸 것이다.

  5'-GGATCC-3' 5'-GGTACC-3' 5'-CATATG-3'
  3'-CCTAGG-5' 3'-CCATGG-5' 3'-GTATAC-5'
  　　BamHⅠ　　　　　KpnⅠ　　　　　NdeⅠ

  ⌐⌐: 절단 위치

- x를 시험관 Ⅰ~Ⅳ에 넣고 제한 효소를 첨가하여 완전히 자른 결과 생성된 DNA 조각 수와 각 DNA 조각의 염기 수는 표와 같다. ⓐ~ⓒ는 BamHⅠ, KpnⅠ, NdeⅠ을 순서 없이 나타낸 것이고, Ⅳ에 첨가한 제한 효소는 ⓐ~ⓒ 중 2가지이다.

시험관	Ⅰ	Ⅱ	Ⅲ	Ⅳ
첨가한 제한 효소	ⓐ	ⓑ	ⓒ	?
생성된 DNA 조각 수	2	3	3	4
생성된 각 DNA 조각의 염기 수	34, 40	22, 22, 30	?	12, 16, 22, 24

이에 대한 설명으로 옳은 것만을 〈보기〉에서 있는 대로 고른 것은? [3점]

보기

ㄱ. ㉡의 5' 말단 염기는 타이민(T)이다.
ㄴ. Ⅲ에서 염기 개수가 16개인 DNA 조각이 생성된다.
ㄷ. Ⅳ에 첨가한 제한 효소는 BamHⅠ과 NdeⅠ이다.

① ㄱ   ② ㄴ   ③ ㄷ   ④ ㄱ, ㄴ   ⑤ ㄴ, ㄷ

문항에 따라 배점이 다릅니다. 3점 문항에는 점수가 표시되어 있습니다. 점수 표시가 없는 문항은 모두 2점입니다.

01
▶24072-0297

다음은 생명 과학자들의 주요 성과 (가)~(다)의 내용이다. ㉠과 ㉡은 레이우엔훅과 하비를 순서 없이 나타낸 것이다.

> (가) ㉠은 인체에서 혈액이 순환한다는 사실을 알아내었다.
> (나) ㉡은 자신이 만든 현미경으로 살아 움직이는 세포를 최초로 관찰하였다.
> (다) 플레밍은 푸른곰팡이가 포도상 구균에 살균 효과가 있다는 것을 관찰하고 항생 물질인 페니실린을 발견하였다.

이에 대한 설명으로 옳은 것만을 〈보기〉에서 있는 대로 고른 것은?

> **보기**
> ㄱ. ㉠은 하비이다.
> ㄴ. ㉡은 생물 속생설을 입증하였다.
> ㄷ. (다)는 (나)보다 먼저 이룬 성과이다.

① ㄱ   ② ㄴ   ③ ㄱ, ㄷ   ④ ㄴ, ㄷ   ⑤ ㄱ, ㄴ, ㄷ

02
▶24072-0298

다음은 세포 소기관 A와 B를 연구하는 방법 (가)~(다)에 대한 자료이다. A와 B는 엽록체와 핵을 순서 없이 나타낸 것이다.

> (가) 주사 전자 현미경을 이용하여 A의 막 구조를 관찰한다.
> (나) 원심 분리기를 이용하여 식물 세포 파쇄액으로부터 A와 B를 각각 분리한다.
> (다) 방사성 동위 원소로 표지된 이산화 탄소를 클로렐라에 공급한 후 빛을 비추어 ⓐB에서 일어나는 탄소 고정 과정에서 합성되는 탄소 화합물의 종류와 순서를 확인한다.

이에 대한 설명으로 옳은 것만을 〈보기〉에서 있는 대로 고른 것은?

> **보기**
> ㄱ. (가)의 결과 핵공의 입체 구조를 관찰할 수 있다.
> ㄴ. (나)에서 동일 시간 동안 원심 분리할 때 B를 분리할 때의 원심 분리 속도는 A를 분리할 때의 원심 분리 속도보다 빠르다.
> ㄷ. (다)의 ⓐ에서 이산화 탄소와 결합하여 가장 먼저 생성되는 탄소 화합물은 RuBP이다.

① ㄴ   ② ㄷ   ③ ㄱ, ㄴ   ④ ㄱ, ㄷ   ⑤ ㄱ, ㄴ, ㄷ

03
▶24072-0299

그림은 효소 X에 의한 반응에서 실험 I~III의 기질 농도에 따른 초기 반응 속도를, 표는 실험 ㉠~㉢의 조건을 나타낸 것이다. ㉠~㉢은 I~III을 순서 없이 나타낸 것이다.

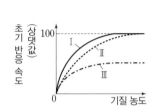

조건
• X의 농도는 ㉠에서가 ㉡에서와 같고, ㉡에서는 ㉢에서와 다르다.
• ㉠~㉢ 중 ㉠에서만 경쟁적 저해제와 비경쟁적 저해제 중 하나가 사용되었다.

이에 대한 설명으로 옳은 것만을 〈보기〉에서 있는 대로 고른 것은? (단, 제시된 조건 이외의 다른 조건은 동일하다.)

> **보기**
> ㄱ. ㉠은 I이다.
> ㄴ. X의 농도는 ㉠에서가 ㉢에서보다 높다.
> ㄷ. X에 의한 반응의 활성화 에너지는 ㉡에서와 ㉢에서가 같다.

① ㄱ   ② ㄷ   ③ ㄱ, ㄴ   ④ ㄴ, ㄷ   ⑤ ㄱ, ㄴ, ㄷ

04
▶24072-0300

표 (가)는 세포막을 통한 물질의 이동 방식 I과 II를, (나)는 이동 방식 ㉠~㉢의 예를 나타낸 것이다. I과 II는 각각 ㉠~㉢ 중 하나이고, ㉠~㉢은 능동 수송, 단순 확산, 촉진 확산을 순서 없이 나타낸 것이다.

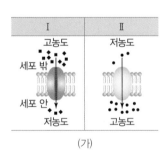

이동 방식	예
㉠	Na^+ 통로를 통한 Na^+의 이동
㉡	Na^+-K^+ 펌프를 통한 Na^+의 이동
㉢	폐포에서 폐포를 둘러싼 모세혈관으로 O_2의 이동

(가)   (나)

이에 대한 설명으로 옳은 것만을 〈보기〉에서 있는 대로 고른 것은? [3점]

> **보기**
> ㄱ. II에 의한 물질 이동에 에너지가 사용된다.
> ㄴ. (나)의 ㉡의 예에서 Na^+의 이동 방식은 I이다.
> ㄷ. Na^+은 O_2보다 세포막의 인지질 2중층을 잘 통과한다.

① ㄴ   ② ㄷ   ③ ㄱ, ㄴ   ④ ㄴ, ㄷ   ⑤ ㄱ, ㄴ, ㄷ

05

▶ 24072-0301

그림은 세포 호흡이 일어나는 미토콘드리아의 TCA 회로에서 물질 전환 과정의 일부를, 표는 과정 Ⅰ~Ⅳ에서 CO_2, NADH, $FADH_2$의 생성 여부를 나타낸 것이다. (가)~(다)는 시트르산, 4탄소 화합물, 5탄소 화합물을 순서 없이 나타낸 것이다.

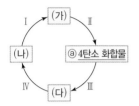

구분	Ⅰ	Ⅱ	Ⅲ	Ⅳ
CO_2	?	?	×	㉠
NADH	?	×	○	○
$FADH_2$	×	㉡	×	×

(○: 생성됨, ×: 생성 안 됨)

이에 대한 설명으로 옳은 것만을 〈보기〉에서 있는 대로 고른 것은? [3점]

┌ 보기 ┐
ㄱ. ⓐ는 옥살아세트산이다.
ㄴ. ㉠과 ㉡은 모두 '○'이다.
ㄷ. Ⅰ과 Ⅱ 각각에서 탈수소 반응과 탈탄소 반응이 모두 일어난다.
└────┘

① ㄱ　　② ㄴ　　③ ㄱ, ㄷ　　④ ㄴ, ㄷ　　⑤ ㄱ, ㄴ, ㄷ

06

▶ 24072-0302

다음은 세포 호흡에 대한 자료이다. ㉠~㉢은 ATP, NADH, $FADH_2$를 순서 없이 나타낸 것이다.

┌──────────────────────────────┐
│ (가) ㉠에서 방출된 고에너지 전자는 전자 전달계를 통해 최종 │
│ 　 적으로 산소에게 전달된다. │
│ (나) 1분자의 포도당이 2분자의 피루브산으로 분해되는 과정에 │
│ 　 서 2분자의 ㉠과 2분자의 ㉡이 순생성된다. │
│ (다) 1분자의 피루브산이 피루브산의 산화와 TCA 회로를 거 │
│ 　 치는 과정에서 ㉠, ㉡, ㉢이 생성된다. │
└──────────────────────────────┘

이에 대한 설명으로 옳은 것만을 〈보기〉에서 있는 대로 고른 것은?

┌ 보기 ┐
ㄱ. (가)에서 H^+은 미토콘드리아 기질에서 막 사이 공간으로 능동 수송된다.
ㄴ. 산화적 인산화를 통해서 생성되는 ATP의 분자 수는 1분자의 ㉠이 이용될 때가 1분자의 ㉢이 이용될 때보다 많다.
ㄷ. (다)에서
$$\frac{\text{생성된 ㉠의 분자 수}}{\text{생성된 ㉡의 분자 수} + \text{생성된 ㉢의 분자 수}} = \frac{1}{5} \text{이다.}$$
└────┘

① ㄴ　　② ㄷ　　③ ㄱ, ㄴ　　④ ㄷ, ㄹ　　⑤ ㄱ, ㄴ, ㄷ

07

▶ 24072-0303

그림은 젖산 발효와 알코올 발효에서 물질 전환 과정 Ⅰ~Ⅲ을 나타낸 것이다. A~D는 젖산, 포도당, 피루브산, 아세트알데하이드를 순서 없이 나타낸 것이고, 1분자당 B의 탄소 수는 C의 탄소 수보다 많다.

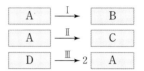

이에 대한 설명으로 옳은 것만을 〈보기〉에서 있는 대로 고른 것은? [3점]

┌ 보기 ┐
ㄱ. Ⅰ과 Ⅱ 모두에서 NAD^+가 생성된다.
ㄴ. Ⅱ와 Ⅲ은 모두 세포질에서 일어난다.
ㄷ. 산소가 부족할 때 사람의 근육 세포에서는 Ⅰ과 Ⅲ이 모두 일어난다.
└────┘

① ㄱ　　② ㄷ　　③ ㄱ, ㄴ　　④ ㄴ, ㄷ　　⑤ ㄱ, ㄴ, ㄷ

08

▶ 24072-0304

그림은 광합성이 활발하게 일어나는 어떤 식물 엽록체의 명반응 과정의 일부를, 표는 광합성을 저해하는 물질 X와 Y의 작용을 나타낸 것이다. A와 B는 광계 Ⅰ과 광계 Ⅱ를 순서 없이 나타낸 것이다.

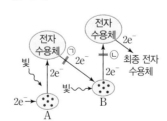

물질	작용
X	㉠에서 전자의 전달을 차단함
Y	㉡에서 전자를 가로채 산소를 환원시킴

이에 대한 설명으로 옳은 것만을 〈보기〉에서 있는 대로 고른 것은?

┌ 보기 ┐
ㄱ. B는 순환적 전자 흐름(순환적 광인산화)에 관여한다.
ㄴ. 물의 광분해 속도는 X를 처리한 후가 처리하기 전보다 빠르다.
ㄷ. 스트로마에서 NADPH의 농도는 Y를 처리한 후가 처리하기 전보다 높다.
└────┘

① ㄱ　　② ㄷ　　③ ㄱ, ㄴ　　④ ㄴ, ㄷ　　⑤ ㄱ, ㄴ, ㄷ

09

▶24072-0305

표는 광합성 과정에서 일어나는 반응 (가)~(다)를, 그림은 틸라코이드 막의 일부를 나타낸 것이다. @와 ⓑ는 스트로마와 틸라코이드 내부를 순서 없이 나타낸 것이고, X는 광계 Ⅰ과 광계 Ⅱ 중 하나이다.

구분	반응
(가)	$5\ PGAL \rightarrow 3\ RuBP$
(나)	$ADP + P_i \rightarrow \bigcirc ATP$
(다)	$H_2O \rightarrow 2H^+ + 2e^- + \frac{1}{2}O_2$

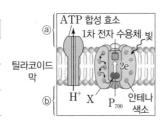

이에 대한 설명으로 옳은 것만을 〈보기〉에서 있는 대로 고른 것은? [3점]

┌ 보기 ┌
ㄱ. @에서 (가)가 일어난다.
ㄴ. (나)의 ㉠은 기질 수준 인산화를 통해 합성된다.
ㄷ. X에서 (다)가 일어난다.

① ㄱ ② ㄷ ③ ㄱ, ㄴ ④ ㄴ, ㄷ ⑤ ㄱ, ㄴ, ㄷ

10

▶24072-0306

그림은 이중 가닥 DNA X의 일부를, 표는 X와 X를 구성하는 서로 상보적인 단일 가닥 Ⅰ과 Ⅱ의 특징을 나타낸 것이다. 염기 ㉠~㉣은 아데닌(A), 사이토신(C), 구아닌(G), 타이민(T)를 순서 없이 나타낸 것이다.

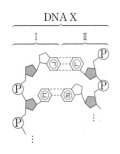

- X에서 염기 간 수소 결합의 총 개수는 375개이고, 퓨린 계열 염기의 개수는 150개이다.
- Ⅰ에서 $\dfrac{\bigcirc}{\bigcirc} = \dfrac{9}{16}$ 이다.
- Ⅱ에서 $\dfrac{\bigcirc}{\bigcirc} = \dfrac{3}{4}$ 이다.

이에 대한 설명으로 옳은 것만을 〈보기〉에서 있는 대로 고른 것은? (단, 돌연변이는 고려하지 않는다.) [3점]

┌ 보기 ┌
ㄱ. X에서 ㉠의 개수와 ㉢의 개수는 같다.
ㄴ. Ⅰ에서 사이토신(C)의 함량은 24 %이다.
ㄷ. Ⅱ에서 $\dfrac{\bigcirc + \bigcirc}{\bigcirc + \bigcirc} = 1$ 이다.

① ㄴ ② ㄷ ③ ㄱ, ㄴ ④ ㄱ, ㄷ ⑤ ㄱ, ㄴ, ㄷ

11

▶24072-0307

그림 (가)와 (나)는 사람 체세포와 대장균에서 일어나는 형질 발현 과정의 일부를 순서 없이 나타낸 것이다. @는 엑손과 인트론 중 하나이다.

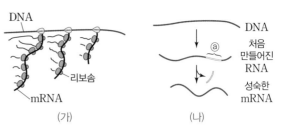

이에 대한 설명으로 옳은 것만을 〈보기〉에서 있는 대로 고른 것은?

┌ 보기 ┌
ㄱ. @는 엑손이다.
ㄴ. (가)는 대장균에서 일어나는 형질 발현 과정의 일부이다.
ㄷ. (가)와 (나)는 모두 세포질에서 일어난다.

① ㄱ ② ㄴ ③ ㄱ, ㄷ ④ ㄴ, ㄷ ⑤ ㄱ, ㄴ, ㄷ

12

▶24072-0308

다음은 생물 진화의 증거로 이용되는 예이다. (가)~(라)는 화석상의 증거의 예, 분자진화학적 증거의 예, 비교해부학적 증거의 예, 생물지리학적 증거의 예를 순서 없이 나타낸 것이다.

(가) ㉠ 호주에는 아시아 대륙에서는 볼 수 없는 단공류와 유대류가 서식한다.
(나) 고래 조상의 화석으로 보아 수중 포유류는 육상 포유류에서 유래되었다.
(다) DNA 염기 서열의 차이를 볼 때 사람과 침팬지는 비교적 최근에 공통 조상에서 분화되었다.
(라) ㉡ 박쥐의 날개와 ㉢ 사자의 앞다리는 서로 다른 환경에 적응하는 과정에서 그 생김새와 기능이 달라졌다.

이에 대한 설명으로 옳지 않은 것은?

① 지리적 격리는 ㉠의 원인에 해당한다.
② '깃털을 가진 파충류 화석의 발견으로 파충류와 조류 사이의 진화 과정을 파악할 수 있다.'는 (나)에 해당한다.
③ (다)는 비교해부학적 증거의 예이다.
④ (라)에서 ㉡과 ㉢은 상동 형질(상동 기관)이다.
⑤ 기원이 다른 생물이 환경에 적응하면서 갖게 된 유사한 형질은 (라)에 해당한다.

13
▸24072-0309

다음은 어떤 세포에서 복제 중인 이중 가닥 DNA의 일부에 대한 자료이다.

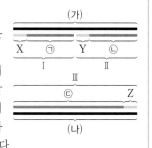

- (가)와 (나)는 복제 주형 가닥이고, 서로 상보적이며, Ⅰ, Ⅱ, Ⅲ은 새로 합성된 가닥이다.
- (가)의 염기 개수, (나)의 염기 개수, Ⅲ의 염기 개수는 서로 같고, Ⅰ의 염기 개수와 Ⅱ의 염기 개수의 합은 (가)의 염기 개수와 같다. Ⅰ과 Ⅱ의 염기 개수는 같다.
- 프라이머 X는 Ⅰ에, 프라이머 Y는 Ⅱ에, 프라이머 Z는 Ⅲ에 존재한다. X~Z는 각각 동일한 2종류의 염기 4개로 구성되고, X~Z 중 하나에서는 $\dfrac{ⓐ}{ⓑ}=3$, 그 나머지 중 하나에서는 $\dfrac{ⓐ}{ⓑ}=1$, 그 나머지에서는 $\dfrac{ⓐ}{ⓑ}=\dfrac{1}{3}$이다. ⓐ는 퓨린 계열 염기이고, ⓑ는 피리미딘 계열 염기이다.
- (나)와 Ⅲ 사이의 염기 간 수소 결합의 총개수는 495개이다.
- Ⅰ에서 $\dfrac{\text{퓨린 계열 염기의 개수}}{\text{피리미딘 계열 염기의 개수}}=\dfrac{13}{7}$이고, Ⅱ에서 $\dfrac{A+T}{G+C}=\dfrac{4}{5}$이다.
- ㉠에서 $\dfrac{T}{C}=1$이고, ㉡에서 $\dfrac{A}{C}=\dfrac{13}{17}$이고, ㉢에서 $\dfrac{C}{G}=\dfrac{9}{10}$이다.
- (나)에서 $\dfrac{A+T}{G+C}=\dfrac{21}{19}$이다.

이에 대한 설명으로 옳은 것만을 〈보기〉에서 있는 대로 고른 것은? (단, 돌연변이는 고려하지 않는다.) [3점]

| 보기 |
ㄱ. ⓐ는 구아닌(G)이다.
ㄴ. Ⅰ에서 아데닌(A)의 개수는 44개이다.
ㄷ. Ⅱ에서 퓨린 계열 염기의 개수는 50개이다.

① ㄴ　　② ㄷ　　③ ㄱ, ㄴ　　④ ㄱ, ㄷ　　⑤ ㄱ, ㄴ, ㄷ

14
▸24072-0310

표는 사람에 존재하는 A~C에서 3가지 특징의 유무를 나타낸 것이다. A~C는 리보솜, DNA 중합 효소, RNA 중합 효소를 순서 없이 나타낸 것이다.

특징	A	B	C
프로모터에 결합한다.	?	○	?
mRNA와 결합한다.	○	?	×
㉠폴리뉴클레오타이드를 합성하기 위해 프라이머가 필요하다.	×	×	○

(○: 있음, ×: 없음)

이에 대한 설명으로 옳은 것만을 〈보기〉에서 있는 대로 고른 것은? [3점]

| 보기 |
ㄱ. 세포질에 A가 있다.
ㄴ. B는 전사 개시 복합체를 형성한다.
ㄷ. ㉠은 한 뉴클레오타이드의 5탄당이 다음 뉴클레오타이드의 인산과 공유 결합으로 연결되어 있다.

① ㄱ　　② ㄷ　　③ ㄱ, ㄴ　　④ ㄴ, ㄷ　　⑤ ㄱ, ㄴ, ㄷ

15
▸24072-0311

그림은 오파린의 화학적 진화설을 근거로 한 지구상의 생물 출현 과정을 나타낸 것이다.

이에 대한 설명으로 옳은 것만을 〈보기〉에서 있는 대로 고른 것은?

| 보기 |
ㄱ. 과정 (가)는 폭스의 실험으로 확인되었다.
ㄴ. 핵산은 ㉠에 해당한다.
ㄷ. 오파린은 ㉡을 마이크로스피어라고 하였다.

① ㄱ　　② ㄴ　　③ ㄱ, ㄷ　　④ ㄴ, ㄷ　　⑤ ㄱ, ㄴ, ㄷ

16

▶24072-0312

그림 (가)와 (나)는 5계 분류 체계와 3역 6계 분류 체계를 순서 없이 나타낸 것이다.

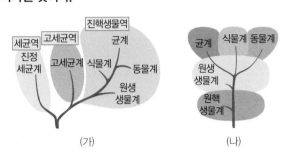

(가)   (나)

이에 대한 설명으로 옳은 것만을 〈보기〉에서 있는 대로 고른 것은?

보기

ㄱ. (가)는 (나)보다 먼저 만들어진 분류 체계이다.

ㄴ. (가)의 세균역과 고세균역은 모두 (나)의 원핵생물계에 포함된다.

ㄷ. (가)에서 균계와 동물계의 유연관계는 균계와 식물계의 유연관계보다 가깝다.

① ㄱ   ② ㄷ   ③ ㄱ, ㄴ   ④ ㄴ, ㄷ   ⑤ ㄱ, ㄴ, ㄷ

17

▶24072-0313

표는 생물 (가)~(라)에서 중배엽, 체절, 외골격의 유무를 나타낸 것이다. (가)~(라)는 거미, 회충, 해파리, 갯지렁이를 순서 없이 나타낸 것이다.

생물＼특징	중배엽	체절	외골격
(가)	있음	있음	없음
(나)	있음	없음	없음
(다)	있음	있음	있음
(라)	없음	없음	없음

이에 대한 설명으로 옳은 것만을 〈보기〉에서 있는 대로 고른 것은?

보기

ㄱ. (가)는 갯지렁이이다.

ㄴ. (나)와 (다)는 모두 탈피동물이다.

ㄷ. (라)는 발생 과정에서 원구가 항문이 된다.

① ㄴ   ② ㄷ   ③ ㄱ, ㄴ   ④ ㄱ, ㄷ   ⑤ ㄱ, ㄴ, ㄷ

18

▶24072-0314

다음은 동물 종 P의 두 집단 Ⅰ과 Ⅱ에 대한 자료이다.

- Ⅰ과 Ⅱ는 각각 하디·바인베르크 평형이 유지되는 집단이고, Ⅰ과 Ⅱ의 개체 수는 각각 10000이다. Ⅰ과 Ⅱ에서 각각 암컷과 수컷의 개체 수는 같다.

- 유전 형질 ㉠은 대립유전자 A와 A^*에 의해 결정되고, A와 A^* 사이의 우열 관계는 분명하다.

- 표는 Ⅰ에 속하는 P의 구성원 1~3의 성별, 체세포 1개당 들어 있는 A의 DNA 상대량, ㉠의 발현 여부를 나타낸 것이다.

구성원	성별	A의 DNA 상대량	㉠의 발현 여부
1	암컷	1	발현됨
2	수컷	0	발현 안 됨
3	수컷	2	?

- Ⅰ에서 A^*를 가진 개체들을 합쳐서 구한 A의 빈도는 $\frac{3}{7}$이고, Ⅱ에서 ㉠이 발현된 암컷이 ㉠이 발현되지 않은 수컷과 교배하여 자손(F_1)을 낳을 때, 이 F_1에게서 ㉠이 발현될 확률은 $\frac{5}{7}$이다.

$\dfrac{\text{Ⅰ에서 } A^*\text{를 가진 개체 수}}{\text{Ⅱ에서 A를 가진 개체 수}}$는? (단, A와 A^* 각각의 1개당 DNA 상대량은 1이다.) [3점]

① $\frac{7}{16}$ ② $\frac{11}{24}$ ③ $\frac{23}{48}$ ④ $\frac{1}{2}$ ⑤ $\frac{25}{48}$

19

▶24072-0315

다음은 어떤 진핵생물의 유전자 x와 돌연변이 유전자 y, z의 발현에 대한 자료이다.

- x, y, z로부터 각각 폴리펩타이드 X, Y, Z가 합성되고, X, Y, Z의 합성은 개시 코돈 AUG에서 시작해서 종결 코돈에서 끝난다.
- y는 x의 DNA 이중 가닥 중 전사 주형 가닥에서 1개의 염기 ㉠이 1회 결실된 것이고, z는 y의 DNA 이중 가닥 중 전사 주형 가닥에서 연속된 2개의 동일한 염기 ㉠이 1회 삽입되고, 1개의 염기 ㉠이 1회 결실된 것이다. ㉠은 아데닌(A), 사이토신(C), 구아닌(G), 타이민(T) 중 하나이다.
- X, Y, Z의 아미노산 서열은 다음과 같고, X, Y, Z의 아미노산 개수는 각각 6개, 8개, 4개이다.
  X: 메싸이오닌-알라닌-아이소류신-트립토판-글루타민-발린
  Y: 메싸이오닌-알라닌-아이소류신-글리신-아르지닌-타이로신-아스파트산-알라닌
  Z: 메싸이오닌-ⓐ알라닌-류신-ⓑ알라닌
- 표는 유전부호를 나타낸 것이다.

UUU UUC	페닐알라닌	UCU UCC	세린	UAU UAC	타이로신	UGU UGC	시스테인
UUA UUG	류신	UCA UCG		UAA	종결 코돈	UGA	종결 코돈
				UAG	종결 코돈	UGG	트립토판
CUU CUC CUA CUG	류신	CCU CCC CCA CCG	프롤린	CAU CAC	히스티딘	CGU CGC CGA CGG	아르지닌
				CAA CAG	글루타민		
AUU AUC AUA	아이소류신	ACU ACC ACA	트레오닌	AAU AAC	아스파라진	AGU AGC	세린
AUG	메싸이오닌	ACG		AAA AAG	라이신	AGA AGG	아르지닌
GUU GUC GUA GUG	발린	GCU GCC GCA GCG	알라닌	GAU GAC	아스파트산	GGU GGC	글리신
				GAA GAG	글루탐산	GGA GGG	

이에 대한 설명으로 옳은 것만을 〈보기〉에서 있는 대로 고른 것은? (단, 제시된 돌연변이 이외의 핵산 염기 서열 변화는 고려하지 않는다.) [3점]

〈보기〉
ㄱ. ㉠은 아데닌(A)이다.
ㄴ. ⓐ와 ⓑ를 지정하는 코돈은 서로 다르다.
ㄷ. X와 Z가 합성될 때 사용된 종결 코돈은 서로 같다.

① ㄱ ② ㄷ ③ ㄱ, ㄴ ④ ㄴ, ㄷ ⑤ ㄱ, ㄴ, ㄷ

20

▶24072-0316

다음은 이중 가닥 DNA x와 제한 효소에 대한 자료이다.

- x는 39개의 염기쌍으로 이루어져 있으며, x의 DNA 이중 가닥 중 한 가닥의 염기 서열은 5′-(가)-(나)-(다)-3′ 순이며, 표의 I~III은 (가)~(다)를 순서 없이 나타낸 것이다. ㉠~㉣은 아데닌(A), 사이토신(C), 구아닌(G), 타이민(T)을 순서 없이 나타낸 것이다.

구분	염기 서열
I	5′-㉢㉠㉠㉢㉢㉠㉣㉡㉡㉢㉣㉠-3′
II	5′-㉡㉢㉡㉢㉠㉠㉣㉣㉡㉡㉢-3′
III	5′-㉣㉣㉣㉠㉠㉢㉠㉢㉣㉡㉢㉡㉢㉢-3′

- 그림은 제한 효소 EcoRI, SmaI, MspI, AsuII, XhoI이 인식하는 염기 서열과 절단 위치를 나타낸 것이다.

5′-GAATTC-3′ 5′-CCCGGG-3′ 5′-CCGG-3′
3′-CTTAAG-5′ 3′-GGGCCC-5′ 3′-GGCC-5′
   EcoRI   SmaI   MspI

5′-TTCGAA-3′ 5′-CTCGAG-3′
3′-AAGCTT-5′ 3′-GAGCTC-5′
   AsuII   XhoI   ⫿ : 절단 위치

- x를 시험관 ①~⑥에 각각 넣고 제한 효소를 첨가하여 완전히 자른 결과 생성된 DNA 조각 수와 각 DNA 조각의 염기 수는 표와 같다. ⓐ~ⓔ는 EcoRI, SmaI, MspI, AsuII, XhoI를 순서 없이 나타낸 것이다.

시험관	①	②	③	④	⑤	⑥
첨가한 제한 효소	EcoRI	ⓐ	ⓔ	ⓑ, ⓒ	ⓒ, ⓓ	?
생성된 DNA 조각 수	3	3	2	4	3	4
생성된 각 DNA 조각의 염기 수	20, 24, 34	14, 26, 38	?	10, 20, 24, 24	10, 14, 54	10, 14, 24, 30

이에 대한 설명으로 옳은 것만을 〈보기〉에서 있는 대로 고른 것은? [3점]

〈보기〉
ㄱ. III은 (다)이다.
ㄴ. ⓓ는 AsuII이다.
ㄷ. ⑥에 첨가한 제한 효소는 ⓒ, ⓓ, ⓔ이다.

① ㄱ ② ㄴ ③ ㄷ ④ ㄱ, ㄷ ⑤ ㄴ, ㄷ

고2~N수 수능 집중 로드맵

로드맵 흐름도

수능 입문 → **기출 / 연습** → **연계+연계 보완** → **심화 / 발전** → **모의고사**

수능 입문
- 윤혜정의 개념/패턴의 나비효과
- 하루 6개 1등급 영어독해
- 수능 감(感)잡기
- 수능특강 Light

강의노트 수능개념

기출 / 연습
- 윤혜정의 기출의 나비효과
- 수능 기출의 미래
- 수능 기출의 미래 미니모의고사
- 수능특강Q 미니모의고사

연계+연계 보완
- 수능연계교재의 VOCA 1800
- 수능연계 기출 Vaccine VOCA 2200

연계
- 수능특강
- 수능완성

- 수능특강 사용설명서
- 수능특강 연계 기출
- 수능 영어 간접연계 서치라이트
- 수능완성 사용설명서

심화 / 발전
- 수능연계완성 3주 특강
- 박봄의 사회 · 문화 표 분석의 패턴

모의고사
- FINAL 실전모의고사
- 만점마무리 봉투모의고사
- 만점마무리 봉투모의고사 시즌2
- 만점마무리 봉투모의고사 BLACK Edition
- 수능 직전보강 클리어 봉투모의고사

상세 표

구분	시리즈명	특징	수준	영역
수능 입문	윤혜정의 개념/패턴의 나비효과	윤혜정 선생님과 함께하는 수능 국어 개념/패턴 학습	●	국어
	하루 6개 1등급 영어독해	매일 꾸준한 기출문제 학습으로 완성하는 1등급 영어 독해	●	영어
	수능 감(感) 잡기	동일 소재 · 유형의 내신과 수능 문항 비교로 수능 입문	●	국/수/영
	수능특강 Light	수능 연계교재 학습 전 연계교재 입문서	●	영어
	수능개념	EBSi 대표 강사들과 함께하는 수능 개념 다지기	●	전 영역
기출/연습	윤혜정의 기출의 나비효과	윤혜정 선생님과 함께하는 까다로운 국어 기출 완전 정복	●	국어
	수능 기출의 미래	올해 수능에 딱 필요한 문제만 선별한 기출문제집	●	전 영역
	수능 기출의 미래 미니모의고사	부담없는 실전 훈련, 고품질 기출 미니모의고사	●	국/수/영
	수능특강Q 미니모의고사	매일 15분으로 연습하는 고품격 미니모의고사	●	전 영역
연계 + 연계 보완	수능특강	최신 수능 경향과 기출 유형을 분석한 종합 개념서	●	전 영역
	수능특강 사용설명서	수능 연계교재 수능특강의 지문 · 자료 · 문항 분석	●	국/영
	수능특강 연계 기출	수능특강 수록 작품 · 지문과 연결된 기출문제 학습	●	국어
	수능완성	유형 분석과 실전모의고사로 단련하는 문항 연습	●	전 영역
	수능완성 사용설명서	수능 연계교재 수능완성의 국어 · 영어 지문 분석	●	국/영
	수능 영어 간접연계 서치라이트	출제 가능성이 높은 핵심만 모아 구성한 간접연계 대비 교재	●	영어
	수능연계교재의 VOCA 1800	수능특강과 수능완성의 필수 중요 어휘 1800개 수록	●	영어
	수능연계 기출 Vaccine VOCA 2200	수능-EBS 연계 및 평가원 최다 빈출 어휘 선별 수록	●	영어
심화/발전	수능연계완성 3주 특강	단기간에 끝내는 수능 1등급 변별 문항 대비서	●	국/수/영
	박봄의 사회 · 문화 표 분석의 패턴	박봄 선생님과 사회 · 문화 표 분석 문항의 패턴 연습	●	사회탐구
모의고사	FINAL 실전모의고사	EBS 모의고사 중 최다 분량, 최다 과목 모의고사	●	전 영역
	만점마무리 봉투모의고사	실제 시험지 형태와 OMR 카드로 실전 훈련 모의고사	●	전 영역
	만점마무리 봉투모의고사 시즌2	수능 직전 실전 훈련 봉투모의고사	●	국/수/영
	만점마무리 봉투모의고사 BLACK Edition	수능 직전 최종 마무리용 실전 훈련 봉투모의고사	●	국·수·영
	수능 직전보강 클리어 봉투모의고사	수능 직전(D-60) 보강 학습용 실전 훈련 봉투모의고사	●	전 영역

청운대학교
CHUNGWOON UNIVERSITY

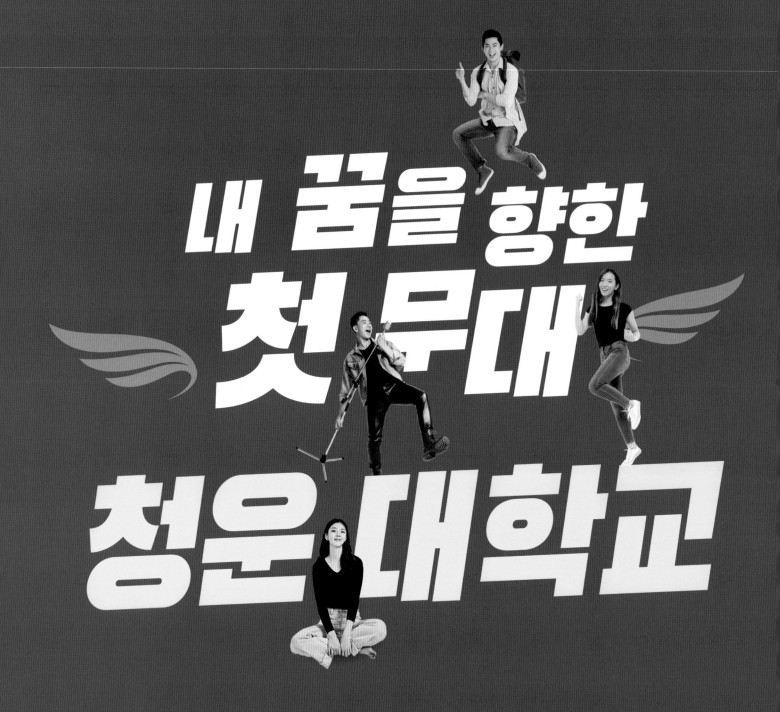

내 꿈을 향한
첫 무대
청운대학교

첨단 생활과학의 메카 | 인천캠퍼스 |　창의 융합교육의 산실 | 홍성캠퍼스 |

2024년 대학일자리플러스센터
(거점형) 선정

2024년 취업연계중점대학
9년 연속 선정

인천캠퍼스·홍성캠퍼스
입학상담 청운대학교 입학처 041-630-3333~9
입학처 홈페이지 http://enter.chungwoon.ac.kr

2025학년도
수능 연계교재
수능완성

한 권에 수능 에너지 가득
YOU MADE IT!

5 회분
실전 모의고사
수록

테마편 + 실전편

과학탐구영역

정답과 해설

생명과학 II

문제를 사진 찍고
해설 강의 보기
Google Play | App Store

EBSi 사이트
무료 강의 제공

본 교재는 대학수학능력시험을 준비하는 데 도움을 드리고자 과학과 교육과정을 토대로 제작된 교재입니다.
학교에서 선생님과 함께 교과서의 기본 개념을 충분히 익힌 후 활용하시면 더 큰 학습 효과를 얻을 수 있습니다.

www.kduniv.ac.kr

취업률 전국1위

"꿈을 현실로,
경동대학교에서 만들어요"

205개 4년제 대학 전체 1위 (82.1%, 2019 교육부 정보공시)
졸업생 1,500명 이상 5년 연속 1위 (2019~2023 정보공시)

2025학년도 신입학 수시 원서접수
2024.09.09.(월)~09.13.(금)
입학문의 : 033.738.1288

메트로폴캠퍼스
|경기도 양주|
Metropol Campus

메디컬캠퍼스
|원주문막|
Medical Campus

글로벌캠퍼스
|고성|
Global Campus

취/업/사/관/학/교
경동대학교
KYUNGDONG UNIVERSITY

2025학년도

수능 연계교재
수능완성

✦✦✦

과학탐구영역

생명과학 Ⅱ

정답과 해설

01 생명 과학의 역사

닮은 꼴 문제로 유형 익히기

본문 5쪽

정답 ③

⊙은 염색체, ⓒ은 DNA이다.

⊙. 모건은 초파리 유전 실험을 통해 유전자가 염색체(⊙)의 일정한 위치에 존재한다는 것을 밝혀냈다.

✗. DNA(ⓒ)의 기본 단위는 뉴클레오타이드이며, 단백질은 DNA의 구성 성분이 아니다.

ⓒ. 모건이 유전자는 염색체(⊙)의 일정한 위치에 존재한다는 것을 밝혀낸 (가)는 1926년에 이룬 성과이며, 허시와 체이스가 DNA(ⓒ)가 유전 물질임을 밝혀낸 (나)는 1952년에 이룬 성과이다.

수능 2점 테스트

본문 6쪽

01 ③   02 ④   03 ⑤   04 ⑤

01 생명 과학의 주요 성과

(가)는 1973년, (나)는 1953년, (다)는 1983년의 성과이다.

⊙. 유전자(DNA) 재조합 기술을 이용하여 특정 유전자를 다른 생물에게 도입할 수 있게 되었다.

✗. DNA가 유전 물질임을 처음 증명한 실험은 1944년 에이버리가 수행한 폐렴 쌍구균 형질 전환 실험이다.

ⓒ. (다)는 멀리스가 이룬 성과이다.

02 생명 과학의 주요 성과

레이우엔훅은 1673년 다양한 종류의 미생물을 현미경으로 관찰하였다.

✗. 현미경을 이용하여 세포 구조를 최초로 발견한 사람은 훅(1665년)이다.

Ⓑ. 제너는 1796년 사람에게 우두를 접종하여 천연두를 예방할 수 있는 종두법을 개발하였다.

Ⓒ. 하비는 1628년 관찰과 실험을 통해 혈액이 심장 박동으로 온몸을 순환한다는 혈액 순환의 원리를 발견하였다.

03 생명 과학의 주요 성과

2003년 사람 유전체 사업으로 사람 유전체의 DNA(⊙)는 약 32억개의 뉴클레오타이드 염기쌍으로 구성되어 있으며, 약 2만여 개의 유전자(ⓒ)가 있는 것을 알게 되었다.

⊙. 에이버리는 폐렴 쌍구균의 형질 전환 실험을 통해 DNA가 유전 물질임을 입증하였다.

✗. ⓒ은 유전자이다.

ⓒ. 니런버그와 마테이가 유전부호를 해독한 것은 1960년대에 이룬 성과이다.

04 생명 과학의 주요 성과

⊙은 플레밍, ⓒ은 코흐, ⓒ은 파스퇴르이다.

✗. 백조목 플라스크를 이용한 실험을 통해 생물 속생설을 입증한 생명 과학자는 파스퇴르(ⓒ)이다.

ⓒ. 페니실린(ⓐ)은 세균의 증식을 억제하는 물질인 항생제이다.

ⓒ. 레이우엔훅이 자신이 만든 현미경을 이용하여 다양한 미생물을 관찰하고 발견한 것은 1673년의 성과이며, 플레밍의 페니실린 발견(가)은 1928년에 이룬 성과이다.

수능 3점 테스트

본문 7쪽

01 ③   02 ③

01 생명 과학의 주요 성과

캘빈(⊙)은 1956년에 방사성 동위 원소를 이용하여 탄소 고정 반응의 경로를 밝혔다(Ⅱ). 모건(ⓒ)은 1926년에 초파리의 교배 실험을 통해 유전자가 염색체의 일정한 위치에 존재한다는 것(유전자설)을 밝혀내었다(Ⅰ). 멀리스는 1983년에 중합 효소 연쇄 반응을 발명하였다(Ⅲ).

⊙. ⓒ은 모건이다.

✗. Ⅲ이 '멀리스는 중합 효소 연쇄 반응(PCR)을 발명함'이다.

ⓒ. 방사성 동위 원소(ⓐ)는 추적 관찰이 가능하므로 세포 내에서 물질의 이동 과정을 알아볼 수 있다.

02 생명 과학의 주요 성과

1865년 멘델(⊙)은 부모의 형질이 자손에게 전달된다는 유전의 기본 원리를 알아내어 현대의 유전자에 해당하는 유전 인자의 개념을 제시하였다. 1859년 다윈(ⓒ)은 자연 선택설을 주장하였고, 1753년 린네(ⓒ)는 종의 개념을 명확히 하고 생물의 분류 체계를 고안하였다.

✗. 멘델(⊙)은 완두 교배 실험을 통해 유전의 기본 원리(ⓐ)를 발견하였다.

✗. 다윈(ⓒ)은 생물 개체 사이에 변이가 있고 환경에 잘 적응한 개체의 변이가 누적되어 진화가 일어난다고 주장하였으나, DNA에 대해서는 알지 못했다.

ⓒ. (가)는 1865년, (나)는 1859년, (다)는 1753년에 이룬 성과이다.

02 세포의 특성

닮은 꼴 문제로 유형 익히기 　　　본문 9쪽

정답 ⑤

(가)는 효모, (나)는 시금치 잎의 공변세포, (다)는 대장균이다.

㉠ 효모와 대장균은 종속 영양 생물로 엽록체를 갖지 않으므로 (나)는 시금치 잎의 공변세포이다. 펩티도글리칸 성분의 세포벽을 갖는 (다)는 대장균이므로 (가)는 효모이다.

㉡ 원핵세포로 구성된 대장균과 진핵세포로 구성된 효모, 시금치 잎의 공변세포에는 모두 리보솜이 있다. 따라서 리보솜은 ㉠에 해당한다.

㉢ 엽록체(㉡)에서 명반응이 일어나 NADPH의 합성이 일어난다.

수능 2점 테스트 　　　본문 10~12쪽

01 ④	02 ⑤	03 ③	04 ④	05 ⑤
06 ④	07 ②	08 ④	09 ⑤	10 ①
11 ②	12 ⑤			

01 생물의 구성 단계

A는 조직, B는 조직계이다.

㉠ 생쥐에 없는 B는 조직계이고, A는 장미에도 있는 조직이다. 기관은 생쥐와 장미에 모두 있는 구성 단계이므로 ⓐ와 ⓑ는 모두 '○'이다.

㉡ B는 장미에만 있는 조직계이다.

✗. 생쥐에서 혈액은 결합 조직에 해당하므로 조직(A)의 예이다.

02 동물의 구성 단계

A는 기관, B는 기관계이다.

㉠ 사람 몸의 구성 단계는 세포 → 조직 → 기관 → 기관계 → 개체이므로 A는 기관, B는 기관계이다. 기관(A)은 식물에도 있는 구성 단계이다.

㉡ B는 기관계이다.

㉢ 상피 조직(㉠)은 상피 세포로 구성된다.

03 식물의 조직

A는 울타리 조직, B는 통도 조직, C는 표피 조직이다.

㉠ A는 기본 조직계에 속하는 울타리 조직이다.

㉡ 물관과 체관 등이 해당하는 통도 조직(B)은 관다발 조직계에 속한다.

✗. 울타리 조직(A)과 표피 조직(C)은 모두 영구 조직에 해당한다.

04 생명체를 구성하는 물질

㉠은 단백질, ㉡은 DNA, ㉢은 탄수화물이다.

㉠ 리보솜에서는 RNA의 코돈 정보를 바탕으로 단백질(㉠)이 합성된다.

✗. 아미노산과 아미노산 사이에 형성되는 펩타이드 결합은 DNA(㉡)에 없다.

㉢ 다당류인 글리코젠은 탄수화물(㉢)의 예에 해당한다.

05 생명체의 구성 물질

A는 단백질, B는 스테로이드, C는 인지질이다.

㉠ 단백질(A)은 기본 단위인 아미노산이 펩타이드 결합으로 연결된 중합체이다.

㉡ B는 세포막의 유동성을 조절하는 스테로이드이다.

㉢ 스테로이드(B)와 인지질(C)은 모두 지질에 해당하므로 유기 용매에 녹는다.

06 세포의 특징

'핵막이 있다(Ⅰ).'는 진핵세포인 시금치 잎의 공변세포와 버섯의 세포가 갖는 특징이고, '세포벽이 있다(Ⅱ).'는 남세균(광합성 세균), 시금치 잎의 공변세포, 버섯의 세포가 모두 갖는 특징이며, '엽록체가 있다(Ⅲ).'는 시금치 잎의 공변세포만 갖는 특징이다.

✗. ㉮는 Ⅰ~Ⅲ을 모두 가져갔으므로 ㉮가 가져간 세포 카드는 '시금치 잎의 공변세포'이다.

㉡ ㉯가 Ⅰ~Ⅲ 중 가져간 카드는 2장이므로 ㉯는 세포 카드 '버섯의 세포'를 가져갔다. 따라서 ㉯가 가져간 2장의 특징 카드는 Ⅰ과 Ⅱ이다.

㉢ ㉰는 세포 카드 '남세균'을 가져갔으므로 Ⅰ~Ⅲ 중 Ⅱ(세포벽이 있다.)만을 가진다. 따라서 (다)에서 ㉰가 가져간 카드의 수는 1이다.

07 세포 분획법

㉠은 핵, ㉡은 미토콘드리아, ㉢은 엽록체이다.

✗. 원심 분리 속도가 v_1일 때는 ㉠만 침전되고, v_2일 때 ㉠과 ㉢이 침전되었으므로 v_2가 v_1보다 빠르다.

㉡ 핵(㉠)과 미토콘드리아(㉡)에는 모두 DNA가 있으며 전사 과정을 통해 RNA의 합성이 일어난다.

✗. 크리스타 구조를 갖는 것은 미토콘드리아(㉡)이다.

08 엽록체

㉮는 투과 전자 현미경이고, X는 엽록체이다.

✗. RNA를 합성하고, 포도당을 생성하는 X는 엽록체이다. 엽록체(X)의 단면 구조 관찰에 이용된 현미경 ㉮는 투과 전자 현미경이고, 투과 전자 현미경(㉮)의 광원은 전자선이다.

㉡ 엽록체(X)는 핵, 미토콘드리아와 같이 2중막 구조를 갖는 세포소기관이다.

㉢ 엽록체(X)에서는 이산화 탄소가 포도당으로 전환되는 광합성이 일어나며, 이 과정에서 빛에너지가 화학 에너지로 전환된다.

09 단백질의 합성 및 분비 경로

방사성 동위 원소로 표지한 아미노산을 공급하여 합성된 단백질은 소포체에서 골지체로 운반된다. 따라서 ㉠은 골지체, ㉡은 소포체이다.

㉠. 골지체(㉠)에는 납작한 주머니 모양의 구조물인 시스터나가 있다.

㉩. 소포체(㉡)의 막 일부는 핵막과 연결되어 있다.

㉪. 소포체(㉡)에서 합성된 단백질은 골지체(㉠)로 이동한다.

10 세포 골격

A는 미세 소관, B는 중간 섬유, C는 미세 섬유이다.

㉠. A는 튜불린 단백질로 구성된 미세 소관이다.

✗. 중심체를 이루는 세포 골격은 미세 소관(A)이다.

✗. A~C는 모두 주성분이 단백질이다.

11 동물 세포의 구조

A는 중심체, B는 리보솜, C는 미토콘드리아이다.

✗. RNA가 있고 막 구조를 갖지 않는 ㉡은 리보솜(B), RNA가 있는 ㉠은 미토콘드리아(C), 나머지 ㉢은 중심체(A)이다.

㉡. 미토콘드리아(C)에서 유기물이 산화되어 ATP가 합성된다.

✗. 세포 분열 시 방추사를 형성하는 것은 중심체(A, ㉢)이다.

12 식물 세포의 구조

A는 엽록체, B는 골지체, C는 세포벽이다.

㉠. 엽록체(A)에는 미토콘드리아, 핵 등과 같이 유전 물질인 핵산이 있다.

㉡. 엽록체(A)는 2중막 구조를, 골지체(B)는 단일막 구조를 갖는다.

㉢. 식물 세포의 세포벽(C)은 주성분이 셀룰로스이다.

수능 3점 테스트

본문 13~15쪽

01 ③   02 ③   03 ⑤   04 ②   05 ①
06 ②

01 식물의 구성 단계

㉠은 조직, ㉡은 조직계, ㉢은 기관이다.

㉠. 식물에서 뿌리, 줄기, 잎은 기관에 해당하므로 A는 기관(㉢)이다.

㉡. 식물에서 형성층은 분열 조직에 해당하므로 C는 조직(㉠)이고, B는 조직계(㉡)이다. 조직계(㉡, B)는 동물에는 없는 구성 단계이다.

✗. 형성층(ⓐ)은 분열 조직에 해당한다.

02 현미경

백혈구의 입체적인 표면이 잘 관찰되는 B는 주사 전자 현미경, 전자선을 광원으로 이용하는 A는 투과 전자 현미경, 나머지 C는 광학 현미경이다.

㉠. 시료의 단면 구조 관찰에 적합한 투과 전자 현미경(A)은 시료의 단면을 통과한 전자선을 이용한다.

✗. 시료 관찰 시 구별할 수 있는 두 점 사이의 최소 거리는 주사 전자 현미경(B)이 광학 현미경(C)보다 짧다.

㉢. 광원으로 가시광선을 이용하는 광학 현미경(C)을 통해 살아 있는 세포를 관찰할 수 있다.

03 생명체를 구성하는 물질

'호르몬의 성분이다(㉠).'는 단백질과 스테로이드가 갖는 특징이고, '뉴클레오솜을 구성한다(㉡).'는 DNA와 단백질이 갖는 특징이며, '구성 원소에 인(P)이 포함된다(㉢).'는 인지질과 DNA가 갖는 특징이다. 따라서 A는 단백질, B는 스테로이드, C는 DNA, D는 인지질이다.

㉠. 단백질(A)은 기본 단위인 아미노산이 펩타이드 결합으로 연결된 중합체이다.

㉡. DNA(C)에는 단백질 등의 합성에 필요한 유전 정보가 저장되어 있다.

㉢. '지질에 속한다.'는 스테로이드(B)와 인지질(D)만 갖는 특징 ㉣에 해당한다.

04 세포 분획법

(가)의 침전물에 핵과 ㉠이, 상층액에 ㉡과 ㉢이 있으므로 ㉠은 엽록체, ㉡과 ㉢은 각각 미토콘드리아와 리보솜 중 하나이다. 상층액을 원심 분리한 (나)에서 ㉢은 침전물에, ㉡은 상층액에 있으므로 ㉡은 리보솜, ㉢은 미토콘드리아이다.

✗. 상층액의 세포 소기관을 분리하려면 더 빠르고 오랜 시간 회전시켜야 하므로 $v_2 > v_1$이다.

㉡. 엽록체(㉠)에서 비순환적 전자 흐름(비순환적 광인산화)이 일어날 때 NADPH가 생성된다.

✗. 리보솜(㉡)은 RNA와 단백질로 구성되고, 미토콘드리아(㉢)는 자체 DNA, RNA, 리보솜을 가지고 있다.

05 원핵세포와 진핵세포

시금치에서 광합성이 일어나는 세포는 리보솜, 세포벽, 엽록체를 모두 가지므로 A이고, 리보솜은 A~C가 모두 가지므로 ㉢이다. 사람의 간을 구성하는 세포는 세포벽과 엽록체를 갖지 않으므로 C이고, 나머지 B는 남세균(광합성 세균)이다.

㉠. 그라나는 엽록체 내 틸라코이드가 쌓인 구조로 시금치에서 광합성이 일어나는 세포만 가지는 ㉠이 엽록체(㉮)이다.

✗. 남세균(광합성 세균, B)에는 막 구조의 세포 소기관이 없으므로 전사와 번역이 모두 세포질에서 일어난다.

✗. 사람의 간을 구성하는 세포(C)에는 세포벽이 없다.

06 동물 세포의 구조와 기능

2중막 구조를 갖는 ㉠은 미토콘드리아, 물질의 분비에 관여하는 ㉢은 골지체, 나머지 ㉡은 리소좀이다.

✗. 포도당이 피루브산으로 분해되는 반응은 미토콘드리아(㉠)에서 일어나지 않는다.

㉡. 가수 분해 효소가 있는 리소좀(㉡)은 세포내 소화를 담당한다.

✗. 골지체(㉢)에는 납작한 주머니 모양의 구조물인 시스터나가 있고, 크리스타는 미토콘드리아(㉠)에 있다.

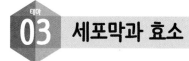

세포막과 효소

닮은 꼴 문제로 유형 익히기 본문 18쪽

정답 ③

경쟁적 저해제(㉠)가 없는 (가)와 (다)에서 효소(E)의 농도는 순서 없이 1과 2이므로 (가)와 (다)는 각각 Ⅰ과 Ⅱ 중 하나이다. 기질(A)의 농도가 S_2보다 낮을 때 초기 반응 속도는 Ⅱ에서가 Ⅲ에서보다 빠르지만, 최대 초기 반응 속도는 Ⅱ와 Ⅲ에서 같으므로 Ⅱ와 Ⅲ은 E의 농도가 같으며 Ⅱ는 ㉠이 없는 (가), Ⅲ은 ㉠이 있는 (나)이다. (다)가 Ⅰ이므로 ⓐ는 1, ⓑ는 2이다.

㉠. ⓐ는 1이다.

✕. S_1일 때 초기 반응 속도는 Ⅰ(다)에서가 Ⅱ(가)에서보다 빠르다.

㉢. S_2일 때 (나)와 (다) 모두 초기 반응 속도가 최댓값에 도달하여 모든 효소(E)가 기질(A)과 결합한 상태이므로 $\dfrac{\text{A와 결합한 E의 수}}{\text{E의 총수}}$ 는 Ⅲ(나)과 Ⅰ(다)에서 모두 1로 같다.

수능 2점 테스트 본문 19~21쪽

01 ④	02 ③	03 ③	04 ③	05 ⑤
06 ①	07 ⑤	08 ④	09 ②	10 ③
11 ③	12 ②			

01 세포막을 통한 물질의 이동 방식

A는 촉진 확산, B는 능동 수송이다. 시간에 따른 ㉠의 세포 안 농도가 C보다 증가하고 있으므로 ㉠은 세포 밖에서 안으로 능동 수송을 통해 이동한다.

✕. ㉠의 이동 방식은 에너지를 사용하여 농도가 낮은 쪽에서 높은 쪽으로 이동하는 능동 수송(B)이다.

㉡. Na^+-K^+ 펌프를 통한 Na^+의 이동은 능동 수송의 예(가)에 해당한다.

㉢. 세포막을 통해 세포 안으로 유입되는 ㉠의 양은 ㉠의 세포 안 농도가 더 크게 증가하는 구간 Ⅰ에서가 구간 Ⅱ에서보다 많다.

02 세포막을 통한 물질의 이동 방식

ATP를 사용하는 Ⅰ이 능동 수송, 막단백질을 이용하는 Ⅱ가 촉진 확산, Ⅲ이 단순 확산이다.

㉠. A의 이동 방식은 일정 농도 차 이상에서 이동 속도가 일정해지는 촉진 확산(Ⅱ)이다.

㉡. 촉진 확산(Ⅱ)은 ATP를 사용하지 않고, 단순 확산(Ⅲ)은 막단백질을 이용하지 않고 세포막을 직접 통과하는 방식이므로 ㉠과 ㉡ 모두 '✕'이다.

✕. 인슐린이 세포 밖으로 이동하는 방식은 세포외 배출이다.

03 식물 세포에서의 삼투

식물 세포 X를 ㉠에 넣었을 때 부피의 변화가 없으므로 ㉠은 X의 등장액이고, X를 ㉡에 넣었을 때 삼투에 의해 부피가 감소하므로 ㉡은 고장액이다.

✕. ㉠은 등장액, ㉡은 고장액이므로 용액의 농도는 ㉠이 ㉡보다 낮다.

✕. 삼투에 의해 물이 이동할 때 ATP의 화학 에너지 등 에너지가 사용되지 않는다.

㉢. t_1일 때는 세포막을 통한 물의 유입량과 유출량은 같고, t_2일 때는 세포막을 통한 물의 유입량이 유출량보다 작다.

04 세포막을 통한 물질의 이동 방식

(가)는 단순 확산, (나)는 세포내 섭취, (다)는 능동 수송이다.

㉠. 폐포에서 O_2는 농도 기울기를 따라 세포막을 직접 통과하는 단순 확산으로 이동한다.

✕. 세포내 섭취가 일어나면 세포막의 표면적이 일시적으로 감소한다.

㉢. 능동 수송이 일어날 때 ATP로부터 얻은 에너지 등이 사용된다.

05 식물 세포에서의 삼투

㉠은 삼투압, ㉡은 흡수력이다.

㉠. 팽압이 존재할 때 삼투압은 흡수력보다 크다.

㉡. V_1일 때 X는 원형질 분리 상태로 팽압은 0이다.

㉢. V_2일 때 팽압은 삼투압보다 작으며, V_3일 때 팽압은 삼투압과 같다. 따라서 X의 $\dfrac{\text{팽압}}{\text{삼투압}}$은 V_2일 때 1보다 작은 값이며, V_3일 때 1이다.

06 효소의 작용과 활성화 에너지

(가)에서 A는 효소, B는 기질이다. (나)에서 반응물의 에너지가 생성물의 에너지보다 크므로 이 반응은 이화 작용이다.

㉠. 효소(A)는 물 분자를 첨가하여 기질(B)을 분해하였으므로 가수 분해 효소이다.

✕. 활성 부위는 기질과 결합하는 효소의 특정 부위이다.

✕. ㉠은 이 효소가 없을 때의 활성화 에너지이다.

07 효소의 작용과 종류

A는 산화 환원 효소, B는 이성질화 효소, C는 가수 분해 효소이다.

㉠. A는 산화 환원 효소이다.

㉡. 이성질화 효소(B)에 의한 반응에서 기질의 원자 구성은 변하지 않지만 기질의 분자 구조가 변형되어 성질이 다른 물질로 바뀐다.

㉢. 가수 분해 효소(C)와 같이 효소는 화학 반응의 활성화 에너지를 낮추어 반응이 빠르게 일어나게 한다.

08 효소의 작용

A는 기질, B는 효소·기질 복합체, C는 효소이다.

✕. B는 효소·기질 복합체이다.

㉡. 기질(A)의 농도와 효소(C)의 농도를 더한 값은 t_1에서가 t_2에서보다 크다.

ⓒ. 기질과 결합한 X는 B(효소·기질 복합체)와 같고, 기질과 결합하지 않은 X는 C(효소)와 같으므로 $\dfrac{\text{기질과 결합한 X의 수}}{\text{기질과 결합하지 않은 X의 수}}$ 는 t_1에서가 t_2에서보다 크다.

09 효소의 작용과 기질의 농도

(가)에서 효소 X는 피루브산의 탈탄산 반응에 관여하며, (나)에서 ㉠은 시간에 따라 감소하고 있으므로 기질인 피루브산이다.

✗. X는 가수 분해나 산화가 일어나지 않고 피루브산으로부터 CO_2를 제거하였으므로 부가 제거 효소(제거 부가 효소)에 해당한다.

ⓛ. ㉠은 기질에 해당하는 피루브산이다.

✗. X에 의한 반응의 활성화 에너지는 기질 농도에 영향을 받지 않으므로 t_1에서와 t_2에서가 같다.

10 효소의 활성에 영향을 미치는 요인

pH 7일 때 A는 활성이 거의 없고, B는 최대 활성에 가까우며 C는 활성이 낮다. 따라서 (나)에서 ㉠이 A, ㉡이 C, ㉢이 B이다.

㉠. ㉠은 기질의 농도 변화가 거의 없으므로 pH 7에서 활성이 거의 없는 A이다.

✗. ㉡에서 생성물의 농도는 기질의 농도가 감소한 정도에 해당하므로 t_1일 때가 t_2일 때보다 낮다.

ⓒ. t_2일 때 B(㉢)에 의한 반응은 종료되어 반응 속도가 0이므로 C(㉡)에 의한 반응 속도가 B에 의한 반응 속도보다 빠르다.

11 효소의 작용과 초기 반응 속도

효소의 농도가 일정할 때 기질 농도가 증가함에 따라 초기 반응 속도는 비례하여 증가하지만, 어느 수준 이상의 기질 농도에서는 모든 효소가 기질과 결합하여 초기 반응 속도가 일정하게 유지된다.

㉠. 효소·기질 복합체의 농도는 초기 반응 속도가 빠른 S_2에서가 S_1에서보다 높다.

✗. 반응열은 화학 반응에서 반응물과 생성물의 에너지 차이에 해당하며, 효소의 유무 및 효소의 농도와 관계없이 일정하다.

ⓒ. 초기 반응 속도가 빠를수록 단위 시간당 생성되는 생성물의 양도 많다.

12 효소와 저해제

Ⅰ과 Ⅱ는 저해제가 없는 상태이며, 효소 X의 농도는 Ⅱ가 Ⅰ의 2배이므로 초기 반응 속도의 최댓값도 Ⅱ가 Ⅰ의 2배이다. 따라서 Ⅰ이 C, Ⅱ가 A이다. Ⅲ은 X의 농도가 2이면서 저해제가 있으므로 B에 해당하는데, A와 최대 초기 반응 속도가 같으므로 ㉠은 경쟁적 저해제이다.

✗. C는 Ⅰ이다.

ⓛ. ㉠은 경쟁적 저해제이므로 X의 활성 부위에 결합하여 효소의 활성을 저해한다.

✗. S_1일 때 A와 C 각각에서 초기 반응 속도가 최대 초기 반응 속도의 절반이므로 $\dfrac{\text{기질과 결합하지 않은 X의 수}}{\text{X의 총수}}$ 는 A와 C에서 모두 $\dfrac{1}{2}$로 같다.

01 ④	02 ③	03 ①	04 ③	05 ④
06 ④	07 ①	08 ②		

01 식물 세포에서의 삼투

V_3일 때 흡수력이 0이고 $\dfrac{\text{(가)}}{\text{(나)}}$가 1이므로 (다)가 흡수력이다. V_1일 때 삼투압이 흡수력과 같고 팽압은 0이므로 0, $\dfrac{1}{2}$, 1 중에 $\dfrac{\text{(다)}}{\text{(나)}}$가 될 수 있는 값(㉡)은 1이며, (나)는 삼투압이다. 따라서 (가)는 팽압, ㉠은 0, ㉢은 $\dfrac{1}{2}$이다.

X의 부피	$\dfrac{\text{(가)}}{\text{(나)}}\left(\dfrac{\text{팽압}}{\text{삼투압}}\right)$	$\dfrac{\text{(다)}}{\text{(나)}}\left(\dfrac{\text{흡수력}}{\text{삼투압}}\right)$
V_1	㉠(0)	㉡(1)
V_2	?$\left(\dfrac{1}{2}\right)$	㉢$\left(\dfrac{1}{2}\right)$
V_3	1	?(0)

✗. (가)는 팽압이다.

ⓛ. ㉡은 1이다.

ⓒ. $\dfrac{\text{(나)}}{\text{(가)}}$는 V_2일 때 $\dfrac{2P}{P}$=2이고, V_3일 때는 팽압(가)과 삼투압(나)이 같으므로 1이다.

02 반투과성 막과 삼투

실험에서 포도당은 반투과성 막을 통과할 수 있으므로 확산을 통해 이동하고, 엿당은 반투과성 막을 통과할 수 없으므로 엿당 농도에 따라 삼투가 일어난다. (다)에서 X의 부피가 (나)에서보다 감소한 것은 비커의 용액보다 X에서 엿당 농도가 낮아 삼투에 의해 물이 빠져나갔기 때문인 것을 알 수 있다.

㉠. (다)에서 삼투에 의해 X의 부피가 감소하였으므로 $C_2 > C_1$인 것을 알 수 있다.

✗. (나)에서 포도당 농도는 X가 비커의 용액보다 높으므로 포도당은 확산에 의해 X에서 비커의 용액으로 이동한다. 따라서 X 안의 용액의 포도당의 총량은 (다)에서가 (나)에서보다 적다.

ⓒ. 엿당은 반투과성 막을 통과하지 못하므로 X 안의 용액의 엿당의 양은 항상 일정하고, (마)에서 삼투에 의해 X의 부피가 증가하였으므로 X 안의 용액의 엿당 농도는 C_1보다 낮다.

03 세포막을 통한 물질의 이동 방식

'ATP를 사용한다.'는 능동 수송만 가지는 특징이고, '막단백질을 이용한다.'는 능동 수송과 촉진 확산이 가지는 특징이며, '백혈구의 식세포 작용에서 세포 안으로 세균이 이동하는 방식에 해당한다.'는 세포내 섭취가 가지는 특징으로 능동 수송, 단순 확산, 촉진 확산 모두 갖지 않는 특징이다. 따라서 ㉠과 ㉡을 갖는 Ⅱ가 능동 수송이고, ㉢이 '백혈구의 식세포 작용에서 세포 안으로 세균이 이동하는 방식에 해당한다.'이다. '막단백질을 이용한다.'는 능동 수송과 촉진 확산이 갖는 특징이므로 ㉠에 해당하고, ㉡이 'ATP를 사용한다.'이다. Ⅰ은 단순 확산, Ⅲ은 촉진 확산이다.

ⓞ Ⅰ은 특징 ⊙~ⓒ을 모두 갖지 않는 단순 확산이다.

✗ ⊙은 '막단백질을 이용한다.'이다.

✗ 인슐린이 세포 밖으로 이동하는 방식은 세포외 배출에 해당한다.

04 리포솜을 이용한 물질 이동

리포솜 X의 표적이 되는 사람의 암세포는 산소가 부족한 환경에서 젖산 발효가 많이 일어나 세포 근처의 pH가 낮다. 따라서 암세포에 항암제를 전달하는 효과가 있는 X는 pH 7보다 낮은 pH에서 막 구조가 불안정하게 변한다.

ⓞ (가)가 일어난 암세포는 리포솜의 막이 세포막과 융합하여 세포막의 표면적이 증가한다.

ⓛ X의 표적이 되는 암세포는 젖산 발효가 많이 일어나 세포 근처의 pH가 정상 세포보다 낮고, 실험을 통해 X가 암세포에 항암제를 전달하는 효과가 있다는 결론을 내렸으므로 ⓐ는 pH 7보다 낮은 pH(산성)이다.

✗ X는 낮은 pH에서 막 구조가 불안정하게 변하는 특성을 갖고 있기 때문에, 표적이 되는 암세포 근처가 아니더라도 조건 ⓐ(pH 7보다 낮은 pH)에서 정상 세포와 (가)가 일어날 수 있다.

05 효소의 작용과 반응 속도

(가)에서 A(기질)와 X(효소)의 농도가 일정하므로 ⊙은 B(생성물)이다. ⓒ은 A(기질)이므로 (나)는 A(기질)의 농도가 변할 때 초기 반응 속도의 변화를 알아보기 위한 실험의 결과인 것을 알 수 있다. 따라서 ⓐ는 X(효소)이고, ⓑ는 A(기질)이다.

✗ ⓐ는 X(효소)이다.

ⓛ (가)에서 시간에 따라 A(기질)가 B(생성물)로 전환되므로 ⓒ(A)의 농도는 t_1일 때가 t_2일 때보다 높다.

ⓒ (나)의 구간 Ⅰ에서 A(ⓒ)의 농도가 증가할수록 초기 반응 속도가 증가하므로 $\dfrac{\text{기질과 결합한 X의 수}}{\text{X의 총수}}$는 증가한다.

06 효소의 작용에 영향을 미치는 요인

과산화 수소 분해 반응에 관여하는 X의 작용에 미치는 온도의 영향은 A~D에서 거품 발생량을 통해 알 수 있다.

✗ X는 과산화 수소가 물과 산소로 분해되는 반응에 관여한다. 이성질화 효소는 기질의 원자 배열을 바꾸어 이성질체로 전환하는 반응에 관여한다.

ⓛ 실험 결과에서 거품 발생량이 많은 A에서가 C에서보다 X의 활성이 크다. C는 60 ℃에서 효소가 변성되어 활성이 감소했을 것이다.

ⓒ 실험 결과에서 거품 발생량은 X가 있는 B가 X가 없는 D보다 많다. ⓐ(과산화 수소가 물과 산소로 분해되는 반응)의 활성화 에너지는 X가 관여하는 B에서가 X가 관여하지 않는 D에서보다 작다.

07 효소와 저해제

(나)의 Ⅰ은 S_4일 때 Ⅱ와 Ⅲ보다 초기 반응 속도가 높으므로 저해제를 첨가하지 않은 A이다. Ⅱ는 최대 초기 반응 속도가 가장 낮은 60

이므로 비경쟁적 저해제를 처리한 B이고, Ⅲ은 경쟁적 저해제를 처리한 C이다.

ⓞ Ⅱ는 비경쟁적 저해제가 처리된 B이다.

✗ S_3일 때 Ⅰ(A)에서 초기 반응 속도가 60이므로 경쟁적 저해제를 처리한 Ⅲ(C)에서 S_3일 때 ⓐ는 60보다 낮다.

✗ S_2일 때 A의 초기 반응 속도는 50이다. B의 초기 반응 속도는 S_1일 때 25이므로 S_2일 때 25보다 크다. 따라서 S_2일 때 A의 초기 반응 속도는 B의 초기 반응 속도의 2배보다 작다.

08 효소의 농도와 저해제

⊙이 4, ⓒ이 3일 경우 Ⅰ은 A이고, Ⅱ는 경쟁적 저해제가 처리된 실험 조건이므로 최대 초기 반응 속도가 Ⅳ와 같아야 한다. 그런데 B와 C 모두 최대 초기 반응 속도가 Ⅳ보다 낮으므로 ⊙은 3, ⓒ이 4이다. X의 농도가 4이고 경쟁적 저해제가 처리된 Ⅱ가 A이다. 비경쟁적 저해제가 처리된 Ⅰ과 Ⅲ은 X의 농도에 따라 Ⅰ이 C, Ⅲ이 B이다.

✗ ⊙은 3이다.

ⓛ B는 Ⅲ이다.

✗ 기질과 결합하지 않은 X의 수는 X의 총수에서 기질과 결합한 X의 수를 뺀 값이다. 기질과 결합한 X의 수는 초기 반응 속도와 비례하고, X의 총수와 최대 초기 반응 속도가 비례하므로 기질과 결합하지 않은 X의 수는 최대 초기 반응 속도에서 해당 농도에서의 초기 반응 속도를 뺀 값으로 추정할 수 있다. 따라서 S_1일 때 기질과 결합하지 않은 X의 수는 Ⅱ(A)에서가 Ⅳ에서보다 많다.

04 세포 호흡과 발효

정답 ③

Ⅰ에서 1분자의 A가 2분자의 B로 전환되고, Ⅱ와 Ⅲ에서 각각 1분자의 B가 1분자의 C 또는 1분자의 D로 전환되므로 A는 과당 2인산, B는 피루브산이다. 1분자의 과당 2인산이 2분자의 피루브산으로 전환될 때 4분자의 ATP, 2분자의 NADH가 생성되므로 (나)는 Ⅰ이고, ⓒ은 ATP이다. ATP(ⓒ)와 CO_2의 분자 수를 더한 값이 Ⅱ(가)에서는 0, Ⅲ에서는 1인데, 1분자의 피루브산이 1분자의 젖산으로 전환될 때 1분자의 NAD^+가 생성되고, 1분자의 피루브산이 1분자의 아세트알데하이드로 전환될 때 1분자의 CO_2가 생성되므로 C는 젖산, D는 아세트알데하이드이다. Ⅱ(가)에서 ⓛ과 ATP(ⓒ)의 분자 수를 더한 값이 0이므로 ⓛ은 NADH이고, 나머지 ㉠은 NAD^+이다.

㉠. (가)는 Ⅱ, (나)는 Ⅰ이다.

ⓛ. C는 젖산, D는 아세트알데하이드이다. 1분자의 피루브산(B)이 1분자의 젖산(C)으로 전환될 때 NADH가 산화되고, 피루브산이 환원되므로 1분자당 젖산(C)의 수소 수는 6이다. 1분자의 아세트알데하이드(D)가 1분자의 에탄올로 전환될 때 NADH가 산화되고, 아세트알데하이드(D)가 환원되므로 1분자당 아세트알데하이드(D)의 수소 수는 4이다.

✗. NAD^+(㉠)와 NADH(ⓛ)의 분자 수를 더한 값은 Ⅱ(가)에서가 1, Ⅲ에서가 0이다.

01 ③	02 ④	03 ②	04 ④	05 ①
06 ⑤	07 ③	08 ⑤	09 ⑤	10 ①
11 ①	12 ②			

01 미토콘드리아의 구조와 세포 호흡

㉠은 미토콘드리아 내막, ⓛ은 미토콘드리아 기질, ⓒ은 막 사이 공간이고, (가)는 NAD^+가 NADH로 환원되는 반응을, (나)는 ATP가 생성되는 반응을 나타낸 것이다.

㉠. 미토콘드리아 내막(㉠)에는 H^+의 이동에 관여하는 막단백질인 전자 전달 효소와 ATP 합성 효소가 있다.

ⓛ. 미토콘드리아 기질(ⓛ)에서 피루브산의 산화와 TCA 회로가 일어나며, 이 과정에서 NAD^+가 NADH로 환원되는 반응(가)이 일어난다.

✗. 미토콘드리아 내막(㉠)에서 산화적 인산화가 일어나 ATP가 생성되기 위해서는 전자 전달이 일어나 H^+ 농도 기울기가 형성되어야 한다. 고에너지 전자로부터 방출되는 에너지를 이용해 미토콘드리아 기질(ⓛ)에서 막 사이 공간(ⓒ)으로 H^+이 능동 수송되므로 산화적 인산화에 의해 (나)가 일어날 때

$\dfrac{\text{미토콘드리아 기질(ⓛ)의 pH}}{\text{막 사이 공간(ⓒ)의 pH}}$는 1보다 크다.

02 해당 과정

해당 과정은 1분자의 포도당이 여러 단계의 화학 반응을 거쳐 2분자의 피루브산으로 분해되는 과정으로, ATP의 생성과 소모를 기준으로는 ATP가 소모되는 단계와 ATP가 생성되는 단계로 구분할 수 있다.

㉠. 해당 과정의 일부를 나타낸 (가)와 (나)는 모두 세포질에서 일어난다.

✗. (가)에서 ATP가 소모되고, (나)에서는 탈수소 반응이 일어나 NADH가 생성되며, 기질 수준 인산화에 의해 ATP가 생성된다. 따라서 ⓐ~ⓒ 중 (가)가 갖는 특징의 개수는 1개, (나)가 갖는 특징의 개수는 2개이다.

ⓒ. 알코올 발효가 일어나면 1분자의 포도당이 2분자의 에탄올로 분해되며, 해당 과정에서 포도당 1분자당 2ATP가 순생성된다. 따라서 알코올 발효 과정에서 과정 (가)와 (나)가 모두 일어난다.

03 TCA 회로

ⓐ가 CO_2, ⓑ가 NADH라고 가정하면, 탄소 수의 변화에 따라 ㉠은 시트르산, ⓛ은 5탄소 화합물, ⓒ은 4탄소 화합물인데, 시트르산이 5탄소 화합물로 전환될 때와 5탄소 화합물이 4탄소 화합물로 전환될 때 모두 NADH가 생성되므로 이는 모순이다. 따라서 ⓐ는 NADH, ⓑ는 CO_2이고, ㉠은 4탄소 화합물, ⓛ은 시트르산, ⓒ은 5탄소 화합물이다.

✗. ⓑ는 CO_2이다.

ⓛ. Ⅰ은 4탄소 화합물(㉠)이 시트르산(ⓛ)으로 전환되는 과정이다. 4탄소 화합물(㉠)이 옥살아세트산이 될 때 NADH(ⓐ)가 생성되고, 옥살아세트산이 시트르산(ⓛ)으로 전환될 때 아세틸 CoA가 반응에 참여하며, 이 과정에서 조효소 A(CoA)가 방출된다.

✗. Ⅱ는 시트르산(ⓛ)이 5탄소 화합물(ⓒ)로 전환되는 과정이고, 이 과정에서는 ATP가 생성되지 않는다. ATP는 5탄소 화합물(ⓒ)이 4탄소 화합물(㉠)로 전환될 때 기질 수준 인산화에 의해 생성된다.

04 산화적 인산화

NADH가 전달한 전자가 방출한 에너지가 $FADH_2$가 전달한 전자가 방출한 에너지보다 크므로 NADH 1분자가 산화될 때가 $FADH_2$ 1분자가 산화될 때보다 미토콘드리아 기질(Ⅰ)에서 막 사이 공간(Ⅱ)으로 더 많은 H^+이 능동 수송된다. 따라서 ㉠은 $FADH_2$, ⓛ은 NADH 이다.

✗. (가)는 ATP 합성 효소이고, (나)는 전자 전달 효소 복합체이다. ATP 합성 효소(가)를 통한 H^+의 이동 방식은 촉진 확산이고, 전자 전달 효소 복합체(나)를 통한 H^+의 이동 방식은 능동 수송이다. 따라서 (가)와 (나) 중 (나)를 통한 H^+의 이동 과정에서 고에너지 전자가 방출한 에너지가 사용된다.

ⓛ. 미토콘드리아 기질(Ⅰ)에서 피루브산이 아세틸 CoA로 산화되거나 TCA 회로가 진행될 때 탈수소 효소에 의한 반응으로 NADH(ⓛ)가 생성된다.

ⓒ. 1분자의 포도당이 세포 호흡을 통해 완전 분해될 때 해당 과정에

서 생성되는 $NADH(\bigcirc)$의 분자 수와 TCA 회로에서 생성되는 $FADH_2(\bigcirc)$의 분자 수는 각각 2로 같다.

05 기질 수준 인산화와 산화적 인산화

(가)는 미토콘드리아 내막에 있는 일련의 전자 전달 효소 복합체와 전자 운반체의 산화 환원 반응에 의해 전자 전달이 일어나 미토콘드리아 내막을 경계로 H^+ 농도 기울기가 형성되어 화학 삼투에 의해 ATP가 생성되는 산화적 인산화를 나타낸 것이고, (나)는 효소·기질 복합체 형성에 의해 ADP에 인산기가 전이되어 ATP가 생성되는 기질 수준 인산화를 나타낸 것이다.

㉠. 미토콘드리아 기질에서 TCA 회로가 진행될 때 기질 수준 인산화가 일어나고, 미토콘드리아 내막에서 산화적 인산화가 일어나므로 X의 미토콘드리아에서는 (가)와 (나)가 모두 일어난다.

✗. (가)의 전자 전달계를 통한 H^+의 이동 과정에는 고에너지 전자가 차례로 전달되는 과정에서 방출되는 에너지가 사용된다.

✗. X에서 1분자의 포도당이 세포 호흡을 통해 완전 분해될 때 기질 수준 인산화(나)에 의해 생성되는 ATP 분자 수는 해당 과정에서 2(순생성되는 ATP의 수만 고려함), TCA 회로에서 2이고, 산화적 인산화(가)에 의해 생성되는 ATP 분자 수는 28(=10NADH ×2.5ATP+2FADH₂×1.5ATP)이다.

06 피루브산의 산화, TCA 회로, 산화적 인산화

1분자의 피루브산이 1분자의 아세틸 CoA로 산화될 때 1분자의 CO_2와 1분자의 NADH가 생성되고, TCA 회로가 진행되는 동안 1분자의 ATP, 2분자의 CO_2, 3분자의 NADH가 생성되며, 산화적 인산화를 거치는 동안 1분자의 $FADH_2$가 산화되어 1분자의 FAD가 생성되고, 1분자의 $FADH_2$와 4분자의 NADH가 산화되어 전자 전달이 일어나면 11.5ATP(=1.5ATP×1+2.5ATP× 4)가 생성된다. 따라서 $FADH_2$의 산화가 일어나 FAD가 생성되는 Ⅱ는 산화적 인산화이고, ATP의 분자 수가 0인 Ⅲ은 피루브산의 아세틸 CoA로의 산화이며, 나머지 Ⅰ은 TCA 회로이다.

㉠. ㉠, ㉡, ㉢은 각각 1이므로 ㉠+㉡+㉢=3이다.

㉡. TCA 회로(Ⅰ)와 피루브산의 아세틸 CoA로의 산화(Ⅲ)에서 모두 탈탄산 반응이 일어나 CO_2가 생성된다.

㉢. 산화적 인산화(Ⅱ)에는 미토콘드리아 내막에 있는 전자 전달 효소 복합체와 ATP 합성 효소 등이 관여한다.

07 미토콘드리아의 구조와 세포 호흡

피루브산의 아세틸 CoA로의 산화는 미토콘드리아 기질에서 일어나므로 Ⅰ은 미토콘드리아 기질, Ⅱ는 막 사이 공간, Ⅲ은 세포질이고, ⓐ는 미토콘드리아 내막, ⓑ는 미토콘드리아 외막이다.

㉠. ATP 합성 효소는 미토콘드리아 내막(ⓐ)에 있다. 막 사이 공간(Ⅱ)에서 미토콘드리아 기질(Ⅰ)로 H^+이 ATP 합성 효소를 통해 촉진 확산될 때 ATP가 생성된다.

✗. 미토콘드리아의 DNA와 리보솜은 미토콘드리아 기질(Ⅰ)에 있다.

㉢. NAD^+가 환원되면 NADH가 생성되며, 이는 미토콘드리아 기질(Ⅰ)에서 진행되는 피루브산의 산화, TCA 회로와 세포질(Ⅲ)에서 진행되는 해당 과정에서 모두 일어나는 반응이다.

08 TCA 회로와 산화적 인산화

NADH가 전달한 전자가 방출한 에너지가 $FADH_2$가 전달한 전자가 방출한 에너지보다 크므로 NADH 1분자가 산화될 때가 $FADH_2$ 1분자가 산화될 때보다 미토콘드리아 기질(Ⅱ)에서 막 사이 공간(Ⅰ)으로 더 많은 H^+이 능동 수송된다. 따라서 ㉠은 NADH, ㉡은 $FADH_2$이고, ㉢은 최종 전자 수용체인 O_2가 환원되어 생성된 H_2O이다. (가)가 4탄소 화합물로 전환될 때와 (다)가 (나)로 전환될 때 모두 NADH(㉠)가 생성되므로 (가)는 시트르산, (나)는 옥살아세트산, (다)는 4탄소 화합물이다.

㉠. 1분자당 탄소 수는 옥살아세트산(나)과 4탄소 화합물(다)이 각각 4로 같다.

㉡. 미토콘드리아 기질(Ⅱ)에서 막 사이 공간(Ⅰ)으로 능동 수송되는 H^+의 수는 1분자의 NADH(㉠)가 산화될 때가 1분자의 $FADH_2$(㉡)가 산화될 때보다 크다.

㉢. 미토콘드리아 내막의 전자 전달계에서 1분자의 H_2O(㉢)이 생성될 때 2개의 전자(e^-)가 필요하다.

09 젖산 발효

운동 중 근육 세포에서는 O_2가 고갈됨에 따라 젖산 발효가 일어나 젖산이 축적된다. 따라서 운동 전보다 운동 중에 양이 증가하는 ㉠은 젖산이고, 운동 전보다 운동 중에 양이 감소하는 ㉡은 O_2이다.

㉠. 근육 세포에서 O_2(㉡)가 부족할 때 젖산 발효가 일어난다.

㉡. (가)에서 운동 중일 때 젖산 발효가 일어났고, 발효 과정에서도 해당 과정이 일어나므로 기질 수준 인산화에 의해 근육 세포에서 ATP가 생성된다.

㉢. (나)에서 젖산 농도가 높아짐에 따라 세포 내 pH가 감소하는 것을 알 수 있다. 따라서 (가)에서 운동 중일 때 근육 세포 내 젖산(㉠)의 양이 많아지므로 근육 세포 내 pH는 운동 전일 때가 운동 중일 때보다 높다.

10 알코올 발효

알코올 발효에서는 1분자의 포도당이 2분자의 에탄올(A)로 분해되며, 1분자의 피루브산이 1분자의 아세트알데하이드로 전환되는 과정에서 1분자의 CO_2가 생성된다.

㉠. 포도당이 에탄올(A)과 이산화 탄소로 분해(㉡)될 때 효모의 세포질에서 해당 과정이 일어나 기질 수준 인산화에 의해 ATP가 생성된다.

✗. ㉡ 과정에서 아세트알데하이드가 환원되어 에탄올(A)이 생성된다.

✗. 발효는 해당 과정을 통해 생성된 피루브산이 O_2가 없거나 부족할 때 세포질에서 중간 단계까지만 불완전하게 분해되는 과정이다. 따라서 ㉠을 '산소가 풍부한 환경'으로 바꾸어 반응시키면 산소 호흡이 일어나 알코올 발효가 잘 일어나지 않는다. 따라서 이 경우 에탄올(A)의 생성량은 증가하지 않는다.

11 세포 호흡과 발효

1분자의 피루브산(C_3)이 1분자의 아세틸 CoA(C_2)로 전환될 때 1분자의 CO_2가 생성되고, 1분자의 피루브산(C_3)이 1분자의 젖산(C_3)으로 전환될 때 1분자의 NAD^+가 생성되며, 1분자의 피루브산(C_3)이 1분자의 에탄올(C_2)로 전환될 때 1분자의 CO_2와 1분자의 NAD^+가 생성된다. 따라서 ⊙은 아세틸 CoA, ⓒ은 젖산, ⓒ은 에탄올이다.

◯. Ⅰ에서 탈탄산 반응이 일어나 CO_2가 생성된다.

✗. 1분자당 수소 수는 젖산(ⓒ)과 에탄올(ⓒ)이 서로 같지만, 1분자당 탄소 수는 젖산(ⓒ)이 에탄올(ⓒ)보다 크므로 1분자당 $\dfrac{\text{수소 수}}{\text{탄소 수}}$는 젖산(ⓒ)이 에탄올(ⓒ)보다 작다.

✗. 피루브산의 산화 과정인 Ⅰ은 미토콘드리아 기질에서, 젖산 발효 과정인 Ⅱ와 알코올 발효 과정인 Ⅲ은 모두 세포질에서 일어난다.

12 호흡 기질에 따른 세포 호흡 경로

해당 과정의 중간 산물로 전환되어 세포 호흡 경로에 이용되는 ⊙은 글리세롤이고, 아세틸 CoA로 분해되어 세포 호흡 경로에 이용되는 ⓒ은 지방산이며, 나머지 ⓒ은 아미노산이다.

✗. ⊙은 글리세롤이다.

✗. Ⅰ은 세포질에서 일어나는 해당 과정이고, Ⅱ는 미토콘드리아 기질에서 일어나는 피루브산의 산화 과정이다. Ⅰ과 Ⅱ 중 Ⅰ에서만 기질 수준 인산화에 의해 ATP가 생성된다.

◯. 아미노산(ⓒ)은 아미노기가 제거되고 다양한 유기산으로 전환되어 세포 호흡에 이용된다.

수 능 3점 테 스 트   본문 32~35쪽

01 ⑤   02 ③   03 ④   04 ①   05 ⑤
06 ①   07 ③   08 ①

01 해당 과정

해당 과정은 1분자의 포도당이 1분자의 과당 2인산으로 전환되면서 2분자의 ATP가 소모되는 단계와 1분자의 과당 2인산이 2분자의 피루브산으로 전환되면서 4분자의 ATP가 생성되는 단계로 구분된다. 실험 결과 Ⅱ에서만 피루브산이 생성되었으므로 소량의 ATP를 첨가한 ⊙은 Ⅱ이다.

✗. 해당 과정 중 NADH는 과당 2인산이 피루브산으로 전환되는 과정에서 생성된다. 따라서 포도당이 과당 2인산으로 전환되는 과정이 먼저 일어나야 하므로 ATP를 첨가하지 않은 Ⅰ에서는 NADH가 생성되지 않는다.

◯. Ⅱ에서 해당 과정이 일어나 포도당이 분해되어 피루브산이 생성되었다.

◯. 해당 과정 중 기질 수준 인산화는 과당 2인산이 피루브산으로 전환되는 과정에서 일어나므로 Ⅰ~Ⅲ 중 기질 수준 인산화가 일어난 시험관(Ⅱ)의 수는 1이다.

02 TCA 회로

Ⅰ과 Ⅱ의 물질 전환 과정에서 갖는 특징을 통해 TCA 회로에서 A→B→C의 순서로 물질이 전환됨을 알 수 있다. Ⅰ을 고려하여

A가 4탄소 화합물이고, B가 옥살아세트산 또는 시트르산이라고 가정하거나 A가 옥살아세트산, B가 5탄소 화합물이라고 가정하면 나머지 조건을 만족하지 않으므로 A는 시트르산이고, B는 5탄소 화합물이다. A가 B로 전환될 때 특징 ⓒ과 ⓒ만 가지므로 ⓒ과 @은 각각 'NADH가 생성된다.'와 '탈탄산 반응이 일어난다.' 중 하나이다. TCA 회로에서 기질 수준 인산화는 5탄소 화합물이 4탄소 화합물로 전환될 때 일어난다. 따라서 Ⅰ~Ⅳ 중 Ⅱ에서만 갖는 특징인 ⓒ은 '기질 수준 인산화가 일어난다.'이다. C가 4탄소 화합물이라고 가정하면 옥살아세트산(D)이 시트르산(A)으로 전환되는 Ⅳ에서 ⊙~@을 모두 갖지 않으므로 이는 모순이다. 따라서 C는 옥살아세트산, D는 4탄소 화합물이다. ⓒ과 @은 각각 'NADH가 생성된다.'와 '탈탄산 반응이 일어난다.' 중 하나인데, 4탄소 화합물(D)이 시트르산(A)으로 전환될 때 ⊙과 @을 가지므로 @은 'NADH가 생성된다.'이고, ⊙은 'FAD가 환원된다.'이며, ⓒ은 '탈탄산 반응이 일어난다.'이다.

◯. 옥살아세트산(C)이 시트르산(A)으로 전환될 때 특징 ⊙~@을 모두 갖지 않고, 4탄소 화합물(D)이 시트르산(A)으로 전환될 때 탈탄산 반응이 일어나지 않으므로 @는 'x'이다.

✗. A는 시트르산, B는 5탄소 화합물, C는 옥살아세트산, D는 4탄소 화합물이므로 1분자당 탄소 수는 5탄소 화합물(B)이 5, 옥살아세트산(C)이 4로 서로 다르다.

◯. TCA 회로에서 1분자의 5탄소 화합물(B)이 1분자의 4탄소 화합물(D)로 전환될 때 기질 수준 인산화에 의해 1분자의 ATP가 생성된다.

03 산화적 인산화와 세포 호흡 저해제

Ⅰ은 미토콘드리아 기질, Ⅱ는 막 사이 공간이고, @는 NADH, ⓑ는 $FADH_2$, ⓒ는 H_2O이다.

✗. 미토콘드리아 내막에 있는 전자 전달계에 의해 전자 전달이 일어나 최종 전자 수용체인 O_2에 전자가 전달되면 H_2O(ⓒ)이 생성된다. X를 처리하면 미토콘드리아 내막에 있는 인지질을 통해 막 사이 공간(Ⅱ)에서 미토콘드리아 기질(Ⅰ)로 H^+이 새어 나가므로 미토콘드리아 내막을 경계로 H^+ 농도 기울기 형성이 저해된다. 따라서 X를 처리한 후가 처리하기 전보다 전자 전달 과정이 촉진되고, 단위 시간당 O_2 소비량이 증가한다. Y는 미토콘드리아 내막의 ATP 합성 효소를 통한 H^+의 이동을 차단하므로 H^+ 농도 기울기가 감소되지 않아 전자 전달계에서 전자의 이동이 점점 감소하고, 단위 시간당 O_2 소비량이 감소한다. 따라서 단위 시간당 O_2 소비량은 X를 처리했을 때가 Y를 처리했을 때보다 많다.

◯. ⊙은 NADH(@)의 산화 과정에서 방출된 고에너지 전자의 에너지를 이용하여 H^+을 미토콘드리아 기질(Ⅰ)에서 막 사이 공간(Ⅱ)으로 능동 수송한다.

◯. 전자 전달계에서 1분자의 $FADH_2$(ⓑ)가 산화될 때 방출되는 전자의 수와 1분자의 H_2O(ⓒ)이 생성될 때 필요한 전자의 수는 각각 2로 같다.

04 알코올 발효 실험

알코올 발효에서는 1분자의 포도당이 2분자의 에탄올로 분해되며, 1분자의 피루브산이 1분자의 아세트알데하이드로 전환되는 과정에서

1분자의 CO_2가 생성된다.

㉠. 농도가 같은 포도당 용액을 동일한 양을 넣고, 효모액의 농도만 다르게 한 Ⅱ와 Ⅲ을 비교해 보면 동일한 시간 동안 맹관부에 모인 기체의 부피가 Ⅲ에서가 Ⅱ에서보다 크다는 것을 알 수 있다. 따라서 효모액의 농도는 B가 A보다 높다.

✗. 농도가 같은 효모액을 동일한 양을 넣고, 포도당 용액의 농도만 다르게 한 Ⅲ과 Ⅳ를 비교해 보면 동일한 시간 동안 맹관부에 모인 기체의 부피가 Ⅳ에서가 Ⅲ에서보다 크다는 것을 알 수 있다. 포도당 용액의 농도가 높을수록 알코올 발효가 더 많이 일어나 CO_2 생성량이 증가하므로 (나)에서 포도당 용액의 농도는 ㉡이 ㉠보다 높다.

✗. Ⅳ에서 t_1일 때보다 t_2일 때 맹관부에 모인 기체의 부피가 크므로 t_1일 때 알코올 발효가 진행 중임을 알 수 있다. t_1일 때 Ⅳ에서 피루브산이 아세트알데하이드로 전환되는 과정에서 CO_2가 생성된다.

05 산화적 인산화와 세포 호흡 저해제

X를 처리하면 전자 전달계를 통한 전자의 이동이 차단되므로 최종 전자 수용체인 O_2에 전자가 전달되지 않아 O_2 소비 속도가 X를 처리하기 전보다 현저히 감소하여 0에 수렴한다. Y를 처리하면 ATP 합성 효소를 통한 H^+의 이동이 차단되어 H^+ 농도 기울기가 감소되지 않아 전자 전달계에서 전자의 이동이 점점 감소하고, Y를 처리하기 전보다 O_2 소비 속도가 감소한다. Z를 처리하면 인지질을 통해 막 사이 공간에서 미토콘드리아 기질로 H^+이 새어 나가므로 미토콘드리아 내막을 경계로 H^+ 농도 기울기 형성이 저해된다. 그 결과 Z를 처리한 후가 처리하기 전보다 전자 전달 과정이 촉진되고, O_2 소비 속도가 증가한다. 따라서 (가)는 X~Z를 모두 처리하지 않았을 때, (나)는 Y를 처리했을 때, (다)는 Z를 처리했을 때, (라)는 X를 처리했을 때이다.

✗. (가)는 X~Z를 모두 처리하지 않았을 때이다.

㉡. Y를 처리하면 ATP 합성 효소를 통한 H^+의 이동이 차단되므로 미토콘드리아 내막을 경계로 H^+ 농도 기울기는 유지된다. 따라서 Y를 처리했을 때 미토콘드리아의 $\dfrac{\text{기질의 pH}}{\text{막 사이 공간의 pH}}$는 1보다 크다.

㉢. 전자 전달 과정에서 최종 전자 수용체인 O_2가 전자를 받아 환원되면 H_2O가 생성된다. 따라서 단위 시간당 미토콘드리아 내막의 전자 전달계를 통해 생성되는 H_2O의 분자 수는 O_2 소비 속도가 높은 (다)에서가 (라)에서보다 크다.

06 TCA 회로

1분자의 시트르산이 1분자의 5탄소 화합물로 전환되는 과정에서 1분자의 CO_2와 1분자의 NADH가, 1분자의 5탄소 화합물이 1분자의 4탄소 화합물로 전환되는 과정에서 1분자의 CO_2와 1분자의 NADH(또는 1분자의 CO_2, 1분자의 NADH, 1분자의 $FADH_2$)가, 1분자의 4탄소 화합물이 1분자의 옥살아세트산으로 전환되는 과정에서 1분자의 $FADH_2$와 1분자의 NADH(또는 1분자의 NADH)가 생성된다. ㉢이 ㉠으로 전환되는 과정에서 CO_2, $FADH_2$, NADH 중 2가지만 1분자씩 생성되고, 나머지 1가지는 생성되지 않으므로 ㉢과 ㉣ 중 하나는 옥살아세트산이다. ㉣이 옥살아세트산이라고 가정하면 ㉢은 4탄소 화합물, ㉠은 시트르산이고, ⓑ는 CO_2이다. 이 경우 시트르산(㉠)이 4탄소 화합물(㉢)로 전환되는

과정에서 생성되는 CO_2(ⓑ)의 분자 수가 2이므로 표에서 ⓑ의 분자 수가 1이라는 단서 조항에 모순된다. 따라서 ㉢이 옥살아세트산이고, ㉠이 5탄소 화합물, ㉡이 4탄소 화합물, ㉣이 시트르산이다. ⓑ는 $FADH_2$이고, 5탄소 화합물(㉠)이 옥살아세트산(㉢)으로 전환되는 과정에서 2분자의 NADH가 생성되므로 ⓐ는 CO_2, ⓒ는 NADH이다.

㉠. ⓐ는 CO_2, ⓑ는 $FADH_2$, ⓒ는 NADH이다.

✗. 1분자의 시트르산(㉣)이 1분자의 5탄소 화합물(㉠)로 전환되는 과정에서는 기질 수준 인산화에 의해 ATP가 생성되지 않는다.

✗. 1분자당 5탄소 화합물(㉠)의 탄소 수는 5, 시트르산(㉣)의 탄소 수는 6이고, 4탄소 화합물(㉡)과 옥살아세트산(㉢)의 탄소 수는 각각 4이다. 따라서 1분자당 $\dfrac{㉠\text{의 탄소 수}}{㉣\text{의 탄소 수}}$는 1분자당 $\dfrac{㉡\text{의 탄소 수}}{㉢\text{의 탄소 수}}$보다 작다.

07 젖산 발효

(나)를 보면 운동 시작 후 O_2 소비량이 증가하지만, ATP를 생성하기 위해 필요한 O_2가 부족하게 공급되고 있음을 알 수 있다. 따라서 운동 중에는 산소를 소비하는 세포 호흡 이외에도 젖산 발효가 일어나 피루브산이 환원되어 젖산이 생성된다. 젖산 발효 과정에서 피루브산이 환원되어 젖산이 생성되므로 1분자당 수소 수는 젖산(㉠)이 피루브산(㉡)보다 크다. (가)에서 운동 후 O_2 공급이 원활해지면서 젖산 발효보다는 O_2를 사용하는 세포 호흡이 활발히 일어나게 되고, 그 결과 젖산(㉠)의 농도가 급격하게 감소하는 것을 알 수 있다.

㉠. ㉠은 젖산이고, ㉡은 피루브산이다.

㉡. 운동 중 t_1일 때 젖산 발효가 일어나지만, O_2 소비가 지속되므로 산소 호흡도 일어나고 있다. 따라서 t_1일 때 젖산 발효 과정에서는 피루브산의 환원이, 산소 호흡 과정에서는 피루브산의 산화가 일어난다.

✗. 포도당이 산소 호흡 과정에서 완전 분해되면 H_2O과 CO_2가 생성된다. 따라서 이 사람의 근육 세포에서 생성된 CO_2 양은 산소 호흡이 더 활발하게 일어나고 있는 운동 중일 때가 운동 전일 때보다 많다.

08 알코올 발효

효모는 O_2가 있을 때에는 산소 호흡을, O_2가 없을 때에는 알코올 발효를 한다. 알코올 발효 과정에서 1분자의 포도당은 2분자의 피루브산으로 분해되고, 피루브산은 아세트알데하이드를 거쳐 에탄올로 전환된다. 1분자당 $\dfrac{\text{수소 수}}{\text{탄소 수}}$는 ㉠이 ㉣보다 크므로 ㉠은 에탄올, ㉣은 포도당이다. 따라서 (가)에서 물질의 농도가 감소하는 A는 포도당(㉣)이고, B는 알코올 발효의 산물인 에탄올(㉠)이다. (나)에서 반응의 진행 방향은 Ⅱ이다.

㉠. 포도당(㉣)이 피루브산(㉢)으로 분해되는 과정에서 NAD^+가 환원되어 NADH가 생성된다. 따라서 ⓐ는 NAD^+, ⓑ는 NADH이다.

✗. (가)에서 효모는 t_1일 때 산소 호흡을 하므로 에탄올(B, ㉠)이 생성되지 않는다. 따라서 t_1일 때는 포도당(㉣)이 에탄올(㉠)로 전환되지 않는다.

✗. 1분자당 탄소 수는 피루브산(㉢)이 3, 아세트알데하이드(㉡)가 2이며, 피루브산(㉢)이 아세트알데하이드(㉡)로 전환되는 과정에서 탈탄산 반응이 일어나 CO_2가 생성된다.

발견된다.

ⓒ. 잔토필과 카로틴(ⓒ)은 카로티노이드에 속하는 광합성 색소이다.

03 흡수 스펙트럼과 작용 스펙트럼

엽록소 a는 청자색광과 적색광을 주로 흡수하고, 카로티노이드는 엽록소 a가 잘 흡수하지 않는 500 nm 정도의 파장의 빛을 잘 흡수하므로 (가)에서 ㉠은 엽록소 a, ㉡은 카로티노이드이다.

╳. 광계 Ⅰ의 반응 중심 색소(ⓐ)는 엽록소 a(㉠)로 구성된다.

ⓒ. 엽록소 a(㉠)는 청자색광과 적색광을 주로 흡수하고, 녹색광은 거의 흡수하지 않는다.

ⓒ. (가)의 작용 스펙트럼을 통해 엽록소 a(㉠)가 거의 흡수하지 못하는 500 nm 정도의 파장의 빛에서도 광합성이 일어남을 알 수 있다. 이는 카로티노이드(ⓒ)와 같은 보조 색소(ⓑ)들이 엽록소 a(㉠)가 거의 흡수하지 못하는 파장의 빛도 흡수하여 반응 중심 색소(ⓐ)로 전달하는 안테나 역할을 하기 때문이다.

04 캘빈 회로

방사성 동위 원소 ^{14}C를 포함한 $^{14}CO_2$를 공급하면 탄소 고정을 거쳐 방사선이 검출되는 3PG가 먼저 합성되고, 이후 캘빈 회로 순서에 따라 방사선이 검출되는 PGAL, RuBP가 차례로 생성된다. 따라서 t_1일 때 방사선이 검출되는 ⓒ은 3PG, t_2일 때 방사선이 검출되는 ㉠은 PGAL, 나머지 ⓒ은 RuBP이다.

╳. 1분자당 탄소 수는 RuBP가 5, 3PG와 PGAL이 각각 3이다. 따라서 A는 RuBP이다. 1분자의 3PG가 1분자의 PGAL로 전환되는 과정에서 사용되는 ATP와 NADPH의 분자 수는 각각 1로 같다. 따라서 B는 3PG이고, C는 PGAL이며, ⓒ(RuBP)은 A이다.

ⓒ. ⓒ은 3PG, C는 PGAL이다. 1분자당 인산기 수는 3PG와 PGAL이 각각 1로 같다.

ⓒ. 캘빈 회로에서 1분자의 RuBP(A)가 2분자의 3PG(B)로 전환되는 과정에서 1분자의 CO_2가 고정된다.

05 명반응과 탄소 고정 반응

(가)는 탄소 고정 반응, (나)는 명반응이다. 명반응 산물 중 ATP와 NADPH는 탄소 고정 반응에 사용되며, 3PG가 PGAL로 환원될 때 ATP와 NADPH가, PGAL이 RuBP로 재생될 때 ATP가 사용된다. 따라서 명반응 과정에서 화학 삼투에 의해 생성되는 ㉠은 ATP이고, 나머지 ㉡은 NADPH이다. RuBP가 3PG로 전환되는 과정에서 CO_2가 고정되므로 A는 RuBP, B는 3PG, C는 PGAL이다.

㉠. 순환적 전자 흐름은 빛을 흡수한 광계 Ⅰ의 P_{700}에서 방출된 고에너지 전자가 $NADP^+$에 전달되지 않고 전자 전달계를 거쳐 다시 P_{700}으로 되돌아오는 과정이다. 이 과정에서 NADPH(㉡)는 생성되지 않고, 화학 삼투에 의해 ATP(㉠)는 생성된다.

╳. 1분자당 $\frac{인산기\ 수}{탄소\ 수}$는 3PG(B)와 PGAL(C)이 각각 $\frac{1}{3}$로 같다.

╳. 명반응(나)에서 빛을 차단하면 명반응 산물인 ATP(㉠)와 NADPH(㉡)가 모두 생성되지 않으므로 탄소 고정 반응(가)에서 3PG(B) → PGAL(C) → RuBP(A)로의 전환 과정이 억제되어

닮은 꼴 문제로 유형 익히기

본문 38쪽

정답 ②

캘빈 회로에서 6분자의 3PG가 6분자의 PGAL로 전환될 때 6ATP가 사용되고, 이 중 1분자의 PGAL은 포도당 합성에 이용된다. 나머지 5분자의 PGAL이 3분자의 RuBP로 전환될 때 3ATP가 사용된다. ㉠과 ㉡을 더한 값이 8이므로 ㉠은 5, ㉡은 3이고, X는 PGAL, Y는 RuBP, 나머지 Z는 1분자당 탄소 수가 3인 3PG이다.

╳. Ⅰ은 5분자의 PGAL(X)이 3분자의 RuBP(Y)로 전환되는 과정이다. 이 과정에서는 NADPH가 사용되지 않는다. NADPH가 사용되는 과정은 Ⅲ이다.

ⓒ. 1분자당 RuBP(Y)의 탄소 수는 5, 인산기 수는 2이다.

╳. Ⅱ는 3분자의 RuBP(Y)가 6분자의 3PG(Z)로 전환되는 과정이다. 이 과정에서 고정되는 CO_2의 분자 수는 3이다.

수능 2점 테스트

본문 39~41쪽

01 ①	02 ④	03 ④	04 ④	05 ①
06 ③	07 ③	08 ⑤	09 ①	10 ②
11 ④	12 ③			

01 엽록체의 구조와 전자 전달계

㉠은 틸라코이드 내부, ㉡은 스트로마이다.

㉠. 명반응이 일어날 때 H^+은 전자 전달계를 통해 스트로마에서 틸라코이드 내부로 능동 수송되므로 Ⅰ은 스트로마(㉡), Ⅱ는 틸라코이드 내부(㉠)이다.

╳. 물의 광분해는 틸라코이드 내부 쪽의 광계 Ⅱ에서 일어난다.

╳. (나)는 전자 전달계를 통한 H^+의 이동을 나타낸 것이므로 (나)에서 H^+의 이동 방식은 능동 수송이다.

02 광합성 색소

유기 용매를 사용하여 식물 잎의 광합성 색소를 전개시키면 원점으로부터 엽록소 b, 엽록소 a, 잔토필, 카로틴 순으로 분리된다. 원점의 높이가 2 cm이므로 원점에서 각 색소까지의 거리는 ㉠이 1.1 cm, ㉡이 1.8 cm, 잔토필이 4.3 cm, ⓒ이 4.8 cm이고, ㉠은 엽록소 b, ㉡은 엽록소 a, ⓒ은 카로틴이다.

╳. 원점의 높이가 2 cm, 용매 전선의 높이가 7 cm이므로 원점에서 용매 전선까지의 거리는 5 cm이다. 원점에서 엽록소 b(㉠)까지의 거리가 원점에서 카로틴(ⓒ)까지의 거리보다 짧으므로 전개율은 엽록소 b(㉠)가 카로틴(ⓒ)보다 작다.

ⓒ. 엽록소 a(㉡)는 광합성을 하는 모든 식물과 조류에서 공통적으로

RuBP(A)의 농도는 감소한다.

06 힐의 실험과 순환적 전자 흐름
ⓐ는 명반응에서 물의 광분해 결과 생성된 O_2이고, X는 순환적 전자 흐름에 관여하는 광계 I이다. 순환적 전자 흐름이 일어나면 전자 전달 과정에서 방출된 고에너지 전자의 에너지를 이용해 H^+이 스트로마(㉠)에서 틸라코이드 내부(㉡)로 능동 수송된다.

㉠. (가)에서 옥살산 철(Ⅲ)은 환원되어 옥살산 철(Ⅱ)이 되었다. 따라서 옥살산 철(Ⅲ)은 전자 수용체로 작용한다.

㉡. (나)에서 전자 전달계를 통해 H^+이 스트로마(㉠)에서 틸라코이드 내부(㉡)로 능동 수송되므로 스트로마(㉠)의 pH는 틸라코이드 내부(㉡)의 pH보다 높다.

✗. 명반응에서 O_2는 비순환적 전자 흐름에서 발생하며, 이때 물의 광분해는 틸라코이드 내부 쪽의 광계 Ⅱ에서 일어난다. 따라서 순환적 전자 흐름(나)에서 광계 I(X)의 반응 중심 색소인 P_{700}이 환원될 때 O_2(ⓐ)가 발생하지 않는다.

07 명반응과 탄소 고정 반응
식물에 CO_2를 공급하고 빛을 비추면 광합성이 일어나 포도당이 생성된다.

㉠. 광합성이 지속적으로 일어나기 위해서는 빛과 CO_2가 모두 공급되어야 한다. 따라서 ⓑ는 '있음'이고, ⓐ는 '없음'이다.

㉡. 포도당의 생성 속도는 광합성 속도와 비례하므로 t_1일 때가 t_2일 때보다 빠르다.

✗. t_2와 t_3 중 빛이 있는 t_3에서만 명반응이 일어나 H^+이 스트로마에서 틸라코이드 내부로 능동 수송되고, 틸라코이드 막을 경계로 H^+ 농도 기울기가 형성된다. 따라서 $\dfrac{\text{스트로마의 pH}}{\text{틸라코이드 내부의 pH}}$는 t_3일 때가 t_2일 때보다 크다.

08 탄소 고정 반응
(가)는 탄소 고정, (나)는 RuBP의 재생, (다)는 3PG의 환원이다.

㉠. 1분자당 탄소 수는 3PG와 PGAL이 각각 3이고, RuBP가 5이므로 ⓐ는 3이고, ⓑ는 6이다.

㉡. (나)에서 5분자의 PGAL이 3분자의 RuBP로 재생되는 과정에서 3분자의 ATP가 사용된다.

㉢. (다)에서 ATP와 NADPH가 모두 사용되며, 이때 NADPH는 산화되어 $NADP^+$가 되고, 3PG는 환원된다.

09 캘빈 회로
1분자당 탄소 수는 3PG와 PGAL이 모두 3이고, RuBP가 5이다. 따라서 ㉡은 RuBP이고, 캘빈 회로에서 물질의 전환 순서에 따라 ㉠은 PGAL, ㉢은 3PG이다.

㉠. 캘빈 회로의 과정 I~Ⅲ은 모두 스트로마에서 일어난다.

✗. 캘빈 회로에서 탄소 고정은 RuBP(㉡)이 3PG(㉢)로 전환되는 과정에서 일어난다. 따라서 과정 Ⅲ에서 CO_2가 고정된다.

✗. PGAL(㉠)이 RuBP(㉡)로 전환되는 과정(Ⅱ)에서 ATP는 사용

되지만, NADPH는 사용되지 않는다. 따라서 과정 Ⅱ에서 사용되는 $\dfrac{\text{NADPH의 분자 수}}{\text{ATP의 분자 수}}=0$이다.

10 엥겔만의 실험과 광계
X는 해캄에서 광합성이 활발하게 일어나는 청자색광과 적색광 부근에 많이 분포한다.

✗. 광합성이 활발하게 일어날수록 O_2 발생량이 많다. 광합성이 활발하게 일어나는 청자색광과 적색광 부근에 주로 분포하는 X는 호기성 세균이다. 따라서 X는 해캄에서 O_2 발생량이 많은 곳에 주로 분포한다.

㉡. ⓐ는 반응 중심 색소, ⓑ는 보조 색소이다. 카로티노이드와 같은 보조 색소(ⓑ)가 흡수한 빛에너지는 엽록소 a로 구성된 반응 중심 색소(ⓐ)로 전달된다.

✗. 명반응이 일어날 때 물의 광분해 결과 O_2가 생성된다. 호기성 세균인 X가 황색광보다 적색광 부근에 많이 분포하므로 해캄에서 물의 광분해(㉠)는 적색광에서가 황색광에서보다 활발히 일어난다.

11 세포 호흡과 광합성
빛에너지를 ATP와 NADPH의 화학 에너지로 전환하는 (가)는 명반응이고, 명반응에서 공급된 ATP와 NADPH로 CO_2를 환원시켜 포도당을 합성하는 (나)는 탄소 고정 반응이며, 포도당의 화학 에너지를 ATP의 화학 에너지로 전환하는 (다)는 세포 호흡이다. ㉠은 O_2, ㉡은 H_2O, ㉢은 CO_2, ㉣은 포도당이다.

✗. 명반응(가)에서 H_2O(㉡)이 산화되어 전자가 방출되고, O_2(㉠)가 생성된다.

㉡. 포도당(㉣) 1분자의 탄소 수가 6이므로 탄소 고정 반응(나)에서 1분자의 포도당(㉣)을 생성하는 데 필요한 CO_2(㉢)의 분자 수는 6이다.

㉢. 세포 호흡(다)에서 O_2(㉠)는 미토콘드리아 내막의 전자 전달계에서 최종 전자 수용체로 작용하며, 이 결과 H_2O(㉡)이 생성된다.

12 산화적 인산화와 명반응
'O_2가 생성된다.'는 명반응이 갖는 특징이고, '전자 전달계가 관여한다.'와 '화학 삼투가 일어난다.'는 명반응과 산화적 인산화가 모두 갖는 특징이다.

㉠. I은 명반응, Ⅱ는 산화적 인산화이고, ⓐ는 2이다.

㉡. 명반응(I)의 산물인 ATP와 NADPH는 캘빈 회로에 사용된다.

✗. 산화적 인산화(Ⅱ)에서 NADH와 $FADH_2$가 각각 산화되어 고에너지 전자와 H^+이 방출된다. 따라서 산화적 인산화(Ⅱ)에서 $NADP^+$가 환원되지 않는다.

수능 3점 테스트　　　　　　　　　　　　본문 42~45쪽

| 01 ③ | 02 ④ | 03 ① | 04 ① | 05 ⑤ |
| 06 ③ | 07 ④ | 08 ③ | | |

01 명반응

실험 결과 Ⅰ과 Ⅲ의 수용액만 청색에서 무색으로 변했으므로 두 시험관에서 비순환적 전자 흐름이 일어났음을 알 수 있다. 비순환적 전자 흐름은 틸라코이드 막에 있는 광계와 전자 전달계에 의해 일어나므로 Ⅰ과 Ⅲ에 모두 첨가한 ⓛ은 그라나이다.

ⓞ. ㉠은 스트로마, ㉡은 그라나이다.

ⓞ. 명반응에서 물의 광분해 결과 O_2가 생성되고, H_2O로부터 유래한 전자는 최종 전자 수용체로 전달된다. Ⅲ에서 비순환적 전자 흐름이 일어나 A가 환원되었으므로 (라)의 Ⅲ에서 O_2가 발생하였다.

✗. Ⅰ에서 색 변화가 일어나는 동안은 명반응이 일어나 H^+이 틸라코이드 내부 쪽으로 능동 수송된다. 따라서 이때 틸라코이드 내부의 pH는 감소한다.

02 명반응과 저해제

비순환적 전자 흐름에서 H_2O로부터 유래한 전자는 광계 Ⅱ와 광계 Ⅰ을 거쳐 $NADP^+$에 전달된다. 광계 Ⅱ의 반응 중심 색소인 ㉠은 P_{680}, 광계 Ⅰ의 반응 중심 색소인 ㉡은 P_{700}이고, ⓐ는 NADPH, ⓑ는 $NADP^+$이다.

✗. P_{680}(㉠)은 파장이 680 nm인 빛을 700 nm인 빛보다 잘 흡수한다.

ⓞ. X를 처리하면 광계 Ⅱ에서 광계 Ⅰ로의 전자 전달이 차단되므로 비순환적 전자 흐름에서 산화된 P_{700}(㉡)이 전자를 받아 환원되는 과정이 억제된다. 따라서 $\dfrac{\text{환원된 } P_{700}\text{의 수}}{\text{산화된 } P_{700}\text{의 수}}$는 X를 처리하기 전이 처리한 후보다 크다.

ⓞ. Y는 $NADP^+$(ⓑ)로 전달되는 전자를 가로채 O_2를 환원시키므로 Y를 처리하면 NADPH(ⓐ)의 농도가 감소한다. 따라서 스트로마에서 $\dfrac{\text{NADPH(ⓐ)의 농도}}{NADP^+\text{(ⓑ)의 농도}}$는 Y를 처리하기 전이 처리한 후보다 크다.

03 명반응

광합성 과정에서 발생하는 O_2는 물의 광분해 결과 생성된 것이므로 클로렐라 배양액에 산소 동위 원소 ^{18}O로 표지된 $H_2^{18}O$과 CO_2를 공급하고 빛을 비추면 $^{18}O_2$가, 산소 동위 원소 ^{18}O로 표지된 $C^{18}O_2$와 H_2O을 공급하고 빛을 비추면 O_2가 생성된다.

ⓞ. $^{18}O_2$가 생성된 ㉠은 $H_2^{18}O$과 CO_2를 공급하고, 명반응 과정에 필요한 빛을 제공해 준 B이다.

✗. O_2는 광계 Ⅰ과 광계 Ⅱ가 모두 관여하는 비순환적 전자 흐름에서 물의 광분해 결과 생성되며, 광계 Ⅰ만 관여하는 순환적 전자 흐름에서는 생성되지 않는다.

✗. A와 C는 모두 빛을 제공하지 않았으므로 명반응이 일어나지 않았고, 광합성 산물로 O_2도 생성되지 않는다. B와 D의 결과를 비교하여 광합성 결과 생성되는 O_2가 H_2O로부터 유래됨을 밝힐 수 있다.

04 캘빈 회로

RuBP가 3PG로 전환되는 과정에서 탄소 고정이 일어나므로 CO_2

농도가 감소하면 캘빈 회로에서 RuBP의 농도는 일시적으로 증가하고, 3PG의 농도는 감소한다. 따라서 B는 RuBP이고, A와 C는 각각 3PG와 PGAL 중 하나인데, 과정 Ⅱ에서 ADP가 생성되지 않으므로 A는 PGAL, C는 3PG이다.

ⓞ. (가)에서 회로의 진행 방향은 ⓐ이다.

✗. 과정 Ⅰ은 3PG의 환원 과정으로 ATP와 NADPH가 모두 사용된다.

✗. RuBP가 3PG로 전환되는 과정(Ⅱ)에서 CO_2가 고정되므로 RuBP(B)의 농도는 t_1일 때가 t_2일 때보다 낮고, 3PG(C)의 농도는 t_1일 때가 t_2일 때보다 높다. 따라서 $\dfrac{\text{3PG(C)의 농도}}{\text{RuBP의 농도}}$는 t_1일 때가 t_2일 때보다 크다.

05 명반응과 탄소 고정 반응

빛이 있으면 명반응이 일어나 ATP와 NADPH가 생성되지만 빛이 없으면 명반응이 일어나지 않는다. 그 결과 ATP와 NADPH가 생성되지 않아 캘빈 회로에서 3PG의 환원과 RuBP의 재생 과정이 억제된다. 빛이 없을 때 농도가 증가하는 B는 3PG, 나머지 C는 RuBP이고, 빛이 있을 때 물질의 양이 B, C보다 나중에 증가하는 A는 탄소 고정 반응 결과 생성되는 포도당이다.

ⓞ. 1분자당 탄소 수는 포도당(A)이 6, RuBP(C)가 5, 3PG(B)가 3이다.

✗. 캘빈 회로에서 3PG가 환원될 때 NADPH가 $NADP^+$로 산화되며, 빛이 없으면 명반응이 일어나지 않아 NADPH가 생성되지 않으므로 스트로마에서 $\dfrac{NADP^+\text{의 양}}{\text{NADPH의 양}}$은 t_2일 때가 t_1일 때보다 크다.

ⓞ. 명반응의 전자 전달계에서 전자 전달이 일어나면 H^+이 스트로마에서 틸라코이드 내부로 능동 수송되어 H^+ 농도 기울기가 형성된다. 따라서 틸라코이드 내부의 H^+의 농도는 빛이 있는 t_1일 때가 빛이 없는 t_2일 때보다 높다.

06 명반응

리보솜이 있는 ㉠은 스트로마, ㉡은 틸라코이드 내부이다. 명반응이 일어나면 고에너지 전자가 전자 전달계를 따라 이동하는 과정에서 방출된 에너지를 이용하여 H^+이 스트로마(㉠)에서 틸라코이드 내부(㉡)로 능동 수송된다. 따라서 스트로마(㉠)의 pH는 증가하고, 틸라코이드 내부(㉡)의 pH는 감소한다.

ⓞ. 빛 조건이 ⓐ에서 ⓑ로 바뀔 때 스트로마(㉠)의 pH가 증가하였으므로 ⓐ는 '빛 없음'이고, ⓑ는 '빛 있음'이다.

ⓞ. ㉮는 광계 Ⅱ에서 광계 Ⅰ로의 전자 전달을 차단하여 전자 전달계를 통한 H^+의 이동을 저해하므로 ㉮를 처리하면 스트로마(㉠)에서 틸라코이드 내부(㉡)로의 H^+의 이동이 억제된다. 따라서 빛 있음(ⓑ) 조건에서 스트로마(㉠)에서의 pH는 ㉮를 처리하기 전이 처리한 후보다 높다.

✗. (가)의 전자 전달계를 통한 H^+의 이동은 능동 수송에 의해 일어나지만 이 과정에서 사용되는 에너지는 고에너지 전자에서 방출된 에너지이다.

07 화학 삼투에 의한 인산화

엽록체 내에서 화학 삼투에 의한 인산화가 일어날 때 H^+은 틸라코이드 막에 있는 ATP 합성 효소를 통해 틸라코이드 내부에서 스트로마 쪽으로 촉진 확산된다.

✗. (나)의 결과 틸라코이드 내부의 pH는 ⓐ, 틸라코이드 외부의 pH는 ⓑ가 되고, 해당 플라스크를 암실로 옮겨 빛을 차단한 후 ADP와 무기 인산(P_i)을 첨가했을 때 ATP가 검출되었으므로 틸라코이드 막을 기준으로 H^+ 농도 기울기가 형성되어 화학 삼투에 의한 인산화가 일어났음을 알 수 있다. 엽록체 내에서 ATP가 합성되기 위해서는 틸라코이드 내부의 H^+ 농도가 스트로마의 H^+ 농도보다 높아야 하고, 이때 스트로마의 pH는 틸라코이드 내부의 pH보다 높다. 따라서 ⓑ＞ⓐ이다.

Ⓛ. (다)의 Ⅱ에서 틸라코이드 막을 경계로 형성된 H^+ 농도 기울기에 따라 H^+이 확산되어 ATP가 생성되었으므로 화학 삼투에 의한 인산화가 일어났다.

Ⓒ. 시금치 잎의 엽록체에서 분리한 틸라코이드(㉠)의 막에는 ATP 합성 효소가 있다.

08 세포 호흡과 광합성

㉠은 RuBP, ㉡은 3PG, ㉢은 피루브산, ㉣은 옥살아세트산, ㉤은 시트르산이다.

Ⓐ. 1분자당 탄소 수는 포도당이 6, PGAL이 3, RuBP(㉠)가 5이므로 ⓐ는 6, ⓑ는 10이다. 2분자의 피루브산(㉢)이 산화되어 2분자의 아세틸 CoA가 생성되므로 ⓒ는 2이고, TCA 회로에서 2분자의 시트르산(㉤)이 2분자의 5탄소 화합물로 전환되므로 ⓓ는 2이다. 10(ⓑ)＝6(ⓐ)＋2(ⓒ)＋2(ⓓ)이다.

Ⓛ. 1분자당 RuBP(㉠)의 탄소 수는 5, 피루브산(㉢)의 탄소 수는 3, 3PG(㉡)의 탄소 수는 3, 옥살아세트산(㉣)의 탄소 수는 4이다.

✗. 과정 Ⅰ～Ⅲ 중 Ⅰ에서 3PG가 PGAL로 전환될 때 ATP가 소모되고, Ⅲ에서 기질 수준 인산화에 의해 ATP가 생성된다. 따라서 과정 Ⅰ～Ⅲ 중 $\dfrac{\text{ATP가 생성되는 반응이 일어나는 과정의 수}}{\text{ATP가 소모되는 반응이 일어나는 과정의 수}}=1$이다.

테마 06 유전 물질

닮은 꼴 문제로 유형 익히기
본문 47쪽

정답 ⑤

제시된 가닥의 염기 서열과 프라이머 X의 위치로 가능한 부위는 다음과 같다.

㉮의 서열 ⓐ－㉠T㉡C㉢㉠CTCC㉢㉠TCTTC㉢㉠C－?
위치 1   위치 2

프라이머에는 타이민(T)이 없으므로 X의 위치는 [위치 2]이고, ⓐ는 3′ 말단이다. ㉠이 구아닌(G)이고, ㉡이 아데닌(A)이라면 제시된 가닥의 양 끝에 위치한 4개의 염기에서 C의 개수와 G의 개수를 더한 값이 서로 같으므로 X와 Y 또는 X와 Z 중 하나는 주형 가닥과 프라이머 사이에 형성되는 염기 간 수소 결합의 총개수가 같아 모순이다. 따라서 ㉠은 아데닌(A)이고, ㉡은 구아닌(G)이다. 이를 바탕으로 ㉮와 상보적인 염기 서열까지 나타내면 다음과 같다.

$$\overline{\qquad\qquad\qquad ㉮ \qquad\qquad\qquad}$$

프라이머 X

3′(ⓐ)－ATACGACTCCGATCTT[CGAC]－5′

5′－[UAUG]CTGAGG[CUAG]AAGCTG－3′
프라이머 Z   프라이머 Y

$$\underbrace{\qquad\qquad}_{㉯}\underbrace{\qquad\qquad}_{㉰}$$

✗. ⓐ는 3′ 말단이다.

Ⓛ. 새로 합성되는 가닥은 5′ 말단에서 3′ 말단 방향으로 합성되므로 ㉰는 ㉯보다 먼저 합성되었다.

Ⓒ. 프라이머에는 타이민(T)이 없으므로 $\dfrac{G+C}{A+T}$은 Y에서 2이고, ㉯에서 $\dfrac{5}{3}$이므로 Y에서가 ㉯에서보다 크다.

수능 2점 테스트
본문 48~50쪽

01 ④	02 ④	03 ④	04 ④	05 ⑤
06 ④	07 ③	08 ①	09 ②	10 ④
11 ②	12 ②			

01 대장균과 사람의 유전체 비교

사람의 유전체는 선형 DNA로 구성된다.

Ⓐ. 사람의 유전체에는 단백질을 암호화하지 않는 DNA의 부위인 인트론이 있다.

Ⓑ. 유전체의 크기는 진핵세포로 구성된 사람이 원핵세포인 대장균보다 크다.

✗. 대장균은 원형 DNA를 갖는다.

02 에이버리의 실험

㉠은 S형 균, ㉡은 R형 균이고, Ⅰ은 DNA 분해 효소, Ⅱ는 단백질 분해 효소이다.

㉠. Ⅱ를 처리한 실험에서만 쥐가 죽었으므로 ㉠은 S형 균이다.

✗. Ⅰ을 처리한 실험에서 쥐가 살았으므로 형질 전환이 일어나지 않았다. 따라서 Ⅰ은 DNA 분해 효소이고, Ⅰ의 기질은 DNA이다.

㉢. 단백질 분해 효소(Ⅱ)를 처리한 실험에서 쥐가 죽었으므로 살아 있는 R형 균(㉡)이 S형 균(㉠)으로 형질 전환되었다.

03 허시와 체이스의 실험

ⓐ는 ^{32}P이고, ㉠은 DNA, ㉡은 단백질이다.

㉠. ⓐ는 ^{32}P이다.

㉡. 방사선 검출 여부를 통해 물질의 이동을 파악했으므로 자기 방사법이 이용되었다.

✗. (가)에서 파지의 DNA(㉠)는 대장균 안으로 들어가 파지의 증식에 이용되고, 파지의 단백질(㉡)은 대장균 안으로 들어가지 않는다.

04 DNA 복제 모델

(가)는 분산적 복제 모델, (나)는 보존적 복제 모델, (다)는 반보존적 복제 모델이다.

㉠. 주형 DNA 조각과 새로 합성된 DNA 조각이 모여 짝을 이룬 (가)는 분산적 복제 모델이다.

✗. 메셀슨과 스탈은 질소의 동위 원소를 이용하여 DNA가 반보존적 복제 모델(다)의 방식으로 복제됨을 증명하였다.

㉢. 반보존적 복제 모델(다)에 의해 합성된 이중 가닥 DNA는 주형 가닥과 새로 합성된 가닥이 짝을 이루므로 첫 번째 복제 결과 합성된 이중 가닥 DNA에서 주형 가닥과 새로 합성된 가닥의 비율은 1 : 1이다.

05 DNA의 구조

㉠은 타이민(T), ㉡은 아데닌(A), ㉢은 사이토신(C), ㉣은 구아닌(G)이다.

✗. ㉠과 ㉡ 사이에 2개의 수소 결합이 형성되므로 ㉠과 ㉡은 각각 아데닌(A)과 타이민(T) 중 하나이며, 하나의 고리 구조인 ㉠은 피리미딘 계열 염기에 속하는 타이민(T)이다.

㉡. 2개의 고리 구조인 ㉣은 퓨린 계열 염기에 속하는 구아닌(G)이다.

㉢. X에서 염기 간 수소 결합의 총개수가 50개이고, 20개의 염기쌍으로 구성되므로 AT쌍의 개수는 10개, GC쌍의 개수도 10개이다. 따라서 X에서 G(㉣)의 개수와 A(㉡)의 개수는 각각 10개로 같다.

06 DNA의 구조

㉠은 구아닌(G), ㉡은 아데닌(A)이다.

✗. X_1에 사이토신(C)이 6개, ㉡이 7개가 사용되었다. ㉡이 구아닌(G)이라면 정상적인 이중 가닥 X를 만들기 위해서는 사이토신(C)이 총 13개가 필요하므로 이는 모순이다. 따라서 ㉠이 구아닌(G), ㉡이 아데닌(A)이다.

(우측 단)

㉡. X에서 각 염기 개수는 사이토신(C)이 12개, 구아닌(G,㉠)이 12개, 타이민(T)이 12개, 아데닌(A, ㉡)이 12개이므로 $\frac{T+A(㉡)}{C+G(㉠)}=1$이다.

㉢. X에서 AT쌍이 12개, GC쌍이 12개이므로 X를 만드는 데 사용된 수소 결합 막대 부품의 개수는 $2\times12+3\times12=60$개이다. 따라서 X를 만들고 남은 수소 결합 막대 부품의 총개수는 40개이다.

07 DNA의 구조

200개의 염기로 구성된 X에서 C의 함량이 28 %이므로 C의 개수는 56개이다. Ⅱ에서 피리미딘 계열 염기의 개수가 60개이므로 Ⅰ에서 G의 개수는 20개, A의 개수는 40개이다. 따라서 Ⅱ에서 C의 개수는 20개이고, Ⅰ에서 C의 개수는 36개이다.

㉠. Ⅰ은 100개의 염기로 구성되고 A의 개수는 40개, G의 개수는 20개, C의 개수는 36개이므로 T의 개수는 4개이다.

✗. Ⅱ에서 A+G=40, C+T=60이므로 $\frac{C+T}{A+G}=\frac{3}{2}$이다.

㉢. X에서 AT쌍은 44개, GC쌍은 56개이므로 염기 간 수소 결합의 총개수는 $2\times44+3\times56=256$개이다.

08 DNA 복제

ⓐ는 5′ 말단, ⓑ는 3′ 말단이다.

㉠. 뉴클레오타이드에서 인산기가 위치한 방향인 ⓐ는 5′ 말단이다.

✗. DNA가 합성될 때 새로운 뉴클레오타이드는 합성되는 가닥의 3′ 말단에 결합한다. 따라서 ㉠은 Ⅱ의 방향으로 결합한다.

✗. 지연 가닥에서도 새로운 DNA 가닥의 합성은 지연 가닥의 5′ 말단(ⓐ)에서 3′ 말단(ⓑ) 방향으로 일어난다.

09 DNA 복제 실험

㉠은 ^{14}N, ㉡은 ^{15}N이다.

✗. ㉡이 포함된 배지에서 배양하여 얻은 G_2의 DNA를 추출하여 원심 분리한 결과에서 상층에 위치한 DNA가 없으므로 ㉡은 ^{15}N이고, ㉠은 ^{14}N이다.

㉡. ^{15}N(㉡)이 포함된 배지에서 배양하여 얻은 G_2의 DNA를 추출하여 원심 분리한 결과에서 중층과 하층에 1 : 1의 비로 DNA가 존재하고, ^{14}N(㉠)이 포함된 배지에서 배양하여 얻은 G_3의 DNA를 추출하여 원심 분리한 결과 상층과 중층에 1 : 3의 비로 DNA가 존재하므로 ⓑ(75)는 ⓐ(50)보다 크다.

✗. 전체 DNA를 구성하는 단일 가닥에서 ^{14}N이 포함된 단일 가닥의 비율은 G_1이 50 %, G_2가 25 %, G_3이 62.5 %이다.

10 지연 가닥

DNA의 합성은 주형 가닥을 기준으로 3′ 말단에서 5′ 말단 방향으로 일어나며, 프라이머 합성 효소(프라이메이스)에 의해 합성된 프라이머가 제공하는 3′ 말단에 DNA 중합 효소가 새로운 DNA 뉴클레오타이드를 결합시킨다.

㉠. 프라이머의 3′ 말단에 새로운 뉴클레오타이드가 결합하여 DNA가 길어지므로 지연 가닥의 합성은 주형 가닥의 3′ 말단에서 5′ 말단(ⓐ) 방향으로 일어난다.

✗. 프라이머는 RNA 뉴클레오타이드로 구성되므로 타이민(T)이 없다.

ⓒ. 지연 가닥에서는 합성되는 가닥을 기준으로 3′ 말단 방향에 위치한 가닥이 먼저 합성된다. 따라서 Ⅱ가 Ⅰ보다 먼저 합성된 가닥이다.

11 DNA 복제

X는 200개의 염기로 구성되고, A의 함량이 20 %이므로 (가)에서 A의 개수는 40개이고, (나)에서 A의 함량이 10 %이므로 (나)에서 A의 개수는 10개이다. 따라서 (가)에서 T의 개수는 40개, G과 C의 개수는 각각 60개이고, (나)에서 T의 개수는 10개, G과 C의 개수는 각각 40개이다.

✗. X의 절반이 복제된 (가)에서 C의 개수는 60개이다.

✗. (나)의 X_1에서 $\dfrac{G}{C}=\dfrac{5}{3}$이고, (나)에서 G과 C의 개수가 각각 40개이므로 X_1에서 G의 개수는 25개, C의 개수는 15개이고, A+T=10이다. X_2는 X_1과 상보적인 가닥이므로 (나)의 X_2에서 G의 개수는 15개이고, A+T=10이다. 따라서 (나)의 X_2에서 $\dfrac{T}{G}=\dfrac{1}{4}$을 만족하는 T의 개수는 없다.

ⓒ. 염기 간 수소 결합의 총개수는 (가)에서 $2\times40+3\times60=260$, 복제 전 X에서 $2\times30+3\times70=270$이다. 따라서 염기 간 수소 결합의 총개수는 (가)에서가 복제 전 X에서보다 10개 적다.

12 DNA 복제

㉠은 DNA 중합 효소, ㉡은 DNA 연결 효소이다.

✗. 구간 Ⅰ은 복제되는 DNA에서 프라이머를 제외한 부분으로 DNA 뉴클레오타이드로만 구성된다. 따라서 RNA 뉴클레오타이드의 염기인 유라실(U)은 Ⅰ에 없다.

✗. 프라이머는 프라이머 합성 효소(프라이메이스)에 의해 합성되고, DNA 중합 효소(㉠)는 DNA 뉴클레오타이드를 이용하여 새로운 DNA 가닥을 합성한다.

ⓒ. DNA 연결 효소(㉡)는 DNA 복제 과정에서 DNA 조각을 연결하는 데 관여한다.

수능 3점 테스트
본문 51~54쪽

01 ⑤	02 ②	03 ⑤	04 ④	05 ②
06 ④	07 ①	08 ④		

01 유전 물질의 규명

(가)는 에이버리의 실험, (나)는 허시와 체이스의 실험이다.

㉠. (가)는 폐렴 쌍구균을 이용하여 유전 물질을 규명한 에이버리의 실험이다.

✗. (가)에서 죽은 쥐의 체내에서 살아 있는 S형 균이 관찰되었으므로 살아 있는 R형 균이 S형 균으로 형질 전환되었다. 따라서 ㉠은 단

백질이다. (나)에서 침전물에서만 방사선이 검출되었으므로 대장균 내부로 방사성 동위 원소로 표지된 박테리오파지의 DNA가 들어갔음을 알 수 있다. 따라서 @는 인(P)이다. 단백질(㉠)의 구성 원소에는 인(P)이 포함되지 않는다.

ⓒ. 방사성 동위 원소를 이용하여 물질의 이동을 확인한 (나)에 자기 방사법이 이용되었다.

02 유전체

플라스미드가 있는 A는 대장균, 균계에 속하는 B는 효모, C는 사람이다.

✗. 원핵생물인 대장균(A)의 유전체는 원형이다.

ⓒ. 진핵생물인 효모(B)와 사람(C)의 유전체에는 단백질을 암호화하지 않는 부위인 인트론이 있다.

✗. 개체당 유전체의 크기에 대한 유전자 개수는 대장균(A)>효모(B)>사람(C)이다.

03 메셀슨과 스탈의 실험

^{15}N로 표지된 DNA를 가진 G_0을 ^{14}N가 포함된 배지로 옮겨 배양하여 G_1, G_2, G_3을 얻었으므로 세대를 거듭할수록 ^{15}N가 존재하는 단일 가닥 수는 변하지 않고, ^{14}N가 존재하는 단일 가닥의 수는 증가한다. 1회 복제한 (가)의 결과에서 Ⅱ가 기각되었으므로 Ⅱ는 보존적 복제 모델이고, 2회 복제한 (나)의 결과에서 Ⅰ이 기각되었으므로 Ⅰ은 분산적 복제 모델이며, 나머지 Ⅲ은 반보존적 복제 모델이다.

✗. Ⅰ은 분산적 복제 모델이다.

ⓒ. 보존적 복제 모델(Ⅱ)에 따라 DNA가 복제된다면 1회 복제한 (가)의 결과에서 얻은 G_1의 DNA를 추출하여 원심 분리하였을 때 상층($^{14}N-^{14}N$)에 새로 합성된 DNA 분자와 하층($^{15}N-^{15}N$)에 주형 DNA 분자가 1 : 1의 비율로 존재할 것이다.

ⓒ. G_3은 ^{14}N가 포함된 배지에서 배양되었으므로 DNA를 추출하여 각각 원심 분리한 결과 각 층에 존재하는 DNA 분자 수 비는 상층 : 중층 : 하층=3 : 1 : 0이다.

04 DNA 복제

DNA의 복제는 주형 가닥을 기준으로 3′ 말단에서 5′ 말단으로 진행된다. Ⅰ에서 ㉠과 ㉡의 개수가 같고, Ⅱ에서 ㉠과 ㉡의 개수가 서로 다르므로 ㉠과 ㉡은 서로 상보적인 염기가 아니다. 따라서 ㉠과 ㉡은 각각 C과 T, G과 T 중 하나이다. Ⅱ에서 ㉢의 함량이 25 %이므로 Ⅱ에서 ㉢의 개수는 30개이다.

✗. 프라이머(@)는 프라이머 합성 효소(프라이메이스)에 의해 합성된다.

ⓒ. ㉢이 사이토신(C)이라면 Ⅰ에서 구아닌(G)과 타이민(T)의 개수가 각각 30개이고, Ⅱ에서 아데닌(A)의 개수가 30개이다. ㉠이 구아닌(G)이거나 타이민(T)인 두 경우를 모두 고려했을 때 Ⅱ에서 퓨린 계열 염기의 개수와 피리미딘 계열 염기의 개수의 비가 1 : 1이 될 수 없으므로 모순이다. 따라서 ㉢은 구아닌(G)이다. Ⅰ에서 아데닌(A)의 개수가 구아닌(G)의 개수보다 적다고 하였으므로 가능한 Ⅰ과 Ⅱ의 염기 수는 표와 같으며, Ⅰ에서 염기의 개수는 구아닌(G, ㉢)이 아

데닌(A)의 2배이다.

구분	염기 개수(개)			
	A	G(ⓒ)	C(㉠)	T(ⓛ)
I	20	40	30	30
II	30	30	40	20

ⓒ. X에서 염기 간 수소 결합의 총개수는 $50 \times 2 + 70 \times 3 = 310$개이다.

05 DNA 복제

2종류의 염기 아데닌(A)과 타이민(T)으로 구성된 P에서 새로 합성된 가닥 ㉠~ⓒ의 프라이머 X~Z가 모두 같은 염기 서열을 가지므로 (나)에 제시된 I의 가닥에서 ㉠, ⓛ, ⓒ의 프라이머가 모두 동일한 경우는 다음과 같으며, 염기 서열은 5′-UAU-3′이다.

```
        X        Y
ⓐ-A○○TATAATATA○○T-ⓑ
   U○○ATAT UAU AT○○A
        ㉠       ⓛ
          ⓒ
A○○TATAATATA○○U
        Z
```

X. 새로운 DNA 가닥의 합성은 주형 가닥을 기준으로 3′ 말단에서 5′ 말단 방향으로 합성되므로 ⓐ는 3′ 말단이다.

ⓛ. 지연 가닥을 이루는 ㉠과 ⓛ 중 먼저 합성된 가닥은 ⓛ이다.

X. ⓒ의 3′ 말단으로부터 3번째 뉴클레오타이드의 염기는 X의 5′ 말단에서 3번째에 위치한 염기인 유라실(U)과 상보적인 아데닌(A)이다.

06 DNA의 구조

X에서 ⓒ은 상보적인 염기와 3개의 수소 결합을 형성하므로 구아닌(G)이다. ⓒ이 G이므로 ⓛ은 A이다. ㉠은 피리미딘 계열 염기이므로 사이토신(C)과 타이민(T) 중 하나이다. 만일 ㉠이 C이라면 X_1에서 C(㉠)의 개수는 $3k$개, A(ⓛ)의 개수는 $4k$개, G(ⓒ)의 개수는 $3k$개이다. X에서 염기 간 수소 결합의 총개수가 35개이므로 $35 = 2 \times$(AT쌍의 수)$+3 \times$(GC쌍의 수)$=2 \times$(AT쌍의 수)$+3 \times 6k$이다. 이 경우 $35 - 18k = 2 \times$(AT쌍의 수)이며, 이를 만족하는 자연수 k는 없다. 만일 ㉠이 T이라면 X_1에서 T(㉠)의 개수는 $3k$개, A(ⓛ)의 개수는 $4k$개, G(ⓒ)의 개수는 $3k$개이다. X에서 염기 간 수소 결합의 총개수가 35개이므로 $35 = 2 \times$(AT쌍의 수)$+3 \times$(GC쌍의 수)$= 2 \times 7k + 3 \times$(GC쌍의 수)이다. $35 - 14k = 3 \times$(GC쌍의 수)이며, 이를 만족하는 k는 1이다. 따라서 X에서 GC쌍의 개수는 7개이고, X_1에서 G의 개수는 3개, C의 개수는 4개이다. 이를 표로 정리하면 다음과 같다.

구분	염기 개수(개)			
	A(ⓛ)	G(ⓒ)	C	T(㉠)
X_1	4	3	4	3
X_2	3	4	3	4

X. ㉠은 타이민(T)이다.

ⓛ. X_2에서 아데닌(A, ⓛ)의 개수는 3개이다.

ⓒ. X에서 퓨린 계열 염기의 개수는 14개이다.

07 DNA 복제

(가)와 X 사이의 염기 간 수소 결합의 총개수가 12개, (가)와 Y 사이의 염기 간 수소 결합의 총개수가 14개이고, X와 Y의 염기 개수가 6개이므로 X는 A과 U로만, Y는 A+U=4, G+C=2로 구성된다. I이 먼저 합성되었으므로 X는 (가)의 중간에 위치하며, ㉮~㉰는 각각 12개의 염기로 이루어져 있으므로 X의 위치는 ㉮~㉰의 중앙을 기준으로 연속된 염기와 상보적이다. ㉰에서 ⓐ-ATTATA가 X와 상보적이며, I이 20개의 염기로 구성되려면 ⓐ가 5′ 말단이어야 한다. Y는 A+U=4, G+C=2이고, ㉮와 ㉰ 중 3′ 말단의 연속된 4개의 염기가 A+T=4인 것은 ㉮에 있다. 따라서 이를 바탕으로 (가)의 서열을 정리하면 다음과 같다.

```
        ㉠(㉰)                 ⓛ(㉯)              ⓒ(㉮)
5′(ⓐ)-ATGTCGAGCATTACATTATACAATTGTCGCTCGTATAACC-3′
 3′-TACAGCTCGTAATGUAAUAUGTTAACAGCGAGCAUAUUGG-5′
                  프라이머 X                   프라이머 Y
                     I                        II
```

㉠. X와 Y에서 유라실(U)의 개수는 3개로 서로 같다.

X. ㉰은 ㉮이다.

X. ㉠(㉰)의 3′ 말단으로부터 8번째 뉴클레오타이드 염기는 아데닌(A)으로 퓨린 계열 염기이다.

08 DNA 복제

선도 가닥인 I의 프라이머는 가닥의 끝에 위치하므로 ㉮의 염기 서열에서 A+U=4이거나 C+U=4이다. ㉮의 염기 서열에서 C+U=4라면 II와 III의 프라이머인 ㉯와 ㉰에서 G+C가 각각 4와 3이어야 한다. 그런데 염기 서열에서 G과 C이 연속해서 4개인 서열은 없으므로 ㉮의 염기 서열에서 A+U=4이다. 제시된 가닥이 X_2이므로 X_1을 주형으로 하여 합성된 선도 가닥 I의 프라이머 ㉮의 위치는 X_2의 염기 서열에서 TAAT가 있는 부분이다. 따라서 ⓐ는 5′ 말단이고, ⓑ는 3′ 말단이다. X_2로부터 지연 가닥 II와 III이 합성되고, II와 III의 염기 수를 더한 값이 30이므로 X_2의 5′-CCTT-3′과 상보적인 프라이머(5′-AAGG-3′)가 ㉯와 ㉰ 중 하나이다. 나머지 하나의 프라이머와 주형 가닥 사이에 형성된 수소 결합의 개수는 9개와 11개 중 하나이다. $\dfrac{A+C}{G+U}=1$인 조건을 만족하기 위한 프라이머의 염기 구성은 다음과 같다.

구분	주형 가닥과 프라이머 사이의 염기 간 수소 결합의 총개수	
	9개	11개
염기 구성	① A2 G1 U1	③ C2 G1 U1
	② A1 C1 U2	④ A1 C1 G2

모든 조건이 충족되는 나머지 하나의 프라이머의 염기 구성은 ③이며, 위치는 다음과 같다.

```
$X_1$ 3′-ATTAGTGTAGTCCTAACGATTGAGTCGGAA-5′
      5′-UAAUCACATCAGGATTGCTAACTCAGCCTT-3′
           ㉮
              II        I          III
                    ㉯                  ㉰
 3′-ATTAGTGTAGUCCTAACGATTGAGTCGGAA-5′
$X_2$ 5′(ⓐ)-TAATCACATCAGGATTGCTAACTCAGCCTT-3′(ⓑ)
```

X. ⓐ는 5′ 말단이다.

ⓛ. 지연 가닥을 합성하는 과정에서 주형 가닥의 5′ 말단 방향에 위치한 가닥이 먼저 합성된 가닥이므로 Ⅱ는 Ⅲ보다 먼저 합성된 가닥이다.

ⓒ. C의 수는 Ⅱ와 Ⅲ에서 각각 2로 같고, T의 수는 Ⅱ와 Ⅲ에서 4로 각각 같다. 따라서 Ⅱ와 Ⅲ에서 $\dfrac{T}{C}$은 각각 2로 같다.

07 유전자 발현

닮은 꼴 문제로 유형 익히기

본문 57쪽

정답 ⑤

X에서 염기 간 수소 결합의 총개수가 12개이므로 X에서 AT 염기쌍이 3개, GC 염기쌍이 2개이다. 따라서 X에는 아데닌(A)이 3개, 타이민(T)이 3개, 구아닌(G)이 2개, 사이토신(C)이 2개 있다. 5개의 염기가 포함된 Ⅱ에 T이 2개, A이 1개 있으므로 Ⅰ에는 T이 1개, A이 2개 있다. Ⅱ에 있는 2개의 퓨린 계열 염기 중 1개가 A이므로 나머지 1개는 G이다. 따라서 Ⅰ에는 A이 2개, T이 1개, G이 1개, C이 1개 있으며, Ⅱ에는 A이 1개, T이 2개, G이 1개, C이 1개 있다.

ⓞ. Ⅱ에 포함된 염기 중 2개가 있는 ⓛ은 타이민(T)이다. Ⅱ에 있는 3개의 피리미딘 계열 염기 중 2개가 T이므로 나머지 1개인 ⓞ은 C이다.

ⓛ. Y의 3′ 말단 염기가 G이므로 Y의 전사 주형 가닥의 5′ 말단 염기는 C이다. Ⅱ의 5′ 말단 염기가 T이므로 Y는 Ⅰ로부터 전사되었다.

ⓒ. Ⅰ의 5′ 말단 염기가 C이므로 Ⅱ의 3′ 말단 염기가 G이다. Ⅱ에는 2개의 퓨린 계열 염기가 있으므로 Ⅱ의 5′ 말단으로부터 세 번째 염기는 A이다. 따라서 Ⅱ의 염기 서열은 5′−TCATG−3′이고, Y의 염기 서열은 5′−UCAUG−3′이며, Y에서 유라실(U)의 개수는 2개이다.

수능 2점 테스트

본문 58~60쪽

01 ①	02 ⑤	03 ⑤	04 ④	05 ①
06 ②	07 ④	08 ③	09 ①	10 ⑤
11 ③	12 ②			

01 1유전자 1효소설

아르지닌은 단백질 합성에 필요한 아미노산으로 아르지닌이 합성되지 못하는 돌연변이주 붉은빵곰팡이는 최소 배지에서 생장하지 못한

다. ㉠은 오르니틴, ㉡은 시트룰린, ㉢은 아르지닌이다.

ⓞ. 최소 배지에 X를 첨가하더라도 돌연변이주 Ⅰ은 생장하지 못하므로 X는 아르지닌이 아니며, 오르니틴과 시트룰린 중 하나이다. 돌연변이주 Ⅱ에서 오르니틴(㉠)은 합성되고 시트룰린(㉡)은 합성되지 않으므로 Ⅱ는 유전자 *b*에 돌연변이가 일어난 것이며, 아르지닌(㉢)이 합성되었으므로 첨가된 X가 시트룰린(㉡)임을 알 수 있다.

✕. 최소 배지에 X(㉡, 시트룰린)를 첨가한 배지에서 돌연변이주 Ⅰ은 아르지닌(㉢)을 합성하지 못하므로 생장이 일어나지 않았음을 알 수 있다. 따라서 Ⅰ은 유전자 *c*에 돌연변이가 일어난 것이다.

✕. *b*에 돌연변이가 일어난 Ⅱ를 최소 배지에 오르니틴(㉠)을 첨가하여 배양하더라도 오르니틴(㉠)이 시트룰린(㉡)으로 전환되지 못하므로 시트룰린(㉡)과 아르지닌(㉢)은 합성되지 않으며, Ⅱ의 생장이 일어나지 못한다.

02 유전 정보의 중심 원리

㉠은 DNA 복제, ㉡은 전사, ㉢은 번역이고, ⓐ는 mRNA, ⓑ는 폴리펩타이드이다.

✕. mRNA(ⓐ)의 기본 단위는 뉴클레오타이드이다.

ⓛ. DNA 복제(㉠) 과정에는 DNA 중합 효소가, 전사(㉡) 과정에는 RNA 중합 효소가 이용된다.

ⓒ. 원핵세포는 핵이 존재하지 않으므로 핵 내부와 세포질의 경계를 구분하는 핵막이 없다. 따라서 원핵세포의 세포질에서 전사(㉡)와 번역(㉢)이 모두 일어난다.

03 전사

ⓞ. 가닥 Ⅰ과 Ⅱ에 모두 아데닌(A)이 있지만 가닥 Ⅲ에는 유라실(U)이 없으므로 Ⅲ은 mRNA *y*가 아니며, 이중 가닥 DNA *x*를 구성하는 단일 가닥 x_1과 x_2 중 하나이다. Ⅲ에서의 사이토신(C) 개수와 Ⅱ에서의 구아닌(G) 개수가 서로 다르므로 Ⅰ과 Ⅲ이 *x*를 구성하는 서로 상보적인 두 단일 가닥이고, Ⅱ가 mRNA *y*이며, Ⅱ의 전사 주형 가닥 x_1은 Ⅰ이다. 이를 토대로 제시된 표를 정리하면 다음과 같다.

구분	염기 개수(개)					계
	A	T	G	C	U	
Ⅰ	23	ⓐ(25)	?(18)	?(34)	?(0)	100
Ⅱ	25	?(0)	34	?(18)	ⓑ(23)	100
Ⅲ	?(25)	ⓒ(23)	?(34)	18	0	100

ⓛ. ⓐ+ⓑ+ⓒ=25+23+23=71이다.

ⓒ. x_1과 x_2 사이의 염기 간 수소 결합의 총개수는 2×(23+25)+3×(18+34)=252개이다.

04 번역

ⓞ. tRNA ㉠이 A 자리에, tRNA ㉡은 P 자리에 있으므로 P 자리보다 A 자리에 가까운 ⓐ는 3′ 말단이다.

✕. 리보솜은 mRNA의 5′ 말단(ⓑ)에서 3′ 말단(ⓐ) 방향으로 하나의 코돈만큼씩 이동하므로 P 자리에 있던 tRNA ㉡은 E 자리를 통해 방출되고, A 자리에 있던 tRNA ㉠은 P 자리로 이동한다. 따라서 리보솜에서 ㉡이 ㉠보다 먼저 방출된다.

ⓒ. 리보솜의 P 자리에 위치한 tRNA의 폴리펩타이드가 A 자리로 들어온 tRNA의 아미노산에 연결되므로 아미노산 ㉮가 아미노산 ㉯보다 폴리펩타이드 사슬에 먼저 결합되었다.

05 전사와 번역

㉠. 진핵세포의 핵 속에서 처음 만들어진 RNA로부터 인트론이 제거되는 RNA 가공 과정 Ⅰ이 일어난다.

✗. RNA 가공 과정에서 제거되는 인트론 ㉠에는 X의 아미노산 서열이 암호화되어 있지 않다.

✗. RNA 중합 효소가 결합하여 전사가 개시되는 프로모터는 DNA에 있는 부위이다.

06 유전자의 발현

X와 Y의 아미노산 서열에서 시스테인의 유무 이외의 나머지 아미노산 서열은 동일하므로 y는 x의 전사 주형 가닥에서 시스테인을 암호화하는 부위가 종결 코돈을 암호화하는 부위로 바뀐 것이다. 따라서 y는 x에서 1개의 아데닌(A) 또는 구아닌(G)이 타이민(T)으로 치환되어 'UGA'를 암호화하는 부위가 생성되었다. Z는 X에서 '아스파라진-발린-시스테인'이 없어졌으므로 z는 x의 전사 주형 가닥에서 '아스파라진'을 암호화하는 부위가 종결 코돈을 암호화하는 부위로 바뀐 것이다. 따라서 z는 x에 아데닌(A)이 삽입되어 'UAA'를 암호화하는 부위가 생성되었다.

✗. ㉠은 아데닌(A) 또는 구아닌(G)이므로 모두 퓨린 계열 염기이다.

ⓒ. ㉡은 아데닌(A)이다.

✗. Y가 합성될 때 사용된 종결 코돈은 UGA, Z가 합성될 때 사용된 종결 코돈은 UAA이다.

07 원핵세포에서의 유전자 발현 과정

✗. (가)에 가까울수록 mRNA의 길이가 길고, (나)에 가까울수록 mRNA의 길이가 짧다. 전사가 많이 진행될수록 mRNA의 길이가 길게 합성된 것이므로 전사는 (나) → (가) 방향으로 진행되었다. RNA 중합 효소는 DNA의 전사 주형 가닥의 3′ → 5′ 방향으로 이동하면서 mRNA를 5′ → 3′ 방향으로 합성한다. 따라서 (가)는 전사 주형 가닥에서 5′ 말단 방향이다.

ⓒ. mRNA의 길이가 길다는 것은 전사가 더 많이 진행되었다는 의미이므로 ㉠이 ㉡보다 DNA의 프로모터에 먼저 결합하였다.

ⓒ. mRNA는 5′ 말단에서 3′ 말단 방향으로 합성되어 신장되므로 리보솜 ⓑ가 ⓐ보다 mRNA의 5′ 말단에 가깝게 위치한다. 리보솜은 mRNA의 5′ 말단에서 3′ 말단 방향으로 하나의 코돈만큼씩 이동하므로 리보솜 ⓐ가 ⓑ보다 mRNA에 먼저 결합하여 폴리펩타이드의 합성이 더 많이 진행된 상태이다. 따라서 리보솜에서 합성 중인 폴리펩타이드의 아미노산 개수는 ⓐ에서가 ⓑ에서보다 많다.

08 유전자의 발현

전사 주형 가닥 x_1로부터 전사된 y의 염기 서열과 이로부터 번역된 X의 아미노산 서열은 다음과 같다.

x_1의 염기 서열	5′-TGCGGACTTCGTACGTCG-3′
y의 염기 서열	ⓑ(5′)-CGACGUACGAAGUCCGCA-ⓐ(3′)
X의 아미노산 서열	㉠아르지닌-㉡아르지닌-트레오닌-라이신-세린-알라닌

㉠. 아르지닌을 지정하는 코돈의 염기 서열은 5′-CG__-3′이므로 제시된 X의 아미노산 서열을 고려하면 x_1은 전사 주형 가닥이다.

ⓒ. X의 세 번째와 네 번째 아미노산이 각각 트레오닌과 라이신이므로 y에는 5′-ACGAAG-3′의 염기 서열이 있어야 한다. 따라서 ⓐ는 3′ 말단, ⓑ는 5′ 말단이다.

✗. X의 ㉠(아르지닌)을 암호화하는 코돈은 5′-CGA-3′이고, ㉡(아르지닌)을 암호화하는 코돈은 5′-CGU-3′이므로 ㉠과 ㉡을 암호화하는 코돈의 3′ 말단 염기는 서로 다르다.

09 유전자의 발현

㉠. 제시된 x의 DNA 이중 가닥 중 한 가닥에서 ⓐ가 3′ 말단이라면 제시된 가닥이 주형 가닥이든 비주형 가닥이든 개시 코돈과 종결 코돈이 모두 함께 존재하지는 않으므로 제시된 조건을 만족시키지 못한다. 따라서 ⓐ는 5′ 말단이다.

✗. x의 전사 주형 가닥에서 전사된 mRNA의 염기 서열은 5′-UUC AUG/UUG/GGC/AAU/AGG/UGG/ACG/ UAG AU-3′이므로 X는 7개의 아미노산으로 구성된다. y의 전사 주형 가닥에서 전사된 mRNA의 염기 서열은 5′-UUC AUG/ UUG/GGC/AAU/UGG/UGG/ACG/UAG AU-3′이므로 Y는 7개의 아미노산으로 구성된다. 따라서 X와 Y를 구성하는 아미노산의 개수는 서로 같다.

✗. z의 전사 주형 가닥에서 전사된 mRNA의 염기 서열은 5′-UUC AUG/UUG/GGC/AAU/AGG/UGA CGUAGAU -3′이다. 따라서 폴리펩타이드가 합성될 때 사용된 종결 코돈은 Y가 합성될 때 UAG이고, Z가 합성될 때 UGA이므로 서로 다르다.

10 유전자의 발현

제시된 조건을 만족시키는 x의 전사 주형 가닥에서 전사된 mRNA의 염기 서열, X의 아미노산 서열, y의 전사 주형 가닥에서 전사된 mRNA의 염기 서열, Y의 아미노산 서열을 정리하여 나타내면 다음과 같다.

x	5′-GAUC AUG/CGC/UCA/CA**G**/**G**CG/UGA GUCUAUAGC-3′
X	메싸이오닌-아르지닌-세린-글루타민-알라닌
y	5′-GAUC AUG/CGC/UCA/CAC/GUG/AGU/CUA/UAG C-3′
Y	메싸이오닌-아르지닌-세린-히스티딘-발린-세린-류신

㉠. x의 전사 주형 가닥에서 'CC'가 결실되면 1개의 히스티딘을 가진 Y가 합성될 수 있으므로 x의 전사 주형 가닥에서 결실된 ㉠은 'CC'이다.

ⓒ. Y는 메싸이오닌, 아르지닌, 세린, 히스티딘, 발린, 류신의 6종류의 아미노산으로 구성된다.

ⓒ. X는 5개의 아미노산으로 구성되고, Y는 7개의 아미노산으로 구성되므로 아미노산의 개수는 Y가 X보다 2개 많다.

11 유전자의 발현

전사 주형 가닥에는 개시 코돈으로 전사되는 3′−TAC−5′의 염기 서열과 종결 코돈으로 전사되는 3′−ATT−5′, 3′−ATC−5′, 3′−ACT−5′ 중 하나의 염기 서열이 있어야 한다. x의 전사 주형 가닥의 염기 서열과 x의 전사 주형 가닥에서 전사된 mRNA의 염기 서열을 정리하여 나타내면 다음과 같다.

전사 주형 가닥 (3′)	ⓐ−TCATAAGATTGAC TAC/CAC/GGA/TCG/TAT/ACT CC−ⓑ (5′)
mRNA	5′−AGUAUUCUAACUG AUG/GUG/CCU/AGC/AUA/UGA GG−3′

ㄱ. 개시 코돈과 종결 코돈으로 전사되는 염기 서열을 고려하면 ⓐ는 3′ 말단이다.

✗. X의 3번째 아미노산을 암호화하는 코돈의 염기 서열은 5′−CCU−3′이다.

ㄷ. X가 합성될 때 사용된 종결 코돈은 UGA이다.

12 유전자의 발현

제시된 x의 전사 주형 가닥에서 전사된 mRNA의 염기 서열, X의 아미노산 서열, y의 전사 주형 가닥에서 전사된 mRNA의 염기 서열, Y의 아미노산 서열을 정리하여 나타내면 다음과 같다.

x	5′−UUA AUG/GUC/ACC/GGA/CGC/UAA CUGAGUAGCAU−3′
X	메싸이오닌−발린−트레오닌−글리신−아르지닌
y	5′−UUA AUG/GAU/CAC/CGG/CGC/UAA CUGAGUAGCAU−3′
Y	메싸이오닌−**아스파트산**−**히스티딘**−아르지닌−아르지닌

✗. x의 전사 주형 가닥에서 T이 결실되고, 다른 위치에 T이 삽입되면 아스파트산과 히스티딘을 가진 Y가 합성될 수 있으므로 x의 전사 주형 가닥에서 결실된 ㉠과 삽입된 ㉡은 T이다.

ㄴ. Y는 메싸이오닌, 아스파트산, 히스티딘, 아르지닌, 아르지닌의 5개 아미노산으로 구성된다.

✗. Y의 아스파트산(ⓐ)을 암호화하는 코돈은 GAU이고, 히스티딘(ⓑ)을 암호화하는 코돈은 CAC이다. 따라서 Y의 ⓐ와 ⓑ를 암호화하는 각 코돈의 3′ 말단 염기는 서로 다르다.

수능 3점 테스트
본문 61~67쪽

01 ②	02 ③	03 ②	04 ②	05 ①
06 ⑤	07 ①	08 ②		

01 1유전자 1효소설

최소 배지에서 오르니틴, 시트룰린, 아르지닌 중 하나도 생성하지 못하는 돌연변이주 Ⅱ는 a에 돌연변이가 일어난 것이고, 최소 배지에 물질 ㉡이 첨가된 배지에서 생성되는 물질이 1가지인 돌연변이주 Ⅰ은 b에 돌연변이가 일어난 것이다. Ⅰ을 최소 배지에 오르니틴을 첨가한 배지에서 배양하였을 때 Ⅰ의 생장이 일어나지 않으며 오르니틴은 생산되므로 ㉡은 오르니틴이고 ⓐ는 '×'이며, Ⅱ를 최소 배지에

시트룰린을 첨가한 배지에서 배양하였을 때 Ⅱ의 생장이 일어나며 아르지닌은 생산되므로 ㉠은 시트룰린이고, ⓑ는 '○'이다.
야생형과 돌연변이주를 각 배지에서 배양할 때 생장 여부와 각 배양 배지에서 오르니틴, 시트룰린, 아르지닌 중 새롭게 합성된 물질을 정리하여 나타내면 다음과 같다.

구분		최소 배지	최소 배지 +㉡(ⓓ)	최소 배지 +㉠(Ⓐ)	최소 배지 +ⓔ
야생형	생장	○	○	○	○
	합성된 물질	ⓓⒶⓕ	ⓓⒶⓕ	ⓓⒶⓕ	ⓓⒶⓕ
a 돌연변이	생장	×	○	ⓑ(○)	○
	합성된 물질	−	Ⓐⓕ	ⓕ	−
b 돌연변이	생장	×	ⓐ(×)	○	○
	합성된 물질	ⓓ	ⓓ	ⓓⓕ	ⓓⓕ
c 돌연변이	생장	×	×	×	×
	합성된 물질	ⓓⒶ	ⓓⒶ	ⓓⒶ	ⓓⒶ

(○: 생장함, ×: 생장 못함)

✗. ⓐ는 '×'이고, ⓑ는 '○'이다.

✗. ㉠은 시트룰린이므로 효소 B의 기질이 아니다.

ㄷ. Ⅰ은 b에 돌연변이가 일어난 것이고, Ⅱ는 a에 돌연변이가 일어난 것이다.

02 전사

x_1에서 ㉡이 0이고, y에는 ㉡이 있으므로 ㉡은 유라실(U)이다. y에 ㉠이 있으므로 ㉠은 타이민(T)이 아니다. ㉢이 T이라면 y에서 ㉤이 아데닌(A)으로 염기 개수가 46개인데 x_2와 상보적인 가닥인 x_1과 y에서 ㉤의 염기 개수가 서로 다르므로 ㉢은 T이 아니다. ㉤이 T이라면 x_1의 T(㉤)의 개수와 y의 U(㉡)의 개수가 서로 다르므로 x_1과 y가 서로 상보적인 가닥이다. 따라서 ㉠이 A이므로 x_1에서 ㉠의 염기 개수가 34개이고 x_1에서 A과 T의 염기 개수의 합이 62이고, G과 C의 염기 개수의 합이 46이므로 $\frac{A+T}{G+C}=\frac{4}{3}$인 조건을 만족시키지 못한다. 따라서 ㉣이 T이다. x_2가 y의 전사 주형 가닥이면 x_2와 y, x_1과 x_2가 서로 상보적인데, 이 경우 $\frac{A+T}{G+C}=\frac{4}{3}$인 조건을 만족시키지 못한다. 따라서 x_1이 y의 전사 주형 가닥이므로 x_1과 y, x_1과 x_2가 서로 상보적이다. x_1의 ㉤의 개수와 y의 ㉠의 개수가 서로 같으므로 ㉣(T)과 상보적인 ㉢은 A이며, ⓑ는 y의 U(㉡)의 개수와 같은 34개이다. x_1에서 $\frac{A+T}{G+C}=\frac{4}{3}$이고, C의 개수가 G의 개수보다 많으므로 ㉠과 ㉤의 염기 개수의 합은 60이다. 따라서 ⓐ는 32이고, ㉠은 C, ㉤은 G이다. 각 가닥의 염기 개수를 정리하면 다음과 같다.

구분	염기 개수(개)				
	㉠(C)	㉡(U)	㉢(A)	㉣(T)	㉤(G)
x_1	ⓐ(32)	0	?(34)	?(46)	28
x_2	?(28)	?(0)	46	ⓑ(34)	?(32)
y	28	34	?(46)	0	?(32)

ㄱ. ⓐ는 32, ⓑ는 34이므로 ⓐ+ⓑ=66이다.

ㄴ. ㉠은 C, ㉡은 U, ㉢은 A, ㉣은 T, ㉤은 G이다.

✗. x에서 AT 염기쌍의 개수가 80개, GC 염기쌍의 개수가 60개이

므로 x를 구성하는 염기쌍의 개수는 140개이다.

03 유전자의 발현

개시 코돈은 하나의 코돈을 구성하는 3개의 염기가 서로 다르며, 종결 코돈은 개시 코돈을 구성하는 염기로 구성된다. X는 6개의 아미노산으로 구성되므로 ㉠은 타이민(T), ㉡은 아데닌(A), ㉢은 구아닌(G)인 경우와 ㉠은 구아닌(G), ㉡은 아데닌(A), ㉢은 타이민(T)인 경우가 가능하다. 하지만 폴리펩타이드 X에는 류신이 있으므로 ㉠은 구아닌(G), ㉡은 아데닌(A), ㉢은 타이민(T)이고, ⓐ는 3′ 말단, ⓑ는 5′ 말단이다. 제시된 x의 DNA 이중 가닥 중 한 가닥의 염기 서열, x의 전사 주형 가닥에서 전사된 mRNA의 염기 서열, X의 아미노산 서열을 정리하면 다음과 같다.

제시된 전사 비주형 가닥	ⓐ(3′)−CCGAGTGTCATGACCATACTCGTACCAGTT−ⓑ(5′)
mRNA	5′−UUGACC AUG/CUC/AUA/CCA/GUA/CUG/UGA GCC−3′
X	메싸이오닌−류신−아이소류신−프롤린−발린−류신

✗. ㉠은 구아닌(G), ㉡은 아데닌(A), ㉢은 타이민(T)이다.
◯. ⓐ는 3′ 말단, ⓑ는 5′ 말단이다.
✗. X가 합성될 때 사용된 종결 코돈은 UGA이다.

04 유전부호

Ⅱ를 구성하는 아미노산이 2종류이므로 서로 다른 코돈이 같은 종류의 아미노산을 지정하며, 코돈에서 세 번째 염기가 다르더라도 첫 번째와 두 번째 염기가 같을 경우 같은 종류의 아미노산을 지정하는 경우가 많다. mRNA x로부터 합성되는 폴리펩타이드를 구성하는 아미노산이 5개인 경우인 Ⅱ로 가능한 코돈의 배열 순서는 ㉠㉡㉢/㉣㉢㉡/㉣㉢㉡/㉢㉣㉢/㉣㉢㉡이고, Ⅲ으로 가능한 코돈의 배열 순서는 ㉡㉢㉣/㉢㉣㉢/㉣㉢㉣/㉣㉢㉡/㉣㉢㉡이다. 전자의 경우 코돈 ㉠㉡_와 코돈 ㉣㉢_가 같은 아미노산 (나)를 지정해야 하므로 ㉠은 아데닌(A), ㉡은 구아닌(G), ㉢은 사이토신(C), ㉣은 유라실(U)이고, (가)는 류신, (나)는 세린이다. 후자의 경우 코돈의 배열 순서가 GCU/CCU/CUC/UUC/UCG이므로 (다)는 알라닌, (라)는 프롤린, (마)는 페닐알라닌이다.

✗. ㉠은 아데닌(A), ㉡은 구아닌(G), ㉢은 사이토신(C), ㉣은 유라실(U)이다.
◯. (가)는 류신, (나)는 세린, (다)는 알라닌, (라)는 프롤린, (마)는 페닐알라닌이다.
✗. 아미노산이 4개인 경우 가능한 코돈의 배열 순서는 CUC/CUC/UCU/UCU이므로 Ⅰ의 ⓐ를 암호화하는 코돈은 UCU이다. Ⅱ의 ⓑ를 암호화하는 코돈은 AGC이므로 Ⅰ의 ⓐ와 Ⅱ의 ⓑ를 암호화하는 코돈은 서로 다르다.

05 유전자의 발현

X의 아미노산 서열로부터 유추할 수 있는 x로부터 전사된 mRNA의 염기 서열은 다음과 같다. X~Z의 아미노산 서열을 고려하여 확

정된 코돈을 상자로 표시하였다.

```
5′−AUG GGU CUU AUU UCU UAA−3′
    GGC CUC AUC UCC UAG
    GGA CUA AUA UCA UGA
    GGG CUG     UCG
        UUA     AGU
        UUG     AGC
```

y는 x의 전사 주형 가닥에 1개의 염기가 1회 삽입된 것이고, Y의 아미노산 서열로부터 유추할 수 있는 y로부터 전사된 mRNA의 염기 서열은 다음과 같다. X의 두 번째 아미노산인 글리신이 Y에서 알라닌으로 바뀌었으므로 x의 전사 주형 가닥에 삽입된 1개의 염기는 구아닌(G)이다. X~Z의 아미노산 서열을 고려하여 확정된 코돈을 상자로 표시하였다.

```
5′−AUG GCU ACU GAU UUU CUU CGU UAA−3′
    GCC ACC GAC UUC CUC CGC UAG
    GCA ACA         CUA CGA UGA
    GCG ACG         CUG CGG
                    UUA AGA
                    UUG AGG
```

z는 y의 전사 주형 가닥에서 연속된 2개의 염기가 결실된 것이고, Z의 아미노산 서열로부터 유추할 수 있는 z로부터 전사된 mRNA의 염기 서열은 다음과 같다. y의 전사 주형 가닥에서 결실된 염기는 5′−CA−3′이다. X~Z의 아미노산 서열을 고려하여 확정된 코돈은 다음과 같다.

$$5′−AUG/GCG/\underline{ACA}/UUU/CCU/GAG/GUA/GG\square/UAA−3′$$
$$\text{(가)} \qquad \qquad \qquad \qquad \text{UAG}$$
$$\text{UGA}$$

◯. (가)는 코돈 ACA에 의해 지정되는 트레오닌이다.
✗. ㉠의 염기 서열은 5′−CA−3′이다.
✗. X가 합성될 때 사용된 종결 코돈은 UGA이고, Y가 합성될 때 사용된 종결 코돈은 UAG이다.

06 유전자의 발현

전사 주형 가닥에는 개시 코돈으로 전사되는 3′−TAC−5′의 염기 서열과 종결 코돈으로 전사되는 3′−ATT−5′, 3′−ATC−5′, 3′−ACT−5′ 중 하나의 염기 서열이 있어야 한다. 제시된 x의 DNA 이중 가닥 중 한 가닥은 이 조건을 만족시키고, X를 구성하는 아미노산의 개수가 5개이므로 제시된 염기 서열을 가진 가닥은 전사 주형 가닥이다. 따라서 ⓐ는 3′ 말단, ⓑ는 5′ 말단이다. x의 전사 주형 가닥으로부터 전사된 mRNA의 염기 서열과 이로부터 유추할 수 있는 X의 아미노산 서열은 다음과 같다. ㉠′, ㉡′, ㉢′, ㉣′은 각각 ㉠, ㉡, ㉢, ㉣에 상보적인 mRNA의 염기를 나타낸 것이다.

5′−GG/AUG/㉠′UA/G㉡′A/G㉢′U/GG㉣′/UAG/GAGCAUAG−3′
메싸이오닌−발린−알라닌−아스파트산−글리신

따라서 (가)는 글리신이고, ㉠은 사이토신(C), ㉡은 구아닌(G), ㉢은 타이민(T), ㉣은 아데닌(A)이다.

y는 x의 전사 주형 가닥에서 ⓟ(연속된 2개의 서로 다른 염기)가 1회 결실된 것이다. X의 네 번째 아미노산인 아스파트산이 Y에는 없으므로 y의 전사 주형 가닥에서 전사된 mRNA와 Y의 아미노산 서열을 유추하면 다음과 같다. ⓟ는 5′−AT−3′이다.

5′−GG/AUG/GUA/GCA/G̶A̶UGG/UUA/GGA/GCA/UAG−3′

메싸이오닌−발린−알라닌−글리신−류신−글리신−알라닌

z는 y의 전사 주형 가닥에 ⓟ(5′−AT−3′)가 1회 삽입된 것이다. Y에 있던 알라닌이 Z에는 없으므로 z의 전사 주형 가닥에서 전사된 mRNA와 Z의 아미노산 서열을 유추하면 다음과 같다.

5′−GG/AUG/GUA/(A̲U̲)G/CAG/GGU/UAG/GAGCAUAG−3′

메싸이오닌−발린−메싸이오닌−글루타민−글리신

ㄱ. Y에 있는 2개의 글리신(가)을 암호화하는 코돈의 염기 서열은 각각 GGG와 GGA이므로 염기 서열이 서로 다르다.
ㄴ. ㉠은 사이토신(C), ㉡은 구아닌(G), ㉢은 타이민(T), ㉣은 아데닌(A)이다.
ㄷ. Z의 아미노산 서열이 '메싸이오닌−발린−메싸이오닌−글루타민−글리신'이므로 Z에 2개의 메싸이오닌이 있다.

07 유전자의 발현

X를 구성하는 아미노산의 개수가 7개이고, 제시된 x의 한 가닥의 염기 서열에 3′−TAC−5′, 3′−ATC−5′이 있으므로 제시된 가닥은 x의 전사 주형 가닥이다. 따라서 ⓐ는 3′ 말단, ⓑ는 5′ 말단이다.
x의 전사 주형 가닥에서 전사된 mRNA의 염기 서열과 X의 아미노산 서열을 유추하면 다음과 같다.

5′−GUUC/AUG/AAU/AGG/GUA/AG̲/G̲U̲/CGU/UAG/CG−3′

메싸이오닌−아스파라진−아르지닌−발린−아르지닌−발린−아르지닌

6개의 염기로 구성된 (가)와 상보적인 가닥 사이의 염기 간 수소 결합의 총개수가 15개이고, (가)의 염기 6개 중 3개는 퓨린 계열 염기, 나머지 3개는 피리미딘 계열 염기이므로 (가)로부터 전사된 mRNA 부분에서 A+U=3, G+C=3, A+G=3, C+U=3이다. 그러므로 A과 C의 개수가 서로 같고, G과 U의 개수가 서로 같다. 따라서 x의 전사 주형 가닥에서 전사된 mRNA의 염기 서열과 X의 아미노산 서열은 다음과 같다.

5′−GUUC/AUG/AAU/AGG/GUA/A̲G̲A̲/G̲U̲U̲/CGU/UAG/CG−3′

메싸이오닌−아스파라진−아르지닌−발린−아르지닌−발린−아르지닌

y는 x의 전사 주형 가닥에서 ⓟ(연속된 2개의 서로 다른 염기)가 1회 결실되고, 다른 위치에 ⓟ가 1회 삽입된 것이다. y의 전사 주형 가닥에서 전사된 mRNA의 염기 서열과 Y의 아미노산 서열을 유추하면 다음과 같다. ⓟ의 염기 서열은 5′−AC−3′이다.

5′−GUUC/AUG/AAU/AGG/G̶U̶AAG/AGU/UCG/U(G̲U̲)/UAG/CG−3′

메싸이오닌−아스파라진−아르지닌−라이신−세린−세린−시스테인

ㄱ. mRNA에서 (가)에 상보적인 염기 서열이 5′−GAGUUC−3′이므로 (가)의 염기 서열은 5′−GAACTC−3′이다.
ㄴ. ㉠을 암호화하는 각 코돈은 AGU와 UCG이므로 5′ 말단 염기는 서로 다르다.
ㄷ. X와 Y가 합성될 때 사용된 종결 코돈은 모두 UAG로 서로 같다.

08 mRNA의 번역

X를 구성하는 5개의 아미노산이 1종류라고 하였으므로 15개의 염기

로 이루어진 5개의 코돈이 서로 염기 서열이 달라도 모두 같은 아미노산을 지정해야 한다. 이러한 아미노산은 류신, 세린, 아르지닌 중 하나이다. 또한 이 3가지 아미노산을 지정하는 코돈의 경우 코돈의 첫 번째 염기는 2종류이고, 코돈의 첫 번째 염기가 같으면 두 번째 염기도 같아야 한다. Ⅰ~Ⅲ을 말단 방향을 맞추어 나열했을 때 위 조건을 만족하는 경우는 다음과 같다.

mRNA 배열	염기 서열
5′−Ⅱ−Ⅰ−Ⅲ−3′	5′−㉡㉣㉠/㉢㉡㉣/㉡㉣㉡/㉡㉣㉣/㉢㉠㉡−3′

모두 1종류의 아미노산을 지정하는 각 코돈의 첫 번째와 두 번째 염기가 서로 다르며, 5′−㉡㉣__−3′과 5′−㉢㉠__−3′처럼 첫 번째 염기와 두 번째 염기에서 공통되는 염기가 없더라도 모두 같은 아미노산을 지정하므로 가능한 아미노산은 세린이다. 결론적으로 mRNA x의 염기 서열과 폴리펩타이드 X의 아미노산 서열은 다음과 같다.

5′− ㉡㉣㉠ ㉢㉡㉣ ㉡㉣㉡ ㉡㉣㉣ ㉢㉠㉡ −3′
5′− UCG AGC UCU UCC AGU −3′

세린−세린−세린−세린−세린

따라서 ㉠은 구아닌(G), ㉡은 유라실(U), ㉢은 아데닌(A), ㉣은 사이토신(C)이다. (가)는 Ⅱ, (나)는 Ⅰ, (다)는 Ⅲ이다.
ㄱ. (가)는 Ⅱ, (나)는 Ⅰ, (다)는 Ⅲ이다.
ㄴ. ㉠은 G, ㉡은 U, ㉢은 A, ㉣은 C이다.
ㄷ. mRNA y는 mRNA x와 염기 서열이 상보적이므로 y의 염기 서열과 Y의 아미노산 서열은 다음과 같다.

5′− ACU GGA AGA GCU CGA −3′
트레오닌−글리신−아르지닌−알라닌−아르지닌

따라서 Y는 4종류의 아미노산으로 구성된다.

08 유전자 발현의 조절

본문 70쪽

닮은 꼴 문제로 유형 익히기

정답 ③

P에서 발현된 전사 인자가 W와 X일 때 형성될 수 있는 세포는 세포 Ⅱ 또는 세포 Ⅲ인데, 만약 ⓒ이 Ⅲ이라면 X는 C에 결합한다. P에서 발현된 전사 인자가 X와 Y일 때 ㉠만 형성되어야 하므로 ㉠은 세포 Ⅰ이고, Y는 B에 결합하므로 P에서 발현된 전사 인자가 Y와 Z일 때 Ⅱ만 형성되는 것이 성립하지 않는다. 그러므로 ⓒ은 Ⅱ이고, X는 A에 결합한다. ㉠은 Ⅲ, Y는 C에 결합하고 ⓒ은 Ⅰ, Z는 B에 결합한다.

㉠. X는 A에, Y는 C에, Z는 B에 결합한다.
ⓒ. ㉠은 Ⅲ, ⓒ은 Ⅰ, ⓒ은 Ⅱ이다.
✗. P에 W~Z 중 X와 Z만 있으면 세포 Ⅰ로 분화된다.

수능 2점 테스트

본문 71~72쪽

01 ②	02 ④	03 ①	04 ②	05 ②
06 ⑤	07 ⑤	08 ③		

01 원핵생물의 유전자 발현 조절

㉠은 젖당 오페론을 조절하는 조절 유전자, ⓒ은 젖당 오페론의 구조 유전자이다.

✗. 젖당 오페론의 작동 부위에 젖당 오페론을 조절하는 조절 유전자(㉠)에서 발현된 억제 단백질이 결합해 있으므로 젖당 오페론의 구조 유전자(ⓒ)는 발현되지 않는다. ⓐ는 포도당과 젖당이 모두 없는 배지이다.

✗. 젖당 오페론을 조절하는 조절 유전자(㉠)는 젖당 오페론에 포함되지 않는다. 프로모터, 작동 부위, 구조 유전자(ⓒ)가 젖당 오페론에 포함된다.

ⓒ. 젖당 분해 효소의 아미노산 서열은 구조 유전자(ⓒ)에 암호화되어 있다.

02 원핵생물의 유전자 발현 조절

㉠은 대장균의 수, ⓒ은 젖당 분해 효소의 농도이다.

✗. 대장균은 포도당과 젖당이 모두 있을 때 포도당을 먼저 에너지원으로 이용하여 증식하고, 포도당이 고갈된 이후에는 젖당을 이용하여 증식하므로 처음부터 증가하는 ㉠은 대장균의 수, 나중에 증가하는 ⓒ은 젖당 분해 효소의 농도이다.

ⓒ. 대장균에서 젖당 오페론을 조절하는 조절 유전자는 항상 발현되므로 대장균의 수는 증가하고, 젖당 분해 효소의 농도는 증가하기 전인 구간 Ⅰ에서도 젖당 오페론을 조절하는 억제 단백질이 생성된다.

ⓒ. 구간 Ⅱ에서는 대장균의 수와 젖당 분해 효소의 농도가 모두 증가하므로 대장균이 젖당을 이용하여 증식한다는 것을 알 수 있다. 따라서 Ⅱ의 대장균에서 젖당 오페론의 프로모터에 RNA 중합 효소가

결합한다.

03 진핵생물의 유전자 발현 조절

(가)는 전사 전 조절 과정을, (나)는 RNA 가공과 번역을 나타낸 것이다.

㉠. ⓐ는 염색질(염색사)이 풀어지는 과정이고 ⓑ는 염색질(염색사)이 응축되는 과정이므로 ⓐ가 일어났을 때가 ⓑ가 일어났을 때보다 RNA 중합 효소가 DNA에 잘 결합한다.

✗. 처음 만들어진 RNA가 성숙한 mRNA가 되는 ㉠은 RNA 가공 과정에 해당하고, 전사 개시 복합체가 형성되는 시기는 전사 조절 과정이다.

✗. 성숙한 mRNA에서 폴리펩타이드 X가 만들어지는 ⓒ은 번역 과정으로, 폴리펩타이드 X 분해 여부를 통해 유전자 발현 과정을 조절하는 시기는 번역 이후이다.

04 원핵생물의 유전자 발현 조절

㉠은 포도당은 없고 젖당이 있는 배지이고, ⓒ은 포도당과 젖당이 모두 없는 배지이다. Ⅰ은 젖당 오페론을 조절하는 조절 유전자가 결실된 돌연변이 대장균, Ⅱ는 야생형 대장균, Ⅲ은 젖당 오페론의 구조 유전자가 결실된 돌연변이 대장균이다.

✗. Ⅰ은 젖당 오페론을 조절하는 조절 유전자가 결실된 돌연변이 대장균이고, Ⅱ는 야생형 대장균이다.

ⓒ. 젖당 오페론을 조절하는 조절 유전자가 결실된 돌연변이 대장균(Ⅰ)을 포도당과 젖당이 모두 없는 배지(ⓒ)에서 배양하면 억제 단백질이 없으므로 젖당 오페론의 프로모터에 RNA 중합 효소가 결합한다.

✗. 젖당 오페론의 프로모터가 결실된 돌연변이 대장균은 포도당은 없고 젖당이 있는 배지(㉠)에서 젖당 오페론에 RNA 중합 효소가 결합하지 못하므로 젖당 분해 효소가 합성되지 않는다.

05 원핵생물과 진핵생물의 유전자 발현 조절

(가)는 사람의 DNA 일부, (나)는 대장균의 DNA 일부이다.

✗. (가)의 전사 인자 결합 부위에는 전사 인자가 결합하고, (나)의 작동 부위에는 억제 단백질이 결합한다. RNA 중합 효소는 프로모터에 결합한다.

✗. (가)는 사람의 DNA 일부로 사람의 DNA에는 오페론이 포함되어 있지 않다. 원핵생물에서 여러 유전자가 하나의 프로모터로 조절되는 구조를 오페론이라고 한다.

ⓒ. (가)와 (나)에서 각각 전사가 1회 일어날 때, (가)의 유전자 x로부터 1개의 RNA가 생성되고, (나)에서 유전자 1, 2, 3으로 구성된 구조 유전자로부터 1개의 RNA가 합성된다.

06 진핵생물의 유전자 발현 조절

㉠과 ⓒ이 제거되어도 세포 Ⅱ에서 A와 C는 ⓒ과 ⓔ에 결합하고, ⓒ과 ⓔ이 제거된 세포 Ⅰ에서 A와 B는 ㉠과 ⓒ에 결합한다. 전사 인자 A는 ⓒ에, 전사 인자 B는 ㉠에, 전사 인자 C는 ⓔ에 결합하므로 x의 전사 인자 결합 부위는 ㉠, ⓒ, ⓔ이다. x의 전사가 일어나기 위해

반드시 결합해야 하는 부위(ⓐ)는 ⓒ이다. 세포 Ⅰ~Ⅲ에 있는 전사 인자와 ㉠~㉣의 제거 여부에 따른 x의 전사 결과는 다음과 같다.

세포와 전사 인자 / 제거된 부위	Ⅰ A, B	Ⅱ A, C	Ⅲ A, B, C
없음	○	○	?(○)
㉠, ㉢	×	○	○
㉡, ㉢	×	×	×
㉢, ㉣	○	×	○

(○: 전사됨. ×: 전사 안 됨)

✗. ㉡이 제거된 세포의 경우는 x의 전사가 일어나지 않으므로 x의 전사가 일어나기 위해 반드시 결합해야 하는 부위(ⓐ)는 ㉡이다.

◯. 제거된 부위가 없는 Ⅱ에 있는 전사 인자는 A와 C로, A는 ㉡에, C는 ㉣에 결합하므로 ㉠을 제거해도 x가 발현된다.

◯. ㉠과 ㉢이 제거된 Ⅲ과 ㉢과 ㉣이 제거된 Ⅲ 모두에서 x가 전사되므로 제거된 부위가 없는 Ⅲ에서는 전사 인자 A, B, C가 모두 발현된다.

07 진핵생물의 유전자 발현 조절

㉠은 b, ㉡은 a이다.

✗ B가 결합하는 ㉠은 b, A가 결합하는 ㉡은 a이다.

✗ 진핵생물의 유전자에는 엑손과 인트론이 있고, 단백질을 합성하는 유전자 중에는 인트론만 있는 유전자는 없다.

✗ 사람의 각 세포는 하나의 수정란으로부터 세포 분열을 거쳐 분화된 것으로 a와 b는 다른 체세포의 핵 DNA에도 있다.

✗ X는 간세포에서만 생성되므로 수정체 세포에 A, B, C가 모두 있지 않다.

⑤ A와 B가 전사 개시 복합체를 형성하여 유전자 x의 전사가 개시되므로 A와 B는 x의 발현을 촉진하는 데 관여한다.

08 진핵생물의 유전자 발현 조절

어떤 동물 배아의 체절 Ⅰ에서는 전사 인자 ㉢, ㉣이, Ⅱ에서는 전사 인자 ㉠, ㉡이, Ⅲ에서는 전사 인자 ㉡, ㉢이 발현된다. Ⅰ에서는 유전자 z가 발현되어 (가)가 형성되고, Ⅱ에서는 유전자 x가 발현되어 (나)가 형성되고, Ⅲ에서는 유전자 y가 발현되어 (다)가 형성된다.

◯. X와 Y가 모두 있으면 Y만 작용하는데, 돌연변이로 인해 Ⅱ에서 ㉢이 발현되면 (나) 대신 (다)가 형성되는 것으로 보아 X에 의해서 (나)가 생긴다는 것을 알 수 있다. X는 (나)가 형성되는 데 관여하고, Y는 (다)가 형성되는 데 관여한다.

✗. (가)는 Z에 의해 형성되고, (다)는 Y에 의해 형성되는데, 돌연변이로 인해 Ⅰ에서 ㉠이 발현되어도 Y가 없으므로 (가) 대신에 (다)가 형성되지 않는다.

◯. Ⅲ에서 (다)가 형성된 것으로 보아 Ⅲ에서는 ㉡과 ㉢이 모두 발현된다.

01 ②	02 ①	03 ⑤	04 ④	05 ③
06 ④	07 ③	08 ②		

01 원핵생물의 유전자 발현 조절

㉠은 젖당 오페론을 조절하는 조절 유전자, ㉡은 젖당 오페론의 프로모터, ㉢은 젖당 오페론의 작동 부위이다. Ⅰ은 젖당 오페론의 프로모터(㉡)가 결실된 돌연변이 대장균, Ⅱ는 야생형 대장균, Ⅲ은 젖당 오페론을 조절하는 조절 유전자(㉠)가 결실된 돌연변이 대장균이다.

✗. Ⅰ은 젖당 오페론의 프로모터(㉡)가 결실된 돌연변이 대장균으로 ⓐ는 '×'이고, Ⅱ는 야생형 대장균으로 포도당과 젖당이 모두 없는 배지에서 배양하면 젖당 오페론의 작동 부위에 억제 단백질이 결합하므로 ⓑ는 '○'이다.

◯. 포도당은 없고 젖당이 있는 배지에서 배양하면 Ⅱ와 Ⅲ은 젖당 오페론의 구조 유전자가 발현되므로 젖당 오페론의 프로모터(㉡)가 결실된 돌연변이 대장균은 Ⅰ이고, 포도당과 젖당이 모두 없는 배지에서 배양하면 Ⅲ은 젖당 오페론의 작동 부위에 억제 단백질이 결합하지 않으므로 젖당 오페론을 조절하는 조절 유전자(㉠)가 결실된 돌연변이 대장균은 Ⅲ이다. 그러므로 Ⅱ는 야생형 대장균이다.

✗. 억제 단백질(㉮)의 아미노산 서열은 젖당 오페론을 조절하는 조절 유전자에 암호화되어 있다.

02 원핵생물의 유전자 발현 조절

㉠은 (가)의 구조 유전자, ㉡은 (가)의 작동 부위, ㉢은 (가)의 프로모터, ㉣은 (가)를 조절하는 조절 유전자이다. 물질 Q는 억제 단백질이다.

◯. 억제 단백질(Q)은 P와 결합한 상태일 때만 작동 부위(㉡)에 결합하므로 (가)의 구조 유전자(㉠)는 P가 많을수록 전사가 억제된다. 그러므로 P가 많을수록 X에서 P의 합성이 억제된다.

✗. (가)의 구조 유전자(㉠)가 1회 전사되면 1개의 mRNA가 생성된다.

✗. (가)의 프로모터(㉢)가 결실된 돌연변이 대장균은 RNA 중합 효소가 (가)에 결합하지 못하므로 P를 합성할 수 없다.

03 대장균과 사람의 유전자 발현 조절

오페론은 사람의 유전자 발현 과정에는 없고 대장균의 유전자 발현 과정에는 있으므로 (가)는 대장균의 유전자 발현 과정, (나)는 사람의 유전자 발현 과정이다.

◯. 사람의 유전자 발현 과정(나)에서 전사 결과 처음 만들어진 mRNA에는 인트론이 있고, 대장균의 유전자 발현 과정(가)에서 전사 결과 처음 만들어진 mRNA에는 인트론이 없으므로 '전사 결과 처음 만들어진 mRNA에 인트론이 있다.'는 ㉠에 해당한다.

◯. 대장균의 유전자 발현 과정(가)과 사람의 유전자 발현 과정(나) 모두에서 RNA 중합 효소(ⓐ)는 프로모터에 결합한다.

◯. 전사 전 조절 과정은 사람의 유전자 발현 과정(나)에 있다.

04 진핵생물의 유전자 발현 조절

세포 I에서 ⓒ가 합성된다는 것은 Y와 Z가 모두 합성되었다는 것을 의미한다. ⓐ가 포함된 배지에서 배양되는 세포에 ㉠과 ㉡이 모두 있으면 Y와 Z가 모두 합성되고, ㉠만 있으면 Y와 Z가 모두 합성되지 않고, ㉡만 있으면 Z만 합성되므로 ⓒ가 합성된 세포 I에는 ㉠과 ㉡이 모두 있다. ⓑ는 합성되고, ⓒ는 합성되지 않는 세포 II에는 ㉡만 있다. ⓑ와 ⓒ가 모두 합성되지 않은 세포 III에는 ㉠만 있다. ㉡만 있는 II에서 Z가 발현되었으므로 ㉑는 z이다. I에는 전사 인자 X, ㉠, ㉡이 있고, II에는 ㉡만 있고, III에는 ㉠만 있으므로 ㉓는 y, ㉔는 x이다.

✗. ㉑는 z이다.

㉡. II에는 ㉡만 존재하므로 ㉑가 발현되어 X는 없고 Z만 있다.

㉢. ㉓는 y이므로 X는 A에 결합하여 Y의 합성에 관여한다.

05 진핵생물의 유전자 발현 조절

세포 II에서 z가 전사되기 위해서는 전사 인자 결합 부위 C, D 모두에 전사 인자가 결합하므로 전사 인자 ⓐ는 C에만, ⓒ는 D에만 결합한다. 세포 III에서 z가 전사되지 않으므로 ⓑ는 A에만 결합하고, 세포 IV에서 y가 전사되기 위해서는 전사 인자 결합 부위 B, C에 전사 인자가 결합하므로 ⓓ는 B에만 결합한다.

㉠. ⓐ는 C에만, ⓑ는 A에만, ⓒ는 D에만, ⓓ는 B에만 결합한다.

㉡. ⓑ는 A에만 결합하고, ⓒ는 D에만 결합하고, ⓓ는 B에만 결합하므로 ⓑ, ⓒ, ⓓ가 있는 세포에서는 X가 발현된다.

✗. I은 분화되지 않고, II는 (다), III은 (가), IV는 (나)로 분화되므로 I~IV 중 (가)로 분화되는 세포는 1개이다.

06 초파리의 혹스 유전자

✗. 야생형 초파리에는 평균곤이 있는데, ⓐ가 결실된 돌연변이 초파리에서 평균곤 대신에 날개가 형성되는 것으로 보아 ⓐ의 유전자 산물은 야생형 초파리의 가슴 세 번째 체절에서 날개 형성을 억제하는 기능을 한다는 것을 알 수 있다.

㉡. '대부분의 척추동물에서는 초파리의 ⓐ와 매우 유사한 염기 서열을 갖는 유전자가 있다(가).'는 생물 진화의 증거 중 분자진화학적 증거에 해당한다.

㉢. 'ⓐ가 결실된 돌연변이 초파리는 가슴의 세 번째 체절에서 날개가 퇴화되어 형성되는 평균곤 대신 한 쌍의 날개가 형성된다(나).'를 통해 ⓐ는 가슴 세 번째 체절에서 만들어질 기관을 결정하는 데 관여한다는 것을 추정할 수 있다.

07 근육 세포의 분화

I은 근육 모세포(근원세포), II는 근육 세포(근섬유), III은 배아 전구 세포이다.

㉠. 배아 전구 세포는 운명이 결정되지 않은 세포로 x, y, z가 모두 발현 안 된 III이 배아 전구 세포이다.

✗. y의 발현 산물(마이오디 단백질)에 의해 x의 전사가 촉진되고, x의 발현 산물(전사 인자 ⓐ)에 의해 z의 전사가 촉진되므로 x는 핵심 조절 유전자가 아니다.

㉢. z의 발현 산물은 마이오신으로 z의 발현을 억제시킨 근육 모세포로부터 분화된 세포에는 마이오신이 없다.

08 꽃의 분화

야생형을 보면 ㉠에서는 c만 발현되고, ㉡에서는 a만 발현되고, ㉢에서는 b와 c만 발현되고, ㉣에서는 a와 b만 발현된다. I은 b가 결실된 돌연변이 개체, II는 a가 결실된 돌연변이 개체, III은 c가 결실된 돌연변이 개체이다.

✗. 야생형 개체에서는 꽃잎이 형성되는 미분화 조직(㉣)이 I에서는 꽃받침이 되므로 I은 b가 결실된 돌연변이 개체이다.

✗. ⓐ는 수술, ⓑ는 꽃잎이다.

㉢. III의 미분화 조직 ㉠으로부터 꽃받침이 형성되므로 III은 c가 결실된 돌연변이 개체이고, c가 결실된 돌연변이 개체는 c가 발현되어야 할 미분화 조직에서 a가 발현되므로 ㉢에서는 a가 발현된다.

테마 09 생명의 기원

닮은 꼴 문제로 유형 익히기   본문 78쪽

정답 ①

㉠(C)은 최초의 무산소 호흡 세균, ㉡(A)은 최초의 광합성 세균, ㉢(B)은 최초의 단세포 진핵생물이다.

㉠. ㉠은 A~C 중 가장 먼저 등장한 생물로 최초의 무산소 호흡 세균(C)이다.

✗. 빛에너지를 화학 에너지로 전환하는 A(㉡)는 최초의 광합성 세균이다. 광합성 세균은 원핵생물로 막 구조의 세포 소기관이 없으므로 엽록체를 갖지 않는다.

✗. 폭스가 아미노산에 높은 열을 가하여 만든 마이크로스피어는 생물이 아닌 유기물 복합체이므로 최초의 단세포 진핵생물(B)에 해당하지 않는다.

수능 2점 테스트   본문 79~80쪽

| 01 ① | 02 ③ | 03 ① | 04 ③ | 05 ⑤ |
| 06 ③ | 07 ④ | 08 ① | | |

01 밀러와 유리의 실험

오파린은 화학적 진화를 통해 세포의 기원을 설명하고자 하였으며, 유기물 복합체인 코아세르베이트를 원시 세포의 기원으로 주장하였다.

◯. 혼합 기체에는 메테인(CH_4), 암모니아(NH_3) 등이 포함되어 있다.

✗. U자관에서는 아미노산 등과 같은 간단한 유기물이 검출된다.

✗. 오파린이 주장한 유기물 복합체인 (나)는 코아세르베이트이다.

02 화학적 진화

유기물 복합체에 효소와 유전 물질인 핵산이 추가되어 원시 생명체가 출현하였다.

◯. 간단한 유기물이 복잡한 유기물(◯)로 되는 과정은 에너지의 흡수가 일어나는 흡열 반응이다.

✗. 오파린의 가설에서 아미노산은 간단한 유기물에 해당한다.

◯. 원시 생명체(◯)는 물질대사와 자기 복제가 가능하므로 유전 물질을 갖는다.

03 리보자임

A는 단백질, B는 리보자임이다.

◯. 특징 '유전 정보를 저장할 수 있다.'를 갖지 않는 A는 단백질이다.

✗. 리보자임(B)은 유전 정보를 저장할 수 있으며, 자기 복제 과정을 촉매할 수 있으므로 특징 '화학 반응을 촉매할 수 있다.'를 갖는다. 따라서 ⓐ는 '◯'이다.

✗. 리보자임은 RNA 뉴클레오타이드로 구성되어 있으므로 구성 성분에 디옥시리보스가 아닌 리보스가 포함된다.

04 최초의 원시 생명체와 리포솜

◯. 리포솜은 인지질 2중층으로 구성된 유기물 복합체이다. 따라서 ◯은 인지질이다.

◯. 최초의 원시 생명체가 등장하면서 대기 중 CO_2의 농도가 증가하였다. 따라서 CO_2는 ⓐ에 해당한다.

✗. 리포솜은 유전 물질을 갖지 않으므로 원시 생명체가 되기 이전의 유기물 복합체에 해당한다.

05 원시 생명체의 진화

A는 최초의 광합성 세균, B는 최초의 산소 호흡 세균이고, ◯은 CO_2, ◯은 O_2이다.

◯. 최초의 광합성 세균(A)에서 빛에너지가 화학 에너지로 전환된다.

◯. 최초의 산소 호흡 세균(B)은 O_2(◯)를 이용하여 유기물을 분해한다.

◯. 최초의 원시 생명체와 최초의 산소 호흡 세균(B)은 광합성 세균(A)과 달리 무기물로부터 유기물을 합성하지 못하므로 모두 종속 영양 생물에 속한다.

06 유전 정보 흐름

(가)는 DNA에 기반을 둔 생명체, (나)는 RNA에 기반을 둔 생명체이고, ◯은 DNA, ◯은 RNA이다.

◯. RNA 우선 가설에 따르면 생명체는 RNA에 기반을 둔 생명체 (나) → RNA와 단백질에 기반을 둔 생명체 → DNA에 기반을 둔 생명체(가) 순으로 출현하였다.

◯. DNA(◯)는 이중 나선 구조이다.

✗. 광합성 세균은 DNA를 가지고 있으므로 (가)와 같은 유전 정보 흐름이 나타난다.

07 세포내 공생설

◯은 산소 호흡 세균, ◯은 미토콘드리아, ◯은 광합성 세균이다.

✗. 산소 호흡 세균(◯)은 원핵세포로 이루어져 있어 막으로 둘러싸인 세포 소기관을 갖지 않는다.

◯. 미토콘드리아(◯)는 2중막 구조를 갖는다.

◯. 미토콘드리아(◯)와 광합성 세균(◯)은 모두 유전 물질인 DNA를 갖는다.

08 생물의 진화

◯은 원핵생물, ◯은 단세포 진핵생물, ◯은 다세포 진핵생물이고, ⓐ는 산소 호흡 세균, ⓑ는 광합성 세균이다.

◯. 광합성 세균(ⓑ)은 막 구조의 세포 소기관을 갖지 않으므로 원핵 생물(◯)에 해당한다.

✗. A는 진핵세포이므로 구간 Ⅰ에서 출현하지 않는다.

✗. 산소 호흡 세균(ⓐ)은 종속 영양 생물에 속하고, A는 엽록체를 갖고 있으므로 독립 영양 생물에 속한다.

수능 3점 테스트   본문 81~82쪽

01 ②   02 ④   03 ③   04 ③

01 밀러와 유리의 실험

ⓐ는 암모니아, ⓑ는 아미노산이다.

✗. 방전관에 들어 있는 혼합 기체(◯)에는 암모니아(NH_3), 메테인(CH_4), 수소(H_2), 수증기(H_2O) 등이 포함되며, 산소(O_2)는 없다.

◯. 전기 방전을 통해 방전관 내 암모니아(ⓐ)는 단백질의 기본 단위인 아미노산(ⓑ)으로 전환된다.

✗. (가)의 U자관에서 아미노산을 비롯한 간단한 유기물이 검출되었으며, 유기물 복합체인 코아세르베이트는 검출되지 않았다.

02 화학적 진화

오파린은 혼합 기체로부터 합성된 간단한 유기물이 복잡한 유기물, 유기물 복합체를 거쳐 원시 생명체가 출현하였다는 가설을 주장하였다. 표는 오파린의 가설에 따른 물질의 예이다.

단계	무기물	간단한 유기물	복잡한 유기물	유기물 복합체
물질	H_2, H_2O, CH_4, NH_3	아미노산, 유기산 등	핵산, 단백질	코아세르베이트

✗. 오파린은 유기물 복합체인 코아세르베이트를 생명체의 기원으로 주장하였으며 과정 Ⅰ은 폭스가 증명하였다.

ⓛ. RNA(A)는 오파린의 가설에서 복잡한 유기물(㉠)에 해당한다.

ⓒ. 폭스가 만든 유기물 복합체인 마이크로스피어에는 단백질(B)로 구성된 막이 있다.

03 원시 생명체의 출현과 진화

A는 최초의 종속 영양 생물, B는 최초의 광합성 세균, C는 최초의 산소 호흡 세균이다. 특징 '종속 영양을 한다.'를 갖지 않는 Ⅱ는 최초의 광합성 세균, 특징 '세포 호흡 과정에 O_2를 이용한다.'를 갖는 Ⅰ은 최초의 산소 호흡 세균(C), 나머지 Ⅲ은 최초의 종속 영양 생물(A)이다.

㉠. A는 최초의 종속 영양 생물(Ⅲ)이다.

ⓛ. 최초의 산소 호흡 세균(C, Ⅰ)은 종속 영양 생물이므로 ⓐ는 '○'이다.

✗. 최초의 광합성 세균(B, Ⅱ)은 원핵생물이므로 엽록체를 갖지 않는다.

04 진핵세포의 출현

(가)는 세포내 공생설, (나)는 막 진화설이고, A는 엽록체, B는 미토콘드리아, C는 소포체이다.

㉠. 산소 호흡 세균의 공생으로 형성된 B는 미토콘드리아이므로 (가)는 세포내 공생설이고, A는 엽록체이다. 따라서 (나)는 막 진화설이고, C는 소포체이다.

ⓛ. 엽록체(A)와 미토콘드리아(B)는 각각 광합성 세균과 산소 호흡 세균이 원시 진핵세포에 공생하여 형성되었으므로 모두 DNA를 갖는다.

✗. 생명체의 진화 과정에서 미토콘드리아의 기원이 되는 산소 호흡 세균은 엽록체의 기원이 되는 광합성 세균보다 늦게 출현하였지만, 원시 진핵세포와 공생 관계는 산소 호흡 세균이 광합성 세균보다 먼저 형성하였으므로 미토콘드리아(B)가 엽록체(A)보다 먼저 형성되었다.

닮은꼴 문제로 유형 익히기   본문 85쪽

정답 ⑤

대장균, 솔이끼, 지렁이, 푸른곰팡이가 속한 역명과 (나)에 제시된 특징의 유무는 다음과 같다.

생물	역명	핵막이 있다.	세포벽이 있다.	독립 영양 생물이다.
대장균	세균역	×	○	×
솔이끼	ⓐ(진핵생물역)	○	○	○
지렁이	ⓑ(진핵생물역)	○	×	×
푸른곰팡이	?(진핵생물역)	○	○	×

(○: 있음 ×: 없음)

대장균이 가지는 특징 ㉠은 '세포벽이 있다.'이고, 지렁이가 가지는 특징 ㉡은 '핵막이 있다.'이다. 특징 ㉢은 '독립 영양 생물이다.'이다.

✗. ㉢은 '독립 영양 생물이다.'이다.

ⓛ. 솔이끼는 진핵생물역 식물계에, 지렁이는 진핵생물역 동물계에 속하는 생물이므로 ⓐ와 ⓑ는 모두 진핵생물역이다.

ⓒ. 솔이끼는 광합성을 하는 독립 영양 생물로(㉢), 셀룰로스로 구성된 세포벽이 있으며(㉠) 핵막이 있다(㉡).

수능 2점 테스트   본문 86~87쪽

01 ④	02 ③	03 ③	04 ⑤	05 ③
06 ⑤	07 ②	08 ③		

01 생물의 분류와 학명

A~D는 모두 이명법을 사용하여 학명이 제시되었다. 이명법은 속명과 종소명으로 구성된다.

✗. ⓐ는 종소명이다.

ⓛ. A~D는 모두 영장목에 속하므로 상위 분류 단계인 강도 같다.

ⓒ. B는 A와 같은 속에 속하므로 A와 같이 긴팔원숭이과에 속한다.

02 3역 6계

특징	대장균	메테인 생성균	우산이끼	효모
단세포로 구성되어 있다.	○	○	×	○
리보솜이 있다.	○	○	○	○
막성 세포 소기관이 있다.	×	×	○	○
엽록소를 갖는다.	×	×	○	×

(○: 있음, ×: 없음)

ㄱ. 효모는 (나)의 3가지 특징을 갖는다.

ㄴ. 대장균과 우산이끼는 특징 '리보솜이 있다.'를 공통으로 갖는다.

✗. 대장균은 세균역, 메테인 생성균은 고세균역에 속한다.

03 3역의 특성

A는 세균역, B는 고세균역, C는 진핵생물역이다. ㉠은 균계, ㉡은 식물계, ㉢은 원생생물계이다.

ㄱ. 세균역(A)과 고세균역(B)에 속하는 생물은 모두 핵막이 없는 원핵세포로 구성된다.

✗. ㉠은 동물계와의 유연관계가 식물계, 원생생물계보다 가까운 균계이다.

ㄷ. 식물계(㉡)와 원생생물계(㉢)에 광합성을 하는 독립 영양 생물이 있다.

04 3역 6계

세균역에 속하는 생물에서 세포벽의 펩티도글리칸 성분이 있으므로 C가 세균역이다. B는 핵막이 없으므로 고세균역이고, A가 진핵생물역이다.

ㄱ. 진핵생물역(A)에 속하는 생물은 선형 DNA를 갖는다.

ㄴ. 진핵생물역(A)에 속하는 생물은 히스톤과 결합한 DNA를 가지므로 @는 '있음'이다.

ㄷ. 3역 6계 분류 체계에 따르면 고세균역은 유전 정보의 발현이 세균역보다 진핵생물역과 유사하므로 고세균역(B)은 세균역(C)보다 진핵생물역(A)과 유연관계가 가깝다.

05 식물계

씨방이 있는 C는 속씨식물에 속하는 민들레이고, 민들레와 유연관계가 가까운 B는 겉씨식물에 속하는 은행나무이므로 A는 비종자 관다발 식물에 속하는 석송이다. A~C가 공유하는 특징 ㉠은 '관다발이 있음'이고, B와 C가 공유하는 특징 ㉡은 '종자가 있음'이다.

ㄱ. A(석송)는 체관과 헛물관이 포함된 관다발을 갖는다.

✗. C는 씨방이 있는 속씨식물에 속하는 민들레이다.

ㄷ. 겉씨식물에 속하는 B(은행나무)와 속씨식물에 속하는 C(민들레)가 공유하는 특징 ㉡은 '종자가 있음'이다.

06 종자식물의 분류

A는 밑씨가 씨방에 들어 있는 속씨식물에 속하는 장미이고, B는 씨방이 없어 밑씨가 겉으로 드러나는 겉씨식물에 속하는 소나무이다.

ㄱ. B는 겉씨식물에 속하는 소나무이다.

ㄴ. 속씨식물에서 밑씨를 감싸고 있는 ㉠은 씨방이다. 열매는 수정 후 씨방 또는 그 주변의 기관이 발달하여 생성된다.

ㄷ. 속씨식물과 겉씨식물에서 모두 밑씨가 수정 후 종자로 발달한다.

07 동물계

C는 체절이 있는 환형동물에 속하는 지렁이이고, B는 발생 초기에 척삭(㉠)이 나타났다가 성장하면서 척추(㉡)로 대체되는 척추동물인

악어이며, A는 우렁쉥이(척삭동물)이다.

✗. A는 척삭동물 중 미삭동물에 속하는 우렁쉥이이다.

✗. C(지렁이)는 탈피를 하지 않는 환형동물이다. 탈피를 하는 동물은 선형동물과 절지동물이다.

ㄷ. 척추동물에서 척삭(㉠)이 성장 과정에서 척추(㉡)로 대체된다.

08 동물계의 분류와 계통수

(가)는 자포동물이고, 연체동물과 유연관계가 가까운 (나)는 환형동물, 척삭동물과 유연관계가 가까운 (다)는 극피동물이다.

ㄱ. (가)(자포동물)는 자세포가 있는 촉수를 이용하여 먹이를 잡거나 몸을 보호한다.

✗. (나)는 연체동물과 유연관계가 가까운 환형동물이다.

ㄷ. (다)(극피동물)의 유생은 좌우 대칭이지만 성체는 방사 대칭의 몸 구조를 갖는다.

수능 3점 테스트

본문 88~90쪽

01 ④	02 ③	03 ⑤	04 ③	05 ⑤
06 ③				

01 생물의 분류

(가)에서 A~E는 4개의 속으로 구성되므로 ㉠은 목 또는 과이다. 다른 속에 속하는 C와 D가 같은 ㉢에 속한다고 하였으므로 ㉢은 과 또는 목이고, ㉡이 속이다. ㉠이 목일 경우, B와 E는 같은 목(㉠)에 속하며 C와 D는 같은 과(㉢)에 속하므로 A, C, D는 같은 목에 속한다. 이 경우 첫 번째 조건에서 3개의 목(㉠)으로 구성된다는 조건과 모순이다. 따라서 ㉠은 과, ㉢이 목이다. A~E는 3개의 과(㉠)로 구성되며, B와 E는 같은 과(㉠)에 속하고, C와 D는 같은 목(㉢)에 속한다. 같은 속에 속하는 A와 C는 같은 과에 속하므로 D는 A, C와 다른 과에 속한다.

✗. ㉠은 과이다.

ㄴ. A, C, D와 B, E가 각각 다른 목에 속한다.

ㄷ. 같은 과에 속하는 B와 E의 유연관계가 다른 목, 다른 과에 속하는 B와 D의 유연관계보다 가깝다.

02 생물의 특징과 분류

특징	가재 (D)	남세균 (A)	붉은빵 곰팡이 (E)	소나무 (B(C))	우산이끼 (C(B))
관다발을 갖는다.	×	×	×	○	×
광합성을 한다.	×	○	×	○	○
다세포 생물이다.	○	×	○	○	○
세포벽을 갖는다.	×	○	○	○	○
종속 영양을 한다.	○	×	○	×	×

(○: 있음, ×: 없음)

A와 D는 공통으로 가지는 특징 개수가 0이므로 각각 가재와 남세균 중 하나이다. A와 E, B와 D가 공통으로 가지는 특징의 개수가 각각 1이므로 A(D)가 가재일 때 E(B)는 소나무 또는 우산이끼, A(D)가 남세균일 때 E(B)는 붉은빵곰팡이이다. 즉, A와 E, B와 D는 각각 가재와 소나무(우산이끼), 남세균과 붉은빵곰팡이 중 하나이고, C는 우산이끼(소나무)이다. C(우산이끼 또는 소나무)와 E는 공통으로 갖는 특징의 개수가 2이므로 E는 붉은빵곰팡이이다. 따라서 A는 남세균, D가 가재이고, B와 C는 각각 소나무와 우산이끼 중 하나이다.

㉠. A는 남세균이다.

㉡. B와 C는 각각 소나무와 우산이끼 중 하나로서, 공통으로 가지는 특징의 개수는 3이다.

✗. D(가재)와 E(붉은빵곰팡이)의 유연관계가 B(소나무 또는 우산이끼)와 D(가재)의 유연관계보다 가깝다.

03 식물의 특징과 분류

특징＼식물	A (솔이끼)	B (은행나무)	C (장미)	D (고사리)
Ⅰ (체관을 갖는다.)	×	?(○)	○	?(○)
Ⅱ (씨방이 있다.)	?(×)	×	○	×
Ⅲ (종자로 번식한다.)	×	○	?(○)	×

(○: 있음, ×: 없음)

㉠. Ⅰ은 은행나무, 장미, 고사리가 공통으로 갖는 특징인 '체관을 갖는다.'이다.

㉡. 셀룰로스로 구성된 세포벽은 A(솔이끼)가 속하는 식물계의 특징이다.

㉢. D(고사리)는 헛물관과 체관이 있는 관다발을 갖는다.

04 동물의 특징과 분류

동물	특징		
	원구가 ㉡이 됨	촉수담륜동물에 속함	탈피를 함
A (회충)	?(×)	×	?(○)
B (촌충)	?(×)	○	?(×)
C (불가사리)	○	×	×
D (말미잘)	?(×)	?(×)	×

(○: 있음, ×: 없음)

원구가 입이 되는 선구동물은 촌충이나 회충으로, 제시된 특징을 하나만 갖는 C가 될 수 없다. 따라서 ㉡은 항문, ㉠은 입이고 C는 후구동물인 불가사리이다. 촉수담륜동물에 속하는 B는 촌충이고, 탈피를 하는 A는 회충이며, D는 말미잘이다.

㉠. 그림은 후구동물의 초기 발생 과정으로, ㉡이 항문, ㉠은 입이다.

㉡. B는 촉수담륜동물에 속하는 촌충(편형동물)이다.

✗. D(말미잘)는 자포동물로, 중배엽을 형성하지 않는 2배엽성 동물이다.

05 염기 서열과 계통수

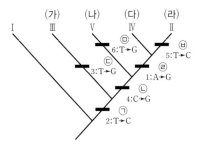

Ⅰ을 기준으로 (가)~(라)에서 공통으로 일어난 염기 치환 ㉠은 2번의 T → C이다. (나)~(라) 세 종이 공유하는 염기 치환 ㉡은 4번의 C → G이다. (다)와 (라) 두 종이 공유하는 염기 치환 ㉣은 1번의 A → G이다.

㉠. (가)는 Ⅰ과 2군데의 염기가 다른 Ⅲ이다.

㉡. ㉠과 ㉺ 모두에서 타이민(T)에서 사이토신(C)으로의 염기 치환이 일어났다.

㉢. 계통수에서 Ⅳ(다)는 Ⅴ(나)보다 더 최근에 공통조상을 가지는 Ⅱ(라)와 유연관계가 가깝다.

06 동물의 특징과 분류

특징		A (지네)	B (주황해변해면)	C (해파리)	D (거머리)
	㉠ (체절이 있다.)	○	×	?(×)	?(○)
	㉡ (외골격을 갖는다.)	?(○)	×	×	×
	㉢ (척삭을 갖는다.)	×	×	?(×)	×
배엽의 개수		ⓐ(3)	?(0)	ⓑ(2)	?(3)

(○: 있음, ×: 없음)

'외골격을 갖는다.'는 지네, '체절이 있다.'는 지네와 거머리가 갖는 특징이고, '척삭을 갖는다.'는 A~D 모두가 갖지 않는 특징이다. 표에서 ㉠~㉢ 중 두 가지 특징을 가질 수 있는 동물(지네)은 A 또는 C이다. C가 특징 ㉠, ㉡을 갖는 지네일 때 A는 거머리이며, 이 경우 지네와 거머리의 배엽의 개수는 모두 3인데 표에서 A와 C의 배엽의 개수가 각각 ⓐ, ⓑ이므로 모순이다. 따라서 A는 지네이며, 특징 ㉠과 ㉡을 갖고 ㉢은 '척삭을 갖는다.'이다. C는 배엽의 개수가 A와 다르므로 거머리가 될 수 없고 D가 거머리이다. 배엽을 형성하지 않는 주황해변해면은 B이고, C는 해파리이다.

㉠. 절지동물인 지네가 갖는 배엽의 개수 ⓐ는 3이다.

✗. B는 배엽의 개수가 0인 주황해변해면이다.

㉢. 환형동물인 D(거머리)는 몸의 대칭성이 좌우 대칭성이다.

11 진화의 원리

닮은 꼴 문제로 유형 익히기 | 본문 93쪽

정답 ④

ㄱ. 돌연변이(㉠)는 집단 내에 존재하지 않던 새로운 대립유전자를 제공한다.

ㄴ. 병목 효과(㉡)는 유전적 부동의 한 현상이다.

✗. 돌연변이(㉠)와 병목 효과(㉡)는 모두 두 집단 사이의 유전자 흐름(이동)에 의해 일어나는 현상이 아니다.

수능2점테스트 본문 94~96쪽

01 ②	02 ③	03 ②	04 ①	05 ④
06 ⑤	07 ④	08 ③	09 ③	10 ⑤
11 ④	12 ②			

01 생물 진화의 증거

갈라파고스 군도의 서로 다른 섬에 서식하는 핀치의 부리 모양이 먹이 섭취 방법에 따라 다른 것은 생물지리학적 증거에 해당한다.

✗. '사람의 맹장은 현재는 그 흔적만 남아 있다.'는 비교해부학적 증거에 해당한다.

②. '오리너구리는 오스트레일리아에서만 발견된다.'는 생물지리학적 증거에 해당한다.

✗. '새의 날개와 잠자리의 날개는 기능은 같지만 기본 구조는 다르다.'는 비교해부학적 증거에 해당한다.

✗. '말의 화석을 통해 말의 발가락 수는 감소하는 방향으로 진화했다는 것을 알 수 있다.'는 화석상의 증거에 해당한다.

✗. '깃털을 가진 파충류 화석의 발견으로 파충류와 조류 사이의 진화 과정을 파악할 수 있다.'는 화석상의 증거에 해당한다.

02 생물 진화의 증거

(가)는 진화발생학적 증거, (나)는 분자진화학적 증거에 해당한다.

㉠. '사람의 꼬리뼈는 과거의 기능을 더 이상 수행하지 않고 흔적으로만 남아 있다.'는 흔적 기관에 대한 설명으로 비교해부학적 증거의 예(㉠)에 해당한다.

㉡. '환형동물인 갯지렁이와 연체동물인 전복은 모두 담륜자(트로코포라) 유생 시기를 갖는다.'는 진화발생학적 증거(가)의 예에 해당한다.

✗. 사이토크롬 c 단백질의 아미노산 서열은 사람과 거북에서가 사람과 뱀에서보다 큰 차이를 보이므로 사람과 거북의 유연관계는 사람과 뱀의 유연관계보다 멀다.

03 생물 진화의 증거

(가)는 분자진화학적 증거의 예, (나)는 화석상의 증거의 예, (다)는 비교해부학적 증거의 예이다.

✗. 사람의 팔과 고래의 가슴지느러미(㉠)는 상동 형질(상동 기관)이다.

✗. (가)는 분자진화학적 증거의 예이다.

㉢. (나)와 (다)는 모두 생물이 서로 다른 환경에 적응하면서 진화한 결과이다.

04 유전자풀의 변화 요인

Ⅰ은 유전자 흐름, Ⅱ는 자연 선택, Ⅲ은 창시자 효과이다.

㉠. 유전자 흐름(Ⅰ)은 두 집단 사이에서 개체의 이주나 배우자의 이동으로 두 집단의 유전자풀이 달라지는 현상으로 원래의 집단에서 일부 개체가 다른 지역으로 이주하여 나타난다. 따라서 ⓐ는 '○'이다.

✗. 유전자 흐름, 자연 선택, 창시자 효과 중 이주 현상이 없는 것은 자연 선택이므로 Ⅱ가 자연 선택이다. 자연 선택(Ⅱ)은 환경 변화에 대한 개체의 적응 능력과 관련이 있다.

✗. '집단 내에 새로운 대립유전자가 출현한다.'는 창시자 효과는 갖지 않는 특징이므로 ㉠에 해당하지 않는다.

05 유전자풀의 변화 요인

④ 집단을 구성하는 부모 세대의 대립유전자가 자손에게 무작위로 전달되어 세대 간 대립유전자 빈도가 예측할 수 없는 방향으로 변하는 현상을 유전적 부동(가)이라고 하며, 원래의 집단을 구성하는 개체 중 일부 개체들이 모여 새로운 집단을 형성할 때 나타나는 현상인 창시자 효과(나)가 일어나는 집단에서 유전적 부동(가)이 잘 나타난다. (가)는 유전적 부동, (나)는 창시자 효과이다.

06 유전자풀의 변화 요인

수백만 마리로 구성된 A가 자연재해로 인해 집단의 크기가 급격히 작아지면서 유전적 다양성이 낮아지고, 알의 부화율을 낮추는 대립유전자의 비율이 높아진 것(가)은 유전적 부동 중 병목 효과에 해당하고, 이 지역에 동일 종의 개체를 이주시키자 알 부화율이 전체 알 중 90 % 이상으로 다시 향상된 것(나)은 유전자 흐름에 해당한다.

✗. A에서는 유전적 부동과 유전자 흐름이 일어나 유전자풀이 변하므로 A는 하디·바인베르크 평형이 유지되는 집단이 아니다.

㉡. 수백만 마리로 구성된 A가 자연재해로 인해 약 50마리 정도만 살아남아 알의 부화율이 낮아진 것(가)은 대립유전자 빈도가 예측할 수 없는 방향으로 변한 것이므로 (가)에서 병목 효과가 일어났다.

㉢. 이 지역에 동일 종의 개체를 이주시키자 알 부화율이 90 % 이상으로 다시 향상되는 것(나)에서 유전자 흐름(이동)이 일어났음을 알 수 있다.

07 유전자풀의 변화 요인

H는 살충제 X 저항성 대립유전자, H*는 정상 대립유전자이고, H*는 H에 대해 완전 우성이다.

✗. t_1일 때 ㉠에서 H의 빈도는 0이므로 t_1일 때 ㉠에는 개체 사이에

X에 대한 저항성의 변이가 없었다.

ⓛ. ㉠에서 H의 빈도는 t_1일 때 0이고, t_2일 때 0.1인 것으로 보아 t_1에서 t_2로 시간이 지나는 동안 ㉠의 유전자풀이 변하였다.

ⓒ. t_3에서가 t_2에서보다 X에 대한 저항성이 있는 개체의 비율이 높아졌으므로 t_2에서 t_3으로 시간이 지나는 동안 자연 선택이 일어났다는 것을 알 수 있다.

08 하디·바인베르크 법칙

회색 털 대립유전자 A는 흰색 털 대립유전자 a에 대해 완전 우성이다. 집단 Ⅰ에서 대립유전자 A의 빈도는 0.4, a의 빈도는 0.6이다.

✗. Ⅰ에서 A의 빈도는 0.4이다.

✗. Ⅰ은 하디·바인베르크 평형이 유지되는 집단이므로 돌연변이는 일어나지 않는다.

ⓒ. 일정 시간이 지난 후 이 집단의 총개체 수가 300일 때 회색 털의 개체 수는 192, 흰색 털의 개체 수는 108이다.

09 종분화

㉠~㉢과 A~E의 유연관계는 다음과 같다.

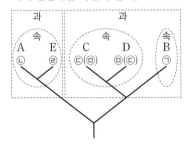

ⓛ. ㉣은 E이다.

✗. ㉢과 ㉤의 유연관계는 ㉠과 ㉣의 유연관계보다 가깝다.

ⓒ. ㉡과 ㉣은 같은 속에 속한다.

10 하디·바인베르크 법칙

A의 빈도를 p, a의 빈도를 q라고 하자. 대립유전자 A의 빈도가 1일 때 ㉠ 개체의 비율이 0이므로 ㉠은 짧은 날개이다.

ⓛ. ㉠을 갖지 않는 개체들을 합쳐서 구한 a의 빈도는 $\frac{2}{7}$이므로

$\frac{2pq}{2(p^2+2pq)} = \frac{q}{1+q} = \frac{2}{7}$에서 $q=0.4$이므로 ⓐ는 0.6이다.

ⓛ. A의 빈도(p)가 0.3, a의 빈도(q)가 0.7인 집단에서 짧은 날개(㉠)를 갖는 개체 수는 $q^2 \times 10000 = 4900$이다.

ⓒ. a의 빈도(q)가 0.6(ⓐ)인 집단에서 짧은 날개(㉠)를 갖는 임의의 암컷이 짧은 날개(㉠)를 갖지 않는 임의의 수컷과 교배하여 자손(F_1)을 낳을 때, 이 F_1이 짧은 날개(㉠)를 갖지 않을 확률은 $\frac{p^2+pq}{p^2+2pq} = \frac{1}{1+q}$ $= \frac{1}{1.6} = \frac{5}{8}$이다.

11 하디·바인베르크 법칙

집단 Ⅰ에서 t_1일 때 A의 빈도를 $p_{1전}$, A*의 빈도를 $q_{1전}$, Ⅰ에서 t_2일 때 A의 빈도를 $p_{1후}$, A*의 빈도를 $q_{1후}$, Ⅱ에서 t_1일 때 A의 빈도를

$p_{2전}$, A*의 빈도를 $q_{2전}$, Ⅱ에서 t_2일 때 A의 빈도를 $p_{2후}$, A*의 빈도를 $q_{2후}$라고 하자. Ⅰ이 하디·바인베르크 평형이 유지되는 집단이고, 검은색 털 대립유전자 A가 회색 털 대립유전자 A*에 대해 우성이라면 t_1일 때 A*의 빈도($q_{1전}$)는 $(q_{1전})^2 \times 10000 = 5625$이므로 $p_{1전} = \frac{1}{4}$, $q_{1전} = \frac{3}{4}$이고, t_2일 때 A*의 빈도($q_{1후}$)는 $(q_{1후})^2 \times 900 = 400$이므로 $p_{1후} = \frac{1}{3}$, $q_{1후} = \frac{2}{3}$이다. Ⅰ은 t_1일 때와 t_2일 때의 각 대립유전자의 빈도가 다르고, A*가 A에 대해 우성인 경우도 t_1일 때와 t_2일 때의 대립유전자 빈도가 다르다. 따라서 Ⅰ은 하디·바인베르크 평형이 유지되는 집단이 아니고, Ⅱ가 하디·바인베르크 평형이 유지되는 집단이다. Ⅱ에서 A*가 A에 대해 우성이라면 t_1일 때 A의 빈도($p_{2전}$)는 $(p_{2전})^2 \times 18000 = 10000$, $(p_{2전})^2 = \frac{5}{9}$이므로 성립하지 않는다. 따라서 A가 A*에 대해 우성이다.

✗. Ⅰ에서 $p_{1전}$은 $p_{1후}$와 다르고 $q_{1전}$은 $q_{1후}$와 다르므로 Ⅰ의 유전자풀은 t_1일 때와 t_2일 때가 서로 다르다.

ⓛ. 검은색 털 대립유전자 A는 회색 털 대립유전자 A*에 대해 우성이다.

ⓒ. Ⅱ에서 검은색 털 대립유전자(A)의 빈도(p_2)는 $\frac{1}{3}$, 회색 털 대립유전자(A*)의 빈도(q_2)는 $\frac{2}{3}$이다. 임의의 검은색 털 암컷이 임의의 회색 털 수컷과 교배하여 자손(F_1)을 낳을 때, 이 F_1이 검은색 털을 가질 확률은 $\frac{p_2^2+p_2q_2}{p_2^2+2p_2q_2} = \frac{1}{1+q_2} = \frac{3}{5}$이다.

12 유전자풀의 변화 요인

ⓐ는 유전자 흐름, ⓑ는 돌연변이, ⓒ는 자연 선택이다.

✗. ⓒ는 자연 선택이다.

ⓛ. 돌연변이(ⓑ)는 '개체 간에 다양한 유전적 변이(㉠)'의 원인 중 하나이다.

✗. '생존과 번식에 유리한 개체가 살아 남아 더 많은 자손을 남긴다. (나)'는 자연 선택(ⓒ)에 대한 설명이다.

수능 3점 테스트

본문 97~102쪽

| 01 ⑤ | 02 ② | 03 ③ | 04 ④ | 05 ① |
| 06 ③ | 07 ⑤ | 08 ② | 09 ④ | 10 ② |

01 생물 진화의 증거

(가)는 화석상의 증거, (나)는 분자진화학적 증거, (다)는 비교해부학적 증거이다.

ⓛ. 박쥐의 날개와 사람의 팔은 기능과 모습이 다르지만 공통 조상으로부터 진화한 상동 형질(상동 기관)로 비교해부학적 증거(다)의 예이다.

ⓛ. 척추동물의 진화 과정을 파악하는 데 화석상의 증거(가)와 분자진화학적 증거(나)가 모두 이용된다.

ⓒ. 칠성장어(㉠)는 척삭동물로 후구동물에 해당한다.

02 생물 진화의 증거

✗. 남아메리카 대륙에 살지 않는 푸른발부비가 갈라파고스 군도에 사는 것은 생물지리학적 증거에 해당한다.

✗. 종자식물(㉡) 중 속씨식물만 씨방을 갖는다.

ⓒ. 갈라파고스 군도의 섬마다 부리 모양이 조금씩 다른 핀치가 서식하는 것은 생물지리학적 증거에 해당하고, 화석을 통해 진화 과정을 파악하는 것은 화석상의 증거(㉠)에 해당한다. 학생 A가 제시한 내용은 옳고, 학생 B가 제시한 내용은 옳지 않다.

03 자연 선택

㉠. 체형 ㉠과 ㉡은 서로 다르므로 P의 체형에는 변이가 있다.

✗. X로부터의 생존율은 체형이 ㉠인 개체가 체형이 ㉡인 개체보다 높고, 체형이 ㉠인 개체의 비율이 체형이 ㉡인 개체의 비율보다 높은 곳은 Ⅰ과 Ⅱ 중 Ⅰ이므로 X는 Ⅰ에 서식한다.

ⓒ. P의 체형이 ㉠인 개체와 ㉡인 개체의 생존율이 다르므로 P의 체형 ㉠과 ㉡은 P의 생존율에 영향을 미친다.

04 유전자풀의 변화 요인

✗. 1960년대 X 발현 대립유전자 빈도는 Q에서가 P에서보다 10배 높게 유지되는 것으로 보아 P의 유전자풀은 Q의 유전자풀과 다르다.

㉡. (가)에서는 원래의 집단에서 적은 수의 개체가 다른 지역으로 이주하여 새로운 집단을 형성하면서 유전자풀이 변화가 생기므로 (가)에서 창시자 효과가 일어났다.

ⓒ. 그림과 같은 유전자풀의 변화 요인인 자연 선택에 의해 (나)에서 유전자풀의 변화가 일어났다.

05 유전자풀의 변화 요인

㉠. A에서 띠무늬에 따른 개체 수와 C에서 띠무늬에 따른 개체 수가 다르므로 Ⅰ의 유전자풀은 A에서와 C에서가 서로 다르다.

✗. ㉠과 ㉣은 같은 종이므로 생식적으로 격리되어 있지 않다.

✗. A와 B에서 매년 3~10마리의 개체가 C로 이동하여 C에 띠무늬가 있는 개체가 지속적으로 공급되는 것은 B와 C 사이의 Ⅰ의 유전자풀의 차이가 커지는 것을 완화시키는 원인이 된다.

06 종분화

A~D의 유연관계와 종 분화 시점의 지리적 격리 요인은 다음과 같다.

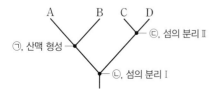

㉠. 섬의 분리 Ⅰ, 산맥 형성, 섬의 분리 Ⅱ 순서로 지리적 격리가 일어났다.

ⓒ. ㉢은 섬의 분리 Ⅱ가 일어난 이후에 종이 분화된 시점이다.

✗. C는 D와의 공통 조상으로부터 분화되었다.

07 고리종

인접한 집단 간에는 유전자 흐름이 유지되어 제한적인 유전적 분화가 일어나지만 고리 양 끝에 분포하는 두 집단은 유전적 분화의 차이가 커서 생식적으로 격리된다. 이런 현상이 나타나는 이웃 집단들의 모임을 고리종이라고 한다.

㉠. A와 G는 서로 교배가 일어나지 않으므로 A는 G와 생식적 격리가 일어났다.

㉡. 인접해 있는 D와 E 사이에서 유전자 흐름이 일어날 수 있다.

ⓒ. 엔사티나도롱뇽은 인접한 집단 간에는 유전자 흐름이 유지되지만 고리 양 끝에 있는 두 집단은 유전적 분화의 차이가 커서 생식적으로 격리되었으므로 엔사티나도롱뇽 서식 분포와 아종들 사이의 교배 가능 여부는 고리종의 예에 해당한다.

08 하디·바인베르크 법칙

집단 Ⅰ에서 A의 빈도를 p_1, A^*의 빈도를 q_1, Ⅱ에서 A의 빈도를 p_2, A^*의 빈도를 q_2라고 하자.

Ⅰ에서 유전자형이 AA^*의 개체 수는 유전자형이 A^*A^*의 개체 수의 3배이므로 $2p_1q_1=3q_1^2$, A의 빈도$(p_1)=\dfrac{3}{5}$, A^*의 빈도$(q_1)=\dfrac{2}{5}$이고, Ⅱ에서 유전자형이 AA^*의 개체 수는 유전자형이 A^*A^*의 개체 수의 2배이므로 $2p_2q_2=2q_2^2$, A의 빈도$(p_2)=\dfrac{1}{2}$, A^*의 빈도(q_2) $=\dfrac{1}{2}$이다. A와 A^* 사이의 우열 관계에 따른 Ⅱ에서 ㉠이 발현된 개체들을 합쳐서 구한 A의 빈도는 다음과 같다.

A와 A^* 사이의 우열 관계	Ⅱ에서 ㉠이 발현된 개체들을 합쳐서 구한 A의 빈도
A가 ㉠ 발현 대립유전자, A^*가 정상 대립유전자이고, A가 A^*에 대해 우성	$\dfrac{2p_2^2+2p_2q_2}{2(p_2^2+2p_2q_2)}=\dfrac{2p_2(p_2+q_2)}{2p_2(p_2+2q_2)}$ $=\dfrac{1}{1+q_2}=\dfrac{2}{3}$
A가 ㉠ 발현 대립유전자, A^*가 정상 대립유전자이고, A^*가 A에 대해 우성	$\dfrac{2p_2^2}{2p_2^2}=1$
A가 정상 대립유전자, A^*가 ㉠ 발현 대립유전자이고, A가 A^*에 대해 우성	$\dfrac{0}{2q_2^2}=0$
A가 정상 대립유전자, A^*가 ㉠ 발현 대립유전자이고, A^*가 A에 대해 우성	$\dfrac{2p_2q_2}{2(2p_2q_2+q_2^2)}=\dfrac{2p_2q_2}{2q_2(2p_2+q_2)}$ $=\dfrac{p_2}{1+p_2}=\dfrac{1}{3}$

A가 ㉠ 발현 대립유전자, A^*가 정상 대립유전자이고, A가 A^*에 대해 우성이다.

✗. I의 개체 수를 x라고 하면 $\dfrac{\text{I에서 ㉠이 발현되지 않은 개체 수}}{\text{II에서 ㉠이 발현된 개체 수}}$

$=\dfrac{q_1^2 x}{(p_2^2+2p_2q_2)(15000-x)}=\dfrac{208}{1275}$이므로 I의 개체 수($x$)는

6500, II의 개체 수는 8500이라는 것을 알 수 있다. ㉠이 발현된 개체 수는 I에서 5460, II에서가 6375이다.

㉡. I에서 A를 가진 개체들을 합쳐서 구한 A*의 빈도는

$\dfrac{2p_1q_1}{2(p_1^2+2p_1q_1)}=\dfrac{q_1}{1+q_1}=\dfrac{2}{7}$이다.

✗. II에서 A를 갖는 암컷이 A를 갖는 수컷과 교배하여 자손(F_1)을 낳을 때, 이 F_1에게서 ㉠이 발현되지 않을 확률은

$\dfrac{2p_2q_2}{p_2^2+2p_2q_2}\times\dfrac{2p_2q_2}{p_2^2+2p_2q_2}\times\dfrac{1}{4}=\left(\dfrac{q_2}{1+q_2}\right)^2=\dfrac{1}{9}$이다.

09 하디·바인베르크 법칙

집단 I에서 A의 빈도를 p_1, A*의 빈도를 q_1, II에서 A의 빈도를 p_2, A*의 빈도를 q_2, III에서 A의 빈도를 p_3, A*의 빈도를 q_3이라고 하자. II에 회색 몸 개체들을 합쳐서 구한 A*의 빈도는 $\dfrac{4}{7}$인데, A가 A*에 대해 우성인 경우, II에 회색 몸 개체들을 합쳐서 구한 A*의 빈도는 $\dfrac{2q_2^2}{2q_2^2}=1$이므로 성립하지 않는다. 그러므로 회색 몸 대립유전자 A*는 검은색 몸 대립유전자 A에 대해 우성이라는 것을 알 수 있다. I ~ III은 다음과 같다.

집단	I	II	III
㉠(A*A*)	4200	625	8100
㉡(AA*)	4900	3750	1800
AA	900	5625	100
A(p)	0.335	0.75	0.1
A*(q)	0.665	0.25	0.9

✗. I에서 유전자형 AA의 빈도는 p_1^2, AA*의 빈도는 $2p_1q_1$, A*A*의 빈도는 q_1^2으로 계산할 수 없으므로 하디·바인베르크 평형이 유지되는 집단이 아니다.

㉡. AA*는 ㉡이고, II에서 유전자형이 AA*(㉡)인 개체들을 제외한 나머지 개체들은 합쳐서 구한 A*의 빈도는

$\dfrac{2(\text{A*A*의 개체 수})}{2(\text{AA의 개체 수}+\text{A*A*의 개체 수})}=\dfrac{1250}{12500}=\dfrac{1}{10}$이다.

㉢. III에서 임의의 검은색 몸인 암컷이 임의의 회색 몸인 수컷과 교배하여 자손(F_1)을 낳을 때, 이 F_1이 검은색 몸일 확률은 $\dfrac{2p_3q_3}{2p_3q_3+q_3^2}$

$\times\dfrac{1}{2}=\dfrac{p_3}{1+p_3}=\dfrac{0.1}{1.1}=\dfrac{1}{11}$이다.

10 하디·바인베르크 법칙

집단 I에서 A의 빈도를 p_{a1}, A*의 빈도를 q_{a1}, B의 빈도를 p_{b1}, B*의 빈도를 q_{b1}, II에서 A의 빈도를 p_{a2}, A*의 빈도를 q_{a2}, B의 빈도를 p_{b2}, B*의 빈도를 q_{b2}라고 하자.

A는 정상 대립유전자, A*는 ㉠ 발현 대립유전자라면 I에서 ㉠이 발현된 암컷이 ㉠이 발현되지 않은 수컷과 교배하여 자손(F_1)을 낳을 때, 이 F_1에게서 ㉠이 발현될 확률이 $\dfrac{3}{5}$인 경우 $\dfrac{p_{a1}q_{a1}}{p_{a1}^2+2p_{a1}q_{a1}}=$

$\dfrac{q_{a1}}{q_{a1}+1}=\dfrac{3}{5}$이므로 $q_{a1}=1.5$이다. $p_{a1}+q_{a1}=1$이 성립하지 않으므로 A는 ㉠ 발현 대립유전자, A*는 정상 대립유전자이다. I에서 ㉠이 발현된 암컷이 ㉠이 발현되지 않은 수컷과 교배하여 자손(F_1)을 낳을 때, 이 F_1에게서 ㉠이 발현될 확률은 $\dfrac{p_{a1}^2+p_{a1}q_{a1}}{p_{a1}^2+2p_{a1}q_{a1}}=\dfrac{1}{q_{a1}+1}$

$=\dfrac{3}{5}$이므로 $p_{a1}=\dfrac{1}{3}$, $q_{a1}=\dfrac{2}{3}$이다.

B가 B*에 대해 우성이라면 B는 정상 대립유전자, B*는 ㉡ 발현 대립유전자이고 II에서 $\dfrac{\text{B의 수}}{\text{㉡이 발현된 개체 수}}=3$인데, $\dfrac{2p_{b2}^2+2p_{b2}q_{b2}}{q_{b2}^2}=$

$\dfrac{\frac{8}{9}+\frac{4}{9}}{\frac{1}{9}}=12$이므로 성립하지 않는다. B*가 B에 대해 우성이므로 B*는 정상 대립유전자, B는 ㉡ 발현 대립유전자이다.

I에서 $\dfrac{\text{B의 수}}{\text{㉡이 발현된 개체 수}}=\dfrac{2p_{b1}^2+2p_{b1}q_{b1}}{p_{b1}^2}=\dfrac{2}{p_{b1}}=10$이므로 p_{b1}

$=\dfrac{1}{5}$, $q_{b1}=\dfrac{4}{5}$이다.

I의 개체 수는 x, II의 개체 수는 $2x$라고 하면 II에서 ㉡이 발현된 개체 수는 $p_{b2}^2\times 2x=\dfrac{4}{9}\times 2x=8000$, $x=9000$이다. I의 개체 수는 9000, II의 개체 수는 18000이다. II에서 ㉠이 발현된 개체 수는 5500이므로 $q_{a2}^2=\dfrac{12500}{18000}=\dfrac{25}{36}$, $p_{a2}=\dfrac{1}{6}$, $q_{a2}=\dfrac{5}{6}$이다. 이를 정리하면 다음과 같다.

		집단	I	II
빈도				
㉠ 발현 대립유전자, A(p_a), 우성			$\dfrac{1}{3}$	$\dfrac{1}{6}$
정상 대립유전자, A*(q_a), 열성			$\dfrac{2}{3}$	$\dfrac{5}{6}$
㉡ 발현 대립유전자, B(p_b), 열성			$\dfrac{1}{5}$	$\dfrac{2}{3}$
정상 대립유전자, B*(q_b), 우성			$\dfrac{4}{5}$	$\dfrac{1}{3}$

✗. I에서 $\dfrac{\text{A의 빈도}}{\text{B의 빈도}}$ 는 $\dfrac{\frac{1}{3}}{\frac{1}{5}}$, $\dfrac{\text{A*의 빈도}}{\text{B*의 빈도}}$ 는 $\dfrac{\frac{2}{3}}{\frac{4}{5}}$로 $\dfrac{\text{A의 빈도}}{\text{B의 빈도}}$ 가

$\dfrac{\text{A*의 빈도}}{\text{B*의 빈도}}$의 2배이다.

✗. I의 개체 수 9000 중에서 ㉠이 발현된 개체 수는 5000, ㉡이 발현된 개체 수는 360이므로 그 차이는 4640이다.

㉢. II에서 ㉠과 ㉡이 모두 발현된 임의의 암컷이 ㉠과 ㉡이 모두 발현되지 않은 임의의 수컷과 교배하여 자손(F_1)을 낳을 때, 이 F_1에게서 ㉠은 발현되지 않고, ㉡이 발현될 확률은 $\dfrac{p_{a2}q_{a2}}{p_{a2}^2+2p_{a2}q_{a2}}\times\dfrac{p_{b2}q_{b2}}{q_{b2}^2+2p_{b2}q_{b2}}$

$=\dfrac{q_{a2}}{1+q_{a2}}\times\dfrac{p_{b2}}{1+p_{b2}}=\dfrac{2}{11}$이다.

12 생명 공학 기술과 인간 생활

닮은꼴 문제로 유형 익히기

본문 104쪽

정답 ①

㉠. 탯줄 혈액에서 세포를 추출하고 배양하여 ㉠을 만들었으므로 ㉠은 성체 줄기세포이고, 체세포에 역분화를 일으키는 유전자를 삽입하여 ㉡을 만들었으므로 ㉡은 유도 만능 줄기세포이다.

✗. 체세포의 핵을 다른 세포의 핵으로 치환하는 과정이 없으므로 핵 치환 기술이 사용되지 않는다.

✗. ⓑ는 체세포에 역분화를 일으키는 유전자를 삽입하였으므로 ⓐ와 유전자 구성이 서로 다르다.

수능 2점 테스트

본문 105~106쪽

| 01 ⑤ | 02 ⑤ | 03 ② | 04 ① | 05 ⑤ |
| 06 ③ | 07 ③ | 08 ④ | | |

01 형질 전환 대장균 선별

㉠. 대장균 Ⅰ에는 앰피실린 저항성 유전자가 없으므로 앰피실린 포함 배지에서 군체를 형성하지 못한다. 따라서 대장균 Ⅰ~Ⅲ을 섞어 배양하면 대장균 Ⅱ와 Ⅲ 중 하나는 흰색 군체를, 나머지 하나는 푸른색 군체를 형성한다. 대장균 Ⅲ은 생장 호르몬 유전자가 재조합되지 않아 젖당 분해 효소가 작동하므로 푸른색 군체를 형성한다. 따라서 흰색 군체를 형성하는 대장균 Ⅱ에서 생장 호르몬 유전자가 삽입되어 작용하지 못하는 유전자 *a*는 젖당 분해 효소 유전자이다.

㉡. Ⅱ에서 앰피실린 저항성 유전자(유전자 *b*)는 정상적으로 발현되므로 앰피실린이 포함된 배지에서 군체를 형성한다.

㉢. Ⅲ에서 젖당 분해 효소 유전자(유전자 *a*)가 정상적으로 발현되므로 Z가 포함된 배지에서 푸른색 군체를 형성한다.

02 단일 클론 항체

잡종 세포는 골수암 세포의 긴 수명과 B 림프구의 항체 생성 능력을 모두 갖는다.

㉠. 세포 ㉠은 B 림프구이며 주입된 위암 세포의 항원에 대한 항체를 생산하고, 세포 ㉡은 세포 융합 기술을 이용하여 B 림프구(㉠)와 골수암 세포를 융합하여 만든 잡종 세포이므로 반영구적으로 분열하면서 위암 세포의 항원에 대한 항체를 생산한다.

㉡. 위암 세포의 항원 주입으로 활성화된 B 림프구(㉠)를 융합시켜 잡종 세포를 만들었다. 따라서 이 잡종 세포에서 생성 및 분비된 단일 클론 항체 ㉢은 위암 치료에 사용된다.

㉢. B 림프구(㉠)와 골수암 세포를 융합시키는 과정에 세포 융합 기술이, 선별된 잡종 세포를 배양하는 과정에 조직 배양 기술이 사용되

었다.

03 형질 전환 대장균 선별

✗. 대장균 Ⅰ에는 항생제 저항성 유전자가 없으므로 항생제가 포함된 배지에서 군체를 형성하지 못한다. 대장균 Ⅱ의 항생제 내성 유전자는 모두 정상이므로 앰피실린 첨가 배지와 테트라사이클린 첨가 배지에서 모두 군체를 형성한 ㉡은 Ⅱ의 군체이다. ㉠(Ⅲ)은 유전자 *x*가 테트라사이클린 저항성 유전자(유전자 *b*)에 삽입됨으로써 *b*가 정상적으로 발현되지 못해 테트라사이클린 첨가 배지에서 군체를 형성하지 못하고, 앰피실린 첨가 배지에서만 군체를 형성한다. 따라서 *b*는 테트라사이클린 저항성 유전자이다.

㉡. ㉠은 Ⅲ의 군체이고, ㉡은 Ⅱ의 군체이다.

✗. ㉡(Ⅱ)에서 카나마이신 저항성 유전자도 정상적으로 발현되므로 ㉡을 카나마이신 첨가 배지에서 배양하면 군체를 형성한다.

04 동물 복제와 줄기세포

㉠. 무핵 난자에 A의 체세포 핵 ㉠을 이식하였으므로 복제 동물 X의 핵 속 DNA는 A와 동일하다. 따라서 X는 A를 복제한 동물이다.

✗. 배아 줄기세포 Y는 A로부터 체세포 핵 ㉠을 제공받았으므로 B와 Y에 있는 모든 유전자가 서로 같을 수 없다.

✗. Y는 배아 줄기세포이므로 분화가 완료되지 않았다.

05 제한 효소

이중 가닥 DNA *x*에서 제시된 조건을 만족하는 제한 효소 ⓐ와 ⓑ의 인식 부위와 절단된 DNA 조각을 나타내면 다음과 같다.

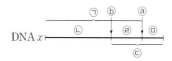

㉠. *x*에 제한 효소 ⓐ의 인식 부위가 1개만 있는데 ⓐ를 처리하여 생성되는 DNA 조각의 수가 2이므로 *x*는 선형 DNA이다.

㉡. 제한 효소 ⓐ의 인식 부위가 ㉢에 있으므로 DNA 조각의 염기 수는 ㉣+㉤=㉢이다.

㉢. 제한 효소 ⓑ의 인식 부위가 ㉠에 있으므로 ㉠을 ⓑ로 완전히 자르면 ㉡과 ㉣이 생성된다.

06 배아 줄기세포

핵치환에 사용된 세포 ㉠은 핵상이 *n*인 난자이고, ㉡은 핵상이 2*n*인 체세포이다.

㉠. 무핵 난자에 체세포의 핵을 이식하는 과정에서 핵치환 기술이 사용되었다.

㉡. 무핵 난자에 체세포 ㉡의 핵을 이식한 후 발생시킨 배반포이므로 핵 속 DNA의 유전자 구성은 배반포 세포와 핵을 공여한 ㉡이 서로 같다.

✗. 세포 ㉢과 ㉣은 하나의 세포로부터 유래된 배아 줄기세포이므로 ㉢과 ㉣의 유전자 구성은 서로 같다.

07 제한 효소

제시된 조건을 만족시키는 이중 가닥 DNA x의 염기 서열과 제한 효소의 절단 위치를 나타내면 다음과 같다.

```
        ┌─BamH I       ┌─BamH I       ┌─Sma I
ⓑ(5')-CTAG GATCC GAATTCCTAG GGATCCCCGGG CCC-ⓐ(3')
    3'-GAT CCTAGG CTTAAGGATC CCTAGGGGCCC GGG-5'
        12          32          10        12
```

✗. 만약 ⓐ가 5′ 말단이라면 DNA x를 시험관에 넣고 Sma I을 첨가하여 완전히 자른 결과 생성된 DNA 조각 수는 2이고, 생성된 DNA 조각의 염기 수는 6, 60이므로 제시된 조건을 만족시키지 못한다. 따라서 ⓐ는 3′ 말단, ⓑ는 5′ 말단이다.

✗. x를 시험관에 넣고 BamH I을 첨가하여 완전히 자른 결과 염기 수가 12, 22, 32인 3개의 DNA 조각이 생성된다.

ⓒ. x를 시험관에 넣고 BamH I과 Sma I을 첨가하여 완전히 자른 결과 염기 수가 10, 12, 12, 32인 4개의 DNA 조각이 생성된다.

08 유전자 치료

㉠. 운반체 DNA에 정상 유전자 ㉠을 삽입하는 과정에서 유전자 재조합 기술이 사용되었다.

㉡. 정상 유전자를 환자의 체세포에 도입하기 위해 사용되는 DNA 운반체로 바이러스가 이용될 수 있다.

✗. 치료된 환자 A의 골수 세포는 정상 유전자 ㉠을 가지지만, 골수 세포로부터 생식세포가 형성되지는 않으므로 생식세포는 ㉠을 가지지 않는다.

수능 3점 테스트 본문 107~111쪽

| 01 ① | 02 ① | 03 ① | 04 ② | 05 ⑤ |
| 06 ① | 07 ② | 08 ⑤ | | |

01 형질 전환 대장균 선별

플라스미드가 도입되지 않은 숙주 대장균 Ⅰ은 앰피실린 저항성 유전자와 카나마이신 저항성 유전자가 없으므로 앰피실린이 첨가된 배지와 카나마이신이 첨가된 배지에서 군체를 형성하지 못한다. 앰피실린이 첨가된 배지와 카나마이신이 첨가된 배지에서 모두 군체를 형성하는 대장균 ㉡은 앰피실린 저항성 유전자와 카나마이신 저항성 유전자가 모두 정상적으로 발현되므로 젖당 분해 효소 유전자(유전자 a)에 유전자 x가 삽입된 재조합 플라스미드 P_1이 도입된 대장균 Ⅱ이다. 앰피실린이 첨가된 배지에서 군체를 형성하는 대장균 ㉢은 앰피실린 저항성 유전자가 정상적으로 발현되므로 젖당 분해 효소 유전자(유전자 a)에 유전자 x가, 카나마이신 저항성 유전자(유전자 b)에 유전자 y가 삽입된 재조합 플라스미드 P_2가 도입된 대장균 Ⅲ이다. 그러므로 대장균 ㉠은 젖당 분해 효소 유전자(유전자 a)에 유전자 x가, 카나마이신 저항성 유전자(유전자 b)에 유전자 y가, 앰피실린 저항성 유전자(유전자 c)에 유전자 z가 삽입된 재조합 플라스미드 P_3이 도입된 대장균 Ⅳ이다.

㉠. Ⅲ(㉢)은 카나마이신이 포함된 배지에서 군체를 형성하지 못하고, Ⅳ(㉠)는 앰피실린이 포함된 배지와 카나마이신이 포함된 배지에서 모두 군체를 형성하지 못하므로 ⓐ와 ⓑ는 모두 '×'이다.

✗. ㉠은 Ⅳ, ㉡은 Ⅱ, ㉢은 Ⅲ이다.

✗. a는 젖당 분해 효소 유전자, b는 카나마이신 저항성 유전자, c는 앰피실린 저항성 유전자이다.

02 유전자 재조합 기술

㉠. 캘러스(㉠)는 식물의 분열 조직에서 얻은 미분화된 세포 덩어리이다.

✗. 재조합 플라스미드를 만들고 형질을 전환시키는 과정에 핵치환 기술이 사용되지 않으며, 유전자 재조합 기술이 사용되었다.

✗. (라)의 형질 전환된 벼에는 (나)의 벼에 없는 해충 저항성 유전자 $BrD1$이 도입되었으므로 (나)와 (라)의 벼는 유전자 구성이 서로 동일하지 않다.

03 제한 효소

제시된 조건을 만족시키는 ㉠과 ㉡에서의 제한 효소 인식 부위와 각 DNA 조각의 염기 수를 나타내면 다음과 같다.

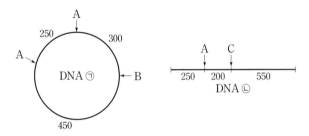

㉠. ㉠과 ㉡이 모두 A로 절단된 결과 생성된 DNA 조각 수가 모두 2로 동일하지만, A의 절단 위치는 ㉠에서가 ㉡에서보다 많으므로 ㉠은 원형 DNA, ㉡은 선형 DNA이다.

✗. A의 절단 위치는 ㉡에 1개가 있다.

✗. A의 절단 부위와 C의 절단 부위가 DNA 연결 효소에 의해 연결되더라도 A가 인식하는 염기 서열에 해당하지 않으므로 A로 절단되지 않는다. 따라서 ⓐ와 ⓑ를 재조합한 원형 DNA를 A로 완전히 자른 결과 염기 수가 950인 선형 DNA가 1개 생성된다.

04 형질 전환 대장균 선별

대장균 F는 X가 첨가된 배지에서 군체를 형성하므로 도입된 플라스미드 ㉡에서 유전자 Ⅰ은 ⓑ의 위치에 삽입되었다. 따라서 ⓟ는 ⓑ이고, F는 X가 첨가된 배지와 Y가 첨가된 배지에서 모두 군체를 형성한다. 그러므로 대장균 G에 도입된 플라스미드 ㉢에서 유전자 Ⅰ이 ⓑ의 위치에, 유전자 Ⅱ가 ⓐ의 위치에 삽입되었다. 따라서 ⓠ는 ⓐ이고, G는 X와 Y 중 Y가 첨가된 배지에서만 군체를 형성한다.

✗. ⓟ는 ⓑ, ⓠ는 ⓐ이다.

㉡. ㉢에서 유전자 Ⅰ이 ⓑ의 위치에, 유전자 Ⅱ가 ⓐ의 위치에 삽입되어 있으므로 ㉢을 A와 B로 완전히 자르면 4개의 DNA 조각이 생성된다.

✗. F는 X가 첨가된 배지와 Y가 첨가된 배지에서 모두 군체를 형성하므로 X와 Y가 모두 첨가된 배지에서 군체를 형성한다.

05 형질 전환 대장균 선별

대장균 Ⅰ은 앰피실린과 카나마이신이 첨가된 배지에서 모두 군체를 형성하지 못한다. 대장균 Ⅱ는 앰피실린과 카나마이신이 첨가된 배지에서 모두 푸른색 군체를 형성한다. 대장균 Ⅲ은 앰피실린과 카나마이신이 첨가된 배지에서 모두 흰색 군체를 형성한다. 대장균 Ⅳ는 앰피실린이 첨가된 배지에서 군체를 형성하지 못하고, 카나마이신이 첨가된 배지에서 흰색 군체를 형성한다.

ㄱ. 앰피실린이 첨가된 배지에서는 Ⅱ, Ⅲ의 군체가 형성되고, 카나마이신이 첨가된 배지에서는 Ⅱ, Ⅲ, Ⅳ의 군체가 형성되므로 ⓐ는 카나마이신이고, ⓑ는 앰피실린이다.

ㄴ. Z와 카나마이신(ⓐ)이 첨가된 배지와 Z와 앰피실린(ⓑ)이 첨가된 배지에서 모두 군체를 형성하지 못하는 ⓔ은 Ⅰ이다. Z와 카나마이신(ⓐ)이 첨가된 배지에서는 흰색 군체를 형성하고, Z와 앰피실린(ⓑ)이 첨가된 배지에서는 군체를 형성하지 못하는 ⓒ은 Ⅳ이다. Z와 카나마이신(ⓐ)이 첨가된 배지와 Z와 앰피실린(ⓑ)이 첨가된 배지에서 모두 푸른색 군체를 형성하는 ⓗ은 Ⅱ이다. 따라서 ⓛ은 Ⅲ이고, Z와 카나마이신(ⓐ)이 첨가된 배지와 Z와 앰피실린(ⓑ)이 첨가된 배지에서 모두 흰색 군체를 형성하므로 ㉮와 ㉯는 모두 '흰색'이다.

ㄷ. ⓒ은 Ⅳ이므로 ⓒ(Ⅳ)에는 유전자 x와 y가 모두 삽입된 플라스미드가 도입되었다.

06 줄기세포

분화가 끝난 피부 세포에 역분화 유전자를 도입하여 얻은 ㉠은 유도 만능 줄기세포(역분화 줄기세포)이고, 탯줄 혈액이나 성체의 골수 등에서 얻을 수 있는 ㉡은 성체 줄기세포이다.

ㄱ. ㉠은 유도 만능 줄기세포(역분화 줄기세포), ㉡은 성체 줄기세포이다.

✗. 유도 만능 줄기세포(역분화 줄기세포)와 성체 줄기세포를 얻는 과정에서는 모두 난자가 필요하지 않다.

✗. 배반포의 내세포 덩어리로부터 추출한 줄기세포는 배아 줄기세포이다.

07 제한 효소

x를 시험관에 넣고 Pvu Ⅰ을 첨가하여 완전히 자른 결과 생성된 DNA 조각의 수가 3이므로 x에 Pvu Ⅰ의 절단 위치가 2개 있다. 이를 만족시키는 x의 염기 서열과 제한 효소의 절단 위치를 나타내면 다음과 같다. 따라서 ㉠은 T, ㉡은 G, ㉢은 A, ㉣은 C이다.

```
      Nde I┐       ┌BamH I  Pvu I  ┌BamH I     ┌Pvu I
5'-CTCATATGGATCCGATCGGGATCCGATCGGA-3'
3'-GAGTATACCTAGGCTAGCCCTAGGCTAGCCT-5'
   [10]     [10]      [10]    [12]    [10]     [10]
```

✗. x를 시험관에 넣고 BamH Ⅰ을 첨가하여 완전히 자르면 DNA 조각의 염기 수가 20, 20, 22인 3개의 DNA 조각이 생성되고, Nde Ⅰ을 첨가하여 완전히 자르면 DNA 조각의 염기 수가 10, 52인 2개의 DNA 조각이 생성된다. 따라서 ⓐ+ⓑ=3+2=5이다.

ㄴ. x를 시험관에 넣고 Pvu Ⅰ을 첨가하여 완전히 자르면 DNA 조각의 염기 수가 10, 22, 30인 3개의 DNA 조각이 생성된다.

✗. Ⅳ에 첨가한 효소는 Nde Ⅰ과 Pvu Ⅰ 또는 Nde Ⅰ과 BamH Ⅰ

이다.

08 제한 효소

Bgl Ⅱ와 EcoR Ⅰ이 각각 x를 절단하여 염기 수가 8과 10인 작은 DNA 조각이 생성되며, 이 두 제한 효소가 인식하여 절단하는 염기 서열을 고려하면 Bgl Ⅱ와 EcoR Ⅰ의 인식 서열은 x의 양쪽 끝에 위치한다. BamH Ⅰ으로 x를 절단할 때 생성되는 두 DNA 조각의 크기는 유사하므로 BamH Ⅰ의 인식 서열은 x의 가운데에 위치한다. Sma Ⅰ으로 x를 절단할 때 생성되는 세 DNA 조각의 크기가 유사하므로 Sma Ⅰ의 인식 서열은 EcoR Ⅰ과 BamH Ⅰ, BamH Ⅰ과 Bgl Ⅱ 사이에 각각 위치한다. 제시된 x의 염기 서열과 제한 효소의 염기 서열을 나타내면 다음과 같다.

```
                                ㉠
   EcoR I┐   Sma I┐  BamH I┐        ┌Sma I  ┌Bgl II
5'-CGGAATTCCCGGGGATCCCCGGGⓐAGATCTA-3'
3'-GCCTTAAGGGCCCCTAGGGGCCCⓑTCTAGAT-5'
   [10]  [10]   [10]   [10]   [14]   [8]
```

x를 구성하는 상보적인 두 단일 가닥 사이의 염기 간 수소 결합의 총개수가 81개이므로 그림에서 ⓐ와 ⓑ의 염기쌍은 AT 염기쌍이다.

ㄱ. ㉠에서 구아닌(G)의 개수는 9개이다.

ㄴ. Ⅳ에서 Sma Ⅰ을 첨가하여 완전히 자를 때 생성되는 염기 수가 22인 DNA 조각에서 AT 염기쌍이 6개, GC 염기쌍이 5개이므로 염기 간 수소 결합의 총개수는 27개이다.

ㄷ. Ⅴ에서 x를 BamH Ⅰ과 Bgl Ⅱ를 첨가하여 완전히 자르면 DNA 조각의 염기 수가 8, 24, 30인 3개의 DNA 조각이 생성된다.

01 ②	02 ④	03 ⑤	04 ②	05 ③
06 ⑤	07 ①	08 ②	09 ③	10 ③
11 ③	12 ①	13 ④	14 ②	15 ⑤
16 ③	17 ⑤	18 ①	19 ①	20 ④

01 생명 과학의 역사

㉠은 RNA, ㉡은 DNA이다.

✗. 니런버그와 마테이는 인공 합성된 RNA(㉠)를 이용하여 아미노산을 암호화하는 유전부호를 해독하였다.

㉡. 에이버리의 폐렴 쌍구균의 형질 전환 실험은 1944년에, 코헨과 보이어의 유전자 재조합 기술 개발은 1973년에 이루어진 성과이다.

✗. (가)는 1960년대, (나)는 1944년, (다)는 1953년에 이루어진 성과이므로 (가)~(다)를 시대 순으로 배열하면 (나) → (다) → (가)이다.

02 효소의 작용

기질 농도가 더 빠르게 감소하는 ㉠은 경쟁적 저해제가 없을 때이고, ㉡은 경쟁적 저해제가 있을 때이다.

✗. X가 없을 때의 활성화 에너지는 A에서 반응열(C)을 뺀 값이다.

㉡. 기질 농도의 감소 속도가 ㉡보다 빠른 ㉠은 경쟁적 저해제가 없을 때이다.

㉢. 화학 반응이 일어날 때 반응물과 생성물의 에너지 차이를 반응열이라고 하며, 효소 및 경쟁적 저해제의 유무는 반응열의 크기에 영향을 미치지 않는다.

03 동물 세포의 구조

A는 핵, B는 미토콘드리아, C는 골지체이다.

㉠. 핵(A)에서 DNA에 저장되어 있던 유전 정보가 RNA로 전사된다.

㉡. 미토콘드리아(B)는 독자적인 DNA와 리보솜을 갖는다.

㉢. 골지체(C)는 인지질 2중층으로 된 막을 갖는다.

04 캘빈 회로

캘빈 회로에서 PGAL이 RuBP로 전환될 때 ATP가, 3PG가 PGAL로 전환될 때 ATP와 NADPH가 필요하다. (나)에서 빛을 차단하면 명반응이 중단되어 ATP와 NADPH가 공급되지 않으므로 캘빈 회로에서 ATP와 NADPH를 이용하는 반응이 일어나지 못한다. RuBP가 3PG로 전환되는 과정에서는 ATP 또는 NADPH가 소모되지 않기 때문에 빛을 차단해도 일어날 수 있고, 이에 따라 RuBP의 농도는 감소하고 3PG의 농도가 증가하게 된다. 따라서 빛 차단 후 농도가 감소하는 ㉡은 RuBP이고, ㉠이 3PG이다.

✗. ㉠은 3PG, ㉡은 RuBP이므로 회로의 진행 방향은 Ⅱ이다.

✗. 과정 ⓐ는 PGAL이 RuBP로 전환되는 과정으로, ATP가 사용되며 NADPH는 사용되지 않는다.

㉢. 1분자당 $\dfrac{\text{인산기 수}}{\text{탄소 수}}$ 는 ㉠(3PG)이 $\dfrac{1}{3}$, ㉡(RuBP)이 $\dfrac{2}{5}$ 이다.

05 3역 6계 분류 체계

㉠이 역일 경우, A와 C는 서로 다른 역에 속하고 A와 D는 서로 같은 계(㉡)에 속한다. B와 D의 유연관계는 A와 D보다 가깝다고 하였는데, A와 D는 서로 같은 계에 속하므로 B도 D와 서로 같은 계에 속한다. 이 경우 A, B, D가 모두 하나의 계에 속하게 되어 A~E는 4개의 계로 분류된다는 첫 번째 조건에 위배된다. 따라서 ㉠이 계, ㉡이 역이다. A와 C는 서로 다른 계에 속하고, A와 D는 서로 같은 역에 속한다. 조건에서 서로 같은 계에 속하는 것은 B와 D이고, 2개의 계로 이루어진 A, B, D가 같은 역에 속하므로 A, B, D는 진핵생물역에 속한다. C와 E는 고세균역(고세균계)과 세균역(진정세균계)에 속하는 생물을 순서 없이 나타낸 것이다.

㉠. ㉠은 계, ㉡은 역이다.

✗. B와 D는 서로 같은 계에 속한다.

㉢. C와 E는 고세균역 또는 세균역에 속하는 생물로, 모두 원핵생물이다.

06 세포막을 통한 물질의 이동

A는 물질의 이동에 ATP가 사용되지 않는 촉진 확산이고, B는 ATP가 사용되는 능동 수송이다. ㉠의 세포 안 농도가 C보다 높아지므로 ㉠의 이동 방식은 능동 수송이다.

㉠. 능동 수송과 촉진 확산은 모두 막단백질이 이용되는 물질의 이동 방식이므로 ⓐ와 ⓑ는 모두 '○'이다.

㉡. ㉠의 이동 방식은 능동 수송(B)이다.

✗. ㉠의 세포 안 농도가 시간에 따라 증가하는 것으로 볼 때, ㉠은 능동 수송을 통해 세포 밖에서 세포 안으로 이동한다. 따라서 ㉠의 세포 안과 밖의 농도 차는 능동 수송을 통해 ㉠의 세포 안 농도가 더 높아진 t_2일 때가 t_1일 때보다 크다.

07 TCA 회로

Ⅰ에서 2분자가 생성되는 ㉠은 ATP나 FADH₂가 될 수 없으므로 NADH이다. Ⅰ(A → B)에서 2분자의 NADH가 생성될 수 있는 경우는 ① 시트르산 → 4탄소 화합물, ② 4탄소 화합물 → 5탄소 화합물, ③ 5탄소 화합물 → 시트르산 3가지이다. ①의 경우 Ⅲ(C → A)은 5탄소 화합물 → 시트르산이고, 이때 ATP와 FADH₂가 모두 생성되므로 생성되는 ㉡의 분자 수가 0이 될 수 없어 기각된다. ②의 경우 Ⅱ(B→C)는 5탄소 화합물 → 시트르산이고, 이때 ATP와 FADH₂가 모두 생성되므로 생성되는 ㉢의 분자 수가 0이 될 수 없어 기각된다. 따라서 A는 5탄소 화합물, B는 시트르산, C는 4탄소 화합물(FADH₂가 생성되기 전 물질)이다.

과정	㉠ (NADH)	㉡ (ATP)	㉢ (FADH₂)
Ⅰ (5탄소 화합물 → 시트르산)	2	1	ⓐ(1)
Ⅱ (시트르산 → 4탄소 화합물)	ⓑ(2)	?(1)	0
Ⅲ (4탄소 화합물 → 5탄소 화합물)	2	0	1

㉠. A는 5탄소 화합물이다.

✗. ⓒ은 ATP이다.

✗. ⓐ는 1, ⓑ는 2이다.

08 세포 호흡과 발효

피루브산이 아세틸 CoA, 에탄올, 젖산으로 전환되는 과정에서 각각 NADH와 CO_2, NAD^+와 CO_2, NAD^+가 생성된다. 따라서 ⓒ(CO_2)이 공통으로 생성되는 A와 B가 각각 아세틸 CoA와 에탄올이고, C가 젖산이다. ⓒ은 CO_2, ⓒ은 NADH, ⓒ은 NAD^+이다.

✗. ⓒ은 CO_2이다.

✗. 에탄올(B)과 젖산(C)이 생성될 때 NADH에 의해 환원되는 과정은 동일하게 일어나지만 CO_2가 생성되는 탈탄산 반응은 에탄올(B)이 생성될 때만 일어나므로 1분자당 $\dfrac{수소\ 수}{탄소\ 수}$는 에탄올(B)이 젖산(C)보다 크다.

ⓒ. 사람의 근육 세포에서 O_2가 부족할 때 젖산 발효가 일어나 피루브산이 젖산(C)으로 전환된다.

09 전자 전달계

ⓒ은 NADH, ⓒ은 $FADH_2$이고, H^+이 능동 수송을 통해 이동하는 Ⅰ은 막 사이 공간, Ⅱ는 미토콘드리아 기질이다.

ⓒ. ⓒ은 NADH보다 적은 수의 H^+을 능동 수송하는 데 관여하는 $FADH_2$이다.

ⓒ. ATP 합성 효소를 통한 H^+의 이동을 차단하는 물질을 처리하면 능동 수송을 통해 이동한 H^+이 축적되어 Ⅰ의 pH는 처리하기 전보다 감소한다.

✗. (가)는 NADH와 $FADH_2$로부터 고에너지 전자를 전달받아 능동 수송을 통해 H^+을 Ⅱ에서 Ⅰ로 이동하는 데 관여하는 전자 전달계의 단백질 복합체이다.

10 하디·바인베르크 평형

Ⅰ에서 ⓒ의 빈도를 p, ⓒ의 빈도를 q라고 할 때 ⓒ을 가진 개체들을 합쳐서 구한 ⓒ의 빈도 $\dfrac{2pq}{2(2pq+q^2)}=\dfrac{p}{p+1}$이다.

Ⅰ에서 유전자형이 AA^*인 개체들을 제외한 나머지 개체들을 합쳐서 구한 ⓒ의 빈도는 $\dfrac{2q^2}{2(p^2+q^2)}=\dfrac{9}{13}$이고 $p+q=1$이므로 $p=\dfrac{2}{5}$, $q=\dfrac{3}{5}$이다. Ⅰ에서 ⓒ을 가진 개체들을 합쳐서 구한 ⓒ의 빈도는

$\dfrac{2pq}{2(2pq+q^2)}=\dfrac{p}{p+1}=\dfrac{2}{7}$이다. Ⅱ에서 ⓒ의 빈도를 a, ⓒ의 빈도를 b라고 할 때 ⓒ을 가진 개체들을 합쳐서 구한 ⓒ의 빈도는 Ⅰ이 Ⅱ의 2배이므로 $\dfrac{a}{a+1}=\dfrac{1}{7}$이고, $a+b=1$이므로 $a=\dfrac{1}{6}$, $b=\dfrac{5}{6}$이다. Ⅰ과 Ⅱ를 구성하는 개체 수를 각각 N이라고 할 때, Ⅰ에서 (가)가 발현된 개체 수는 ⓒ이 A이고 ⓒ이 A^*일 때 $\dfrac{11}{36}N$, ⓒ이 A이고 ⓒ이 A일 때 $\dfrac{35}{36}N$이다. Ⅰ에서 유전자형이 AA^*인 개체 수는 $\dfrac{12}{25}N$이고, Ⅱ에서 (가)가 발현된 개체 수보다 커야 하므로 ⓒ은 A, ⓒ은

A^*이다.

ⓒ. ⓒ은 A이다.

ⓒ. Ⅱ에서 유전자형이 AA^*인 개체 수는 $\dfrac{10}{36}N$, (가)가 발현되지 않은 개체 수는 $\dfrac{25}{36}N$이므로 $\dfrac{유전자형이\ AA^*인\ 개체\ 수}{(가)가\ 발현되지\ 않은\ 개체\ 수}=\dfrac{2}{5}$이다.

✗. Ⅰ과 Ⅱ의 개체들을 모두 합쳐서 구한 A의 빈도는

$\dfrac{\dfrac{2}{5}\times 2N+\dfrac{1}{6}\times 2N}{4N}=\dfrac{17}{60}$이다.

11 DNA의 구조와 전사

$\dfrac{ⓒ+ⓒ}{ⓒ+ⓔ}$은 x_1에서 1이므로 x_1과 x_2에서 모두 ⓒ+ⓒ=ⓒ+ⓔ이다. mRNA인 y에서 $\dfrac{ⓒ+ⓒ}{ⓒ+ⓔ}=\dfrac{8}{15}$이고 y는 타이민(T) 대신 유라실(U)을 가지므로, ⓒ과 ⓒ 중 하나가 타이민(T)이고, ⓒ과 ⓒ의 비율은 7 : 8 또는 8 : 7이다. x_1은 60개의 염기로 구성되며 ⓒ+ⓒ=ⓒ+ⓔ이므로 ⓒ과 ⓒ의 개수는 순서 없이 14개와 16개이며, 14개에 해당하는 염기가 타이민(T)이다. ⓒ과 ⓒ의 비율이 8 : 9이므로 ⓒ의 개수는 16개가 되어야 하고, 따라서 ⓒ이 타이민(T)이다. ⓒ~ⓔ의 개수는 각각 16, 14, 18, 12개가 되고, x_1에서 퓨린 계열 염기의 개수와 피리미딘 계열 염기의 개수가 같으므로 ⓒ이 사이토신(C)이다. 염기 간 수소 결합의 총개수가 154개이므로 x_1과 x_2에서 G의 개수와 C의 개수의 합은 각각 34개이고, x_1에서 $\dfrac{C(ⓒ)}{ⓒ}=\dfrac{8}{9}$이므로 ⓒ은 구아닌(G)이며, ⓔ은 아데닌(A)이다. x_1, x_2, y의 염기 개수를 정리하면 다음과 같다.

구분	x_1 (전사 비주형 가닥)	x_2 (전사 주형 가닥)	y (mRNA)
ⓒ(사이토신, C)	$8k=16$	18	16
ⓒ(타이민, T)	$7k=14$	12	0
ⓒ(구아닌, G)	$9k=18$	16	18
ⓔ(아데닌, A)	$6k=12$	14	12
유라실(U)	0	0	14
염기 개수의 합	$30k=60$	60	60

ⓒ. x_1에서 구아닌(G)의 개수는 18개이다.

✗. ⓒ은 구아닌(G)이다.

ⓒ. x_2에서 ⓒ의 개수는 12개, ⓒ의 개수는 16개이다.

12 전사

전사가 일어날 때 5' 말단에서 3' 말단 방향으로 RNA가 합성되므로 ⓒ이 5' 말단, ⓒ이 3' 말단이다.

ⓒ. ⓒ은 5' 말단, 새로운 뉴클레오타이드가 추가되는 ⓒ이 3' 말단이다.

✗. 3' 말단(ⓒ)에 새롭게 첨가되는 뉴클레오타이드는 RNA를 구성하는 뉴클레오타이드이므로 디옥시리보스 대신 리보스가 있다.

✗. 프로모터는 RNA 중합 효소가 결합하여 전사가 시작되는 DNA의 특정 염기 서열이다.

13 DNA 복제

주형 가닥에 대해 합성된 지연 가닥의 염기 서열은 다음과 같다. ㉠′, ㉡′, ㉢′은 각각 ㉠, ㉡, ㉢에 상보적인 염기이다.

5′−G㉠′U㉡′UCGAT㉢′CAGCA㉢′㉠′CAT(U)CC㉡′GTA−3′

합성된 지연 가닥의 5′ 말단에는 ㉮와 ㉯ 중 나중에 합성된 DNA 조각의 프라이머가 있고, 염기 서열은 5′−G㉠′U㉡′U−3′이다. 이 프라이머가 X일 때, 프라이머 Y를 포함한 ㉯는 5′−AGCA㉢′㉠′CATCC㉡′GTA−3′이다. ㉯에서 Y를 제외한 부분은 5′−㉠′CATCC㉡′GTA−3′이다. 이 부분은 G+C 함량이 60 %(6개)인데, ㉠′과 ㉡′은 사이토신(C)을 제외한 서로 다른 염기이기 때문에 조건을 만족할 수 없다. 따라서 먼저 합성된 DNA 조각이 ㉮, 나중에 합성된 DNA 조각이 ㉯이다. 제시된 조건에 따라 ㉮와 ㉯의 서열을 완성하면 다음과 같다. ㉠이 사이토신(C)(㉠′이 구아닌(G)), ㉡이 타이민(T)(㉡′이 아데닌(A)), ㉢이 아데닌(A)(㉢′이 유라실(U))이다.

$$\underbrace{5′−G㉠′U㉡′UCGAT㉢′CAGCA㉢′}_{㉯}\underbrace{㉠′CAUCC㉡′GTA−3′}_{㉮}$$

G A G U G A
프라이머 Y   프라이머 X

㉠. ㉠은 사이토신(C)이고, ㉠에 상보적으로 합성된 염기는 구아닌(G)이다.

✗. 합성된 지연 가닥에서 5′ 말단에 가까운 ㉯가 ㉮보다 나중에 합성되었다.

㉢. X의 염기 서열은 5′−UGCAU−3′, Y의 염기 서열은 5′−GGUAU−3′이다. 피리미딘 계열 염기인 C, U의 개수는 X에서 3개, Y에서 2개이다.

14 원시 생명체의 진화

A는 무산소 호흡 종속 영양 생물, B는 광합성 세균, C는 산소 호흡 세균이고, ㉠은 CO_2, ㉡은 O_2이다.

✗. 최초의 생명체인 A는 무산소 호흡 종속 영양 생물이다.

㉡. ㉡은 광합성 세균(B)에 의해 생성된 O_2이다.

✗. 세포내 공생설에 따르면 미토콘드리아의 기원은 산소 호흡 세균(C), 엽록체의 기원은 광합성 세균(B)이다.

15 순환적 전자 흐름과 비순환적 전자 흐름

특징(㉠, ㉡)
• 물의 광분해를 통해 O_2가 생성된다. → 비순환적 전자 흐름
• H^+ 농도 기울기를 이용해 ATP가 생성된다. → 순환적 전자 흐름, 비순환적 전자 흐름

구분 특징	A (비순환적 전자 흐름)	B (순환적 전자 흐름)
P_{700}에서 고에너지 전자가 방출된다.	ⓐ(○)	○
㉠	?(○)	ⓑ(○)
㉡	○	✗

(○: 있음, ✗: 없음)

비순환적 전자 흐름만 갖는 특징인 '물의 광분해를 통해 O_2가 생성된다.'는 ㉡이고, A는 비순환적 전자 흐름, B는 순환적 전자 흐름이다.

㉠. A(비순환적 전자 흐름)에서 광계 Ⅰ과 광계 Ⅱ가 모두 관여한다.

㉡. ⓐ와 ⓑ는 모두 '○'이다.

㉢. '물의 광분해를 통해 O_2가 생성된다.'는 비순환적 전자 흐름만 갖는 특징이다.

16 동물계의 분류

표는 거미(절지동물), 지렁이(환형동물), 불가사리(극피동물), 예쁜꼬마선충(선형동물)이 갖는 특징의 유무를 정리한 것이다.

특징	거미	지렁이 (B)	불가사리 (C)	예쁜꼬마 선충(A)
탈피를 한다.	○	✗	✗	○
3배엽성이다.	○	○	○	○
원구가 입이 된다.	○	○	✗	○
촉수담륜동물에 속한다.	✗	○	✗	✗

(○: 있음, ✗: 없음)

거미와 공통으로 가지는 특징의 개수가 2개인 B는 지렁이고, 지렁이(B)와 공통으로 가지는 특징의 개수가 2개인 A는 예쁜꼬마선충이다. C는 불가사리이다.

㉠. A는 선형동물인 예쁜꼬마선충이다.

✗. 불가사리(C)는 척삭을 갖지 않는 극피동물이다.

㉢. 예쁜꼬마선충(A)과 지렁이(B), 지렁이(B)와 거미가 공통으로 가지는 특징의 종류는 표에서와 같이 서로 같다.

17 유전자 발현과 돌연변이

x에서 전사 주형 가닥 DNA의 염기 서열, 5′ 말단부터 순서대로 나타낸 mRNA의 염기 서열과 X의 아미노산 서열은 다음과 같다.

DNA의 염기 서열	5′−CTAGTCTATACTATCGACTGGCCTCCGTGCATATG−3′
mRNA의 염기 서열	5′−CAU/**AUG**/CAC/GGA/GGC/CAG/UCG/AUA/GUA/ **UAG**/ACUAG−3′
X의 아미노산 서열	메싸이오닌 − 히스티딘 − 글리신 − 글리신 − 글루타민 − 세린 − 아이소류신 − 발린

x에서 결실이 일어난 y로부터 합성된 mRNA의 염기 서열과 Y의 아미노산 서열은 다음과 같다.

DNA의 염기 서열	5′−CTAGTCTATACTATCGACTGGCCTC<u>CGTGCAT</u>ATG−3′ └결실
mRNA의 염기 서열	5′−CAU[**AUGCACG**(결실)]G/AGG/CCA/GUC/GAU/AGU/AUA/ GAC/UAG−3′
Y의 아미노산 서열	메싸이오닌−아르지닌−프롤린−발린−아스파트산−세린−아이 소류신−아스파트산

z의 돌연변이는 X의 세 번째 아미노산인 글리신을 지정하는 코돈에서 일어난 것으로 추정할 수 있고, 글리신을 지정하는 코돈 5′−GGA−3′에서 5′−GCC−3′으로 염기가 치환된 것임을 알 수 있다. z로부터 합성된 mRNA의 염기 서열과 Z의 아미노산 서열은 다음과 같다.

DNA의 염기 서열	5′–CTAGTCTATACTATCGACTGGCC**T**CCGTGCATA TG–3′ ⌐GG로 치환
mRNA의 염기 서열	5′–CAU/AUG/CAC/**G**CC/GGC/CAG/UCG/AUA/GUA/UAG/ ACUAG–3′
Z의 아미노산 서열	메싸이오닌–히스티딘–알라닌–글리신–글루타민–세린–아이 소류신–발린

㉠. ㉠의 전사 주형 가닥의 염기 서열은 5′–CGTGCAT–3′으로,
염기 간 수소 결합의 총개수는 18개이다.

㉡. ㉡은 전사 주형 가닥의 5′–TC–3′이다.

㉢. Y와 Z가 공통으로 갖는 아미노산은 메싸이오닌, 세린, 아이소류
신, 발린으로 총 4가지이다.

18 젖당 오페론의 유전자 발현 조절

Ⅰ 또는 Ⅱ가 야생형 대장균인 경우 (가)는 포도당은 없고 젖당이 있
는 배지이며, (나)는 포도당은 있고 젖당이 없는 배지이다. 이 경우 젖
당 분해 효소는 (가)와 (나) 중 (가)에서만 생성되어야 하는데 표의 자
료와 모순이다. 따라서 Ⅲ이 야생형 대장균이고 젖당 분해 효소가 생
성되는 (가)가 포도당은 없고 젖당이 있는 배지이다. 젖당 오페론을
조절하는 조절 유전자가 결실된 돌연변이 대장균 B는 억제 단백질과
작동 부위의 결합이 일어나지 않으므로 Ⅰ이고, Ⅱ가 돌연변이 대장
균 A이다.

대장균	억제 단백질과 작동 부위의 결합		젖당 분해 효소 생성	
	(가) (포도당 ×, 젖당 ○)	(나) (포도당 ○, 젖당 ×)	(가) (포도당 ×, 젖당 ○)	(나) (포도당 ○, 젖당 ×)
Ⅰ (대장균 B)	×	?(×)	?(○)	○
Ⅱ (대장균 A)	?(×)	○	×	㉠(×)
Ⅲ (야생형 대장균)	?(×)	㉡(○)	○	?(×)

(○: 결합함 또는 생성됨, ×: 결합 못함 또는 생성 안 됨)
(단, 돌연변이 대장균 A는 구조 유전자 중 젖당 분해 효소 유전자만 결실된 경우)

㉠. (가)는 포도당은 없고 젖당이 있는 배지이다.

㉠은 ×, ㉡은 ○이다.

Ⅱ는 돌연변이 대장균 A이다.

19 종분화

섬의 분리 이후에 A로부터 B가 분화되었다.

㉠. 섬의 분리에 의한 지리적 격리는 종분화의 요인 중 하나이다.

A와 B는 다른 종으로, 생식적으로 격리되어 생식 가능한 자손
이 태어날 수 없다.

지리적으로 격리된 집단은 독자적인 진화 과정을 겪게 되면서 서
로 다른 유전자풀을 가지게 되고, 종분화가 일어난다.

20 유전자 재조합 기술과 제한 효소

Ⅱ를 통해 X에서 EcoR Ⅰ의 인식 부위는 한 군데 있음을 알 수 있
다. 8개의 염기로 구성된 DNA 조각이 만들어질 수 있는 EcoR Ⅰ의
인식 부위는 X_1의 5′ 말단 근처에 위치한다. Ⅰ, Ⅳ를 통해 EcoR Ⅰ의
인식 부위 다음에 Xho Ⅰ의 인식 부위가 1 염기쌍만큼 겹쳐 있음을

알 수 있다. Ⅲ, Ⅵ을 통해 EcoR Ⅰ의 인식 부위와 겹치는 Xho Ⅰ
의 인식 부위에 Kpn Ⅰ의 인식 부위가 1개 염기쌍만큼 겹쳐 있음을
알 수 있다. 이후 Xho Ⅰ과 Kpn Ⅰ의 인식 부위가 하나씩 있는데, Ⅴ
에서 생성되는 조각이 5개이며, 제시된 조건을 만족하려면 다음과 같
이 Xho Ⅰ의 인식 부위와 Kpn Ⅰ의 인식 부위가 있어야 한다.

제한 효소 인식 및 절단 부위　EcoR Ⅰ Xho Ⅰ Kpn Ⅰ Xho Ⅰ Kpn Ⅰ

DNA X_1(염기 수)　5′–8개 | 10개 | 10개 | 10개 | 10개 | 12개–3′

이를 바탕으로 X의 염기 서열을 나타낸 것은 다음과 같다

5′–AGAATTCTCGAGGTACCTCGAGGTACCTCA–3′
3′–TCTTAAGAGCTCCATGGAGCTCCATGGAGT–5′
EcoR Ⅰ　　Xho Ⅰ　Kpn Ⅰ　Xho Ⅰ　Kpn Ⅰ

㉠. X에서 G+C 함량과 A+T 함량은 같다.

㉡. X_1에서 구아닌(G)의 총개수는 7개이다.

Ⅴ에서 염기 수가 10인 DNA 조각은 3개 생성된다.

실전 모의고사 [2회] 본문 120~125쪽

01 ③	02 ⑤	03 ③	04 ④	05 ③
06 ③	07 ①	08 ②	09 ②	10 ④
11 ④	12 ⑤	13 ①	14 ②	15 ①
16 ③	17 ④	18 ①	19 ①	20 ②

01 생명 과학자들의 연구 성과

㉠은 에이버리, ㉡은 파스퇴르이다.

㉠. 폐렴 쌍구균의 형질 전환 실험을 통해 DNA가 유전 물질임을
입증한 ㉠은 에이버리이다.

㉡. 캘빈은 방사성 동위 원소인 ^{14}C를 이용한 자기 방사법을 통해 포
도당의 합성 경로를 밝혔다.

파스퇴르(㉡)의 연구 성과(나)는 1800년대에, 캘빈의 연구 성과
(다)는 1948년에 이룬 것이다.

02 생물의 구성 단계

(가)와 (나)에 모두 있는 A와 C는 각각 조직과 기관이고, B는 조직
계, D는 기관계이다.

㉠. X의 예인 물관, 체관은 통도 조직에 해당하므로 X는 조직(A)
이다.

㉡. 조직계(B)는 식물에만 있는 구성 단계이므로 (가)는 식물, (나)는
동물이다.

㉢. 동물(나)에만 있는 D는 기관계이다.

03 저해제

E의 활성 부위에 결합하여 반응을 저해하는 X는 경쟁적 저해제이
다. Ⅰ은 X가 없을 때이고, Ⅱ는 X가 있을 때이다.

㉠. X는 경쟁적 저해제이다.

ⓛ. t_1일 때 Ⅰ에서가 Ⅱ에서보다 기질의 농도가 빠르게 감소하므로 Ⅰ은 X 없을 때이고, Ⅱ는 X가 있을 때이다. t_1일 때 생성물의 농도는 Ⅰ에서가 Ⅱ에서보다 높다.

✗. 기질의 농도는 효소 반응의 활성화 에너지 크기에 영향을 주지 않으므로 Ⅱ에서 E에 의한 반응의 활성화 에너지는 t_1일 때와 t_2일 때가 서로 같다.

04 세포막을 통한 물질 이동 방식

Ⅰ은 단순 확산, Ⅱ는 능동 수송, Ⅲ은 촉진 확산이고, ㉠은 '인지질 2중층을 통해 물질이 직접 이동한다.', ㉡은 'Na^+-K^+ 펌프를 통한 Na^+의 이동 방식이다.', ㉢은 '고농도에서 저농도로 물질이 이동한다.'이다.

✗. Ⅲ은 촉진 확산이고, '인지질 2중층을 통해 물질이 직접 이동한다(㉠).'는 단순 확산(Ⅰ)만 갖는 특징이므로 ⓐ는 '×'이다.

ⓛ. 'Na^+-K^+ 펌프를 통한 Na^+의 이동 방식이다(㉡).'를 갖는 Ⅱ는 능동 수송이다.

ⓛ. 단순 확산(Ⅰ)과 촉진 확산(Ⅲ)이 모두 갖는 ㉢은 '고농도에서 저농도로 물질이 이동한다.'이다.

05 전자 전달계

㉠은 NADH, ㉡은 $FADH_2$, ㉢은 O_2이다.

ⓛ. 1분자의 아세틸 CoA가 TCA 회로를 거쳐 완전 분해되면 3분자의 NADH(㉠)와 1분자의 $FADH_2$(㉡)가 생성된다.

✗. 전자 전달계에서 전자의 이동에 따라 방출된 에너지는 미토콘드리아 기질에서 막 사이 공간으로 H^+의 능동 수송에 이용된다.

ⓛ. 2분자의 NADH(㉠)와 2분자의 $FADH_2$(㉡)로부터 방출된 전자에 의해 환원되는 O_2(㉢)의 분자 수는 각각 1로 같다.

06 광합성

CO_2의 고정이 일어나는 X는 엽록체이고, ATP 합성 효소를 통해 H^+이 B에서 A로 이동하므로 A는 스트로마, B는 틸라코이드 내부이다.

ⓛ. 엽록체(X)에서 빛에너지가 화학 에너지로 전환된다.

ⓛ. CO_2의 고정(㉠)은 스트로마(A)에서 일어난다.

✗. 엽록체의 리보솜은 스트로마(A)에 있다.

07 명반응

㉠은 CO_2, ㉡은 빛이다.

ⓛ. ㉡만 있는 조건에서 ㉠만 있는 조건으로 바뀌었을 때 광합성이 잠시 일어나므로 ㉠은 CO_2이다.

✗. 명반응을 통해 합성된 NADPH는 CO_2(㉠)를 이용한 탄소 고정 반응에 이용된다. 따라서 ㉠이 없고 ㉡이 있는 조건에서 합성된 NADPH가 ㉠이 있고 ㉡이 없는 조건에서 시간 경과에 따라 탄소 고정 반응에 이용되므로 t_1일 때가 t_2일 때보다 스트로마에서 NADPH의 농도가 높다.

✗. 광합성에서 O_2는 빛을 이용한 명반응이 진행될 때 생성되므로 빛(㉡)이 있는 t_3일 때가 빛이 없는 t_2일 때보다 단위 시간당 생성되는 O_2의 양이 많다.

08 발효

X는 젖산, Y는 에탄올이고, ㉠은 NADH, ㉡은 NAD^+, ㉢은 CO_2이다.

✗. 피루브산이 각각 젖산과 에탄올로 전환되는 과정에서 NADH가 산화되어 NAD^+가 되므로 ㉠은 NADH이다.

ⓛ. (가)에서는 NADH(㉠)로부터 방출된 전자를 받아 피루브산이 환원되어 젖산(X)이 된다.

✗. 1분자당 $\dfrac{\text{수소 수}}{\text{탄소 수}}$는 젖산(X)이 2, 에탄올(Y)이 3이다.

09 TCA 회로

1분자당 탄소 수는 ㉠과 ㉡이 서로 같으므로 ㉠과 ㉡은 각각 4탄소 화합물과 옥살아세트산 중 하나이고, ㉢은 5탄소 화합물이다. 회로가 시계 방향으로 진행되므로 ㉠은 4탄소 화합물, ㉡은 옥살아세트산이다.

✗. 옥살아세트산(㉡)이 5탄소 화합물(㉢)로 전환되는 과정에서 1분자의 NADH, 1분자의 CO_2가 생성되므로 ⓑ와 ⓒ는 각각 NADH와 CO_2 중 하나이다. 4탄소 화합물(㉠)이 옥살아세트산(㉡)으로 전환되는 과정에서 생성되는 ⓐ와 ⓑ는 각각 NADH와 $FADH_2$ 중 하나이다. 따라서 ⓐ는 $FADH_2$, ⓑ는 NADH, ⓒ는 CO_2이고, 나머지 ⓓ는 ATP이다.

ⓛ. 옥살아세트산(㉡)이 시트르산을 거쳐 5탄소 화합물(㉢)로 전환되는 과정 Ⅰ에 아세틸 CoA가 이용된다.

✗. 1분자의 5탄소 화합물(㉢)이 1분자의 옥살아세트산(㉡)으로 전환되는 과정에서 2분자의 NADH(ⓑ)가 생성된다.

10 에이버리의 실험

㉠은 DNA, ㉡은 단백질이다.

ⓛ. 에이버리의 실험에서 살아 있는 S형 균이 관찰되었으므로 R형 균이 S형 균으로 형질 전환되었다.

ⓛ. 에이버리의 실험 결과로부터 죽은 S형 균의 유전 물질이 분해되지 않았음을 알 수 있으므로 ㉮는 단백질(㉡)이다.

✗. ⓐ는 디옥시리보스이다.

11 전사

x에서 A+T=G+C=10이고, ㉠에서 $\dfrac{A}{C}=\dfrac{1}{2}$이므로 Ⅱ에서 ㉠과 상보적인 부분에 있는 염기 개수는 T이 1개, G이 2개이다. ㉡에서 G의 개수와 C의 개수가 모두 2개라면 x에서 G+C=10을 만족하지 않으므로 ㉡에서 G과 C의 개수는 각각 1개이다. 또한 확정되지 않은 나머지 GC 1쌍의 한 염기는 ㉠에 있어야 하며, 퓨린 계열 염기의 개수는 ㉠에서가 ㉡에서보다 많으므로 ㉠에는 G이 1개 있고, ㉡에는 A이 없다. Ⅰ과 Ⅱ의 염기 조성을 나타내면 그림과 같다.

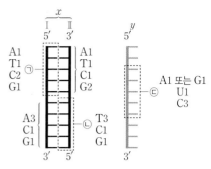

❌. RNA인 y는 T을 갖지 않으므로 ㉢에서 C의 개수가 3개이고, mRNA y의 전사 주형 가닥의 G의 개수는 최소 3개이어야 한다. 따라서 y의 전사 주형 가닥은 Ⅱ이다.

⭕. ㉢은 A과 G 중 하나, C, U의 3종류의 염기로 구성된다.

⭕. ㉢에는 U이 있고, y는 전사 비주형 가닥인 ㉠과 서열이 유사하므로 ㉢의 염기 서열에서 5′ 말단의 연속된 3염기는 CCU, CUC, UCC 중 하나이다. 따라서 y의 5′ 말단에서 1번째 염기와 2번째 염기는 각각 A과 G 중 서로 다른 하나이므로 y의 5′ 말단에서 2번째 염기는 퓨린 계열 염기이다.

12 생명 공학 기술

Ⅰ은 핵치환 기술, Ⅱ는 세포 융합 기술이다.

⭕. 무핵 난자에 체세포의 핵을 이식하여 핵을 제공한 개체의 형질이 복제된 개체를 얻는 Ⅰ은 핵치환 기술이다.

⭕. Ⅱ는 세포 융합 기술이다. 단일 클론 항체는 항체를 생성하는 B 림프구와 분열 능력이 있는 암세포를 융합한 잡종 세포로부터 얻을 수 있다. 따라서 세포 융합 기술(Ⅱ)을 이용하여 단일 클론 항체를 얻을 수 있다.

⭕. 제한 효소는 DNA의 특정 염기 서열을 인식하여 절단하는 효소이다.

13 1유전자 1효소설

a가 결실된 돌연변이는 최소 배지에서만 생장하지 못하는 Ⅱ이고, b가 결실된 돌연변이는 시트룰린과 아르지닌이 포함된 배지에서만 생장하는 Ⅰ이며, c가 결실된 돌연변이는 아르지닌이 포함된 배지에서만 생장하는 Ⅲ이다. 따라서 ㉠은 아르지닌, ㉡은 오르니틴, ㉢은 시트룰린이다.

⭕. ㉢은 시트룰린이다.

❌. 오르니틴(㉡)이 첨가된 배지에서 생장하지 못하고, 아르지닌(㉠)과 시트룰린(㉢)이 첨가된 배지에서 생장하는 b가 결실된 돌연변이는 Ⅰ이고, Ⅲ은 아르지닌(㉠)이 첨가된 배지에서만 생장하므로 c가 결실된 돌연변이이다.

❌. Ⅱ는 a가 결실된 돌연변이로 최소 배지에 아르지닌(㉠)이 첨가된 배지에서 생장은 할 수 있지만, A가 생성되지 않으므로 오르니틴(㉡)을 합성할 수 없다.

14 화학적 진화

A는 코아세르베이트, B는 마이크로스피어이다.

❌. 오파린은 코아세르베이트(A)를, 폭스는 마이크로스피어(B)를 원시 생명체의 기원으로 주장하였다.

❌. 원시 지구의 혼합 기체(CH_4, H_2O, NH_3, H_2 등)로부터 간단한 유기물이 합성되는 과정에서 아미노산(㉠)이 생성되고, 과정 Ⅰ에서 단백질, 핵산 등이 형성되었다.

⭕. 마이크로스피어(B)는 단백질 성분의 막을 가지고 있으며, 막을 통해 물질 이동이 일어난다.

15 생물의 분류 체계

㉠은 원핵생물계, ㉡은 세균역, ㉢은 고세균역, ㉣은 식물계, ㉤은 진핵생물역이다.

❌. 5계 분류 체계의 원핵생물계(㉠)가 3역 6계 분류 체계의 세균역(㉡)의 진정세균계와 고세균역(㉢)의 고세균계로 분리되었다.

⭕. 식물계(㉣)에 속하는 생물의 세포에는 주성분이 셀룰로스인 세포벽이 있다.

❌. 3역 6계의 분류 체계에서 세균역(㉡)에 속하는 생물과 고세균역(㉢)에 속하는 생물의 유연관계는 고세균역(㉢)에 속하는 생물과 진핵생물역(㉤)에 속하는 생물의 유연관계보다 멀다.

16 DNA 복제

㉠과 상보적인 염기를 ㉠′이라고 하자. 제시된 가닥(ⓐ)과 가닥의 서열 방향에 따라 가능한 프라이머는 다음과 같다.

구분		가능한 프라이머 서열
①	제시된 가닥(ⓐ)이 Ⅰ인 경우	5′−UA㉠′A−3′ 5′−UAU㉠′−3′
②	제시된 가닥(ⓐ)이 Ⅱ인 경우	5′−AUA㉠−3′ 5′−G㉠UA−3′

①의 경우 ㉠은 구아닌(G)이고, Y를 제외한 ㉴의 나머지 부분에서 $\dfrac{G+C}{A+T}=\dfrac{1}{2}$이다. ②의 경우 ㉠은 사이토신(C)이고, Y를 제외한 ㉴의 나머지 부분에서 $\dfrac{G+C}{A+T}=\dfrac{1}{2}$을 만족하지 않는다. 따라서 ㉠은 구아닌(G)이다.

⭕. 제시된 가닥(ⓐ)은 Ⅰ이다.

❌. 프라이머 X, Y와 ㉮, ㉯는 다음과 같다. 따라서 ㉯는 ㉮보다 먼저 합성되었다.

제시된 서열(Ⅰ) 3′−ATGTATATGGATAGGTGATA−5′
5′−<u>UACA</u>TATACC<u>UAUC</u>CACTAT−3′
　　　　X　　　　　　Y
　　　　㉮　　　　　　㉯

⭕. $\dfrac{G+C}{A+T}$은 ㉮에서 $\dfrac{3}{6}$, ㉯에서 $\dfrac{3}{5}$이므로 ㉯에서가 ㉮에서보다 크다.

17 유전자풀의 변화 요인

㉠은 병목 효과, ㉡은 돌연변이이다.

❌. 집단 내 A의 빈도와 a의 빈도를 더한 값이 1이므로 a의 빈도는 t_1일 때가 t_2일 때보다 작다.

⭕. 집단에서 자손 세대로 대립유전자가 무작위로 전달되어 대립유

전자의 빈도가 예측할 수 없는 방향으로 변하는 현상을 유전적 부동이라고 하며, 병목 효과와 창시자 효과가 대표적인 현상에 해당한다.
ㄷ. 구간 Ⅰ에서 A의 빈도가 1보다 작아지는 변화가 일어났으므로 돌연변이가 일어났다.

18 유전자 발현

만일 ㉮가 세린, ㉯가 류신이라면 Y는 4개의 아미노산으로 구성되고, 4번째 아미노산이 세린(㉮)이므로 X의 5번째 류신(㉯)을 암호화하는 코돈의 3번째 염기는 종결 코돈의 1번째 염기가 되므로 U이고, 코돈은 CUU이며, 6번째 아르지닌을 암호화하는 코돈은 AG○이다. Y의 4번째 아미노산인 세린(㉮)을 암호화하는 코돈은 ○CU이므로 코돈이 UCU이며, X의 4번째 아미노산인 아르지닌을 암호화하는 코돈의 3번째 염기가 U이므로 코돈은 CGU이다. 이때 Y의 3번째 아미노산을 암호화하는 코돈은 ○CG이며, 류신(㉯)을 암호화하는 코돈 중 2번째 염기가 C인 경우는 없으므로 모순이다. 이를 정리하면 다음과 같다.

X의 아미노산 서열: 메싸이오닌 - 세린(㉮) - 세린(㉮) - 아르지닌 - 류신(㉯) - 아르지닌
코돈 서열: AUG - ▨ - ▨ - CGU - CUU - AG○ - U○○

Y의 아미노산 서열: 메싸이오닌 - 세린(㉮) - 류신(㉯) - 세린(㉮)
코돈 서열: AUG - ▨ - ○CG - UCU - UAG
→ 류신의 코돈에 존재하지 않는 염기

만일 ㉮가 류신, ㉯가 세린이라면 Y는 4개의 아미노산으로 구성되므로 X의 5번째 아미노산인 세린을 암호화하는 코돈의 3번째 염기는 U이고, 6번째 아미노산인 아르지닌을 암호화하는 코돈 AG○이다. Y의 4번째 아미노산이 류신(㉮)이고, 류신을 암호화하는 코돈의 2번째 염기는 U이므로 X의 5번째 아미노산인 세린(㉯)을 암호화하는 코돈의 1번째 염기는 U이며, 코돈은 UCU이다. 따라서 Y의 4번째 아미노산인 류신을 암호화하는 코돈은 CUC이다. X의 4번째 아미노산인 아르지닌을 암호화하는 코돈의 3번째 염기가 C이므로 코돈은 CGC이며, Y의 3번째 아미노산인 세린(㉯)을 암호화하는 코돈의 2번째와 3번째 염기가 각각 C과 G이므로 코돈은 UCG이다. X의 3번째 아미노산인 류신(㉮)을 암호화하는 코돈은 3번째 염기가 U인 CUU이다. x의 전사 주형 가닥에서 결실이 일어난 연속된 2개의 동일한 염기가 X의 3번째 아미노산인 류신(㉮)을 암호화하는 코돈의 2번째 염기와 3번째 염기라면 Y의 3번째 아미노산인 세린(㉯)을 암호화하는 코돈 UCG가 형성될 수 없으므로 Y의 2번째 아미노산인 류신(㉮)을 암호화하는 코돈의 3번째 염기가 C이며, x의 전사 주형 가닥에서 결실된 연속된 2개의 동일한 염기는 GG이다. X의 2번째 염기인 류신(㉮)을 암호화하는 코돈은 CUC이다. 이를 정리하면 다음과 같다.

X의 아미노산 서열: 메싸이오닌 - 류신(㉮) - 류신(㉮) - 아르지닌 - 세린(㉯) - 아르지닌
코돈 서열: AUG - CUC - CUU - CGC - UCU - AG○ - U○○
→ 결실이 일어난 연속된 2개의 동일한 염기

Y의 아미노산 서열: 메싸이오닌 - 류신(㉮) - 세린(㉯) - 류신(㉮)
코돈 서열: AUG - CUU - UCG - CUC - UAG

Z의 아미노산 서열: 메싸이오닌 - 류신(㉮) - 세린(㉯) - 류신(㉮)
코돈 서열: AUG - CUC - UCU - UCG - CUC - UAG
→ 삽입된 염기

ㄱ. ㉮는 류신이다.
ㄴ. Y의 2번째 아미노산인 류신(㉮)을 암호화하는 코돈은 CUU이고, Z의 2번째 아미노산인 류신(㉮)을 암호화하는 코돈은 CUC이므로 서로 다르다.
ㄷ. x의 전사 주형 가닥에서 결실이 일어난 연속된 2개의 동일한 염기는 GG(㉠)이고, x의 전사 주형 가닥에 삽입된 염기는 A(㉡)이므로 ㉠과 ㉡은 모두 퓨린 계열 염기이다.

19 동물계

'체절이 있다.'는 가재, 지렁이가 갖는 특징이고, '탈피를 한다.'는 가재만 갖는 특징이며, '3배엽성 동물이다.'는 가재, 오징어, 지렁이가 갖는 특징이다. 따라서 ㉠은 '탈피를 한다.', ㉡은 '체절이 있다.', ㉢은 '3배엽성 동물이다.'이다. A는 가재, B는 해파리, C는 지렁이, D는 오징어이다.

ㄱ. A는 가재이다.
ㄴ. ㉠은 '탈피를 한다.'이다.
ㄷ. 해파리(B)는 자포동물, 오징어(D)와 지렁이(C)는 촉수담륜동물에 속하므로 해파리(B)와 지렁이(C)의 유연관계는 지렁이(C)와 오징어(D)의 유연관계보다 멀다.

20 하디·바인베르크 법칙

Ⅰ에서 A의 빈도를 p_1, A*의 빈도를 q_1, Ⅱ에서 A의 빈도를 p_2, A*의 빈도를 q_2, Ⅲ에서 A의 빈도를 p_3, A*의 빈도를 q_3이라고 하고, Ⅰ의 개체 수를 N이라고 하자. 이때 각 집단의 유전자형에 따른 개체의 비율과 총개체 수는 표와 같다.

구분	유전자형			총 개체 수
	AA	AA*	A*A*	
Ⅰ	p_1^2	$2p_1q_1$	q_1^2	N
Ⅱ	p_2^2	$2p_2q_2$	q_2^2	N
Ⅲ	p_3^2	$2p_3q_3$	q_3^2	$\frac{9}{4}N$

Ⅰ에서 A*을 가진 개체들을 합쳐서 구한 A의 빈도는 $\dfrac{2p_1q_1}{2(2p_1q_1+q_1^2)}$ $=\dfrac{p_1}{1+p_1}=\dfrac{1}{4}$이므로 $p_1=\dfrac{1}{3}$, $q_1=\dfrac{2}{3}$이다. Ⅰ과 Ⅱ의 개체들을 모두 합쳐서 구한 A*의 빈도는 $\dfrac{(2p_1q_1+2q_1^2)N+(2p_2q_2+2q_2^2)N}{4N}$ $=\dfrac{7}{12}$이고, 이를 정리하면 $\dfrac{4}{3}+2q_2=\dfrac{7}{3}$이며, $q_2=\dfrac{1}{2}$, $p_2=\dfrac{1}{2}$이다.

Ⅲ에서 (가)가 발현된 개체 수는 $(1-q_3^2)\times\dfrac{9}{4}N$이고, Ⅰ에서 (가)가 발현되지 않은 개체 수는 $\dfrac{4}{9}N$이다. 주어진 식으로부터 $q_3^2=\dfrac{49}{81}$이며, $q_3=\dfrac{7}{9}$, $p_3=\dfrac{2}{9}$이다.

ㄱ. A의 빈도는 Ⅰ에서가 $\dfrac{1}{3}$, Ⅱ에서가 $\dfrac{1}{2}$이다.
ㄴ. 유전자형이 AA인 개체 수는 Ⅰ과 Ⅲ에서 $\dfrac{N}{9}$으로 같다.
ㄷ. Ⅲ에서 임의의 암컷과 임의의 수컷 사이에서 태어난 F_1이 (가)가 발현되지 않을 확률은 암컷과 수컷에서 각각 A*가 선택될 확률과 같으므로 q_3^2과 같다. 따라서 구하고자 하는 확률은 $\dfrac{49}{81}$이다.

실전 모의고사 3회
본문 126~131쪽

01 ③	02 ⑤	03 ②	04 ②	05 ③
06 ②	07 ⑤	08 ③	09 ⑤	10 ②
11 ③	12 ⑤	13 ①	14 ⑤	15 ④
16 ②	17 ①	18 ③	19 ④	20 ③

01 생명 과학의 역사

A는 파스퇴르, B는 플레밍, C는 제너이다.

㉠. 파스퇴르는 백조목 플라스크를 이용한 실험을 통해 자연 발생설을 부정하고 생물 속생설(㉠)을 입증하였다.

㉡. 균계에 속하는 푸른곰팡이(ⓐ)는 종속 영양 생물이다.

✗. 제너(C)의 종두법 개발(1700년대)은 플레밍(B)의 페니실린 발견(1900년대)보다 먼저 이룬 성과이다.

02 세포 분획법

원심 분리 회전 속도가 느리면 비교적 크고 무거운 세포 소기관이 먼저 가라앉아 분리된다. 따라서 A는 핵, B는 미토콘드리아, C는 소포체이다.

㉠. 핵(A)의 막과 소포체(C)의 막 일부는 연결되어 있다.

㉡. 미토콘드리아(B)에서 기질 수준 인산화와 산화적 인산화에 의해 ATP가 생성된다.

㉢. 미토콘드리아(B)는 제시된 3가지 특징을 모두 갖고, 소포체(C)는 제시된 3가지 특징 중 '인지질 2중층으로 이루어진 막이 있다.'만을 갖는다.

03 식물 세포에서의 삼투

식물 세포를 저장액에 넣으면 세포로 유입되는 물의 양이 세포에서 유출되는 물의 양보다 많아 세포의 부피가 증가하고, 식물 세포를 고장액에 넣으면 세포에서 유출되는 물의 양이 세포로 유입되는 물의 양보다 많아 세포의 부피가 감소한다. 식물 세포로 이루어진 당근 컵 안쪽과 당근 컵 바깥쪽에 서로 다른 용액을 넣고 시간이 경과하였을 때 물의 양이 변한 것을 통해 삼투가 일어났음을 알 수 있다. 물 분자는 삼투에 의해 용질의 농도가 낮은 쪽에서 용질의 농도가 높은 쪽으로 순이동하므로 당근 컵 바깥쪽의 용액 농도가 당근 컵 안쪽의 용액 농도보다 낮으면 시간이 경과함에 따라 당근 컵 안쪽의 용액 높이가 증가한다. 따라서 Ⅰ은 당근 컵 안쪽에서 당근 컵 바깥쪽으로 물 분자가 순이동하고, Ⅱ는 당근 컵 바깥쪽에서 당근 컵 안쪽으로 물 분자가 순이동하며, Ⅰ~Ⅲ 중 2개의 비커에서 당근 컵 안쪽의 용액 높이가 증가하였으므로 Ⅲ에서 B의 농도는 A의 농도보다 높다.

✗. Ⅱ와 Ⅲ이 ㉠에 해당한다.

㉡. 설탕 용액의 농도는 B가 A보다 높다.

✗. 당근 컵 안과 밖으로의 물 분자의 이동은 삼투에 의해 일어나므로 ATP가 사용되지 않는다.

04 효소에 의한 반응

효소가 기질과 결합하면 효소·기질 복합체가 형성되고, 반응 결과 생성물이 만들어지며, 반응이 끝난 후 생성물과 분리된 효소는 새로운 기질과 결합하여 다시 반응에 이용된다.

✗. 효소와 결합하여 반응에 참여하는 ㉡은 기질이고, 반응 결과 효소와 분리되는 ㉠은 생성물이다. 효소에 의한 반응이 일어나면 기질의 양은 감소하고 생성물의 양은 증가하므로 ⓐ는 생성물(㉠)이고, 모든 기질이 효소와 반응하여 생성물로 전환된 이후에는 기질을 추가해야 생성물의 총량이 증가한다. 따라서 ⓑ는 기질(㉡)이다.

✗. X에 의한 반응에서 ㉡의 H^+과 e^-가 NAD^+에 전달되어 ㉡은 ㉠으로 산화되고 NAD^+는 NADH로 환원되므로 X는 산화 환원 효소이다.

㉢. t_1일 때는 생성물(ⓐ)의 양이 증가하고 있으므로 기질(㉡)과 결합한 X가 있지만, t_3일 때는 생성물(ⓐ)의 양이 변하지 않으므로 기질(㉡)과 결합한 X가 없다. 따라서 $\dfrac{\text{기질(㉡)과 결합한 X의 수}}{\text{X의 총수}}$는 t_1일 때가 t_3일 때보다 크다.

05 해당 과정

해당 과정에서 1분자의 포도당이 2분자의 피루브산으로 전환되므로 ㉠은 포도당이고, ㉡은 피루브산이다.

㉠. 구간 Ⅰ에서 1분자의 포도당이 1분자의 과당 2인산으로 전환되며, 이 과정에서 2분자의 ATP가 사용된다. 구간 Ⅱ에서 1분자의 과당 2인산이 2분자의 피루브산으로 전환되며, 이 과정에서 2분자의 NADH와 4분자의 ATP가 생성된다. 따라서 구간 Ⅰ과 Ⅱ 중 Ⅱ에서만 ATP가 생성된다.

㉡. 1분자당 수소 수는 포도당(㉠)이 12이고, 피루브산(㉡)이 4이다.

✗. 1분자의 포도당(㉠)이 2분자의 피루브산(㉡)으로 전환되는 해당 과정은 세포질에서 일어난다.

06 명반응

비순환적 전자 흐름에서 H_2O로부터 유래한 전자는 광계 Ⅱ와 광계 Ⅰ을 거쳐 최종 전자 수용체인 $NADP^+$에 전달된다. 따라서 ㉠은 H_2O, ㉡은 $NADP^+$이고, X는 광계 Ⅱ, Y는 광계 Ⅰ이다.

✗. 엽록소 a는 적색광과 청자색광을 주로 흡수한다. ⓐ는 파장이 500 nm인 빛을 680 nm인 빛보다 더 잘 흡수하므로 카로티노이드에 속하는 카로틴이고, ⓑ는 파장이 680 nm인 빛을 500 nm인 빛보다 더 잘 흡수하므로 엽록소 a이다. 광계 Ⅱ(X)와 광계 Ⅰ(Y)의 반응 중심 색소는 엽록소 a(ⓑ)이다.

✗. 순환적 전자 흐름에는 광계 Ⅰ(Y)과 광계 Ⅱ(X) 중 광계 Ⅰ(Y)만 관여하므로 순환적 전자 흐름에서 광계 Ⅱ(X)의 반응 중심 색소가 산화되고 환원되는 반응이 일어나지 않는다.

㉢. 1분자의 H_2O(㉠)이 분해될 때 방출되는 전자의 수와 1분자의 $NADP^+$(㉡)가 환원될 때 필요한 전자의 수는 각각 2로 같다.

07 탄소 고정 반응

(가)에서 CO_2 흡수량은 햇빛이 있는 시간 동안 비교적 높게 나타난다. 이는 캘빈 회로가 진행될 때 3PG의 환원과 RuBP의 재생 과정에서 명반응 산물이 필요하기 때문이다. 3PG, PGAL, RuBP 중

PGAL은 포도당 전환 과정에 사용된다. 따라서 Z는 PGAL이고, X는 RuBP, Y는 3PG이다.

㉠. 캘빈 회로에서 RuBP(X)가 3PG(Y)로 전환될 때 CO_2가 고정된다. 따라서 (가)에서 CO_2 흡수량이 상대적으로 높게 나타난 첫째 날 오후 1시일 때가 둘째 날 오전 3시일 때보다 (나)의 과정 Ⅱ(탄소 고정)가 많이 일어났다.

㉡. 3분자의 RuBP(X)는 3분자의 CO_2와 반응하여 6분자의 3PG(Y)로 전환되므로 ⓐ는 3이다. 5분자의 PGAL(Z)이 3분자의 RuBP(X)로 전환되므로 ⓑ는 5이다. 1분자당 RuBP(X)의 인산기 수는 2이고, 1분자당 3PG(Y)의 탄소 수는 3이다. 따라서 $\dfrac{1분자당\ X의\ 인산기\ 수+ⓐ}{1분자당\ Y의\ 탄소\ 수+ⓑ}=\dfrac{5}{8}$이므로 1보다 작다.

㉢. 과정 Ⅰ에서는 ATP가 사용되고, 과정 Ⅲ에서는 ATP와 NADPH가 모두 사용된다.

08 세포 호흡과 발효

진핵세포에서 젖산 발효와 알코올 발효는 세포질에서 일어나고, TCA 회로는 미토콘드리아 기질에서 일어난다. 알코올 발효와 TCA 회로에서는 CO_2가 생성되는 탈탄산 반응이 일어나지만 젖산 발효에서는 탈탄산 반응이 일어나지 않는다. 따라서 (가)는 TCA 회로, (나)는 알코올 발효, (다)는 젖산 발효이다.

㉠. TCA 회로(가)에서 시트르산이 5탄소 화합물로 전환되는 반응이 일어나며, 이 과정에서 CO_2와 NADH가 생성된다.

✘. 사람의 근육 세포에서는 알코올 발효(나)가 일어나지 않는다.

㉢. TCA 회로(가)에서는 5탄소 화합물이 4탄소 화합물로 전환되는 과정에서 효소에 의한 반응으로 ATP가 생성되고, 알코올 발효(나)와 젖산 발효(다)에서는 1분자의 포도당이 2분자의 피루브산으로 전환되는 과정에서 효소에 의한 반응으로 ATP가 생성된다. 따라서 (가)~(다)에서 모두 기질 수준 인산화에 의해 ATP가 생성된다.

09 산화적 인산화와 저해제

㉠을 처리하면 H^+이 ATP 합성 효소를 통해 막 사이 공간에서 미토콘드리아 기질로 확산되지 못하므로 ATP 합성이 일어나지 않는다. 이때 H^+ 농도 기울기가 감소하지 않아 전자 전달계에서 전자의 이동이 점차 감소하며 최종 전자 수용체인 O_2의 소비도 감소한다. ㉡을 처리하면 미토콘드리아 내막을 경계로 H^+ 농도 기울기가 감소하여 ATP 합성 효소를 통한 H^+의 이동이 감소하므로 ATP 합성이 일어나지 않는다. 이때 전자 전달계에서 전자의 이동은 일어나므로 소비된 O_2의 총량은 증가한다.

㉠. X 첨가 이후 ⓐ는 증가하고, ⓑ는 일정하므로 X는 ㉡이고, ⓐ는 O_2, ⓑ는 ATP이다.

㉡. 구간 Ⅰ에서 전자 전달 반응의 최종 전자 수용체인 O_2가 전자를 받아 환원되어 H_2O이 생성된다.

㉢. 구간 Ⅰ과 구간 Ⅱ에서 모두 미토콘드리아 내막의 전자 전달계를 통한 전자의 이동이 일어나므로 고에너지 전자가 방출하는 에너지에 의해 미토콘드리아 기질에서 막 사이 공간으로 H^+의 능동 수송이 일어났다.

10 젖당 오페론

포도당은 없고 젖당이 있는 배지에서 야생형 대장균을 배양하면 젖당 오페론을 조절하는 조절 유전자가 발현되어 생성된 억제 단백질이 젖당 유도체와 결합한다. 그 결과 젖당 오페론의 작동 부위에 억제 단백질이 결합하지 못하여 젖당 오페론의 프로모터에 RNA 중합 효소가 결합하고, 젖당 오페론의 구조 유전자가 발현되어 젖당 분해 효소가 생성된다. 따라서 야생형 대장균에서 억제 단백질과 젖당 분해 효소가 모두 생성되므로 ⓐ는 '생성됨', ⓑ는 '생성 안 됨'이다. 젖당 오페론의 작동 부위가 결실된 돌연변이는 억제 단백질과 작동 부위의 결합이 일어나지 않으므로 Ⅰ이고, Ⅱ는 젖당 오페론을 조절하는 조절 유전자로부터 젖당 유도체와 결합하지 못하는 억제 단백질이 생성되는 돌연변이이다. 젖당 오페론을 조절하는 조절 유전자로부터 젖당 유도체와 결합하지 못하는 억제 단백질이 생성되는 돌연변이는 작동 부위에 억제 단백질이 결합하여 젖당 오페론의 구조 유전자가 발현되지 않으므로 젖당 분해 효소가 생성되지 않는다. 따라서 ㉠은 젖당 분해 효소이다.

✘. 야생형에서 젖당 분해 효소(㉠)는 포도당은 있고 젖당이 없는 배지에서는 발현되지 않는다.

㉡. ⓐ는 '생성됨', ⓑ는 '생성 안 됨'이다.

✘. Ⅱ를 포도당은 있고 젖당이 없는 배지에서 배양했을 때 억제 단백질이 작동 부위에 결합하므로 젖당 오페론의 구조 유전자가 발현되지 않는다.

11 유전자풀의 변화 요인

유전자풀의 변화 요인에는 돌연변이, 유전적 부동, 자연 선택, 유전자 흐름이 있다.

Ⓐ. 병목 효과는 지진, 화재, 홍수, 질병 등에 의해 집단의 크기가 급격히 작아지는 현상이고, 창시자 효과는 원래의 집단에서 일부 개체들이 모여 새로운 집단을 형성할 때 나타나는 현상이다. 병목 효과나 창시자 효과를 겪은 집단에서 유전적 부동이 비교적 잘 나타나므로 이들은 모두 유전자풀의 변화 요인에 해당한다.

✘. 자연 선택은 생존율과 번식률을 높이는 데 유리한 어떤 형질을 가진 개체가 다른 개체보다 이 형질에 대한 대립유전자를 다음 세대에 더 많이 남겨 집단의 유전자풀이 변하게 되는 현상이다. 따라서 자연 선택은 환경 변화에 대한 개체의 적응 능력과 무관하게 일어나지 않는다.

Ⓒ. 유전자 흐름이 일어나면 새로운 유전자가 도입되거나 유전자 흐름이 일어난 두 집단 사이의 유전자풀 차이가 줄어들 수 있다. 따라서 유전자 흐름이 일어나면 유전자풀을 구성하는 대립유전자의 종류와 빈도가 달라질 수 있다.

12 진핵생물의 유전자 발현

X의 아미노산 서열에서 ㉮와 ㉯가 각각 세린과 트레오닌 중 하나이고, 트레오닌을 암호화하는 코돈은 AC로 시작하므로 ㉮가 트레오닌이라면 X를 암호화하는 mRNA의 일부 염기 서열은 5′−AUGAC××AC×AC×−3′이고, ㉯가 트레오닌이라면 X를 암호화하는 mRNA의 일부 염기 서열은 5′−AUG××AC××××××AC×AC×−3′이다. ㉮가 트레오닌이라고 가정했을 때

제시된 전사 주형 가닥에서 AC의 반복 패턴과 동일한 패턴을 찾을 수 있다.

3′-ⓒⓒⓛⓒⓒⓛⓒⓔⓛⓒⓒⓒⓒⓔⓒⓒⓒⓒⓒⓒⓔⓒⓒⓒⓛⓒⓒⓒⓒⓒⓛ-5′

mRNA의 서열과 전사 주형 가닥의 서열은 상보적이므로 ⓒ이 T, ⓔ이 G이다. ⓒ은 A, ⓛ은 C이다. ⓒ~ⓔ에 해당하는 염기를 대입하여 확인한 전사 주형 가닥의 염기 서열을 토대로 X를 암호화하는 mRNA의 염기 서열은 다음과 같다.

개시 코돈   종결 코돈
5′-UUGU/AUG/ACG/UCA/ACA/ACC/UCG/AGU/UAA/UUAG-3′
메싸이 트레 세린 트레 트레 세린 세린
오닌 오닌 (ⓝ) 오닌 오닌 (ⓝ) (ⓝ)
       (㉮)   (㉮) (㉮)

y는 x의 전사 주형 가닥에서 연속된 동일한 2개의 피리미딘 계열 염기가 삽입된 것이므로 전사 주형 가닥에 삽입된 염기는 TT 또는 CC이고, mRNA를 기준으로 AA 또는 GG이다. Y는 9개의 아미노산으로 구성되므로 Y를 암호화하는 mRNA에서 프롤린을 암호화하는 코돈과 종결 코돈을 고려하여 염기의 삽입 위치를 추론하면 다음과 같다.

개시 코돈   종결 코돈
5′-UUGU/AUG/ACG/UCA/ACA/AGG/CCU/CGA/GUU/AAU/UAG-3′
메싸이 트레 세린 트레 아르 프롤린 아르 발린 아스
오닌 오닌 (ⓝ) 오닌 지닌 지닌 파라진
       (㉮)   (㉮)

ⓞ. ㉮는 트레오닌, ㉯는 세린이다.
ⓞ. ㉠은 A, ㉡은 C, ㉢이 T, ㉣이 G이다. 따라서 A(㉠)과 G(㉣)은 모두 퓨린 계열 염기이다.
ⓞ. Y의 7번째 코돈은 CGA이고, CGA가 암호화하는 아미노산은 아르지닌이다.

13   1유전자 1효소설

야생형 붉은빵곰팡이는 최소 배지에서도 생장하므로 ⓐ는 야생형이고, Ⅰ~Ⅲ 중 최소 배지에 ㉠을 첨가한 배지, 최소 배지에 ㉡을 첨가한 배지, 최소 배지에 ㉢을 첨가한 배지에서 모두 생장하는 ⓓ는 유전자 *a*에 돌연변이가 일어난 붉은빵곰팡이다. ⓑ는 최소 배지에 ㉠을 첨가한 배지에서는 생장하지만, 최소 배지에 ㉡을 첨가한 배지, 최소 배지에 ㉢을 첨가한 배지에서는 모두 생장하지 못하므로 유전자 *c*에 돌연변이가 일어난 붉은빵곰팡이이고, ㉠은 아르지닌이다. 나머지 ⓒ는 유전자 *b*에 돌연변이가 일어난 붉은빵곰팡이이고, 시트룰린이나 아르지닌(㉠)을 첨가한 배지에서는 생장하지만 오르니틴을 참가한 배지에서는 생장하지 못한다. 따라서 ㉡은 시트룰린, ㉢은 오르니틴이다.

ⓞ. 시트룰린(㉡)은 유전자 *c*가 발현되어 생성된 효소 C의 기질이다.
✕. ⓑ는 유전자 *c*에 돌연변이가 일어나 기능이 상실된 돌연변이주이다.
✕. ⓒ는 유전자 *b*에 돌연변이가 일어난 붉은빵곰팡이이므로 최소 배지에 오르니틴(㉢)을 첨가한 배지에서 생장하지 못한다.

14   생명의 진화

최초의 산소 호흡 세균은 최초의 광합성 세균이 등장하여 대기 중 O_2(㉡)의 농도가 증가한 이후에 출현하였으므로 t_2일 때가 t_1일 때보

다 대기 중 O_2 농도가 낮고, B는 최초의 무산소 호흡 종속 영양 생물이며, A는 최초의 산소 호흡 세균이다.

ⓞ. 최초의 무산소 호흡 종속 영양 생물(B)의 무산소 호흡 결과 대기 중 CO_2 농도가 증가하였으므로 ㉠은 CO_2, ㉡은 O_2이다.
ⓞ. 최초의 산소 호흡 세균(A)이 출현한 이후 최초의 진핵생물이 출현하였으므로 A는 원핵생물이다.
ⓞ. 원시 생명체의 진화는 최초의 무산소 호흡 종속 영양 생물 출현 → 최초의 광합성 세균 출현 → 최초의 산소 호흡 세균 출현 순으로 일어났으므로 시간의 흐름은 $t_2 \rightarrow t_3 \rightarrow t_1$이다.

15   3역 6계 분류 체계

제시된 4가지 특징 중 '세포벽을 갖는다.'는 장미, 효모, 남세균, 우산이끼가 모두 갖는 특징이므로 ㉠이다. 제시된 4가지 특징 중 각 생물이 갖는 특징의 개수는 장미는 4개, 효모는 1개, 남세균은 2개, 우산이끼는 3개이다. 따라서 C는 장미, A는 우산이끼이며, ㉡은 '다세포 생물이다.'이고, ⓐ는 '○'이다. 장미(C)만 갖는 특징인 ㉢은 '종자로 번식한다.'이고, 효모를 제외한 나머지 3가지 생물이 모두 갖는 ㉣은 '독립 영양 생물이다.'이다. B는 효모, D는 남세균이다.

ⓞ. 식물계에 속하는 우산이끼(A)는 다세포 생물이고, 남세균(D)은 광합성을 하는 독립 영양 생물이므로 ⓐ와 ⓑ는 모두 '○'이다.
✕. 3역 6계 분류 체계에 따르면 우산이끼(A)와 장미(C)는 식물계에 속하고, 효모(B)는 균계에 속한다. 따라서 우산이끼(A)와 효모(B)의 유연관계는 우산이끼(A)와 장미(C)의 유연관계보다 멀다.
ⓞ. 3역 6계 분류 체계에 따르면 남세균(D)은 세균역에 속한다.

16   동물의 분류

무배엽성 동물인 A는 해면동물문에 속하는 주황해변해면이고, 방사 대칭 동물인 B는 자포동물문에 속하는 말미잘이다. 절지동물문에 속하는 거미와 연체동물문에 속하는 달팽이는 모두 원구가 입이 되는 선구동물이고, 척삭동물문에 속하는 우렁쉥이는 원구가 항문이 되는 후구동물이다. 따라서 E는 우렁쉥이다. 탈피를 하는 C는 거미이고, D는 달팽이다.

✕. ㉠은 입, ㉡은 항문이다.
✕. 말미잘(B)은 2배엽성 동물이므로 중배엽이 형성되지 않고, 3배엽성 동물인 거미(C)는 중배엽이 형성된다.
ⓞ. 달팽이(D)는 촉수담륜동물에 속한다.

17   DNA 복제

이중 가닥 DNA는 서로 상보적인 염기를 가지므로 Ⅰ에서 G+C의 함량(%)은 Ⅱ와 Ⅲ에서 G+C의 함량(%)을 더한 후 2로 나눈 값과 같다. 따라서 ㉡은 Ⅰ이고, ㉠과 ㉢은 각각 Ⅱ와 Ⅲ 중 하나이며, 나머지 ㉣은 Y이다. X에서 G+C의 함량이 40 %이므로 G과 C의 개수를 더한 값은 2이고, $\dfrac{A}{G}$이 3이므로 G의 개수는 1개, A의 개수는 3개, C의 개수는 1개이다. ㉣(Y)에서 G+C의 함량이 60 %이므로 G과 C의 개수를 더한 값은 3이고, $\dfrac{A}{G}$이 $\dfrac{2}{3}$이므로 G의 개수는 3개,

A의 개수는 2개, C의 개수는 0개이다. Ⅰ(ⓛ)에서 G+C의 함량이 48 %이므로 G과 C의 개수를 더한 값은 24, A과 T의 개수를 더한 값은 26이다. ㉠에서 G+C의 함량이 40 %이므로 G과 C의 개수를 더한 값은 10, X와 Y에 모두 U이 없으므로 A과 T의 개수를 더한 값은 15이다. ㉠에서 $\frac{A}{G}$은 1이므로 A의 개수와 G의 개수는 같고, ㉠에서 T의 개수가 9개라는 조건을 대입하면 A의 개수는 6개, G의 개수는 6개, C의 개수는 4개이다. ㉢에서 G+C의 함량이 56 %이므로 G과 C의 개수를 더한 값은 14, X와 Y에 모두 U이 없으므로 A과 T의 개수를 더한 값은 11이다. Ⅰ과 Ⅱ 사이의 염기 간 수소 결합의 총개수가 Ⅰ과 Ⅲ 사이의 염기 간 수소 결합의 총개수보다 4개 많으므로 ㉢은 Ⅱ, ㉠은 Ⅲ이다. Ⅱ(㉢)에서 $\frac{A}{G}$은 $\frac{3}{2}$이고, Ⅰ(ⓛ)에서 C의 개수는 Ⅱ(㉢)와 Ⅲ(㉠)에서 G의 개수를 더한 값과 같다. Ⅲ(㉠)에서 G의 개수는 6개이고, Ⅱ(㉢)에서 G의 개수를 $2x$라고 가정하면 Ⅱ(㉢)에서 C의 개수는 $14-2x$이고, Ⅰ과 Ⅱ에서 C의 개수가 서로 같으므로 $2x+6=14-2x$이다. x는 2이고, Ⅱ(㉢)에서 G의 개수는 4개, A의 개수는 6개이다. Ⅰ(ⓛ)과 Ⅱ(㉢)에서 C의 개수는 각각 10개이다. Ⅰ~Ⅲ, X, Y 각각에서 A, T, C, G의 염기 개수는 다음과 같다.

구분	A	T	C	G
Ⅰ(ⓛ)	14	12	10	14
Ⅱ(㉢)	6	5	10	4
Ⅲ(㉠)	6	9	4	6
X	3	0	1	1
Y(㉣)	2	0	0	3

㉠ ㉠은 Ⅲ, ⓛ은 Ⅰ, ㉢은 Ⅱ이다.
✗. 구아닌(G)의 개수는 X에서 1개, Y에서 3개이므로 Y에서가 X에서보다 많다.
✗. 아데닌(A)의 개수는 Ⅱ에서와 Ⅲ에서가 각각 6개로 같다.

18 유전 물질

(가)에서 상층액 A에는 상대적으로 밀도가 작은 파지의 단백질이, 침전물 B에는 상대적으로 밀도가 큰 대장균이 있으며 파지를 대장균에 감염시키면 파지의 DNA가 대장균 내로 들어간다. A에서만 방사선이 검출되었으므로 ㉠은 단백질의 구성 원소인 ^{35}S이다.
㉠. A에는 ^{35}S으로 표지된 파지의 단백질이 있고, B에는 대장균 내로 들어간 파지의 DNA가 있다.
ⓛ. ⓑ는 피막을 갖고, (나)의 죽은 쥐에서 살아 있는 ⓑ가 발견되었으므로 ⓑ는 병원성 균인 S형 균, ⓐ는 비병원성 균인 R형 균이다. 이 실험을 통해 R형 균(ⓐ)이 S형 균(ⓑ)으로 형질 전환되었음을 알 수 있다.
✗. (나)는 S형 균에서 R형 균으로 전달된 유전 물질이 DNA임을 증명하지는 못하였다.

19 하디·바인베르크 평형

Ⅰ에서 우성 대립유전자의 빈도를 $p_Ⅰ$, 열성 대립유전자의 빈도를 $q_Ⅰ$, Ⅱ에서 우성 대립유전자의 빈도를 $p_Ⅱ$, 열성 대립유전자의 빈도를 $q_Ⅱ$

라고 가정하자. 흰색 몸이 회색 몸에 대해 우성 표현형이라면, A^*는 A에 대해 완전 우성이고, $\frac{회색\ 몸\ 개체\ 수}{A의\ 수}=\frac{q_Ⅰ^2}{2p_Ⅰq_Ⅰ+2q_Ⅰ^2}=$ $\frac{q_Ⅰ}{2p_Ⅰ+2q_Ⅰ}$이고, $p_Ⅰ+q_Ⅰ=1$이므로 $\frac{q_Ⅰ}{2}=\frac{3}{5}$이다. 따라서 $q_Ⅰ$은 $\frac{6}{5}$, $p_Ⅰ$은 $-\frac{1}{5}$이므로 성립하지 않는다. 회색 몸이 흰색 몸에 대해 우성 표현형이라면, A는 A^*에 대해 완전 우성이고, $\frac{회색\ 몸\ 개체\ 수}{A의\ 수}$ $=\frac{p_Ⅰ^2+2p_Ⅰq_Ⅰ}{2p_Ⅰ^2+2p_Ⅰq_Ⅰ}=\frac{p_Ⅰ+2q_Ⅰ}{2p_Ⅰ+2q_Ⅰ}$이고, $p_Ⅰ+q_Ⅰ=1$이므로 $\frac{q_Ⅰ+1}{2}$ $=\frac{3}{5}$이다. 따라서 $q_Ⅰ$은 $\frac{1}{5}$, $p_Ⅰ$은 $\frac{4}{5}$이다. Ⅱ에서 유전자형이 ㉠인 개체의 빈도는 Ⅰ에서 흰색 몸 개체의 빈도($q_Ⅰ^2$)의 4배이므로 $\frac{4}{25}=\left(\frac{2}{5}\right)^2$이다. ㉠이 AA라고 가정하면 $p_Ⅱ^2=\left(\frac{2}{5}\right)^2$이므로 $p_Ⅱ$는 $\frac{2}{5}$, $q_Ⅱ$는 $\frac{3}{5}$이다. ㉠이 AA^*라고 가정하면 $2p_Ⅱq_Ⅱ=\frac{4}{25}$이고, $p_Ⅱ+q_Ⅱ=1$과 방정식을 세워 $p_Ⅱ$와 $q_Ⅱ$의 값을 구하면 하디·바인베르크 평형이 유지되는 집단이라는 조건이 성립하지 않는다. 따라서 ㉠은 AA이다.
✗. 회색 몸 개체 수는 Ⅰ과 Ⅱ에서 같으므로 Ⅰ의 개체 수×($p_Ⅰ^2+2p_Ⅰq_Ⅰ$)=Ⅱ의 개체 수×($p_Ⅱ^2+2p_Ⅱq_Ⅱ$)이다. $\frac{Ⅰ의\ 개체\ 수}{Ⅱ의\ 개체\ 수}=\frac{2}{3}$이므로 Ⅰ을 구성하는 개체 수는 4000, Ⅱ를 구성하는 개체 수는 6000이다.
ⓛ. Ⅰ에서 A의 빈도($p_Ⅰ$)는 $\frac{4}{5}$이고, Ⅱ에서 A^*의 빈도($q_Ⅱ$)는 $\frac{3}{5}$이다. 따라서 $\frac{Ⅰ에서\ A의\ 빈도}{Ⅱ에서\ A^*의\ 빈도}>1$이다.
ⓒ. Ⅱ에서 유전자형이 AA^*인 암컷이 임의의 흰색 몸 수컷과 교배하여 자손(F_1)을 낳을 때, 이 F_1이 흰색 몸일 확률은 A^*를 물려줄 확률인 $\frac{1}{2}$이다.

20 제한 효소

Ⅱ와 Ⅲ에서 생성된 DNA 조각의 염기 수 중 26이 공통으로 있고, 해당 조각을 생성하는 제한 효소를 ⓐ로 추론할 수 있다. 각 제한 효소가 인식하는 염기 서열과 절단 위치를 제시된 DNA 가닥에서 찾으면, Pvu Ⅰ의 인식 서열 일부를 찾을 수 있다. Pvu Ⅰ에 의해 잘려서 생성되는 DNA 조각의 염기 수는 26, 44이다. 3′ 말단 근처와 ㉴ 인근에서 BamH Ⅰ의 인식 서열 일부를 찾을 수 있고, ⓐ는 ㉴의 일부에 절단 위치를 포함하는 Pvu Ⅰ임을 알 수 있다. ㉠은 아데닌(A), ⓛ은 타이민(T)이고, 이때 BamH Ⅰ에 의해 잘려서 생성되는 DNA 조각 중에 염기 수가 10인 조각이 있으므로 ⓑ가 BamH Ⅰ이라고 추론할 수 있다. 또한 ⓑ를 첨가했을 때 생성된 DNA 조각의 수가 3이므로 ㉴에 BamH Ⅰ의 인식 서열 일부가 있다. ⓑ만 첨가했을 때 생성되지 않는 DNA 조각이 ⓑ와 ⓒ를 함께 첨가했을 때 생성되므로 이를 토대로 ⓒ가 인식하는 서열을 추론할 수 있다. ⓒ는 EcoR Ⅰ이고, ㉮에 ⓒ의 인식 서열 일부가 있다. 따라서 EcoR Ⅰ(ⓒ)과 Pvu Ⅰ(ⓐ)을 첨가하여 자르면 염기 수가 12, 26, 32인 DNA 조각이 생성된다. 나머지 ⓓ는 Xba Ⅰ이다. ㉮와 ㉴의 염기 서열과 함께 ⓐ~ⓓ의 절단 위치를 표시하면 다음과 같다.

```
      EcoR I Xba I    BamH I    Pvu I BamH I
      (ⓒ)  ㉮ (ⓓ)      (ⓑ)     ㉯ (ⓐ)    (ⓑ)
5′-TATGAATTCTAGAAGGATCCGATCGTAGGATCCCT-3′
3′-ATACTTAAGATCTTCCTAGGCTAGCATCCTAGGGA-5′
```

㉠. ㉠은 아데닌(A), ㉡은 T(타이민)이다.

㉡. Ⅴ에 첨가한 제한 효소에 의해 생성된 DNA 조각 수가 4이므로 첨가한 제한 효소 중 하나는 인식 서열이 2곳 있고, 나머지 하나는 인식 서열이 1곳 있음을 알 수 있다. 생성된 DNA 조각의 염기 수를 각 제한 효소를 처리했을 때 생성되는 DNA 조각의 염기 수와 비교하면 Ⅴ에 처리한 제한 효소가 BamH Ⅰ과 Xba Ⅰ임을 알 수 있다.

✗. 퓨린 계열 염기(A, G)의 개수는 ㉮에서 1개, ㉯에서는 2개이다.

01 생명 과학의 역사

(가)와 (다)는 1800년대에, (나)는 1600년대에 이루어진 성과이다.

✗. 생물 속생설(ⓐ)은 생물은 기존의 생물로부터 생겨남을 설명한다.

㉡. 하비(ⓑ)는 관찰과 실험을 통해 1628년에 혈액이 체내에서 순환한다는 사실을 알아내었다.

㉢. (가)~(다) 중 가장 먼저 이루어진 성과는 1600년대에 이루어진 (나)이다.

02 동물의 구성 단계

A는 기관, B는 세포, C는 기관계이고, ㉠은 심장, ㉡은 적혈구이다.

㉠. 심장(㉠)에는 상피 조직, 근육 조직, 신경 조직, 결합 조직이 모두 있다.

㉡. 세포(B)는 동물과 식물에 모두 있는 구성 단계이다.

㉢. 연관된 기능을 하는 여러 기관이 모여 기관계(C)를 이룬다.

03 식물 세포에서의 삼투

㉠. 고장액에 있던 식물 세포 X를 저장액에 넣었을 때 세포의 부피가 증가함에 따라 감소하는 A는 삼투압이고, 증가하는 B는 팽압이다.

㉡. '삼투압=팽압+흡수력'이고, V_2일 때 삼투압(A)이 팽압(B)의 2배이므로 V_2일 때 흡수력과 팽압의 크기는 서로 같다.

✗. '흡수력=삼투압(A)−팽압(B)'이므로 흡수력은 A와 B의 압력 차가 큰 V_1일 때가 압력 차가 작은 V_3일 때보다 크다.

04 명반응

(가)는 광계 Ⅱ에서 일어나는 명반응 과정의 일부이고, (나)에서 A는

광계 Ⅱ, B는 광계 Ⅰ이다. 최종 전자 수용체인 ㉠은 $NADP^+$이다.

㉠. 물의 광분해는 광계 Ⅱ에서 일어나므로 X는 광계 Ⅱ(A)이다.

㉡. P_{700}은 광계 Ⅰ(B)의 반응 중심 색소이다. 따라서 광계 Ⅰ(B)에서 빛에너지를 흡수하여 전자를 방출함으로써 산화된 P_{700}은 광계 Ⅱ(A)로부터 전자 전달계를 거쳐온 전자에 의해 환원된다.

✗. 비순환적 전자 흐름(비순환적 광인산화)에서 최종 전자 수용체로 작용하는 ㉠은 $NADP^+$이다.

05 효소의 작용과 저해제

저해제 X는 효소 E의 활성 부위가 아닌 다른 부위에 결합하여 효소의 기능을 저해하는 비경쟁적 저해제이다. 조건 Ⅱ일 때의 최대 초기 반응 속도는 조건 Ⅰ일 때의 최대 초기 반응 속도에 도달하지 못하므로 Ⅱ가 X(비경쟁적 저해제)가 있을 때이다. 시간이 경과함에 따라 농도가 증가하는 ⓐ는 생성물이며, 시간에 따라 생성물(ⓐ)의 농도가 ㉠보다 느리게 증가하는 ㉡이 비경쟁적 저해제 X가 있을 때인 Ⅱ이다.

㉠. ㉠은 Ⅰ, ㉡은 Ⅱ이다.

✗. 효소·기질 복합체의 형성이 증가할수록 초기 반응 속도가 증가하므로 (가)에서 S_1일 때 기질과 결합한 E의 수는 Ⅰ에서가 Ⅱ에서보다 많고, 기질과 결합하지 않은 E의 수는 Ⅱ에서가 Ⅰ에서보다 많다. 따라서 $\dfrac{\text{기질과 결합하지 않은 E의 수}}{\text{기질과 결합한 E의 수}}$ 는 Ⅰ에서가 Ⅱ에서보다 작다.

✗. Ⅰ(㉠)에서 t_1일 때는 반응이 끝나 생성물(ⓐ)의 농도가 최대일 때이다. 따라서 t_1일 때 E에 의한 반응 속도는 반응이 진행되고 있는 Ⅱ(㉡)에서가 반응이 끝난 Ⅰ(㉠)에서보다 빠르다.

06 화학적 진화

✗. ⓐ는 코아세르베이트, ⓑ는 마이크로스피어이다.

㉡. 마이크로스피어(ⓑ)는 단백질로 구성된 막을 가지고 있으며, 주변 환경으로부터 선택적으로 물질을 흡수하면서 커진다.

✗. 코아세르베이트(ⓐ)와 마이크로스피어(ⓑ)는 모두 유기물 복합체에 해당한다.

07 캘빈 회로

CO_2가 고정되어 생성되는 물질 Z가 3PG이므로 X는 PGAL, Y는 RuBP이다. 3분자의 CO_2가 고정되어 생성된 6분자의 3PG로부터 6분자의 PGAL이 생성되고, 포도당 합성에 이용되는 1분자의 PGAL을 제외한 5분자의 PGAL이 3분자의 RuBP로 재생된다. 3PG 환원 단계인 과정 Ⅱ에서 ATP와 NADPH가 소모되고, RuBP 재생 단계인 과정 Ⅰ에서 ATP가 소모된다.

㉠. ㉠은 5, ㉡은 3, ㉢은 6이다. 따라서 $\dfrac{㉡}{㉢}=\dfrac{3}{5}$이다.

✗. Ⅰ에서는 ATP가, Ⅱ에서는 ATP와 NADPH가 소모된다.

✗. 1분자당 $\dfrac{\text{탄소 수}}{\text{인산기 수}}$는 RuBP(Y)가 $\dfrac{5}{2}$이고, 3PG(Z)가 $\dfrac{3}{1}$이다. 따라서 1분자당 $\dfrac{\text{탄소 수}}{\text{인산기 수}}$는 RuBP(Y)가 3PG(Z)보다 작다.

08 TCA 회로

$\dfrac{\text{C의 탄소 수}}{\text{A의 탄소 수}+\text{D의 탄소 수}}=\dfrac{2}{3}=\dfrac{6}{9}$ 이므로 C는 시트르산이고, A와 D의 탄소 수는 각각 5와 4 중 하나이며, B의 탄소 수도 4이다. 과정 Ⅲ에서 ㉡과 ㉢은 생성되지 않으므로 ㉠이 1분자, ㉣이 1분자 생성된다. 과정 Ⅱ에서는 ㉡이 생성되지 않을 경우 ㉠이 1분자, ㉢이 3분자, ㉣이 1분자 생성되고, ㉠이 생성되지 않을 경우 ㉡이 1분자, ㉢이 2분자, ㉣이 2분자 생성된다. C가 시트르산이고, C가 D로 전환되는 과정에서 ㉠~㉣ 중 3가지가 생성되므로 D는 4탄소 화합물이고, 이 과정에서 3분자가 생성되는 물질은 없으므로 생성되지 않은 ㉠은 $FADH_2$, 1분자 생성되는 ㉡은 ATP, 2분자 생성되는 ㉢과 ㉣은 각각 CO_2와 NADH 중 하나이다. 4탄소 화합물(D)이 B로 전환되는 과정에서 1분자 생성되는 ㉣이 NADH이므로 B는 옥살아세트산이고, A는 5탄소 화합물이며, ㉢은 CO_2이다. 5탄소 화합물(A)이 옥살아세트산(B)으로 전환되는 과정에서 $FADH_2$(㉠), ATP(㉡), CO_2(㉢)는 각각 1분자씩 생성되고, NADH(㉣)는 2분자 생성된다. Ⅰ~Ⅲ에서 생성되는 ㉠~㉣의 분자 수를 정리하면 다음과 같다.

과정	분자 수			
	㉠ ($FADH_2$)	㉡ (ATP)	㉢ (CO_2)	㉣ (NADH)
Ⅰ (5탄소 화합물 A → 옥살아세트산 B)	1	1	1	2
Ⅱ (시트르산 C → 4탄소 화합물 D)	0	1	2	2
Ⅲ (4탄소 화합물 D → 옥살아세트산 B)	1	0	0	1

㉠. A는 5탄소 화합물, B는 옥살아세트산, C는 시트르산, D는 4탄소 화합물이다.

㉡. 시트르산에서 4탄소 화합물로 전환되는 과정 Ⅱ에서 ATP, CO_2, NADH가 생성된다.

㉢. 1분자의 시트르산(C)이 1분자의 옥살아세트산(B)으로 전환되는 과정에서 $FADH_2$(㉠)가 1분자, ATP(㉡)가 1분자, CO_2(㉢)가 2분자, NADH(㉣)가 3분자 생성된다.

09 오페론

㉠은 젖당 오페론을 조절하는 조절 유전자, ㉡은 젖당 오페론의 프로모터, ㉢은 젖당 오페론의 구조 유전자이다.

✗. 젖당 분해 효소의 아미노산 서열은 젖당 오페론의 구조 유전자(㉢)에 암호화되어 있다.

㉡. 돌연변이 대장균 X를 포도당은 없고 젖당이 있는 배지에서 배양했을 때 젖당 분해 효소를 생성하지만, 억제 단백질을 생성하지 못하는 것은 젖당 오페론을 조절하는 조절 유전자(㉠)가 결실되었기 때문이다. 따라서 X는 ㉠이 결실된 돌연변이다.

㉢. X에서 젖당 분해 효소는 생성되었으므로 RNA 중합 효소가 프로모터(㉡)에 결합하여 전사가 일어났음을 알 수 있다.

10 DNA 구조

X에서 $\dfrac{㉠+㉡}{㉢+㉣}$의 값이 1이 아니므로 ㉠이 C라면 ㉡은 G이고, ㉢

과 ㉣은 각각 A과 T 중 하나이다. X_1에서도 $\dfrac{㉠+㉡}{㉢+㉣}=\dfrac{5}{6}$이므로 X_1에서 G+C을 $5x$, A+T를 $6x$라고 하면, X에서 염기 간 수소 결합의 총 개수가 140개이므로 $x=\dfrac{140}{27}$이다. x는 자연수이어야 하므로 ㉠은 C이 아니다. 따라서 ㉠은 T, ㉡은 A이고, ㉢과 ㉣은 각각 G과 C 중 하나이다. $\dfrac{㉠+㉡}{㉢+㉣}=\dfrac{5}{6}$이므로 X_1에서 A+T를 $5x$, G+C를 $6x$라고 하면, X에서 염기 간 수소 결합의 총개수가 140개이므로 $x=5$이다. X_1에서 $\dfrac{T(㉠)}{A(㉡)}=\dfrac{2}{3}$이므로 T(㉠)의 개수는 10개, A(㉡)의 개수는 15개이다. X_1에서 $\dfrac{T}{㉢}=\dfrac{5}{6}$이므로 ㉢의 개수는 12개이고, G+C가 30이므로 ㉣의 개수는 18개이다. X_1을 구성하는 퓨린 계열 염기의 수가 피리미딘 계열 염기의 수보다 많으므로 ㉢은 C, ㉣은 G이다. X를 구성하는 X_1과 X_2에서 각 염기의 개수를 정리하면 다음과 같다.

구분	염기 개수(개)				합계(개)
	㉠(T)	㉡(A)	㉢(C)	㉣(G)	
X_1	10	15	12	18	55
X_2	15	10	18	12	55

㉠. X에서 뉴클레오타이드의 총개수는 X_1과 X_2를 구성하는 뉴클레오타이드의 합인 110개이다.

✗. ㉠은 T, ㉡은 A, ㉢은 C, ㉣은 G이다.

✗. X_2에서 ㉡(A)의 개수는 10개이다.

11 세포 호흡과 발효

효모에서는 피루브산의 산화와 알코올 발효가 일어나고, 사람의 근육 세포에서는 피루브산의 산화와 젖산 발효가 일어나므로 과정 Ⅰ은 알코올 발효, 과정 Ⅱ는 피루브산의 산화, 과정 Ⅲ은 젖산 발효이다. 그러므로 A는 에탄올, B는 아세틸 CoA, C는 젖산이다.

㉠. 에탄올(A)과 아세틸 CoA(B)의 탄소 수는 모두 2이다.

㉡. 알코올 발효(Ⅰ)와 젖산 발효(Ⅲ)에서 모두 NADH가 산화되어 NAD^+가 생성된다.

✗. 피루브산의 산화 과정(Ⅱ)에서는 탈탄산 반응에 의해 CO_2가 생성되지만, 젖산 발효(Ⅲ)에서는 탈탄산 반응이 일어나지 않으므로 CO_2가 생성되지 않는다.

12 DNA 복제

㉴가 Ⅰ이라면 ㉮(Ⅱ)를 주형으로 ㉠이 합성될 때 프라이머 X의 염기 서열은 5′−GCCG−3′이다. 이 경우 프라이머와 주형 가닥 사이의 염기 간 수소 결합의 총개수가 X보다 많은 프라이머가 존재할 수 없다. 따라서 ㉮가 Ⅰ이고, ㉮(Ⅰ)를 주형으로 ㉠이 합성될 때 프라이머 X의 염기 서열은 5′−AGUC−3′이다. 프라이머와 주형 가닥 사이의 염기 간 수소 결합의 총개수는 Z>Y>X이므로 ㉯(Ⅱ)를 주형으로 ㉢이 합성될 때 프라이머 Z의 염기 서열은 5′−GCCG−3′이다. 프라이머 Y와 주형 가닥 사이의 염기 간 수소 결합의 총개수가 11개

이어야 하므로 Y의 염기 서열에서 $A+U=1$, $G+C=3$이어야 한다. 따라서 Y의 염기 서열은 $5'-CUGC-3'$이다. I과 II를 복제 주형 가닥으로 복제가 일어날 때 프라이머 X, Y, Z의 결합 부위와 염기 서열을 나타내면 다음과 같다.

⊙. ㉮는 I, ㉯는 II이다.

✗. 지연 가닥의 합성 과정에서 복제 주형 가닥의 3′ 말단에 가깝게 위치한 가닥이 나중에 합성된 가닥이므로 프라이머 Y를 가진 ⓒ이 프라이머 Z를 가진 ⓒ보다 먼저 합성되었다.

✗. Y의 염기 서열은 $5'-CUGC-3'$이므로 Y에서 퓨린 계열 염기의 개수는 1개이다.

13 3역 6계 분류 체계

✗. 대장균이 속하는 세균역에는 종속 영양 세균 이외에 남세균과 같은 독립 영양 세균도 있다.

✗. 대장균은 원핵생물이므로 핵막이 없지만, 효모는 균계에 속하는 진핵생물이므로 핵막이 있다.

ⓒ. 효모가 속한 균계와 오징어가 속한 동물계는 모두 진핵생물역에 속하지만, 메테인 생성균은 고세균역에 속하므로 효모와 오징어의 유연관계는 효모와 메테인 생성균의 유연관계보다 가깝다.

14 진화의 요인

(가)는 창시자 효과이고, (나)는 유전자 흐름이다.

⊙. 병목 효과와 창시자 효과(가)는 각각 유전적 부동의 한 현상이다.

ⓒ. 돌연변이, 유전적 부동(병목 효과, 창시자 효과), 자연 선택, 유전자 흐름 등은 모두 유전자풀의 변화 요인이다.

✗. 집단 내에 존재하지 않던 새로운 대립유전자의 제공은 돌연변이에 의해 일어난다.

15 동물의 분류 기준

거미가 속한 절지동물은 3배엽성 동물이고, 산호가 속한 자포동물은 2배엽성 동물이며, 회충이 속한 선형동물은 3배엽성 동물이다. 따라서 거미, 산호, 회충에서는 모두 외배엽과 내배엽이 형성되므로 ⊙은 중배엽이고, 중배엽이 형성되지 않는 C는 산호이다. 거미와 회충 중 체절이 있는 동물은 거미이므로 A가 회충이고, B가 거미이다.

⊙. 성게는 극피동물에 속하며, 3배엽성 동물이므로 중배엽(⊙)이 형성된다.

✗. 거미(B)는 절지동물이므로 촉수담륜동물에 속하지 않고, 탈피동물에 속한다.

ⓒ. 회충(A)과 산호(C)는 모두 배엽이 형성되는 동물이므로 발생 과정에서 포배 형성이 일어나며, 이어서 낭배 형성도 일어난다.

16 하디·바인베르크 평형

하디·바인베르크 평형이 유지되는 집단에서 A의 빈도를 p, A^*의 빈도를 q라고 하고, 하디·바인베르크 평형이 유지되지 않는 집단에서 유전자형이 AA인 개체의 빈도를 a, AA^*인 개체의 빈도를 b, A^*A^*인 개체의 빈도를 c라고 하자. 하디·바인베르크 평형이 유지되는 집단에서 유전자형이 AA인 개체들과 AA^*인 개체들을 합쳐서 A의 빈도는 $\dfrac{2p^2+2pq}{2(p^2+2pq)}=\dfrac{1}{1+q}$이다.

(1) 검은색 몸 대립유전자 A가 회색 몸 대립유전자 A^*에 대해 완전 우성인 경우

① 하디·바인베르크 평형이 유지되는 집단이 I이라면 I과 II에서 모두 A의 빈도 $p=0.3$, A^*의 빈도 $q=0.7$이다.

$\dfrac{\text{II에서 회색 몸 개체 수}}{\text{I에서 검은색 몸 대립유전자 수}}=\dfrac{c}{2p^2+2pq}=\dfrac{12}{5}$이므로 c가 1보다 커지게 되어 제시된 조건을 만족시키지 못한다.

② 하디·바인베르크 평형이 유지되는 집단이 II라면 I과 II에서 모두 A의 빈도 $p=0.2$, A^*의 빈도 $q=0.8$이다.

$\dfrac{\text{II에서 회색 몸 개체 수}}{\text{I에서 검은색 몸 대립유전자 수}}=\dfrac{q^2}{2a+b}=\dfrac{0.64}{0.4}=\dfrac{8}{5}\neq\dfrac{12}{5}$이므로 제시된 조건을 만족시키지 못한다.

(2) 회색 몸 대립유전자 A^*가 검은색 몸 대립유전자 A에 대해 완전 우성인 경우

① 하디·바인베르크 평형이 유지되는 집단이 I이라면 I과 II에서 모두 A의 빈도 $p=0.3$, A^*의 빈도 $q=0.7$이다.

$\dfrac{\text{II에서 회색 몸 개체 수}}{\text{I에서 검은색 몸 대립유전자 수}}=\dfrac{b+c}{2p^2+2pq}=\dfrac{12}{5}$이므로 $b+c$가 1보다 커지게 되어 제시된 조건을 만족시키지 못한다.

② 하디·바인베르크 평형이 유지되는 집단이 II라면 I과 II에서 모두 A의 빈도 $p=0.2$, A^*의 빈도 $q=0.8$이다.

$\dfrac{\text{II에서 회색 몸 개체 수}}{\text{I에서 검은색 몸 대립유전자 수}}=\dfrac{q^2+2pq}{2a+b}=\dfrac{0.96}{0.4}=\dfrac{12}{5}$이므로 제시된 조건을 만족시킨다.

따라서 회색 몸 대립유전자 A^*가 검은색 몸 대립유전자 A에 대해 완전 우성이고, I과 II 중 하디·바인베르크 평형이 유지되는 집단은 II이며, I과 II에서 모두 A의 빈도 $p=0.2$, A^*의 빈도 $q=0.8$이다. 그러므로 하디·바인베르크 평형이 유지되지 않는 집단 I에서 $2a+b=0.4$, $b+2c=1.6$, $\dfrac{2a+b}{2(a+b)}=\dfrac{10}{17}$, $a+b+c=1$이다. 이를 통해 각 집단에서의 유전자형에 따른 개체의 빈도를 정리하여 나타내면 다음과 같다.

구분	집단 I			집단 II		
유전자형	AA	AA^*	A^*A^*	AA	AA^*	A^*A^*
빈도	0.06	0.28	0.66	0.04	0.32	0.64
몸색	검은색	회색	회색	검은색	회색	회색

⊙. 회색 몸 대립유전자 A^*가 검은색 몸 대립유전자 A에 대해 완전 우성이므로 유전자형이 AA^*인 개체는 회색 몸을 갖는다.

ⓒ. 회색 몸 개체 수의 빈도는 I에서 0.94, II에서 0.96이므로 회색 몸 개체 수는 II에서가 I에서보다 많다.

ⓒ. II에서 A를 가진 개체들을 합쳐서 구한 A의 빈도는

$\dfrac{2\times0.04+0.32}{2\times(0.04+0.32)}=\dfrac{5}{9}$이고, A*를 가진 개체들을 합쳐서 구한 A*의

빈도는 $\dfrac{0.32+2\times0.64}{2\times(0.32+0.64)}=\dfrac{5}{6}$이므로

$\dfrac{\text{A를 가진 개체들을 합쳐서 구한 A의 빈도}}{\text{A*를 가진 개체들을 합쳐서 구한 A*의 빈도}}=\dfrac{2}{3}$이다.

17 산화적 인산화

미토콘드리아 내막에 있는 인지질을 통해 H^+을 새어 나가게 하는 물질 X를 첨가하면 전자 전달계가 촉진되어 단위 시간당 소비되는 O_2의 양이 증가하고, ATP 합성 효소를 통한 H^+의 이동을 차단하는 물질 Y를 첨가하면 전자 전달계가 억제되어 단위 시간당 소비되는 O_2의 양이 감소한다. 따라서 첨가 후 남아 있는 O_2 총량을 빠르게 감소시키는 물질 ⓒ이 X이고, 첨가 후 남아 있는 O_2 총량의 감소를 느리게 하는 물질 ⓐ이 Y이다.

ⓒ. ⓐ은 Y, ⓒ은 X이다.

ⓒ. 산화적 인산화 과정에서 전자 전달계를 거친 전자는 최종 전자 수용체인 O_2로 전달되고, O_2는 전자와 H^+을 받아 H_2O로 환원된다. 따라서 X(ⓒ)를 첨가한 후 소비되는 O_2가 증가하는 구간 Ⅱ에서가 Ⅰ에서보다 세포 호흡에 의해 생성되는 H_2O 분자 수가 많다.

✗. X(ⓒ)는 미토콘드리아 내막에 있는 인지질을 통해 H^+을 새어 나가게 하므로 X(ⓒ)를 첨가하면 미토콘드리아 막 사이 공간의 pH가 증가한다. 따라서 미토콘드리아의 막 사이 공간의 pH는 X(ⓒ)를 첨가하기 전인 구간 Ⅰ에서가 첨가한 후인 구간 Ⅱ에서보다 낮다.

18 유전자의 발현

전사 주형 가닥에는 개시 코돈으로 전사되는 $3'-TAC-5'$의 염기 서열과 종결 코돈으로 전사되는 $3'-ATT-5'$, $3'-ATC-5'$, $3'-ACT-5'$ 중 하나의 염기 서열이 있어야 한다. 제시된 x의 DNA 이중 가닥이 이 조건을 만족시키려면 ⓐ는 5′ 말단, ⓑ는 3′ 말단이다. x의 전사 주형 가닥의 염기 서열, x의 전사 주형 가닥에서 전사된 mRNA의 염기 서열을 정리하여 나타내면 다음과 같다.

제시된 전사 주형 가닥	ⓐ−TCATG CTA/TTG/CGⓄ/Ⓞ◯◯/◯◯T/AGC/CTG/CAT GATA−ⓑ (5′) (3′)
mRNA	5′−UAUC AUG/CAG/GCU/AⓄ◯/◯◯◯/◯CG/CAA/UAG CAUGA−3′

X는 2개의 알라닌과 2개의 아이소류신을 가지고, 알라닌을 암호화하는 코돈은 GCⓄ, 아이소류신을 암호화하는 코돈은 AUU, AUC, AUA이므로 이를 적용하여 x의 전사 주형 가닥의 염기 서열, x의 전사 주형 가닥에서 전사된 mRNA의 염기 서열, X의 아미노산 서열을 정리하여 나타내면 다음과 같다.

제시된 전사 주형 가닥	ⓐ−TCATG CTA/TTG/CGC/◯AT/◯AT/AGC/CTG/CAT GATA−ⓑ (5′) (3′)
mRNA	5′−UAUC AUG/CAG/GCU/AUⓄ/AⓄU/◯CG/CAA/UAG CAUGA−3′
X	메싸이오닌─글루타민─알라닌─아이소류신─아이소류신─알라닌─글루타민

y는 x의 전사 주형 가닥에서 연속된 2개의 동일한 염기가 1회 결실된 것이므로 결실된 염기는 x의 전사 주형 가닥에서 전사된 mRNA

염기 서열을 기준으로 5′ 말단에서 10, 11번째 염기인 GG, 15, 16번째 염기인 UU, 16, 17번째 염기인 AA, 18, 19번째 염기인 UU, 24, 25번째 염기인 AA 중 하나이다. 이 중 Y가 8개의 아미노산으로 구성되고, 1개의 아르지닌과 2개의 아이소류신을 가진다는 조건을 만족시키는 것은 16, 17번째 염기인 AA이다. 이를 적용하여 y의 전사 주형 가닥에서 전사된 mRNA의 염기 서열, Y의 아미노산 서열을 정리하여 나타내면 다음과 같다.

mRNA	5′−UAUC AUG/CAG/GCU/AUU/◯GC/GCA/AUA/GCA/UGA−3′
Y	메싸이오닌─글루타민─알라닌─아이소류신─아르자닌─알라닌─아이소류신─알라닌

◯GC가 아르지닌을 암호화하는 코돈이므로 ◯는 C이다. 이를 반영하여 x의 전사 주형 가닥의 염기 서열, x의 전사 주형 가닥에서 전사된 mRNA의 염기 서열을 정리하여 나타내면 다음과 같다.

제시된 전사 주형 가닥	ⓐ−TCATG CTA/TTG/CGC/GAT/TAT/AGC/CTG/CAT GATA−ⓑ (5′) (3′)
mRNA	5′−UAUC AUG/CAG/GCU/AUA/AUC/GCG/CAA/UAG CAUGA−3′

✗. ⓐ는 5′ 말단, ⓑ는 3′ 말단이다.

ⓒ. (가)의 염기 서열은 5′−CGATTA−3′이다. 따라서 (가)에 퓨린 계열 염기가 3개 있다.

✗. X의 ⓐ을 암호화하는 각 코돈은 5′−AUA−3′, 5′−AUC−3′이므로 3′ 말단 염기는 서로 다르다.

19 진핵생물에서의 유전자 발현 조절

제거된 유전자가 없는 세포 Ⅱ에서 유전자 (가)와 (나)가 모두 전사되었으나, x와 z를 각각 제거하면 전사되지 않는 경우가 발생하므로 Ⅱ에서는 X∼Z 중 X와 Z만 발현된다. Ⅱ에서 z가 제거되면 (가)와 (나)가 모두 전사되지 않고, x가 제거되면 (가)가 전사되지 않으므로 Z는 A에, X는 B에 결합한다. 제거된 유전자가 없는 세포 Ⅰ에서 X∼Z 중 2가지만 발현되는데 (가)와 (나) 중 (나)만 전사되므로 Ⅰ에서는 X∼Z 중 X와 Y만 발현되거나, Y와 Z만 발현된다. Ⅰ에서 y가 제거되더라도 (나)가 전사되므로 Ⅰ에서는 X∼Z 중 Y와 Z만 발현된다.

ⓒ. 제거된 유전자가 없는 Ⅰ에서 X∼Z 중 Y와 Z만 발현되는데, Ⅰ에서 y가 제거되면 Z만 발현되어 A에 결합함으로써 (가)는 전사되지 않고, (나)만 전사된다. 따라서 ⓐ는 '×'이다.

✗. X의 결합 부위는 B, Y의 결합 부위는 C, Z의 결합 부위는 A이다.

ⓒ. 제거된 유전자가 없는 Ⅰ에서 Y와 Z가 발현된다.

20 제한 효소

x를 시험관 Ⅱ에 넣고 제한 효소 ⓑ를 첨가하여 완전히 자른 결과 DNA 조각의 염기 수가 22, 22, 30인 3개의 DNA 조각이 생성된다. 만약 제시된 염기 서열의 3′ 말단 쪽에서 염기 수가 22인 DNA 조각이 생성되려면 제한 효소가 인식하는 염기 서열이 5′−TGT◯◯◯−3′이어야 한다. 이는 제시된 조건을 만족시키지 못하므로 제시된 염기 서열의 3′ 말단 쪽에서 염기 수가 30인 DNA 조각이 생성된다

는 것을 의미한다. 이 조건을 만족시키는 ⓑ는 Nde I 이고, 이를 반영하여 x의 염기 서열과 Nde I 의 절단 부위를 나타내면 다음과 같다.

```
        Nde I              Nde I
5'-ATCGGT○○CATATGGG○○○CATATGT○○○○○CGGACC-3'
3'-TAGCCA○○GTATACCC○○○GTATACA○○○○○GCCTGG-5'
        22           22            30
```

만약 제한 효소 ⓐ가 Kpn I 이고, ⓒ가 BamH I 이라면 x에서 ⓒ의 절단 위치가 2개 부위이어야 하지만, 염기 서열이 이 조건을 만족시키지 못한다. 따라서 ⓐ는 BamH I 이고, ⓒ는 Kpn I 이다. 이를 반영하여 x의 염기 서열과 제한 효소의 절단 부위를 나타내면 다음과 같다.

```
      Kpn I  ┌ Nde I  ┌ BamH I  ┌ Nde I      ┌ Kpn I
5'-ATCGGTACCATATGGGATCCATATGTGGTACCGGACC-3'
3'-TAGCCATGGTATACCCTAGGTATACACCATGGCCTGG-5'
     12    10    12    10     14      16
```

✗. ㉠의 염기 서열은 5'−ACCAT−3', ㉡의 염기 서열은 5'−ATCCA−3', ㉢의 염기 서열은 5'−GGTAC−3'이다. 따라서 ㉡의 5' 말단 염기는 아데닌(A)이다.

㉡. x를 시험관 Ⅲ에 넣고 Kpn I(㉢)을 첨가하여 완전히 자르면 염기 수가 12, 16, 46인 3개의 DNA 조각이 생성된다.

✗. 시험관 Ⅳ에서 염기 수가 12, 16, 22, 24인 4개의 DNA 조각이 생성되므로 첨가한 제한 효소는 BamH I 과 Kpn I 이다.

실전 모의고사 5회
본문 138~143쪽

01 ①	02 ③	03 ④	04 ①	05 ②
06 ③	07 ④	08 ①	09 ①	10 ⑤
11 ②	12 ③	13 ②	14 ⑤	15 ②
16 ④	17 ③	18 ⑤	19 ③	20 ④

01 생명 과학의 역사

㉠은 하비, ㉡은 레이우엔훅이다.

㉠. 인체에서 혈액이 순환한다는 사실을 알아낸 것은 하비(㉠)이다.

✗. 레이우엔훅(㉡)은 살아 움직이는 세포를 최초로 관찰한 과학자이고, 생물 속생설을 입증한 과학자는 파스퇴르이다.

✗. 레이우엔훅(㉡)이 세포를 발견한 것은 1673년, 플레밍이 푸른곰팡이가 포도상 구균에 살균 효과가 있다는 것을 관찰한 후 페니실린을 발견한 시기는 1928년이다. 그러므로 (나)는 (다)보다 먼저 이룬 성과이다.

02 세포 연구 방법

A는 핵, B는 엽록체이다.

㉠. 주사 전자 현미경은 시료의 입체 구조 관찰이 용이한 현미경으로, 주사 전자 현미경을 이용하여 핵(A)의 막 구조를 관찰하면 핵공의 입체 구조를 관찰할 수 있다.

㉡. 핵(A)은 엽록체(B)에 비해 크기가 크고 무겁다. 그러므로 (나)에서 동일 시간 동안 원심 분리할 때 엽록체(B)를 분리할 때의 원심 분

리 속도는 핵(A)을 분리할 때의 원심 분리 속도보다 빠르다.

✗. 엽록체(B)에서 일어나는 탄소 고정 과정(ⓐ)에서 RuBP는 이산화 탄소와 결합하는 탄소 화합물이다.

03 효소와 저해제

효소 X의 농도는 ㉠에서와 ㉡에서는 같고, ㉢에서만 다른데, 실험 Ⅰ~Ⅲ 중 초기 반응 속도의 최댓값이 Ⅰ에서와 Ⅱ에서는 같고, Ⅲ에서만 다르므로 ㉢이 Ⅲ이다. ㉠에서만 경쟁적 저해제가 사용되었으므로 ㉠은 Ⅱ이고, ㉡은 Ⅰ이다.

✗. ㉠은 Ⅱ이다.

㉡. X의 농도는 ㉠에서와 ㉡에서는 같고, ㉢에서만 다른데, Ⅰ~Ⅲ 중에서 Ⅰ에서와 Ⅱ에서의 초기 반응 속도의 최댓값은 Ⅲ에서의 초기 반응 속도의 최댓값보다 높으므로 X의 농도는 ㉠에서가 ㉢에서보다 높다.

㉢. X에 의한 반응의 활성화 에너지는 X의 농도에 영향을 받지 않는다. 그러므로 X에 의한 반응의 활성화 에너지는 ㉡에서와 ㉢에서가 같다.

04 세포막을 통한 물질의 이동

Ⅰ은 물질이 고농도에서 저농도로 막단백질을 통해 이동하므로 촉진 확산, Ⅱ는 물질이 저농도에서 고농도로 막단백질을 통해 이동하므로 능동 수송이다. ㉠은 촉진 확산, ㉡은 능동 수송, ㉢은 단순 확산이다.

㉠. 능동 수송(Ⅱ)에 의한 물질의 이동에 에너지가 사용된다.

✗. (나)의 ㉡의 예에서 Na^+은 $Na^+−K^+$ 펌프를 통해 이동하므로 ㉡에서 Na^+의 이동 방식은 능동 수송(Ⅱ)에 해당한다.

✗. Na^+은 O_2보다 세포막의 인지질 2중층을 더 잘 통과하지 못한다.

05 TCA 회로

(가)는 4탄소 화합물, (나)는 5탄소 화합물, (다)는 시트르산이다. 과정 Ⅰ~Ⅳ에서 CO_2, NADH, $FADH_2$의 생성 여부는 다음과 같다.

구분	Ⅰ	Ⅱ	Ⅲ	Ⅳ
CO_2	?(○)	?(✗)	✗	㉠(○)
NADH	?(○)	✗	○	○
$FADH_2$	✗	㉡(○)	✗	✗

(○: 생성됨, ✗: 생성 안 됨)

✗. 4탄소 화합물(ⓐ)이 시트르산(다)으로 전환되는 Ⅲ에서 NADH가 생성되므로 4탄소 화합물(ⓐ)은 옥살아세트산이 아니다.

㉡. 시트르산(다)이 5탄소 화합물(나)이 되는 Ⅳ에서 CO_2가 생성되고, 4탄소 화합물(가)이 4탄소 화합물(ⓐ)로 전환되는 Ⅱ에서 $FADH_2$가 생성되므로 ㉠과 ㉡은 모두 '○'이다.

✗. 5탄소 화합물(나)이 4탄소 화합물(가)로 전환되는 Ⅰ에서는 탈수소 반응과 탈탄소 반응이 모두 일어나지만 4탄소 화합물(가)이 4탄소 화합물(ⓐ)로 되는 Ⅱ에서는 탈수소 반응만 일어난다.

06 세포 호흡

㉠은 NADH, ㉡은 ATP, ㉢은 $FADH_2$이고, (가)는 전자 전달계,

(나)는 해당 과정, (다)는 피루브산의 산화와 TCA 회로에 대한 자료이다.

ㄱ. NADH(㉠)에서 방출된 고에너지 전자는 전자 전달계를 지나 최종적으로 산소에게 전달되는 과정(가)에서 H⁺을 미토콘드리아 기질에서 막 사이 공간으로 고에너지 전자의 에너지를 이용해 능동 수송한다.

ㄴ. 산화적 인산화를 통해 1분자의 NADH(㉠)로부터 약 2.5분자의 ATP가, 1분자의 FADH₂(㉢)로부터 약 1.5분자의 ATP가 생성된다.

ㄷ. 1분자의 피루브산이 피루브산의 산화와 TCA 회로(다) 과정을 거치면서 NADH(㉠)는 4분자, ATP(㉡)는 1분자, FADH₂(㉢)는 1분자 생성되므로

$$\frac{\text{생성된 NADH(㉠)의 분자 수}}{\text{생성된 ATP(㉡)의 분자 수 + 생성된 FADH}_2\text{(㉢)의 분자 수}}=2$$

이다.

07 젖산 발효와 알코올 발효

A는 피루브산, B는 젖산, C는 아세트알데하이드, D는 포도당이다.

ㄱ. 피루브산(A)이 젖산(B)으로 전환되는 과정 Ⅰ에서 NADH가 피루브산에 전자와 H⁺을 제공하여 NAD⁺가 생성되고, 피루브산(A)이 아세트알데하이드(C)로 전환되는 과정 Ⅱ에서는 CO₂만 생성된다.

ㄴ. 피루브산(A)이 젖산(B)으로 전환되는 과정 Ⅰ, 피루브산(A)이 아세트알데하이드(C)로 전환되는 과정 Ⅱ, 포도당(D)이 피루브산(A)으로 전환되는 과정 Ⅲ(해당 과정)은 모두 세포질에서 일어난다.

ㄷ. 산소가 부족할 때 사람의 근육 세포에서는 젖산 발효가 일어나므로 Ⅰ과 Ⅲ이 모두 일어난다.

08 명반응

A는 광계 Ⅱ, B는 광계 Ⅰ이다.

ㄱ. 광계 Ⅰ(B)은 비순환적 전자 흐름(비순환적 광인산화)과 순환적 전자 흐름(순환적 광인산화)에 모두 관여한다.

ㄴ. X를 처리하면 ㉠에서 전자의 전달이 차단되므로 광계 Ⅱ(A)가 환원 상태가 된다. 따라서 물의 광분해 속도는 X를 처리한 후가 처리하기 전보다 느리다.

ㄷ. Y를 처리하면 ㉡에서 전자를 가로채므로 NADP⁺가 환원되지 않는다. 따라서 스트로마에서 NADPH의 농도는 Y를 처리한 후가 처리하기 전보다 낮다.

09 광합성

(가)는 캘빈 회로의 일부를, (나)는 ATP 합성 과정, (다)는 물의 광분해 과정이다. ⓐ는 스트로마, ⓑ는 틸라코이드 내부이다. X의 반응 중심 색소가 P₇₀₀이므로 X는 광계 Ⅰ이다.

ㄱ. 스트로마(ⓐ)에서 캘빈 회로가 일어난다.

ㄴ. 광합성 과정에서 ATP 합성은 틸라코이드 막의 ATP 합성 효소에 의해 일어나므로 ㉠은 기질 수준 인산화를 통해 합성되는 것이

아니다.

ㄷ. 물의 광분해(다)는 광계 Ⅱ에서 일어난다.

10 DNA의 구조

㉠은 구아닌(G), ㉡은 사이토신(C), ㉢은 타이민(T), ㉣은 아데닌(A)이다. DNA X에서 퓨린 계열 염기의 개수가 150개이므로 피리미딘 계열 염기의 개수도 150개이다. 아데닌(A)과 타이민(T) 사이의 수소 결합의 개수는 2개, 구아닌(G)과 사이토신(C) 사이의 수소 결합의 개수는 3개인데, X가 총 150개의 염기쌍으로 구성되고, X에서 염기 간 수소 결합의 총개수가 375개이므로 아데닌(A, ㉣)과 타이민(T, ㉢) 염기쌍의 개수는 75개, 구아닌(G, ㉠)과 사이토신(C, ㉡) 염기쌍의 개수는 75개이다. 따라서 X의 아데닌(A, ㉣)과 타이민(T, ㉢)의 개수의 합은 150, 구아닌(G, ㉠)과 사이토신(C, ㉡)의 개수의 합은 150이다. Ⅰ과 Ⅱ에서 아데닌(A, ㉣)과 타이민(T, ㉢)의 개수의 합은 각각 75이고, 구아닌(G, ㉠)과 사이토신(C, ㉡)의 개수의 합은 각각 75이다. Ⅰ에서 $\frac{\text{타이민(T, ㉢)}}{\text{아데닌(A, ㉣)}}=\frac{9}{16}$이므로 타이민(T, ㉢)의 개수는 27개, 아데닌(A, ㉣)의 개수는 48개이다. Ⅱ에서 $\frac{\text{아데닌(A, ㉣)}}{\text{구아닌(G, ㉠)}}=\frac{3}{4}$인데, Ⅱ에서 아데닌(A, ㉣)의 개수는 27개이므로 구아닌(G, ㉠)의 개수는 36개, 사이토신(C, ㉡)의 개수는 39개이다.

구분	염기 수				
	A(㉣)	G(㉠)	C(㉡)	T(㉢)	계
가닥 Ⅰ	48	39	36	27	150
가닥 Ⅱ	27	36	39	48	150

ㄱ. X에서 구아닌(G, ㉠)의 개수와 타이민(T, ㉢)의 개수는 각각 75개이다.

ㄴ. Ⅰ에서 염기의 총개수는 150개이고, 사이토신(C, ㉡)의 개수는 36개이므로 Ⅰ에서 사이토신(C, ㉡)의 함량은 24 %이다.

ㄷ. Ⅱ에서 아데닌(A, ㉣)의 개수는 27개, 구아닌(G, ㉠)의 개수는 36개, 사이토신(C, ㉡)의 개수는 39개, 타이민(T, ㉢)의 개수는 48개로 $\frac{\text{구아닌(G, ㉠) + 사이토신(C, ㉡)}}{\text{타이민(T, ㉢) + 아데닌(A, ㉣)}}=1$이다.

11 원핵생물과 진핵생물의 형질 발현 과정

(가)는 대장균에서 일어나는 형질 발현 과정의 일부, (나)는 사람 체세포에서 일어나는 형질 발현 과정의 일부이다.

ㄱ. 처음 만들어진 mRNA에서 ⓐ가 제거되므로 ⓐ는 인트론이다.

ㄴ. (가)는 전사와 번역이 동시에 일어나므로 대장균에서 일어나는 형질 발현 과정의 일부이다.

ㄷ. 전사와 번역이 함께 일어나는 대장균의 형질 발현 과정(가)은 세포질에서 일어나고, DNA로부터 성숙한 mRNA가 생성되는 사람 체세포의 형질 발현 과정(나)은 핵에서 일어난다.

12 생물 진화의 증거

(가)는 생물지리학적 증거의 예, (나)는 화석상의 증거의 예, (다)는 분

자진화학적 증거의 예, (라)는 비교해부학적 증거의 예이다.

① 지리적 격리는 '호주에는 아시아 대륙에서는 볼 수 없는 단공류와 유대류가 서식한다(⊙).'의 원인에 해당한다.

② '깃털을 가진 파충류 화석의 발견으로 파충류와 조류 사이의 진화 과정을 파악할 수 있다.'는 화석상의 증거의 예(나)에 해당한다.

✗ (다)는 DNA 염기 서열 차이를 분석하여 생물 간 유연관계를 파악하므로 (다)는 분자진화학적 증거의 예이다.

④ 공통 조상에서 기원하였으므로 (라)의 박쥐의 날개(ⓒ)와 사자의 앞다리(ⓒ)는 상동 형질(상동 기관)이다.

⑤ 기원이 다른 생물이 환경에 적응하면서 갖게 된 유사한 형질인 상사 형질(상사 기관)은 비교해부학적 증거의 예(라)에 해당한다.

13 DNA 복제

(나)와 Ⅲ 사이의 염기 간에서 수소 결합의 총개수는 495개이므로 (나)의 염기 개수는 165(G+C=165)개와 247(A+T=246, G+C=1)개 사이에 있다. (나)에서 $\frac{A+T}{G+C}=\frac{21}{19}$이므로 $\frac{A+T}{G+C}=\frac{105}{95}$이고, (나)에서 염기의 총개수는 200개이다. Ⅱ에서 $\frac{A+T}{G+C}=\frac{4}{5}$이므로 $\frac{A+T}{G+C}=\frac{44}{55}$이고, Y의 유라실(U)의 개수는 1개이다. ⓑ는 유라실(U)이다. Ⅰ에서 $\frac{\text{퓨린 계열 염기의 개수}}{\text{피리미딘 계열 염기의 개수}}=\frac{13}{7}$이므로 $\frac{A+G}{C+T+U}=\frac{65}{35}$이다. ⊙에서 $\frac{T}{C}=1$이고, Ⅰ에서 피리미딘 계열 염기의 총개수는 35개이므로 ⊙에서 타이민(T)의 개수는 16개, 사이토신(C)의 개수는 16개이다. 또한, X의 유라실(U, ⓑ)의 개수는 3개이다. ⓒ에서 $\frac{C}{G}=\frac{9}{10}$이므로 G=50, C=45이고, Z에는 G이 없으므로 ⓐ는 아데닌(A)이다. ⓒ에서 $\frac{A}{C}=\frac{13}{17}$이므로 아데닌(A)의 개수는 26개, 사이토신(C)의 개수는 34개이고, 그림에 제시된 각 가닥의 염기 개수를 나타내면 다음과 같다.

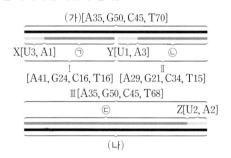

(가)[A35, G50, C45, T70]

X[U3, A1]　⊙　Y[U1, A3]　ⓒ

Ⅰ
[A41, G24, C16, T16]　[A29, G21, C34, T15]

Ⅲ[A35, G50, C45, T68]

ⓒ　Z[U2, A2]

(나)

✗ ⓐ는 아데닌(A)이다.

✗ Ⅰ에서 아데닌(A)의 개수는 41개이다.

ⓒ Ⅱ에서 아데닌(A)의 개수는 29개, 구아닌(G)의 개수는 21개이므로 퓨린 계열 염기의 개수는 50개이다.

14 진핵생물의 형질 발현 과정

폴리뉴클레오타이드를 합성하기 위해 프라이머가 필요한 C는 DNA 중합 효소이고, 프로모터에 결합해 폴리뉴클레오타이드를 합성하는

B는 RNA 중합 효소이다. 그러므로 A는 리보솜이다.

⊙ 세포질에 리보솜(A)이 있다.

ⓒ 사람에서 전사가 일어날 때 RNA 중합 효소(B)는 전사 개시 복합체를 형성한다.

ⓒ 폴리뉴클레오타이드(⊙)는 한 뉴클레오타이드의 5탄당이 다음 뉴클레오타이드의 인산과 공유 결합으로 연결되어 있다.

15 생명의 기원

✗ 원시 대기에서 간단한 유기물이 합성되는 과정 (가)는 밀러와 유리의 실험으로 확인되었다.

ⓒ 핵산은 복잡한 유기물(⊙)에 해당한다.

✗ 오파린은 유기물 복합체(ⓒ)를 코아세르베이트라고 하였다.

16 5계와 3역 6계 분류 체계

(가)는 3역 6계 분류 체계, (나)는 5계 분류 체계이다.

✗ 5계 분류 체계(나)는 3역 6계 분류 체계(가)보다 먼저 만들어진 분류 체계이다.

ⓒ 3역 6계 분류 체계(가)의 세균역과 고세균역은 모두 5계 분류 체계(나)의 원핵생물계에 포함된다.

ⓒ 3역 6계 분류 체계(가)의 균계와 동물계의 유연관계는 균계와 식물계의 유연관계보다 가깝다.

17 동물계

(가)는 환형동물인 갯지렁이, (나)는 선형동물인 회충, (다)는 절지동물인 거미, (라)는 자포동물인 해파리이다.

⊙ (가)는 환형동물인 갯지렁이이다.

ⓒ 선형동물인 회충(나)과 절지동물인 거미(다)는 모두 탈피동물이다.

✗ 자포동물인 해파리(라)는 2배엽성 동물로 선구동물과 후구동물에 해당하지 않는다.

18 하디·바인베르크 법칙

⑤ 구성원 1은 암컷이며 A의 DNA 상대량이 1인데 ⊙이 발현되고, 구성원 2는 A의 DNA 상대량이 0인데 ⊙이 발현되지 않으므로 A는 A^*에 대해 완전 우성이고, A는 ⊙ 발현 대립유전자, A^*는 정상 대립유전자이다. 구성원 3은 수컷인데 A의 DNA 상대량이 2이므로 ⊙의 유전자는 상염색체에 있다. Ⅰ에서 A의 빈도를 p_1, A^*의 빈도는 q_1, Ⅱ에서 A의 빈도를 p_2, A^*의 빈도는 q_2라고 하면 Ⅰ에서 A^*를 가진 개체들을 합쳐서 구한 A의 빈도는 $\frac{2p_1q_1}{4p_1q_1+2q_1{}^2}=\frac{p_1}{p_1+1}=\frac{3}{7}$이므로, $p_1=\frac{3}{4}$, $q_1=\frac{1}{4}$이다. Ⅱ에서 ⊙이 발현된 암컷이 ⊙이 발현되지 않은 수컷과 교배하여 자손(F₁)을 낳을 때, 이 F₁에게서 ⊙이 발현될 확률은 $\frac{p_2{}^2+p_2q_2}{p_2{}^2+2p_2q_2}=\frac{1}{1+q_2}=\frac{5}{7}$이므로 $p_2=\frac{3}{5}$, $q_2=\frac{2}{5}$이다.

$$\frac{\text{I 에서 A*를 가진 개체 수}}{\text{II 에서 A를 가진 개체 수}} = \frac{2p_1q_1+q_1^2}{p_2^2+2p_2q_2} = \frac{25}{48}$$ 이다.

19 유전자 발현 과정

x, y, z가 각각 전사되어 x', y', z'이 합성되고, x', y', z'이 각각 번역되어 폴리펩타이드 X, Y, Z가 합성되었다면 X의 아미노산 서열을 이용해 추정할 수 있는 x'의 염기 서열은 다음과 같다.

X: 메싸이오닌 — 알라닌 — 아이소류신 — 트립토판 — 글루타민 — 발린

x': 5′–AUG GCU AUU UGG CAA GUU UAA…–3′
　　　　　　GCC AUC　　　CAG GUC UAG
　　　　　　GCA AUA　　　　　GUA UGA
　　　　　　GCG　　　　　　　 GUG

x의 전사 주형 가닥에서 1개의 염기 ㉠이 1회 결실된 y로부터 합성된 Y는 4번째 아미노산이 트립토판에서 글리신으로 바뀐 것이므로 3번째 아미노산을 지정하는 아이소류신의 코돈에서 염기가 결실되거나 트립토판을 암호화하는 코돈의 첫 번째 염기가 결실되어야 하므로 ㉠은 아데닌(A), 구아닌(G), 타이민(T) 중 하나이다. 이와 같이 Y의 아미노산 서열을 이용해 추정할 수 있는 y'의 염기 서열은 다음과 같다.

y': 5′–AUG GCU AUU GGC AGG UAU GAU GCU UAA–3′
　　　　　　GCC AUC　　　　　　　GAC GCC UAG
　　　　　　GCA AUA　　　　　　　GCA UGA
　　　　　　GCG　　　　　　　　　　 GCG

Y: 메싸이오닌 — 알라닌 — 아이소류신 — 글리신 — 아르지닌 — 타이로신 — 아스파트산 — 알라닌

x': 5′–AUG GCU AUU UGG CAA GUU UAA UGCU UAA…–3′
　　　　　　GCC AUC　　　CAG GUC UAG CGCC UAG
　　　　　　GCA AUA　　　　　GUA UGA GCA UGA
　　　　　　GCG　　　　　　　GUG　　　　GCG

y의 전사 주형 가닥에서 연속된 2개의 동일한 염기 ㉠이 1회 삽입되고, 1개의 염기 ㉠이 1회 결실된 z로부터 합성된 Z는 4개의 아미노산으로 구성되므로 5′ 말단으로부터 5번째 시작되는 코돈은 종결 코돈(UAA, UAG, UGA)이 되어야 한다. 이와 같이 y'과 Z의 아미노산 서열을 이용해 추정할 수 있는 z'의 염기 서열은 다음과 같다.

z': 5′–AUG GCA UUG GCU UAGG UAU GAU GCU UAA–3′
　　　　　　　　　　　　　　　GAC GCC UAG
　　　　　　　　　　　　　　　GCA UGA
　　　　　　　　　　　　　　　GCG

Z: 메싸이오닌 — ⓐ알라닌 — 류신 — ⓑ알라닌

y': 5′–AUG GCU AUU GGC UUAGG UAU GAU GCU UAA–3′
　　　　　　결실　　　　삽입　　　　GAC GCC UAG
　　　　　　　　　　　　　　　　　　GCA UGA
　　　　　　　　　　　　　　　　　　GCG

㉠. mRNA에서 삽입되거나 결실된 염기는 유라실(U)이므로 ㉠은 아데닌(A)이다.

㉡. 알라닌(ⓐ)을 지정하는 코돈은 GCA이고, 알라닌(ⓑ)을 지정하는 코돈은 GCU로 서로 다르다.

✗. x'의 종결 코돈은 UGA이고, z'의 종결 코돈은 UAG이다.

20 생명 공학 기술

EcoR I을 첨가한 시험관 ①에서 생성된 각 DNA 조각의 염기 수가 20, 24, 34이므로 ㉠은 사이토신(C), ㉡은 아데닌(A), ㉢은 타이민(T), ㉣은 구아닌(G)이고, I은 (나), II는 (가), III은 (다)이다. ②에서 생성된 각 DNA 조각의 염기 수가 14, 26, 38이므로 ⓐ는 Msp I이다. ④에서 생성된 각 DNA 조각의 염기 수가 10, 20, 24, 24이고, ⑤에서 생성된 각 DNA 조각의 염기 수가 10, 14, 54이므로 ⓑ는 EcoR I, ⓒ는 Xho I, ⓓ는 Sma I, ⓔ는 Asu II이다.

　　　　(가)　　　　　　(나)　　　　　　　(다)
　　 ┌────────┬──────────────┬────────┐
　　 Msp I EcoR I　Asu II EcoR I Msp I　Xho I
5′–ATATCCCGGGAATTCCTTCGAATTCCGGGCCCTCGAGTT–3′
3′–TATAGGGCCCTTAAGGAAGCTTAAGGCCCGGGAGCTCAA–5′
　　　Sma I

㉠. I은 (나), II는 (가), III은 (다)이다.

✗. ⓐ는 Msp I, ⓑ는 EcoR I, ⓒ는 Xho I, ⓓ는 Sma I, ⓔ는 Asu II이다.

㉢. 시험관 ⑥에서 생성된 각 DNA 조각의 염기 수가 10, 14, 24, 30이므로 ⑥에 첨가한 제한 효소는 Xho I(ⓒ), Sma I(ⓓ), Asu II(ⓔ)이다.

THE
기대돼!
한기대!
FUTURE
HAS
BEGUN
AT **KOREATECH.**

내일의 내 일에 대한 설렘,
그것은 이미 시작됐어!
가슴 뛰게 만드는 한기대에서.

KOREATECH
한국기술교육대학교

나의 미래를 위한
새로운 도전,
연세 미래캠퍼스!

YONSEI UNIVERSITY
1885
연세대학교

연세미래의 경쟁력
**최고수준의
취업률**

생활과 교육을 하나로,
RC프로그램

미래가치를 창조하는
자율융합대학

YONSEI
MIRAE
CAMPUS

· 본 교재 광고의 수익금은 콘텐츠 품질 개선과 공익사업에 사용됩니다.
· 모두의 요강(mdipsi.com)을 통해 연세대학교 미래캠퍼스의 입시정보를 확인할 수 있습니다.

**연세대학교 미래캠퍼스
2025학년도 수시모집**

입학 문의 | 입학홍보처
033-760-2828
ysmirae@yonsei.ac.kr

원서 접수
2024.9.9.(월)~9.13.(금)
admission.yonsei.ac.kr/mirae

미래를 움직이는
국립금오공과대학교

지금오라

2025학년도 국립금오공과대학교 신입생 모집

l수시모집l 2024. 9. 9. (월) ~ 13. (금) 19:00

l정시모집l 2024. 12. 31. (화) ~ 2025. 1. 3. (금) 19:00

l입학상담l 054-478-7900, 카카오톡 국립금오공과대, ipsi@kumoh.ac.kr

kit 국립금오공과대학교
Kumoh National Institute of Technology

인터넷 강의 & 대학생 멘토링 100% 무료

수능공부
서울런으로
0원 학습!

원활한 강의수강을 위한 교재쿠폰 무료 제공
(기본 5권, EBS 교재 5권)

서울런에는 어떤 인터넷 강의가 있나요?

EBS ETOOS megastudy 𝓷 📚대성마이맥 eduwill 🎓해커스

i-Scream Home Learn milk T elihigh ONLY META 토도원 Mbest 윌라

서울런
SEOUL LEARN

차별없는 교육환경과 교육사다리 복원을 위해
다양한 온라인 학습 콘텐츠와 대학생 멘토링 서비스를
무료로 지원하는 **서울시 운영 교육 플랫폼**

서울런 공식 홈페이지 (https://slearn.seoul.go.kr)

간편 대상 확인